室内设计
识图与制图

主　编
林　立　包治军

副主编
申　思　吴嘉竹
蒋胜利　蔡卓良

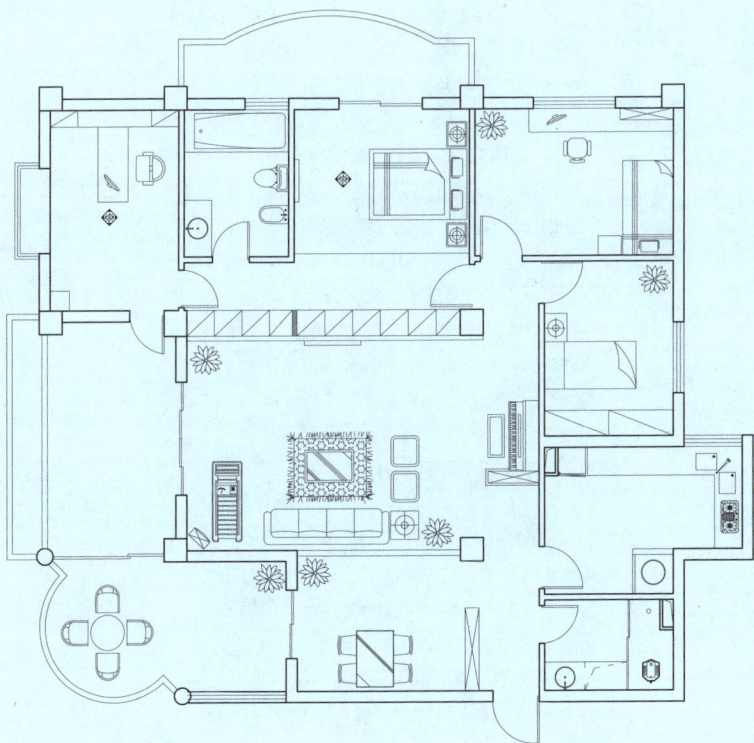

重庆大学出版社

内容提要

本书通过室内设计图纸的识读、AutoCAD 2022 绘制入门、客厅方案绘制、餐厅方案绘制、卧室方案绘制、卫生间方案绘制、室内设计完整方案绘制 7 个项目来讲解室内设计识图与制图的内容。每个项目都设有学习目标，每个任务中设有任务要求、任务描述、任务导入、任务分析等板块，同时对每个项目的重难点知识配有视频讲解和知识链接，以多种形式展示制图步骤，提高学生的学习兴趣。

本书可作为室内设计专业、家具设计专业职业学校的学生用书，也可作为相关从业人员的参考用书。

图书在版编目（CIP）数据

室内设计识图与制图/林立,包治军主编. --重庆：
重庆大学出版社,2024.8. --（中等职业教育设计艺术系列教材）.
ISBN 978-7-5689-4603-2

Ⅰ.TU238.2-39

中国国家版本馆 CIP 数据核字第 2024PQ0750 号号

室内设计识图与制图

主　编　林　立　包治军
副主编　申　思　吴嘉竹　蒋胜利　蔡卓良
策划编辑：蹇　佳
责任编辑：姜　凤　　版式设计：蹇　佳
责任校对：关德强　　责任印制：赵　晟
*
重庆大学出版社出版发行
出版人：陈晓阳
社址：重庆市沙坪坝区大学城西路 21 号
邮编：401331
电话：(023)88617190　88617185（中小学）
传真：(023)88617186　88617166
网址：http://www. cqup. com. cn
邮箱：fxk@ cqup. com. cn（营销中心）
全国新华书店经销
重庆正文印务有限公司印刷
*
开本：787mm×1092mm　1/16　印张：19.25　字数：531 千
2024 年 8 月第 1 版　　2024 年 8 月第 1 次印刷
印数：1—2 000
ISBN 978-7-5689-4603-2　定价：69.00 元

前　言

　　随着社会的快速发展和人民生活水平的不断提高,室内设计行业在我国迎来了前所未有的发展机遇。作为连接设计师创意与实际施工的关键桥梁,识图与制图技能在这个过程中显得尤为重要。本书正是为了满足这一时代需求而编写的,旨在为广大学生提供一本系统、全面、实用的学习指南。编者紧密结合党的二十大精神,即坚持人民至上、自信自立、守正创新、问题导向、系统观念、胸怀天下。不仅传授技术技能,还能培养学生的人文情怀、社会责任感和全球视野,让学生成为既精通技艺又心系社会的综合性设计人才。这样不仅提升了教育的深度和广度,也为学生未来的职业道路铺设了更加稳固的基础。强调创新驱动发展战略,深入探讨了室内设计识图与制图的基本原理与应用技巧。通过丰富的案例分析和实践操作指导,学生可以逐步掌握从简单空间到复杂场所的设计表达方法,提升自己的专业素养和综合能力。同时,我们也注意到,随着科技的不断进步和绿色环保理念的深入人心,室内设计行业正面临着新的挑战和机遇。

　　因此,在编写过程中,所有案例均采用 AutoCAD 2022 版本,帮助学生及时更新知识,提升职场竞争力。对标现行国家制图标准《房屋建筑制图统一标准》(GB/T 50001—2017)和中等职业教育室内设计专业"室内设计识图与制图"课程教学标准,确保教学内容与教学目标的前沿性和准确性。此外,我们特别强调了绿色设计、智能化设计等新兴趋势的重要性,希望引导学生紧跟时代步伐,不断拓展自己的视野和技能。选取最新室内设计案例,让学生在学习制图知识的同时,了解当下室内设计趋势,为后续课程的开展打下坚实的基础。同时根据中职学生的特点,减少纯理论知识部分,只选择必需必要的规范与标准。将枯燥的理论知识讲解融入案例教学中,让学生以"做中学、学中做"的方式进行学习。大量增加案例教学,将软件命令融入工作项目中,让学生提前感受实战工作氛围,与工作岗位无障碍衔接。

　　本书编写从两个方面体现活页式教材特色。一方面,定期更新,国家最新制图标准,AutoCAD 最新版本操作方法和最新的室内设计案例,保持教材的前沿性。另一方面,本书虽然是中职类教材,但部分内容与高职"室内设计识图与制图"课程有重合,可以通过添加活页的方式变成高职类教材,例如,在中职教材方案图绘制中加入高职施工图绘制的内容。在制图标准的学习过程中,在中职学生学会使用制图标准的基础上,增加高职教材中制图体系建立的内容,拓宽教材适用范围。

本书重点讲解 CAD 基础和常用命令,通过室内设计图纸的识读、AutoCAD 2022 绘制入门、客厅方案绘制、餐厅方案绘制、卧室方案绘制、卫生间方案绘制、室内设计完整方案绘制 7 个项目来讲解室内设计识图与制图的内容,同时为每个项目的重难点知识配有详细的操作讲解和知识链接。大量采用演示法、练习法,使用信息化手段,以多种形式展示制图步骤,提高学生的学习兴趣。

本书由校企双元合作开发,由四川城市职业学院城市建设与设计学院林立、四川城市技师学院包治军担任主编;四川城市技师学院申思、吴嘉竹,四川省仁寿县第二高级职业中学蒋胜利,成都力方视觉科技有限公司蔡卓良担任副主编。具体编写分工如下:项目一,林立、包治军;项目二,林立、蔡卓良;项目三,林立、蒋胜利;项目四,申思、吴嘉竹;项目五,申思、蒋胜利;项目六,包治军、蔡卓良;项目七,包治军、吴嘉竹。

总之,《室内设计识图与制图》不仅是一本专业的教材,更是一本具有时代意义和实践价值的参考书。我们相信,学生通过学习本书,将能更好地理解室内设计行业的现状和未来发展的方向,掌握核心技能,为实现个人职业梦想和推动行业进步作出积极的贡献。在编写过程中,我们得到了许多专家学者的悉心指导和支持,同时也感谢所有为本书付出辛勤努力的同事和朋友。让我们共同期待,《室内设计识图与制图》能够成为广大学生学习和成长的良师益友。

编　者

2024 年 1 月

目　录

项目一
室内设计图纸的识读

【建议课时】

12 课时。

【学习目标】

知识目标

1. 了解室内设计常用图例的组成部分。

2. 掌握室内设计制图常用图例的使用方法。

3. 帮助学生建立标准图例的基本知识体系。

技能目标

1. 具备室内设计图例的识读能力。

2. 具备绘制室内设计常用图例的基本能力。

3. 学会为图纸选择合适的图例。

素质目标

1. 培养学生的空间想象力。

2. 具备较高的政治思想觉悟、良好的行为规范和较高的职业素养。

3. 培养学生高度的责任感和严谨细致的工作作风。

4. 培养学生自主学习、自主探究的能力。

【项目要求】

1. 学生准备好常用绘图工具，包括铅笔、直尺、橡皮擦、针管笔(0.1,0.3,0.5 mm 各 1 支)、A4 绘图纸。

2. 教师准备好电脑与多媒体授课设备，并提前下载好素材"1-1. dwg"。

3.教师示范室内设计制图常用图例,按照墙体、常用材料、门窗、常用家具与灯具的顺序,在多媒体上绘制室内设计制图规范样式。

4.在每个知识点结束后,引导学生用纸笔临摹教师的绘图过程,并检查绘制样式是否与教师的保持一致。

任务一　室内设计常用图例识读

【任务描述】

本任务主要是认识室内设计常用图例,包括墙体、材料、门窗、家具和灯具等,并以此为载体帮助学生掌握简单的常用图例画法,补充与完善图纸系统思维体系。本任务宏观上采用"实例驱动",微观上采用"项目式教学"以及用"演示法"讲解室内设计制图常用图例的基本知识点,同时要求学生"边学边画",使学生对室内设计制图从感性认识上升到理性认识。通过本任务的学习,学生将对知识点进行归纳总结,发现新旧知识之间的内在联系,并将所学知识与相关学科进行有机衔接。

【知识点】

1.墙体与墙线。

2.常用材料图例。

3.门窗图例。

4.常用家具与灯具图例。

【任务导入】

看图 1-1-1,你能辨别出图纸中描绘的是什么吗? 里面的图例分别代表什么意思?

在建筑施工图纸上表示各建筑要素所用的简略符号叫作图例。图例是表达图纸内容的基本形式和方法,是读图和制图所借助的工具。图例符号一般包括各种大小、粗细、形态不同的点、线、图形等,常常设计成与实际要素相似的图形或图案。

【任务分析】

如果说设计图纸是设计项目通用"语言"的话,那么图例就可以看作这门"语言"中的"单词"。要想学好设计制图这门"语言",图例的积累是必不可少的。在室内设计施工图中,最常用的图例有墙体、材料、门窗、家具与灯具等。室内设计图纸识读是每位设计师都必须具备的基本能力,其中图例就是最常用的工具。

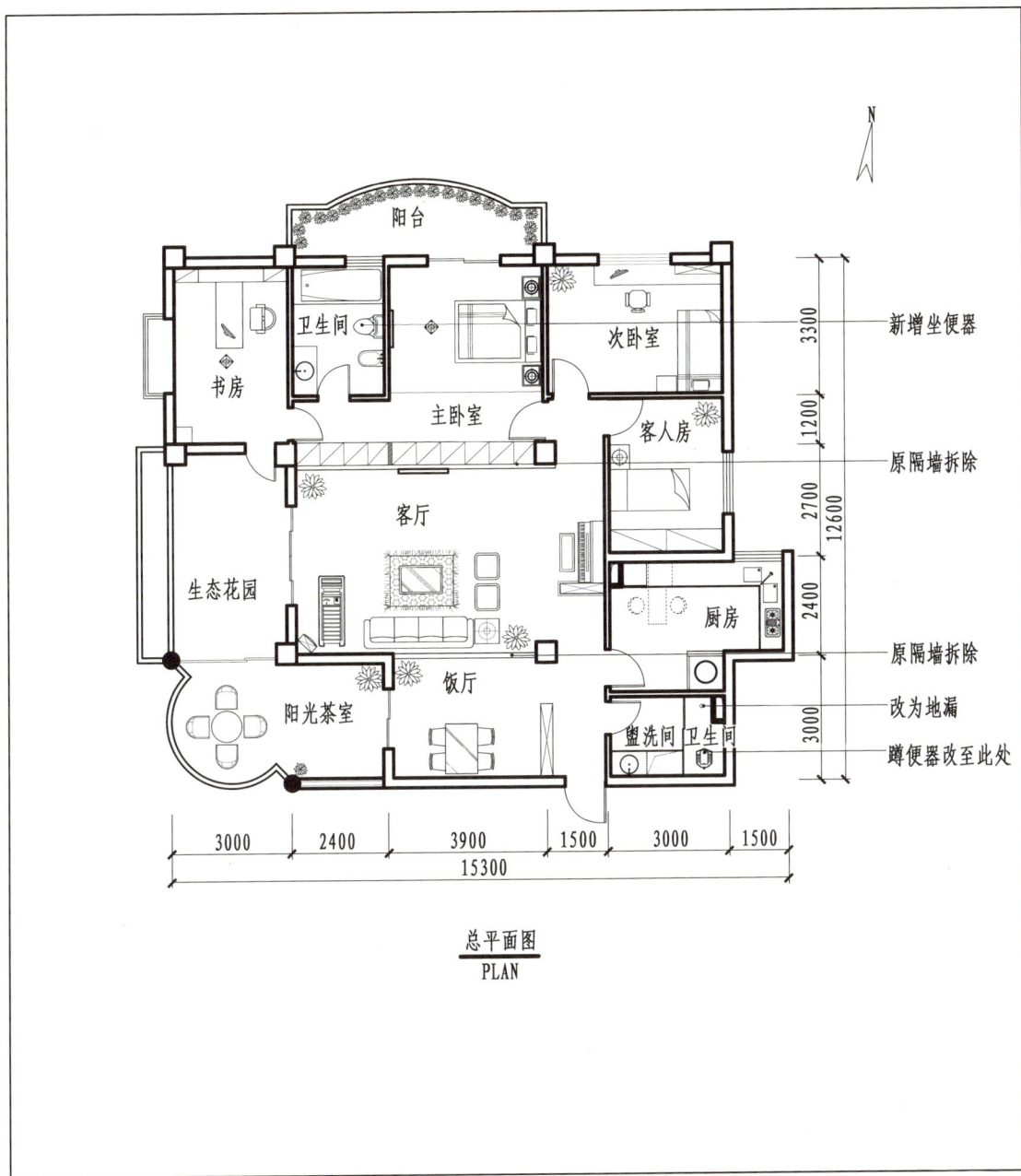

总平面图
PLAN

图 1-1-1

【任务讲解】

1. 墙体与墙线

设计人员在进行建筑施工图设计时,会根据具体情况规划好每一个墙体的厚度,目前墙体按厚度可分为 12 墙、18 墙、24 墙、37 墙、49 墙等。

其中,24 墙是指宽度为 240 mm 的墙,因为墙砖的宽度一般是 115 mm,两块砖加在一起是 230 mm,再加 10 mm 灰缝,共 240 mm,故称为 24 墙(图 1-1-2)。同样,12 墙是指 120 mm 厚的墙,18 墙是指 180 mm 厚的墙,37 墙是指 370 mm 厚的墙,49 墙是指 490 mm 厚的墙(表 1-1-1)。

图 1-1-2

表 1-1-1　墙体厚度表

墙体名称	12 墙	18 墙	24 墙	37 墙	49 墙
厚度/mm	120	180	240	370	490

根据墙体厚度,用两根粗实线进行平面墙体绘制,如图1-1-3中的粗线所示。

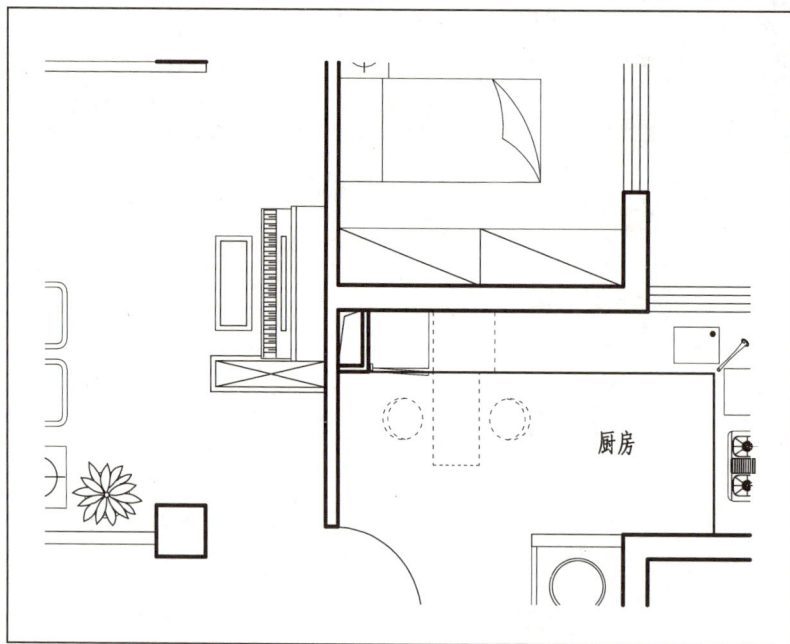

厨房

图 1-1-3

根据墙体的受力情况不同,墙体可分为承重墙和非承重墙。其中,承重墙在平面图中表现为填黑粗线,非承重墙在平面图中表现为空心双粗线(图1-1-4)。

（a）承重墙平面图画法　　　　　　（b）非承重墙平面图画法

图 1-1-4

2. 常用建筑材料图例

常用建筑材料应按表1-1-2的图例画法进行绘制。

表1-1-2 常用建筑材料图例

序号	名 称	图 例	备 注
1	自然土壤		包括各种自然土壤
2	夯实土壤		—
3	砂、灰土		—
4	砂砾石、碎砖三合土		—
5	石材		—
6	毛石		
7	实心砖、多孔砖		包括普通转、多孔砖、混凝土砖等砌体
8	耐火砖		包括耐酸砖等砌体
9	空心砖、空心砌块		包括空心砖、普通或轻骨料混凝土小型空心砌块等砌体
10	加气混凝土		包括加气混凝土砌块砌体、加气混凝土墙板及加气混凝土材料制品等
11	饰面砖		包括铺地砖、玻璃马赛克、陶瓷锦砖、人造大理石等
12	焦渣、矿渣		包括与水泥、石灰等混合而成的材料
13	混凝土		①包括各种强度等级、骨料、添加剂的混凝土; ②在剖面图上绘制表达钢筋时,则不需绘制图例线; ③断面图形较小,不宜绘制表达图例线时,可填黑或深灰(灰度宜为70%)
14	钢筋混凝土		
15	多孔材料		包括水泥珍珠岩、沥青珍珠岩、泡沫混凝土、软木、蛭石制品等

续表

序号	名 称	图 例	备 注
16	纤维材料	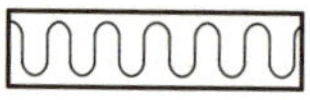	包括矿棉、岩棉、玻璃棉、麻丝、木丝板、纤维板等
17	泡沫塑料材料	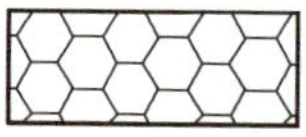	包括聚苯乙烯、聚乙烯、聚氨酯等多聚合物类材料
18	木材		①上图为横断面。左上图为垫木、木砖或木龙骨；②下图为纵断面
19	胶合板		应注明为×层胶合板
20	石膏板	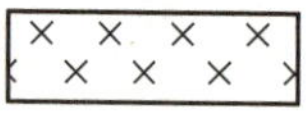	包括圆孔或方孔石膏板、防水石膏板、硅钙板、防火石膏板等
21	金属		①包括各种金属；②图形较小时，可填黑或深灰（灰度宜为70%）
22	网状材料		①包括金属、塑料网状材料；②应注明具体材料名称
23	液体	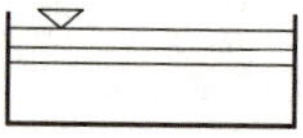	应注明具体液体名称
24	玻璃		包括平板玻璃、磨砂玻璃、夹丝玻璃、钢化玻璃、中空玻璃、夹层玻璃、镀膜玻璃等
25	橡胶		—
26	塑料	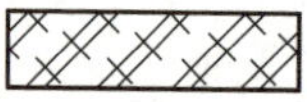	包括各种软、硬塑料及有机玻璃等
27	防水材料		构造层次多或绘制比例大时，采用上面的图例
28	粉刷	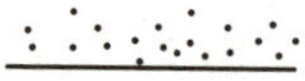	本图例采用较稀的点

注：序号1,2,5,7,8,14,15,21图例中的斜线、短斜线、交叉线等均为45°。

3.门窗图例

1)门的平立面图例

常用门应按表1-1-3所示的图例画法进行绘制。

表1-1-3　常用门的图例

名称	平面图	立面图
空门洞		
单扇门		
双扇门		
单扇双面弹簧门		
双扇双面弹簧门		
折叠门		
推拉门		

2）窗的平立面图例

常用窗应按表1-1-4所示的图例画法进行绘制。

表1-1-4　常用窗的图例

名称	平面图	立面图
悬窗	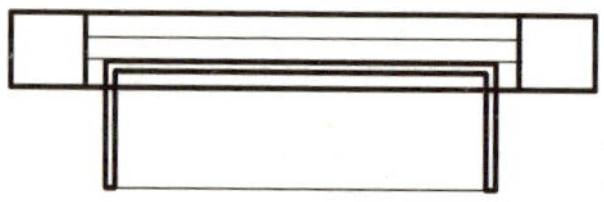	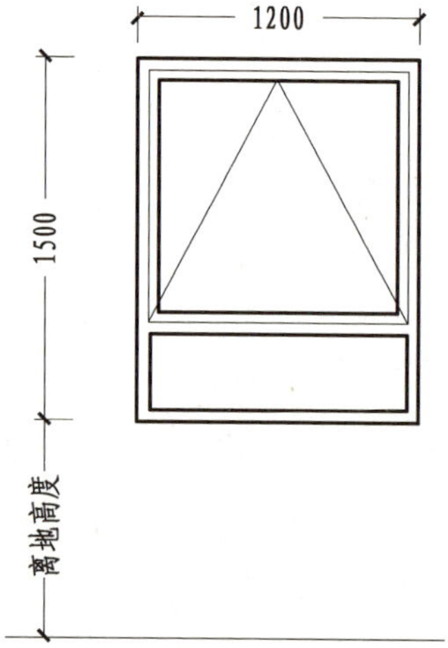
推拉窗		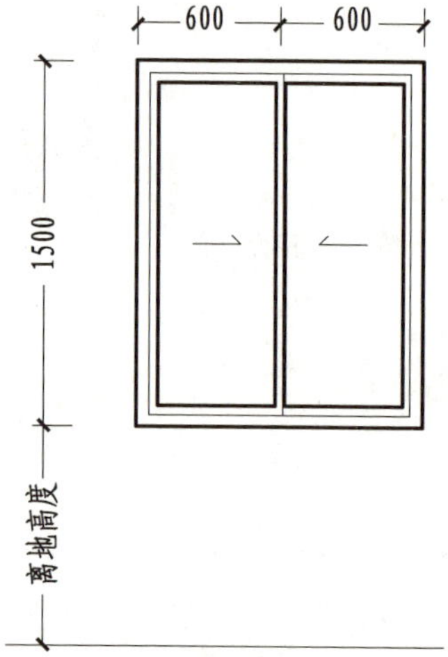
平开窗	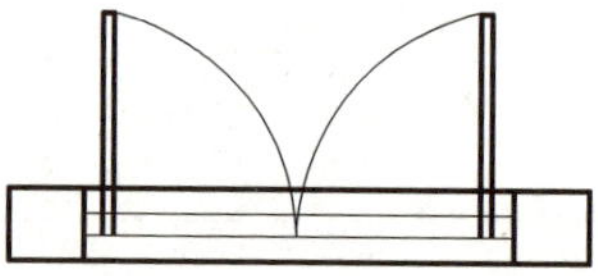	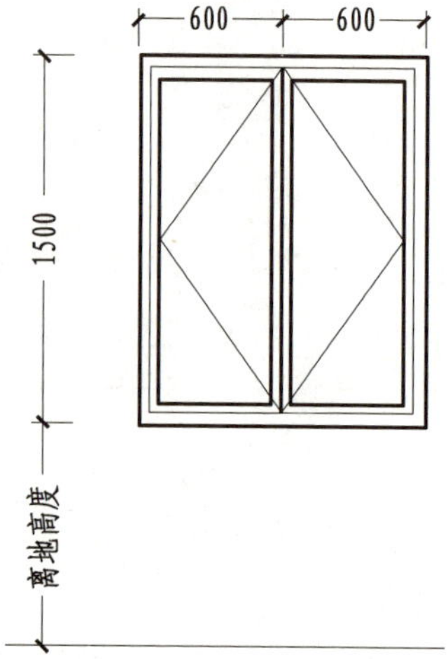

注：窗户尺度可变，图中仅为示意图。

4.常用家具与灯具图例

1)常用家具的平立面图例

常用家具应按表1-1-5所示的图例画法进行绘制。

表 1-1-5 常用家具的图例

名称	平面图	立面图
常用客厅家具		
组合沙发	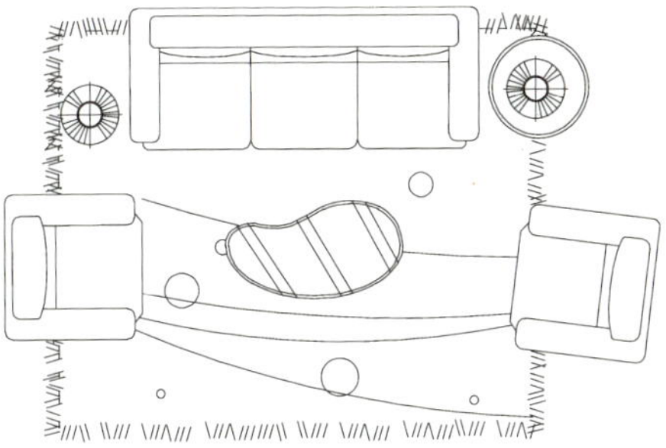	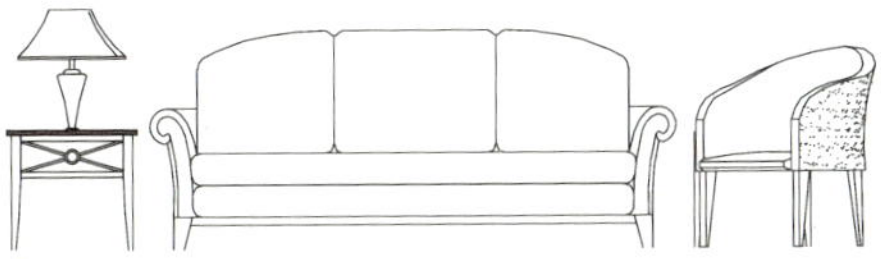
电视柜	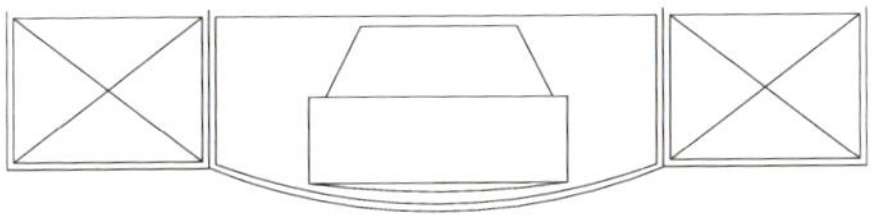	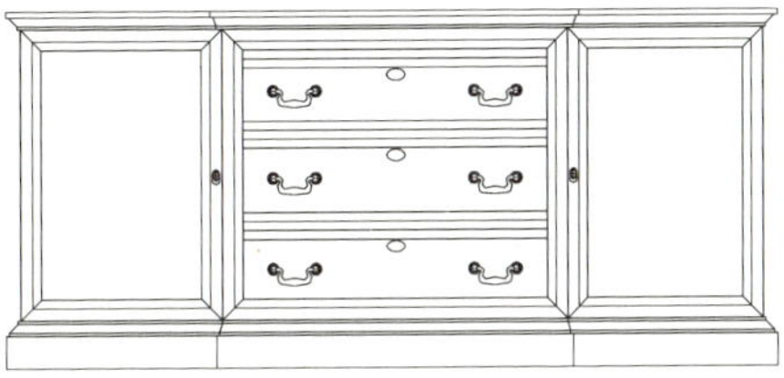
常用餐厅家具		
餐桌	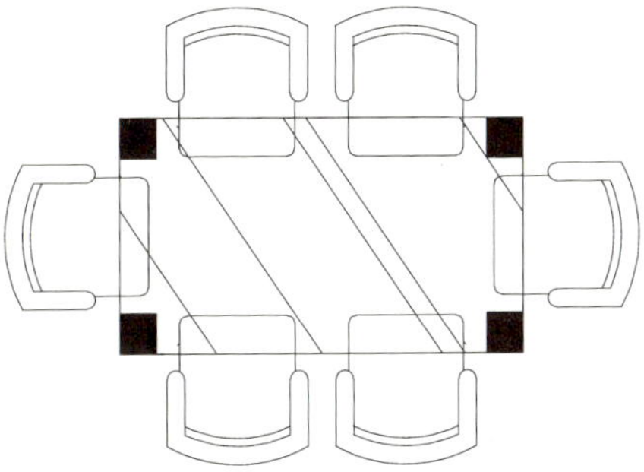	
常用卧室家具		
床	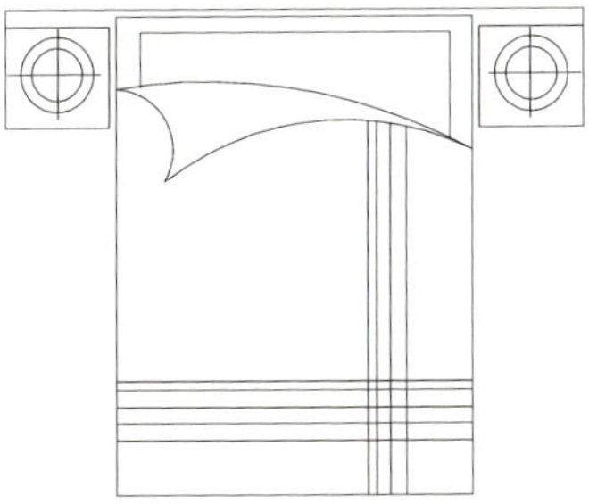	

续表

名称	平面图	立面图
常用卧室家具		
衣柜		
常用书房家具		
书桌		
休闲桌椅		
常用厨房设备		
水槽		

续表

名称	平面图	立面图
常用厨房设备		
灶具		
冰箱		
常用卫生间设备		
马桶		
浴缸		

续表

名称	平面图	立面图
常用卫生间设备		
盥洗台	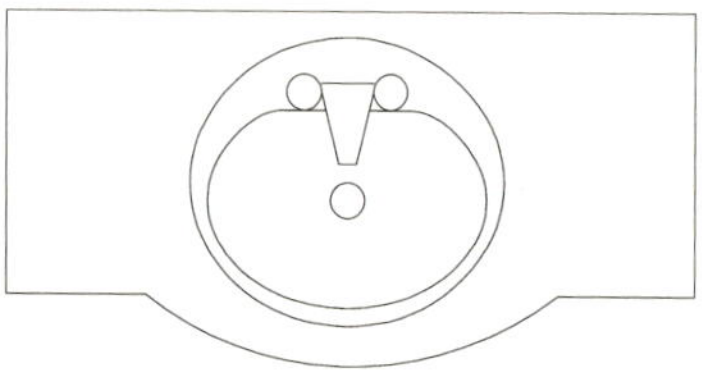	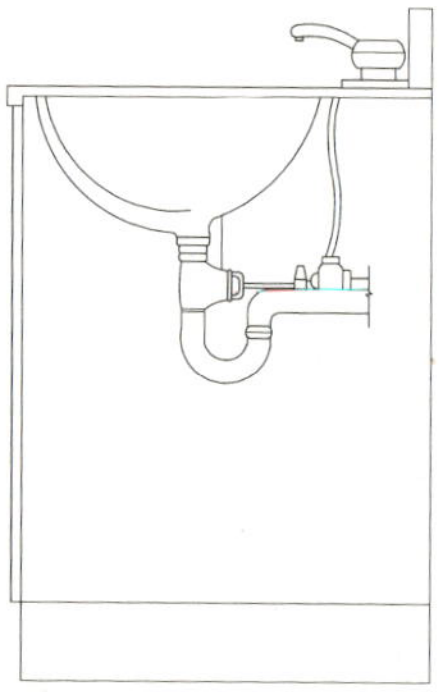
洗衣机	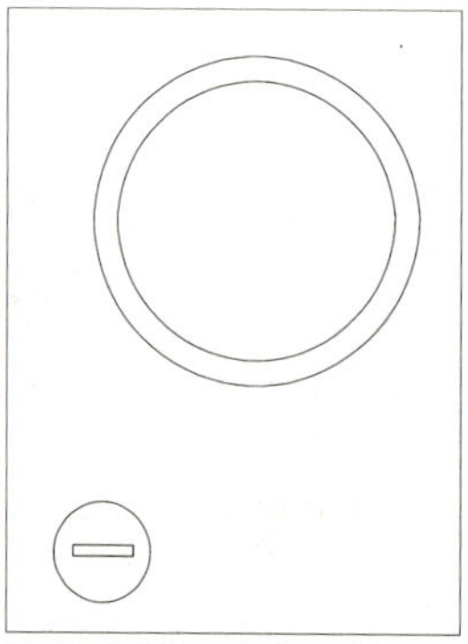	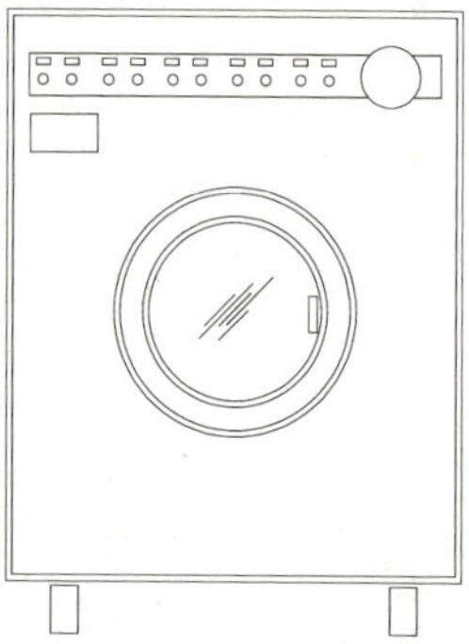

注:家具、电器样式与尺度可变,此处仅为示意图。

2)常用陈设的平立面图例

常用陈设应按表1-1-6所示的图例画法进行绘制。

表1-1-6　常用陈设的图例

名称	平面图	立面图
钢琴	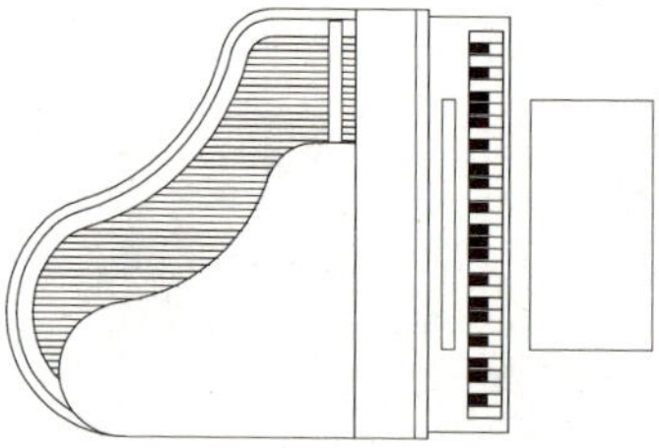	
健身器材	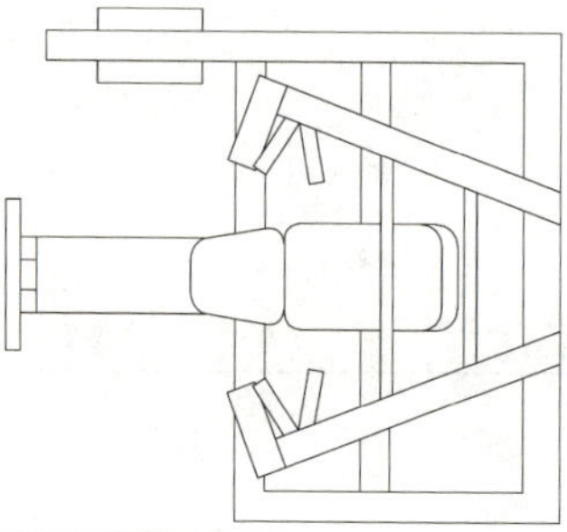	

续表

名称	平面图	立面图
植物		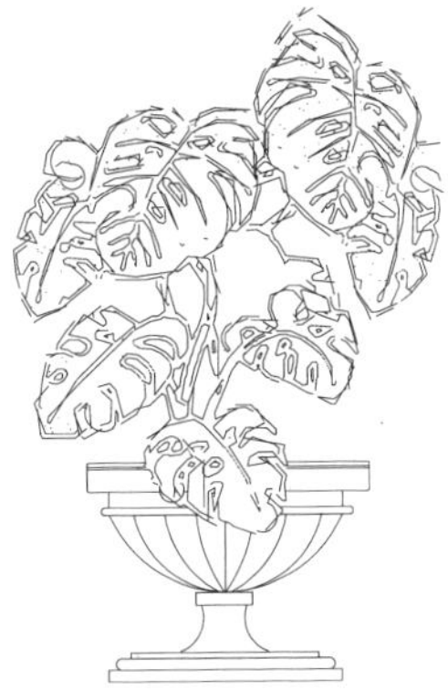
装饰品		
装饰画		

注:陈设品样式与尺度可变,此处仅为示意图。

3)常用灯具的平立面图例

内藏灯具常用虚线"－－－"表示,如图1-1-5所示。

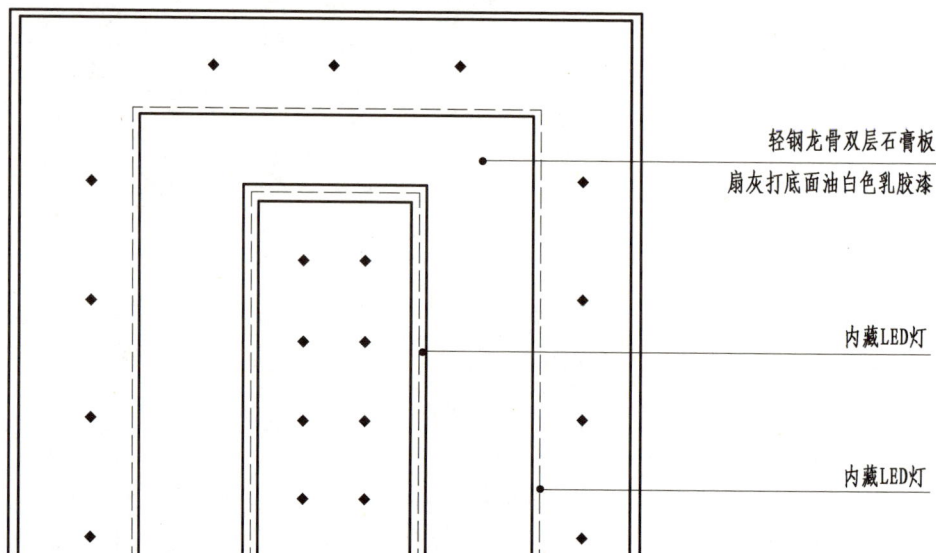

轻钢龙骨双层石膏板
扇灰打底面油白色乳胶漆

内藏LED灯

内藏LED灯

图 1-1-5

常用明装灯具应按表 1-1-7 所示的图例画法进行绘制。

表 1-1-7　常用明装灯具的图例

名称	平面图	立面图
吊灯		
吸顶灯		
射灯		
筒灯		
轨道射灯		
通风口		

续表

名称	平面图	立面图
浴　霸		
镜前灯		
壁灯		

注:灯具样式与尺度可变,此处仅为示意图。

【知识拓展】

　　我国共振设计集团是目前全球最大规模的顶级建筑与室内设计公司之一,综合排名全球第四,其中,商业设计排名全球第二。该集团荣获亚洲设计大奖和环球设计大奖等几十个专业奖项,专业排名在亚洲和中国均位居第一。发展至今,已拥有规划、建筑、室内、景观、空间、机电、导视、灯光、智能化系统设计等各种专业国际人才 500 余人,是全球为数不多的全领域的综合体设计团队,由当代建筑与室内设计大师戴帆领衔,涉及领域包括城市地标建筑与室内设计、商业空间设计、办公空间设计、地产空间设计、酒店空间设计、超级豪宅别墅设计、城市综合体设计、医疗养老设计、公共场馆设计、文化教育设计,项目涵盖购物中心、办公空间、酒店、地产、医疗养老、公共建筑、轨道交通、文化教育等多个领域。

　　戴帆的设计基于对人类学和社会学的深入研究,展现出哲学般的组织逻辑,同时融合了前卫、尖锐和挑衅性的元素,又不失人文关怀的精神。戴帆认为"中国设计改变中国",中国的设计应从中国自身的文化脉络出发,建立中国本土的设计体系。戴帆相信设计可以铸造坚实的精神空间,也可以像涡轮一样驱动人们的思想引擎,改变思维的运行轨迹。他创造的空间令人震惊、引发深思,带给人们强烈的现实感,唤起对历史的回忆并激发情绪的流动。

　　代表作品:奢侈品珠宝建筑及室内空间设计 Natue Virtue、河北传媒大学、东京 China Glasses(Tokyo)、洛杉矶 21g Club(Los Angeles)。

经典作品:中国山西大同造园(China Shanxi Datong Gardens)在法国里昂展出时,引起了极大的关注和强烈的反响。

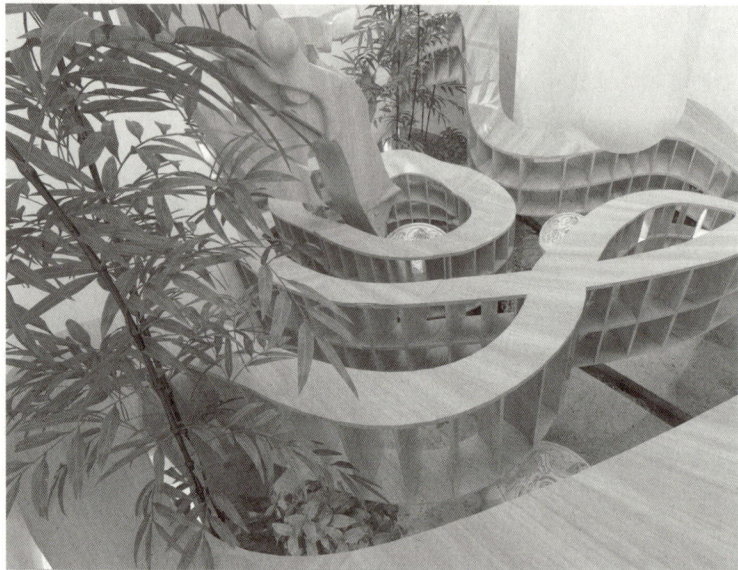

山西大同造园

思考:1.通过阅读材料,你认为优秀的设计师应该具备什么样的品质?

2.结合阅读材料,你怎样理解"中国设计改变中国"这句话?

【岗位实训】

观看以下室内设计图,分析出其中图例的含义,并找出其优缺点。

实训项目	室内设计平面图识读				
实训目的	1.能看懂设计图纸中的图例。 2.能发现图纸中存在的问题。 3.能灵活运用所学知识,举一反三。				
项目要求	选做		必做	是否分组		每组人数	
实训时间			实训学时		学分	
实训地点			实训形式			
实训内容	某室内施工单位接到项目后,要求识读家居设计图并完成后续施工。				

实训内容

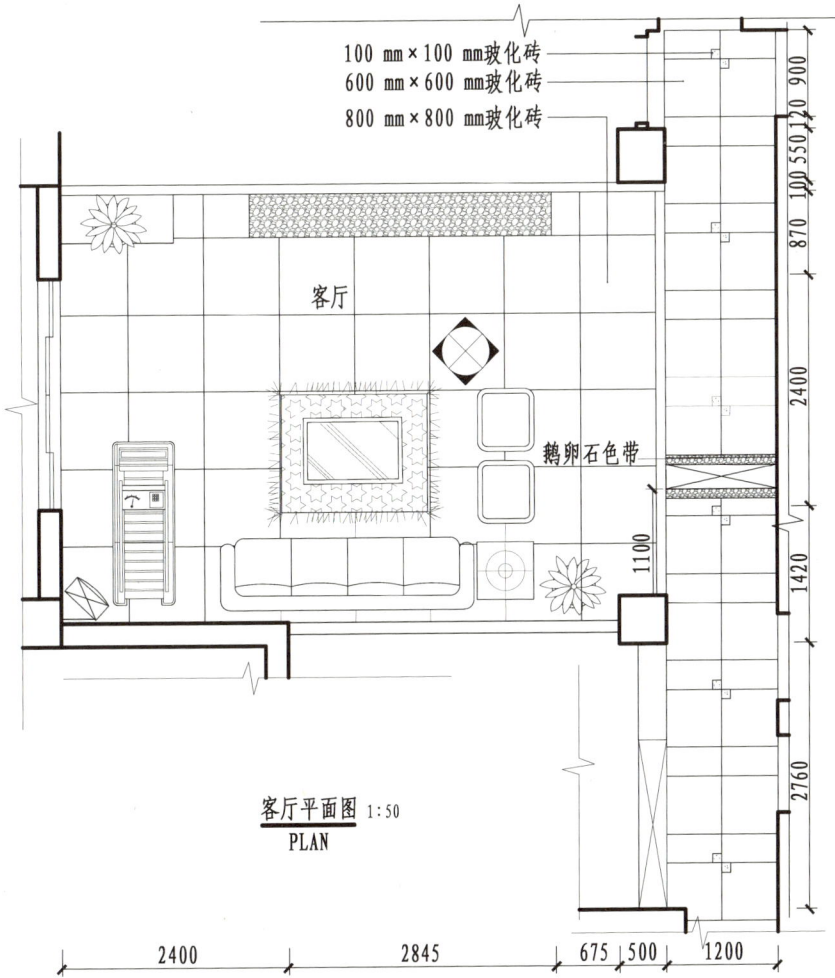

100 mm×100 mm玻化砖
600 mm×600 mm玻化砖
800 mm×800 mm玻化砖

客厅

鹅卵石色带

客厅平面图 1:50
PLAN

900 120 550 100

870

2400

1420

2760

1100

2400   2845   675 500 1200

实训内容

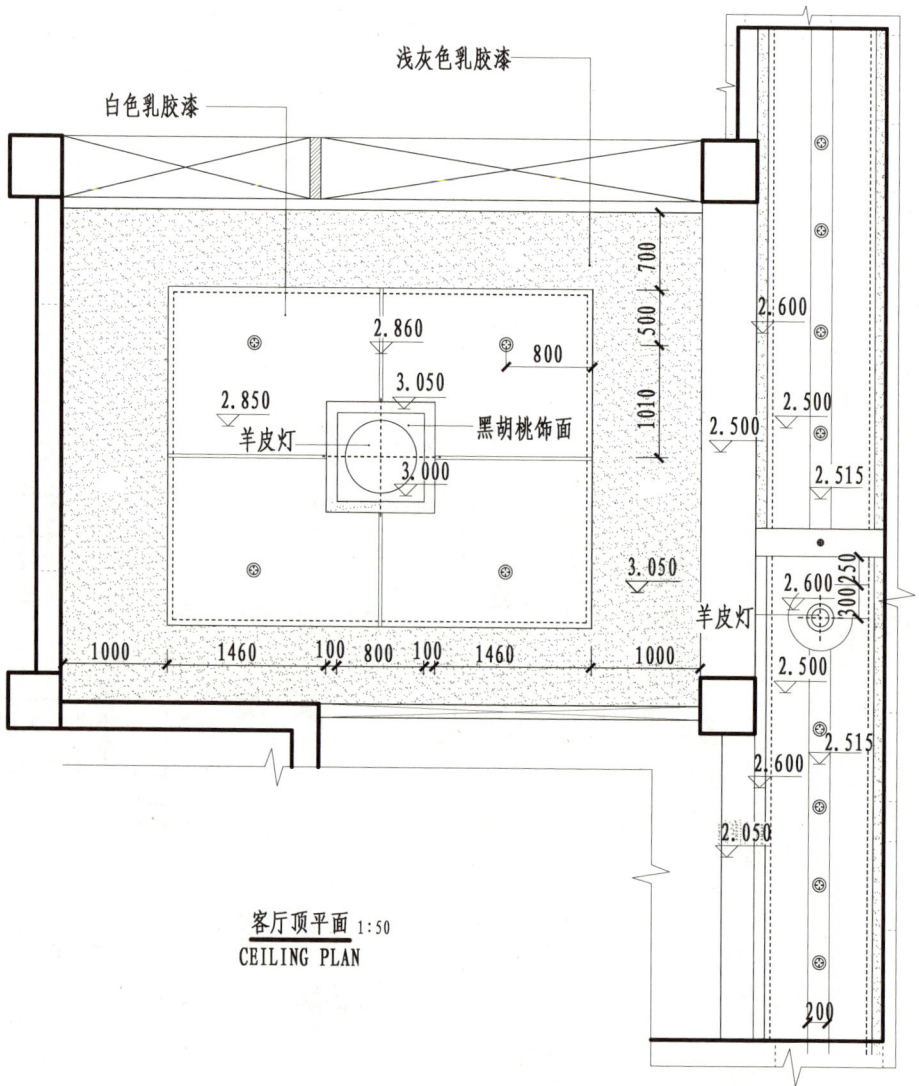

白色乳胶漆

浅灰色乳胶漆

2.860

800

2.850

3.050

羊皮灯

黑胡桃饰面

3.000

700

500

1010

2.600

2.500

2.515

2.500

3.050

羊皮灯

300 250

2.600

2.500

2.515

1000 1460 100 800 100 1460 1000

2.600

2.050

客厅顶平面 1:50
CEILING PLAN

200

实训内容

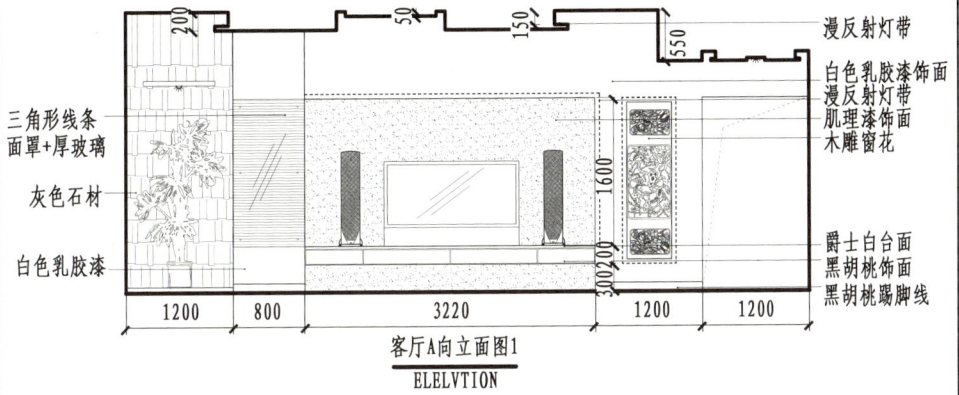

三角形线条
面罩+厚玻璃

灰色石材

白色乳胶漆

漫反射灯带

白色乳胶漆饰面
漫反射灯带
肌理漆饰面
木雕窗花

爵士白台面
黑胡桃饰面
黑胡桃踢脚线

200 50 150 550

1600

300 200

1200 800 3220 1200 1200

客厅A向立面图1
ELELVTION

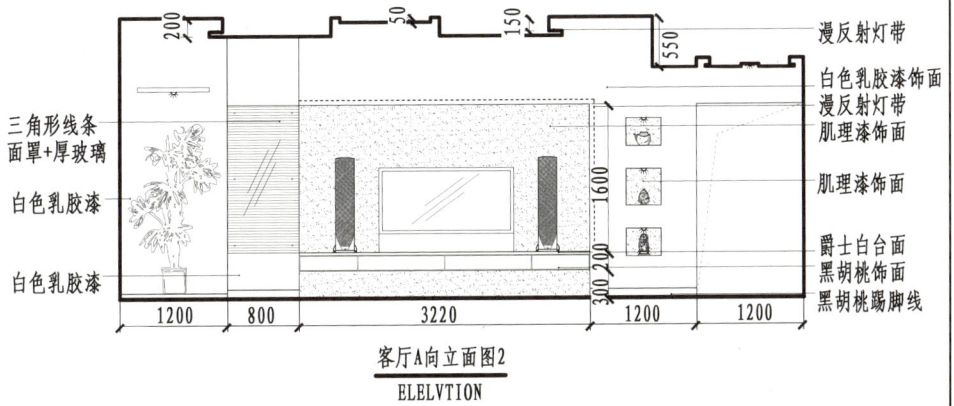

三角形线条
面罩+厚玻璃

白色乳胶漆

白色乳胶漆

漫反射灯带

白色乳胶漆饰面
漫反射灯带
肌理漆饰面

肌理漆饰面

爵士白台面
黑胡桃饰面
黑胡桃踢脚线

200 50 150 550

1600

300 200

1200 800 3220 1200 1200

客厅A向立面图2
ELELVTION

包括:客厅平面图一张
　　　客厅天棚图一张
　　　立面图两张

实训材料	打印好的图纸一份,标记用的红笔一支	
实训步骤及要求	评分标注	分值
1.客厅平面图图例识读 要求:熟悉平面图图例	正确识读平面图图例,错误,酌情扣5~20分; 熟悉平面图各种图例,不熟悉,酌情扣5~20分	40分
2.客厅天棚图图例识读 要求:熟悉天棚图图例	正确识读天棚图图例,错误,酌情扣5~20分; 熟悉天棚图各种图例,不熟悉,酌情扣5~20分	40分
3.客厅立面图图例识读 要求:熟悉立面图图例	正确识读立面图图例,错误,酌情扣5~10分; 熟悉立面图各种图例,不熟悉,酌情扣5~10分	20分
学生评价		
教师评价		
企业评价		

自我分析与总结

存在的主要问题：	收获与总结：

今后改进、提高的情况：

任务二　室内设计制图规范掌握

【任务描述】

本任务主要是掌握常用的室内设计制图标准,包括图幅与图框、线型与粗细、字体与字号、比例、常用符号、轴线、图例、尺寸标注与文字标注、工程图纸的编号等,为正确绘制和识读室内设计图纸打下基础,帮助学生建立完整的图纸系统体系。本任务宏观上采用"实例驱动",微观上采用"项目式教学"以及用"演示法"讲解室内设计制图规范的基本知识点,同时要求学生"边学边画",使学生对室内设计制图从感性认识上升到理性认识。通过本任务的学习,对知识点进行归纳总结,发现新旧知识之间的内在联系,并将所学知识与相关学科进行有机衔接。

【知识点】

1. 图幅与图框。
2. 图线的线型与粗细。
3. 字体与字号。
4. 比例。
5. 符号。
6. 轴线。
7. 尺寸标注。
8. 设计图纸的组成与排列。

【任务导入】

看图 1-2-1,你能辨别出图纸中描绘的是什么吗? 里面的符号分别表示什么意思呢?

设计制图又称为工程图样,是设计、生产、维护和使用中的重要技术文件。为正确绘制和阅读工程图样,必须熟悉和掌握有关标准。我国自 1959 年首次颁布《机械制图》国家标准以来,已经进行了多次修改。而我们要学习的内容来自现行国家标准《房屋建筑制图统一标准》(GB/T 50001—2017)。其中,GB 是国家标准的缩写,T 是推荐的缩写,50001 是该标准的编号,2017 是该标准颁布的年份。

【任务分析】

图纸主要是室内设计工程中,设计师、施工方、业主之间交流的标准工具,或者说设计项目通用的"语言"。对于室内设计方案,由于每个人的理解能力和表达能力有差别,因此无法用常规语言交流清楚。而制图规范就是专用的、标准化的"语言",能看懂设计图纸是做室内设计与施工的基本要求。为了使设计项目沟通更顺畅、更标准,国家颁布了一系列设计行业的相关制图标准。室内设计图纸识读是每位设计师都必须具备的基本能力,其中室内设计制图规范的掌握又是基础中的基础。

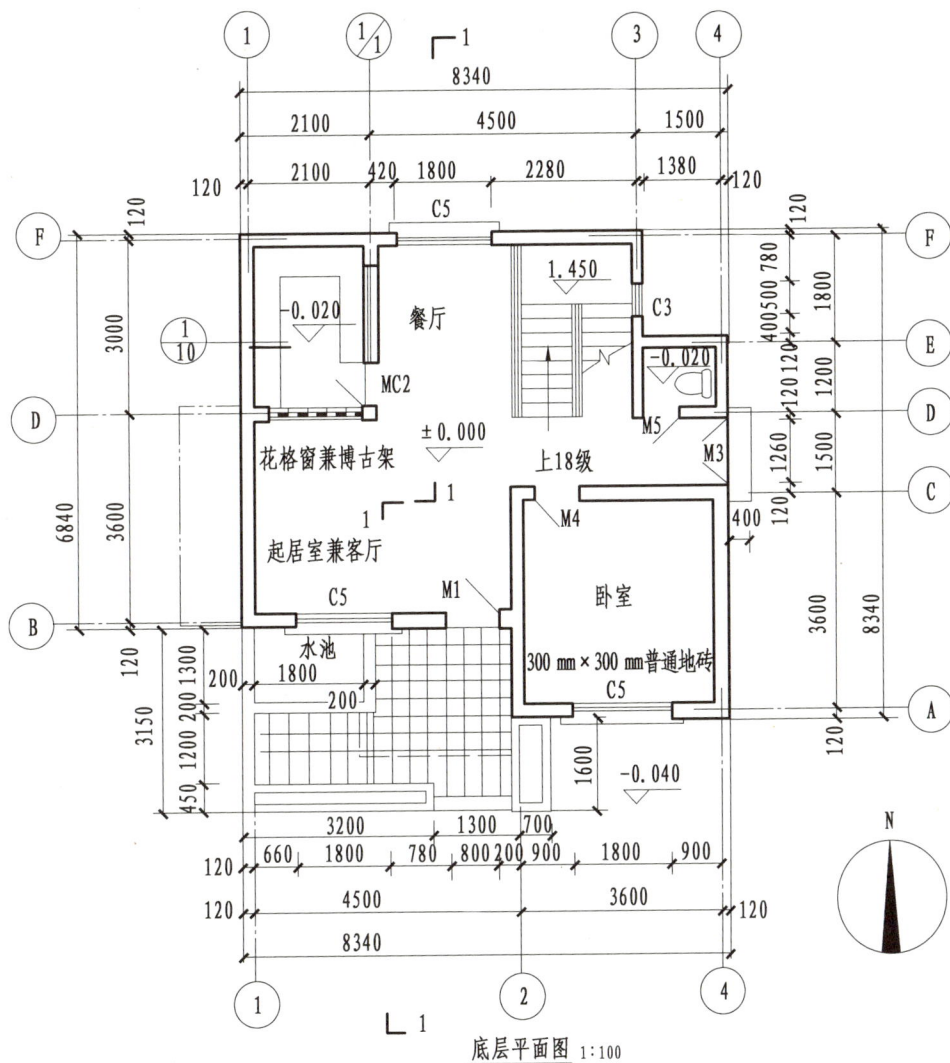

图 1-2-1

【任务讲解】

1. 图幅与图框

1）图幅

图幅即图纸幅面,表示图纸的大小,以长×宽的尺寸表示。表 1-2-1 是《房屋建筑制图统一标准》(GB/T 50001—2017)中规定的基本幅面,绘制工程图样时应优先采用。必要时允许按规定加长幅面,可查阅《技术制图　图纸幅面和格式》(GB/T 14689—2008)。

表 1-2-1　图纸幅面

单位:mm

幅面代号	A0	A1	A2	A3	A4
尺寸 $B \times L$	841×1189	594×841	420×54	297×420	210×297
a	25				
c	10			5	

2)绘制标准图框线

在图纸上必须用粗实线画出图框,其格式分为留装订边和不留装订边两种,但同一套图纸只能采用一种格式。不留装订边的图纸,其图框格式如图 1-2-2、图 1-2-3 所示,尺寸按照表 1-2-1 中的规定。

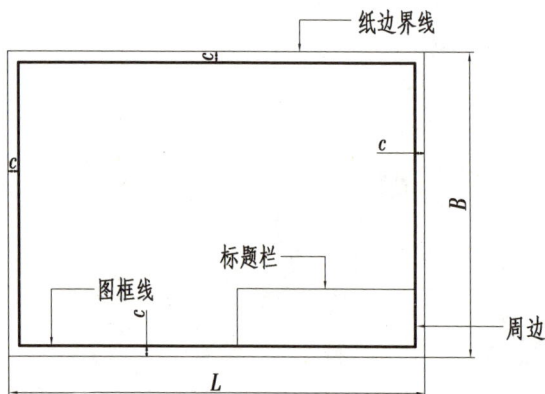

图 1-2-2

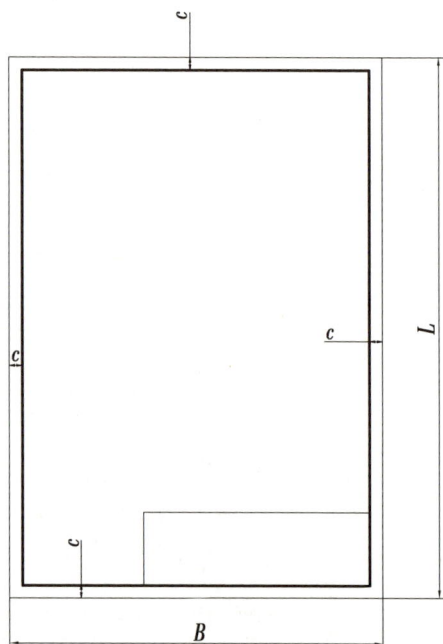

图 1-2-3

留装订边的图纸,其图框格式如图 1-2-4、图 1-2-5 所示,尺寸按表 1-2-1 中的规定。

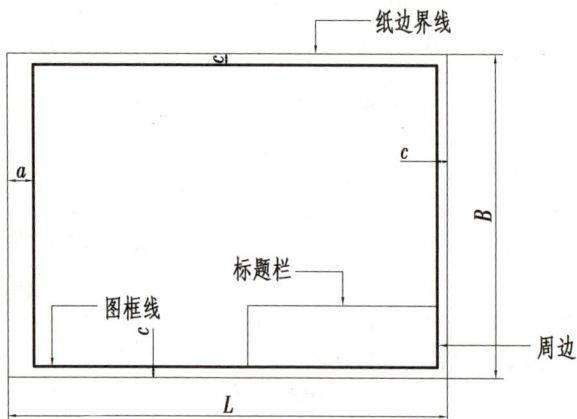

图 1-2-4

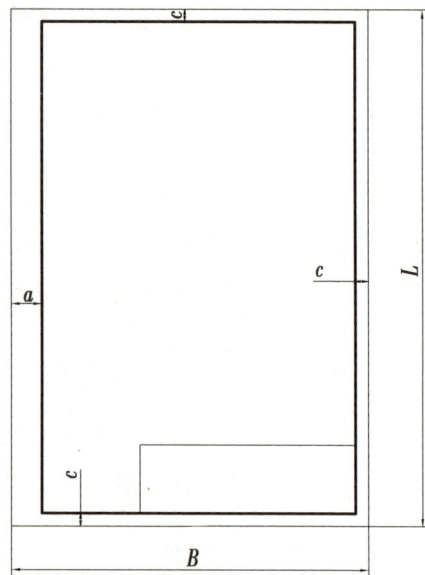

图 1-2-5

3)绘制标题栏和会签栏

标题栏和会签栏用以说明所绘制图纸的名称、比例、材料、图号、设计者、审核者等,一般位于图纸右下角,长边与图纸长边方向一致,如图1-2-2—图1-2-5所示。

国家规定的标准标题栏的尺寸为56 mm×180 mm,具体尺寸如图1-2-6所示。学校制图作业使用的标题栏尺寸为32 mm×140 mm,具体尺寸如图1-2-7所示。

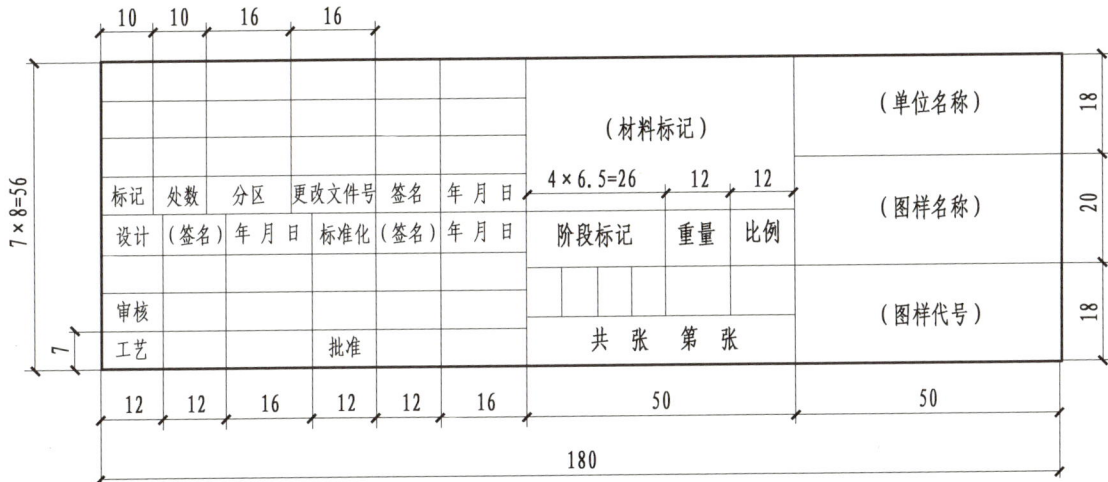

图 1-2-6

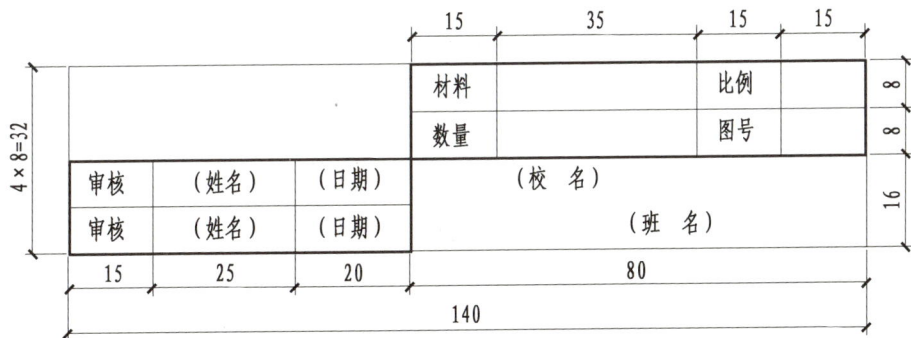

图 1-2-7

2. 图线的线型与粗细

绘制设计图样时,应按照国家标准《房屋建筑制图统一标准》(GB/T 50001—2017)中规定的线型进行绘制。常用的图线名称、线型及主要用途见表1-2-2。

表1-2-2 建筑制图常用图线及其用途

名　称		线　型	线　宽	用　途
实线	粗		b	主要可见轮廓线
	中粗		$0.7b$	可见轮廓线、变更云线
	中		$0.5b$	可见轮廓线、尺寸线
	细		$0.25b$	图例填充线、家具线

续表

名　称		线　型	线　宽	用　途
虚线	粗		b	见各有关专业制图标准
	中粗		$0.7b$	不可见轮廓线
	中		$0.5b$	不可见轮廓线、图例线
	细		$0.25b$	图例填充线、家具线
单点长画线	粗		b	见各有关专业制图标准
	中		$0.5b$	见各有关专业制图标准
	细		$0.25b$	中心线、对称线、轴线等
双点长画线	粗		b	见各有关专业制图标准
	中		$0.5b$	见各有关专业制图标准
	细		$0.25b$	假想轮廓线、成型前原始轮廓线
折断线	细		$0.25b$	断开界线
波浪线	细		$0.25b$	断开界线

图线分粗线型、中粗线型、中实线型和细线型4种。粗线型的宽度为b,按所绘图样的大小和复杂程度在1.4,1.0,0.7,0.5 mm的线宽系列中选用。中粗线型的宽度为$0.5b$、$0.75b$,中实线型的宽度为$0.5b$,细线型的宽度为$0.25b$。

3. 字体与字号

图纸上所需书写的文字、数字或符号等,应笔画清晰、字体端正、排列整齐;标点符号应清楚正确。

1)字体

图样及说明中的汉字,宜优先采用 True type 字体中的宋体字型和长仿宋体字型。同一图纸中的字体种类不应超过两种。字体的宽高比宜为0.7。大标题、图册封面、地形图等的汉字,也可用其他字体,但应易于辨认,其宽高比宜为1。

图样及说明中的字母、数字,宜优先采用 True type 字体中的 Roman 字型。数量的数值注写,应采用正体阿拉伯数字。各种计量单位凡前面有量值的,均应采用国家颁布的单位符号注写。单位符号应采用正体字母。

2)字号

字号即文字的高度,应从3.5,5,7,10,14,20 mm中选用。如需书写更大的字,其高度应按$\sqrt{2}$的倍数递增。室内设计图纸中图名的文字高度常用5 mm,而其他文字高度常用3.5 mm。字母及数字的字高不应小于2.5 mm。

4. 比例

图纸的比例是指图形与实物相对应的线性尺寸之比。比例的符号为":",应用阿拉伯数字表示。比例一般写在图名的右侧和标题栏的比例栏中,如图1-2-8所示。

比例	1：100

平面图 1:100

图 1-2-8

　　绘图所用的比例,应根据图样的用途与被描绘对象的复杂程度,从室内设计图常用比例表（表 1-2-3）中选用。一般情况下,一个图样应选用 1～2 种比例。

表 1-2-3　室内设计图常用比例表

图　名	常用比例
总平面图	1：200,1：300,1：500,1：1000
平面图、立面图、剖面图等	1：30,1：50,1：100,1：150
结构详图	1：1,1：2,1：5,1：10,1：15,1：20,1：25,1：30

5. 符号

1）剖切符号

剖切符号宜优先选择国际通用方法表示,如图 1-2-9 所示;也可采用常用方法表示,如图 1-2-10 所示。同一套图纸应选用一种表示方法。

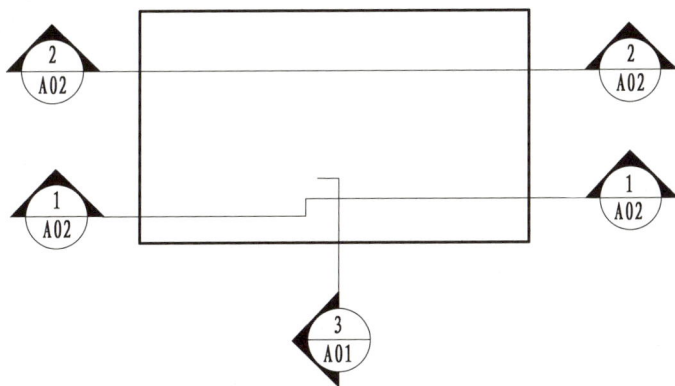

图 1-2-9

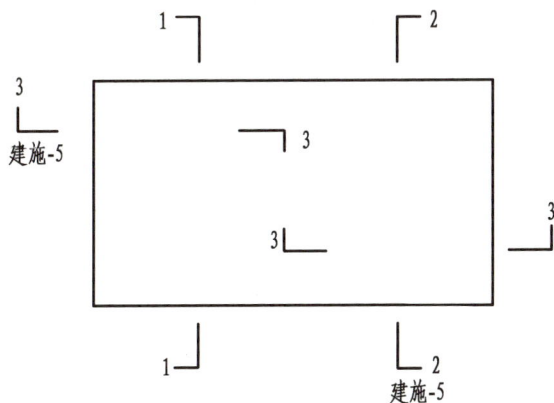

图 1-2-10

（1）国际通用剖视表示法

剖面剖切索引符号应由直径为 8～10 mm 的圆和水平直径以及两条相互垂直且外切圆的线段组成，水平直径上方应为索引编号，下方应为图纸编号，线段与圆之间应填充黑色并形成箭头表示剖视方向，索引符号应位于剖线两端；断面及剖视详图剖切符号的索引符号应位于平面图外侧一端，另一端为剖视方向线，长度宜为 7～9 mm，宽度宜为 2 mm。剖切线与符号线线宽应为 0.25b。需要转折的剖切位置线应连续绘制。剖号的编号宜从左至右、由下向上连续编排。

（2）我国常用方法

剖面的剖切符号应由剖切位置线和剖视方向线组成，均应以粗实线绘制，线宽宜为 b。剖切位置线的长度宜为 6～10 mm；剖视方向线应垂直于剖切位置线，长度应短于剖切位置线，宜为 4～6 mm。绘制时，剖视剖切符号不应与其他图线接触。剖视剖切符号的编号宜采用粗阿拉伯数字，按剖切顺序从左至右、由下向上连续编排，并应注写在剖视方向线的端部（图 1-2-10）。断面的剖切符号应只用剖切位置线表示，其编号应注写在剖切位置线的一侧；编号所在的一侧应为该断面的剖视方向，其余同剖面的剖切符号。

2）索引符号与详图符号

（1）索引符号

图样中的某一局部或构件，如需另见详图，应以索引符号索引，如图 1-2-11（a）所示。索引符号应由直径为 8～10 mm 的圆和水平直径组成，圆和水平直径线宽宜为 0.25b。索引符号编写应符合下列规定：

①当索引出的详图与被索引的详图在同一张图纸中时，应在索引符号的上半圆中用阿拉伯数字注明该详图的编号，并在下半圆中间画一段水平细实线，如图 1-2-11（b）所示。

②当索引出的详图与被索引的详图不在同一张图纸中时，应在索引符号的上半圆中用阿拉伯数字注明该详图的编号，在索引符号的下半圆中用阿拉伯数字注明该详图所在图纸的编号，如图 1-2-11（c）所示。数字较多时，可加文字标注。

③当索引出的详图采用标准图时，应在索引符号水平直径的延长线上加注该标准图集的编号，如图 1-2-11（d）所示。需要标注比例时，应在文字的索引符号右侧或延长线下方，与符号下对齐。

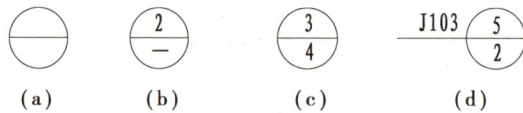

图 1-2-11

④当索引符号用于索引剖视详图时，应在被剖切的部位绘制剖切位置线，并用引出线引出索引符号，引出线所在的一侧应为剖视方向，如图 1-2-12 所示。

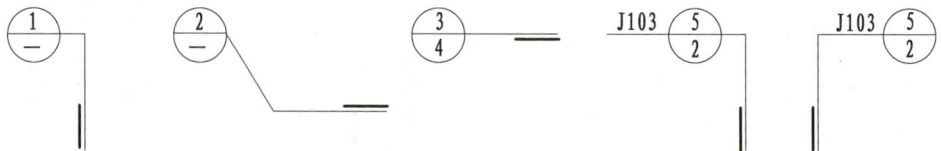

图 1-2-12

（2）详图符号

详图的位置和编号应用详图符号表示。详图符号的圆直径应为 14 mm，线宽为 b。详图编号应符合下列规定：

①当详图与被索引的图样同在一张图纸内时,应在详图符号内用阿拉伯数字注明详图的编号,如图1-2-13(a)所示。

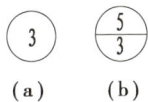

②当详图与被索引的图样不在同一张图纸内时,应用细实线在详图符号内画一水平直径,在上半圆中注明详图编号,在下半圆中注明被索引的图纸编号,如图1-2-13(b)所示。

图 1-2-13

3)引出线

引出线的线宽应为0.25b,宜采用水平方向的直线,或与水平方向成30°,45°,60°,90°的直线,并经上述角度再折成水平线。文字说明可以注写在水平线的上方,如图1-2-14(a)所示;也可注写在水平线的端部,如图1-2-14(b)所示。索引详图的引出线,应与水平直径线相连,如图1-2-14(c)所示。

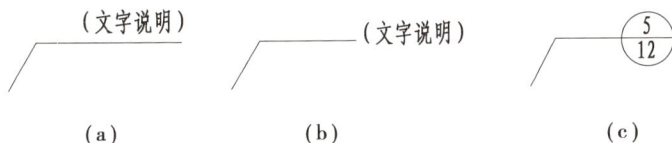

图 1-2-14

多层构造或多层管道共用引出线,应通过被引出的各层,并用圆点示意对应各层次。文字说明宜注写在水平线的上方,或注写在水平线的端部,说明顺序应从上至下,并应与被说明的层次对应一致;如层次为横向排序,则从上至下的说明顺序应与从左至右的层次对应一致,如图1-2-15 所示。

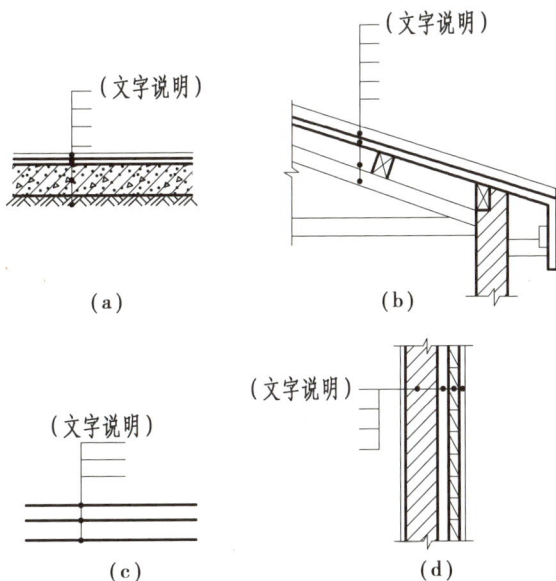

图 1-2-15

4)其他符号

(1)连接符号

连接符号应以折断线表示需连接的部分。两部位相距过远时,折断线两端靠图样一侧应标注大写英文字母表示连接编号。两个被连接的图样应使用相同的字母编号,如图1-2-16 所示。

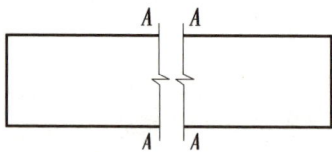

图 1-2-16

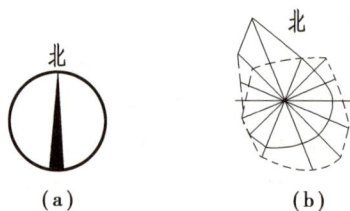

(a)   (b)

图 1-2-17

（2）指北针符号和风玫瑰图

指北针是一种用于指示方向的符号。指北针的圆的直径宜为 24 mm,用细实线绘制;指针尾部的宽度宜为 3 mm,指针头部应注"北"或"N"字,如图 1-2-17(a)所示。需用较大直径绘制指北针时,指针尾部的宽度宜为直径的 1/8。

风玫瑰图是气象学领域中的一种专业统计图表,用于统计某个地区在一定时期内的风向、风速发生的频率分布,又分为"风向玫瑰图"和"风速玫瑰图",因图形似玫瑰花朵而得名。指北针与风玫瑰结合时宜采用互相垂直的线段,线段两端应超出风玫瑰轮廓线 2~3 mm,垂点宜为风玫瑰中心,北向应注"北"或"N"字,组成风玫瑰的所有线宽均宜为 0.5b,如图 1-2-17(b)所示。

6. 轴线

室内设计图中的定位轴线是施工定位、放线的重要依据。凡是承重墙、柱子等主要承重构件都应画上轴线来确定其位置。

定位轴线应用 0.25b 线宽的单点长画线绘制,编号应注写在轴线端部的圆内。圆应用 0.25b 线宽的实线绘制,直径宜为 8~10 mm。定位轴线圆的圆心应在定位轴线的延长线上或延长线的折线上。

除较复杂的需采用分区编号或圆形、折线形外,平面图上定位轴线的编号宜标注在图样的下方及左侧,或在图样的四面标注。横向编号应用阿拉伯数字,从左至右顺序编写;竖向编号应用大写英文字母,从下至上顺序编写,如图 1-2-18 所示。

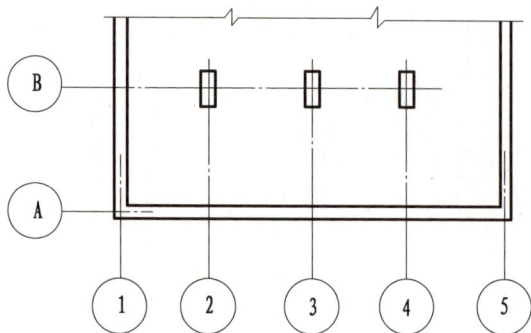

图 1-2-18

英文字母作为轴线号时,应全部采用大写字母,不应使用同一个字母的大小写来区分轴线号。英文字母的 I,O,Z 不得用作轴线编号。当字母数量不够使用时,可增用双字母或单字母加数字注脚。

7. 尺寸标注

图样上的尺寸,应包括尺寸界线、尺寸线、尺寸起止符号和尺寸数字,如图 1-2-19 所示。

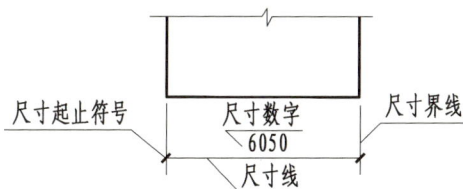

图 1-2-19

1）尺寸界线、尺寸线、尺寸起止符号和尺寸数字

尺寸界线应用细实线绘制，应与被注长度垂直，其一端应离开图样轮廓线不小于 2 mm，另一端宜超出尺寸线 2 ~ 3 mm。

尺寸线应用细实线绘制，应与被注长度平行，两端宜以尺寸界线为边界，也可超出尺寸界线 2 ~ 3 mm。图样本身的任何图线均不得用作尺寸线。

尺寸起止符号用中粗斜短线绘制，其倾斜方向应与尺寸界线成顺时针 45°角，长度宜为 2 ~ 3 mm。

图样上的尺寸，应以尺寸数字为准，不应从图上直接量取。图样上的尺寸单位，除标高及总平面以米为单位外，其他必须以毫米为单位。尺寸数字应根据其方向注写在靠近尺寸线的上方中部。如没有足够的注写位置，最外边的尺寸数字可注写在尺寸界线的外侧，中间相邻的尺寸数字可上下错开注写，也可用引出线表示标注尺寸的位置，如图 1-2-20 所示。

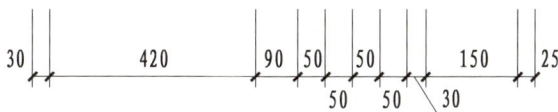

图 1-2-20

2）尺寸的排列与布置

尺寸宜标注在图样轮廓以外，不宜与图线、文字及符号等相交，如图 1-2-21 所示。

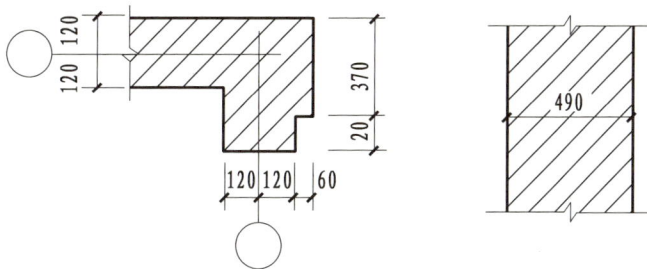

图 1-2-21

互相平行的尺寸线，较小尺寸应离轮廓线较近，较大尺寸应离轮廓线较远。图样轮廓线以外的尺寸界线，距图样最外轮廓之间的距离不宜小于 10 mm。平行排列的尺寸线的间距宜为 7 ~ 10 mm，并应保持一致。总尺寸的尺寸界线应靠近所指部位，中间分尺寸的尺寸界线可稍短，但其长度应相等，如图 1-2-22 所示。

3）半径的尺寸标注

半径的尺寸线应一端从圆心开始，另一端画箭头指向圆弧。半径数字前应加注半径符号"R"（图 1-2-23）。较小圆弧的半径，可按图 1-2-24 的形式标注。较大圆弧的半径，可按图 1-2-25 的形式标注。

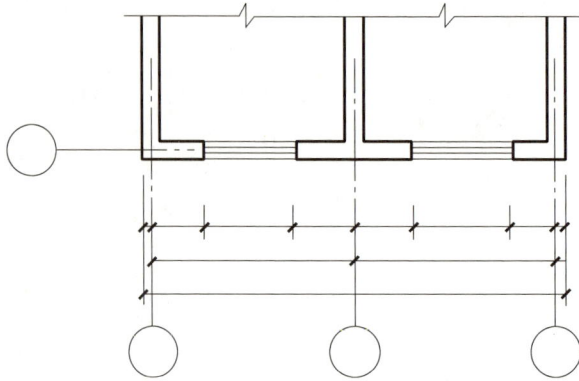

图 1-2-22

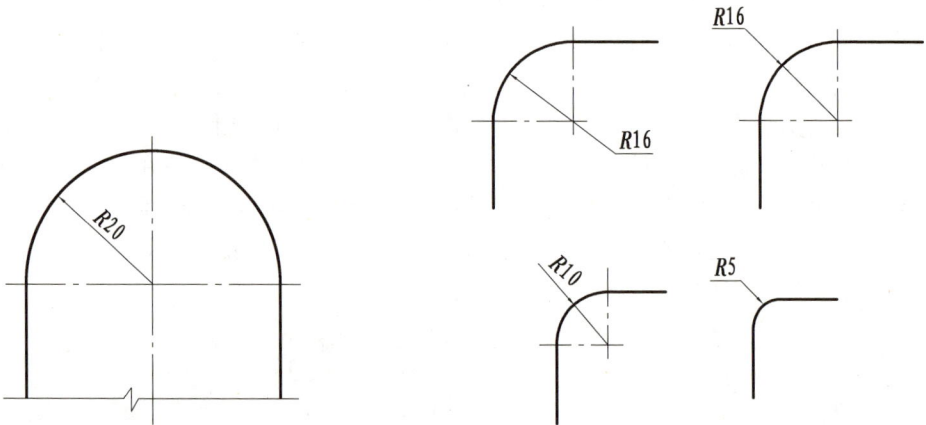

图 1-2-23   图 1-2-24

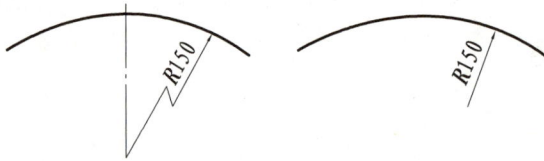

图 1-2-25

4）标高

标高是标注建筑物高度的一种尺寸形式。标高符号应以等腰直角三角形表示,并应按图
1-2-26（a）所示的形式用细实线绘制,如标注位置不够,也可按图 1-2-26（b）所示的形式绘制。
标高符号的具体画法可按图 1-2-26（c）、（d）所示的形式绘制。

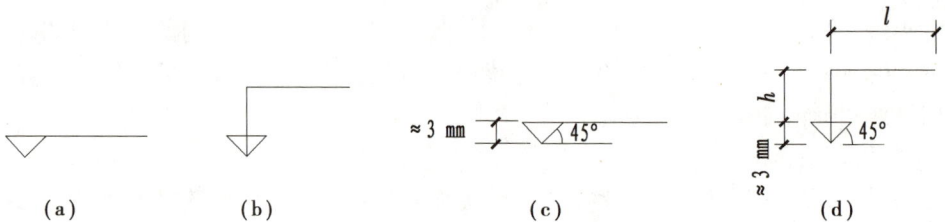

（a）   （b）   （c）   （d）

图 1-2-26

l—取适当长度注写标高数字;*h*—根据需要取适当高度

总平面图室外地坪标高符号宜用涂黑的三角形表示,具体画法可按图 1-2-27 所示绘制。标高符号的尖端应指至被注高度的位置。尖端宜向下,也可向上。标高数字应注写在标高符号的上侧或下侧,如图 1-2-28 所示。

图 1-2-27

图 1-2-28

标高数字应以米为单位,注写到小数点以后第三位。在总平面图中,可注写到小数点以后第二位。零点标高应注写成±0.000,正数标高不注"+",负数标高应注"-",如 3.000、-0.600。

8.设计图纸的组成与排列

1)设计图纸的组成

用正投影的方法,按制图标准将房屋的内外形状和大小以及各部分的结构、构造、装修、设备等内容详细、准确地画出图样,称为建筑施工图。设计图纸的组成如图 1-2-29 所示。

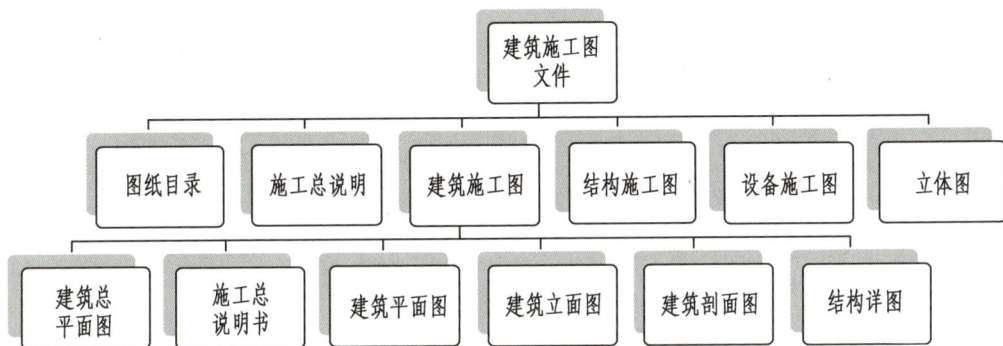

图 1-2-29

2)设计图纸的排列

设计图纸的图样类型和排列顺序的编号,也称图号。设计图纸编号应与交付的纸质工程图纸一一对应,应标注在标题栏的图号区。

设计图纸应按不同专业、阶段、类型进行编排,应为图纸目录、设计说明、总图、建筑图、结构图、给水排水图、暖通空调图、电气图等。各专业的图纸,宜按照图纸目录及说明、平面图、立面图、剖面图、大比例视图、详图、清单、简图等的顺序排列编号;参照图纸内容的主次关系、逻辑关系进行分类,做到有序排列。

【知识拓展】

海口的中国银行江东国际金融大厦是由美国的贝氏建筑事务所领衔方案设计的,也是中国建筑设计院执行设计的第一个合作项目。中国建筑设计研究院与贝氏建筑事务所组成的联合体,承担该项目包括建筑、结构、电气、给排水、暖通空调,以及装饰、智能化、幕墙、消防、景观、绿色等专业的设计任务和施工中的设计服务。

中国银行江东国际金融大厦

　　该设计强调中国银行致力于成为一家面向未来、完全现代化的 21 世纪银行的承诺。该建筑被设计成一组不同的浮动体，各具有独特的形态，通过一个巨大的连续裙楼相互连接。裙楼设于场地和多个庭院四周，从而使阳光、空气和景观贯穿整个建筑。开放式的设计可以尽量扩大表面，让身处建筑中的人们能最大限度地享受室外景观。

裙楼设计效果图

　　中美的建筑师正在经历着同样的挑战，他们以合作为共识，用切实的行动与智慧，保证了项目的平稳推进。值得欣慰的是，经过几个月的努力，合作团队已经在海南、广西、北京等地的项目中取得进展，特别是海口江东国际金融中心项目，业主方已向他们发送了设计总承包的中标通知书。我们期待在不久的将来，在南海之滨矗立起的这座新建筑，能够继续传承中国银行建筑的历史，呈现中美双方建筑师合作与坚守的成果。

　　思考：1. 通过阅读材料，你认为美国与中国设计师交流的方式有哪些？

　　　　　2. 结合阅读材料，你认为制图标准化在设计中起什么作用？

【岗位实训】

　　观看以下室内设计图，找出其优缺点。

实训项目	室内设计平面图识读			
实训目的	1. 能看懂设计图纸中的各个项目。 2. 能发现图纸中存在的问题。 3. 能灵活运用所学知识,举一反三。			
项目要求	选做	必做	是否分组	每组人数
实训时间		实训学时		学分
实训地点		实训形式		
实训内容	某室内施工单位接到项目后,要求识读酒店标间设计图并完成后续施工。 包括:标间平面布置图一张 　　　标间地面铺装图一张 　　剖面图一张 　　大样图七张			

实训材料	打印好的图纸一份,标记用红笔一支	
实训步骤及要求	评分标注	分值
1. 标间平面布置图识读 要求:熟悉平面图制图标准与各种符号	正确识读平面图,错误,酌情扣5~15分; 熟悉平面图各种符号,不熟悉,酌情扣5~10分	25分
2. 标间地面铺装图识读 要求:熟悉地面铺装图制图标准与各种符号	正确识读地面铺装图,错误,酌情扣5~15分; 熟悉地面铺装图各种符号,不熟悉,酌情扣5~10分	25分
3. 标间剖面图识读 要求:熟悉剖面图制图标准与各种符号	正确识读剖面图,错误,酌情扣5~15分; 熟悉剖面图各种符号,不熟悉,酌情扣5~10分	25分
4. 标间大样图识读 要求:熟悉大样图制图标准与各种符号	正确识读大样图,错误,酌情扣5~15分; 熟悉大样图各种符号,不熟悉,酌情扣5~10分	25分
学生评价		
教师评价		
企业评价		

任务三　三视投影图认识

【任务描述】

本任务主要是认识三视投影图,包括什么是三视图、三视图有哪些特点、三视图的规律等,并以此为载体掌握简单三视图的画法,帮助学生补充与完善图纸系统的思维体系。本任务宏观上采用"实例驱动",微观上采用"项目式教学"以及用"演示法"讲解三视图的基本知识点,同时要求学生"边学边画",使学生对室内设计制图从感性认识上升到理性认识。通过本任务的学习,对知识点进行归纳总结,发现新旧知识之间的内在联系,并将所学知识与相关学科进行有机衔接。

【知识点】

1. 三视投影图的定义与特点。

2. 三视投影图的规律。

3. 三视投影图的画法。

【任务导入】

室内设计里有平面图和立面图,那么什么是平面图,什么是立面图,它们又有哪些规律,应如何绘制平面图和立面图?

【任务分析】

绘制室内设计图纸时离不开平面图和立面图,而平立面图均被称为三视投影图。要准确绘制平立面图,就离不开对三视投影图的学习。只有掌握了三视投影图的基本规律,才能绘制出标准的平立面图。通过本任务的学习,可深入了解三视投影图,同时建立对单体家具的空间思维模式。

【任务讲解】

1. 三视投影图的定义及特点

1)三视投影图的定义

在日常生活中,经常可以看到物体经灯光或阳光的照射,在地面或墙面上产生影子的现象,这一现象称为投影现象。人们对这种现象进行研究,找出影子与物体之间的几何关系,经过科学的概括,创造了绘制图形的投影方法。投影法分为中心投影法(图1-3-1)和平行投影法,而平行投影法又分为斜投影(图1-3-2)和正投影(图1-3-3)。

能正确反映物体的长、宽、高尺寸的正投影工程图(主视图、俯视图、左视图3个基本视图)称为三视图,这是工程界一种对物体几何形状约定俗成的抽象表达方式。三视图是观测者从上面、左面、正面3个不同角度观察同一个空间几何体而画出的图形。

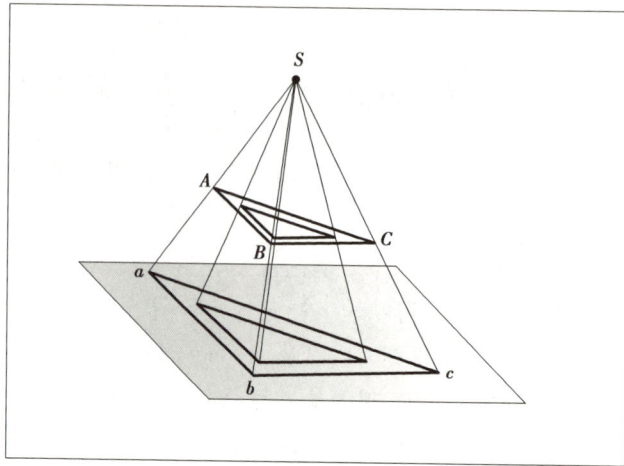

图 1-3-1　中心投影法

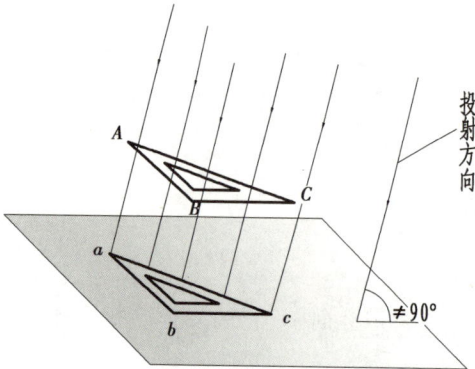

图 1-3-2

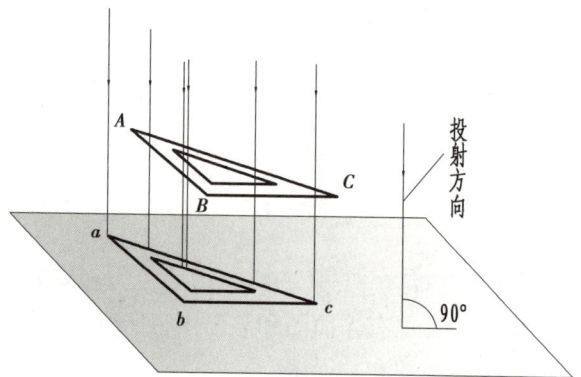

图 1-3-3

　　将人的视线规定为平行投影线,再正对着物体看过去,将所见物体的轮廓用正投影法绘制出来的图形称为视图。一个物体有 6 个视图:从物体的前面向后面投射所得的视图称主视图(正视图)——能反映物体的前面形状;从物体的上面向下面投射所得的视图称俯视图——能反映物体的上面形状;从物体的左面向右面投射所得的视图称左视图(侧视图)——能反映物体的左面形状,还有其他三个视图不常用。三视图是主视图(正视图)、俯视图、左视图(侧视图)的总称(图 1-3-4)。

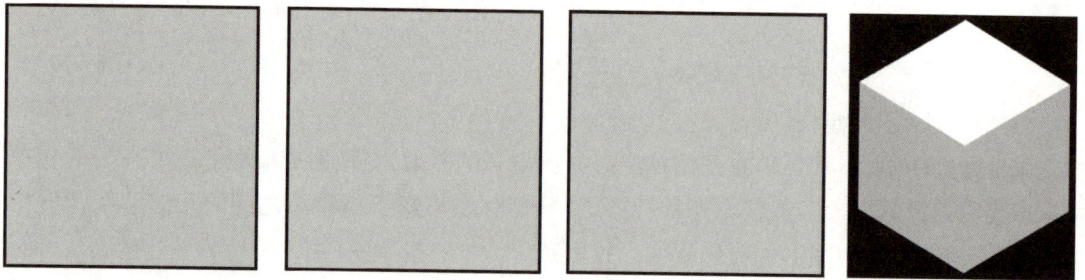

图 1-3-4　正方体的三视图

2)三视投影图的特点

　　在三视图中,一个视图只能反映物体的一个方位形状,不能完整地反映物体的结构形状。

三视图是从 3 个不同方向对同一个物体进行投射的结果,另外还有剖面图、半剖面图等作为辅助,基本能完整地表达物体的结构。

三视投影图具有以下特点:

(1)真实性

物体上的平面(或直线)与投影面平行时,它的投影反映实形(或实长),如图 1-3-5 所示。

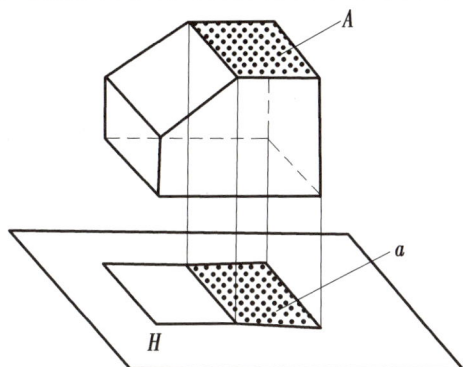

图 1-3-5

(2)聚集性

物体上的平面(或直线)与投影面垂直时,它的投影积聚为一条直线(或一个点),如图 1-3-6 所示。

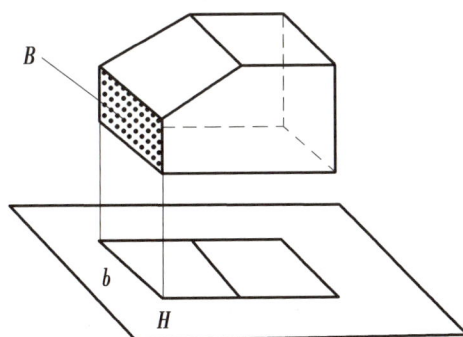

图 1-3-6

(3)收缩性

物体上的平面(或直线)与投影面倾斜时,它的投影缩小(或缩短),如图 1-3-7 所示。

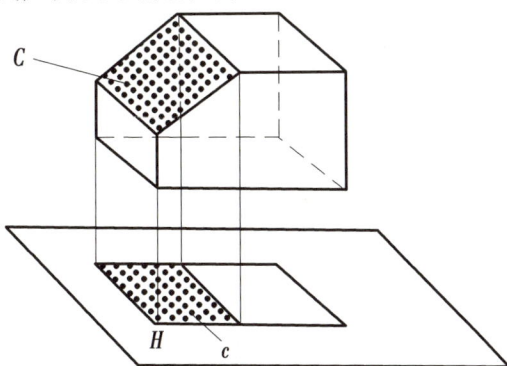

图 1-3-7

2. 三视投影图的规律

三视投影图的规律为：主视图和俯视图长对正、主视图和左视图高平齐、俯视图和左视图宽相等，即主视图和俯视图的长要相等；主视图和左视图的高要相等；左视图和俯视图的宽要相等，如图 1-3-8 所示。

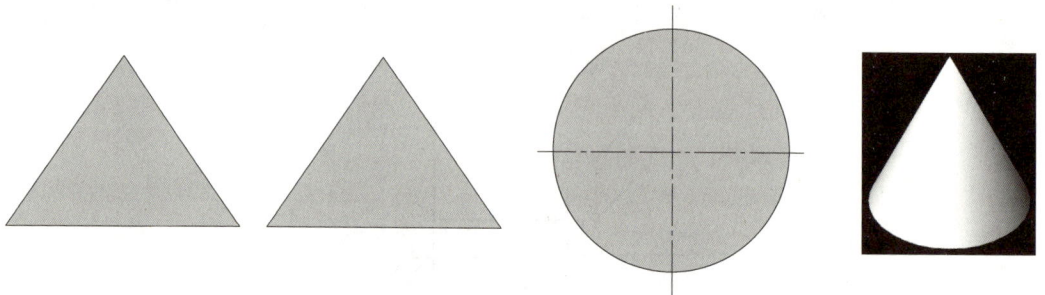

图 1-3-8

大多数情况下，只用一个投影不加任何注解，是不能完整清晰地表达和确定形体的形状和结构的。如图 1-3-9 所示，3 个形体在同一个方向的投影完全相同，但 3 个形体的空间结构却不相同，可见只用一个方向的投影来表达形体的形状是不可行的。一般必须将形体向几个方向投影才能完整清晰地表达出形体的形状和结构。

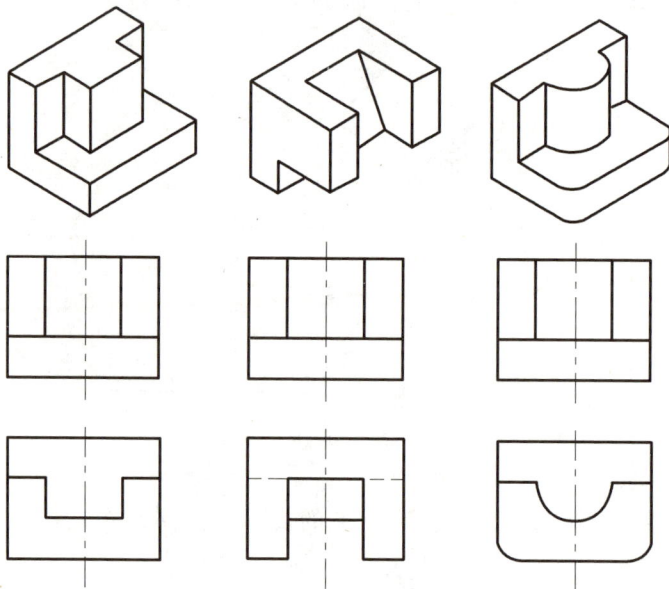

图 1-3-9

3. 三视投影图的画法

观察图 1-3-10，你认为它们的三视图是什么样子的？在画组合体三视图前，首先运用形体分析法把组合体分解为若干个形体，确定它们的组合形式，判断形体之间邻接表面是否处于共面、相切和相交的特殊位置；然后逐个画出形体的三视图；最后对组合体中的垂直面、一般位置面、邻接表面处于共面、相切或相交位置的面、线进行投影分析。当组合体中出现不完整形体、组合柱或复合形体相贯时，可用恢复原形法进行分析。

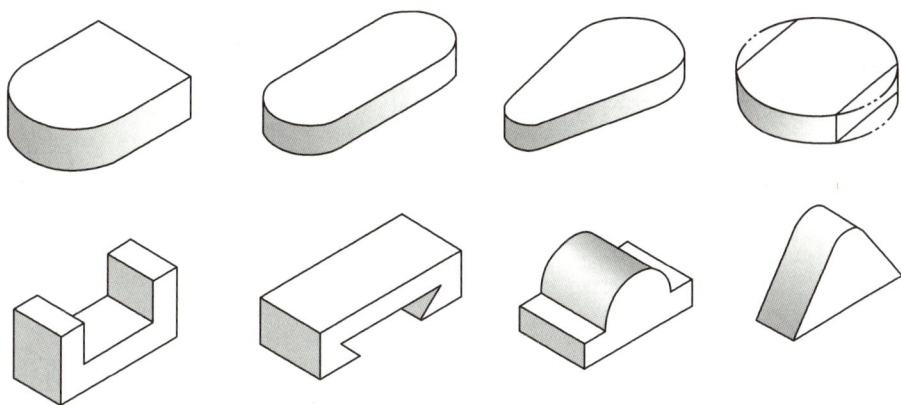

图 1-3-10

1）进行形体分析

把组合体分解成若干形体，并确定它们的组合形式，以及相邻表面间的相互位置。组合体分解的不同方案如图 1-3-11 所示。

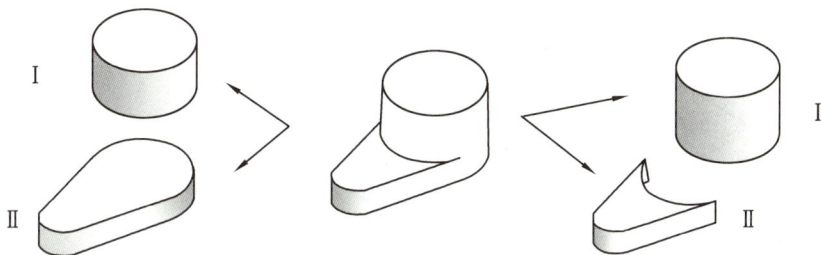

图 1-3-11

2）确定主视图

三视图中，主视图是最主要的视图。

①确定放置位置。要确定主视图的投影方向，首先要解决放置问题。选择组合体的放置位置以自然平稳为原则，并使组合体的表面相对于投影面尽可能多地处于平行或垂直的位置。

②确定主视投影方向。选最能反映组合体形体特征及各个基本体之间的相互位置，作为主视图的投影方向。

3）选比例，定图幅

画图时，尽量选用 1∶1 的比例。这样既便于直接估量组合体的大小，也便于画图。按选定的比例，根据组合体的长、宽、高预测出 3 个视图所占的面积，并在视图之间留出标注尺寸的位置和适当的间距，据此选用合适的标准图幅。

4）布图、画基准线

首先固定图纸，然后画出各视图的基准线，每个视图在图纸上的具体位置就确定了。基准线是指画图时测量尺寸的基准，每个视图需要确定两个方向的基准线。一般常用对称中心线，轴线和较大的平面作为基准线，逐个画出各形体的三视图。

5）画法

根据各形体的投影规律，逐个画出形体的三视图。画形体的顺序：一般先实（实形体）后空（挖去的形体）；先大（大形体）后小（小形体）；先画轮廓，后画细节。

画每个形体时,要将3个视图联系起来画,并从反映形体特征的视图画起,再按投影规律画出其他两个视图。对称图形、半圆和大于半圆的圆弧要画出对称中心线,回转体一定要画出轴线。对称中心线和轴线用细点画线画出,如图1-3-12所示。

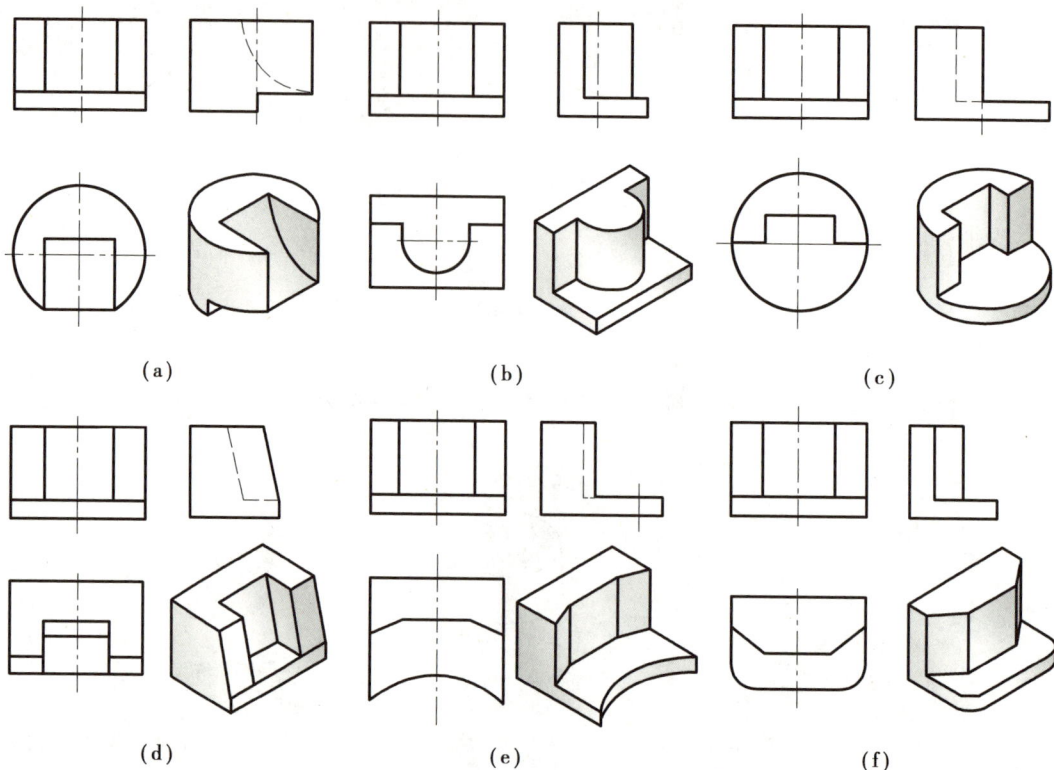

(a)   (b)   (c)

(d)   (e)   (f)

图 1-3-12

6)三视图检查

检查,描深,再按形体逐个仔细检查。对形体中的垂直面、一般位置面、形体间邻接表面处于相切、共面或相交特殊位置的面、线,用面、线投影规律重点校核,纠正错误和补充遗漏。按标准图线描深,可见部分用粗实线画出,不可见部分用虚线画出。

【知识拓展】

　　大自然是设计师最好的灵感库,自然中的动物、植物以及肉眼不易察觉的微生物都值得我们去发掘和借鉴。也许现在还有很多人不太清楚仿生设计的概念,以为仿生设计就是一个对大自然事物外形的仿生。

　　其实不然,仿生设计是以大自然界中的"形态""色纹""声音""功能""结构"等为对象,在设计过程中,有选择性地应用这些特征原理进行设计,在某种意义上,仿生设计学可以说是仿生学的延续和发展。

　　1.鹿角插座设计(佐藤大)

　　该插座的顶部灵感来自鹿角形状,除了外形模仿,它的存在还为插座增加了可收纳放置的功能,方便手机充电时拿取(图1-3-13)。

图 1-3-13

2.CLERD-云形状的空调(Yeonkyung Jeong)

该设计灵感来自自然界的云朵,为空调赋予了一种轻盈、柔软的视觉效果,使得空调不仅仅是一种调节温度的设备,更成为家居装饰的一部分。(图 1-3-14)。

图 1-3-14

图 1-3-15

3.小鸟文具(BKID CO)

该设计灵感来自小鸟,是一款仿生文具盒设计(图 1-3-15)。

思考:1.通过阅读材料,你认为这些设计的三视图应怎样绘制?

　　　2.结合阅读材料,你认为设计师为什么要做一个生活上的有心人?

【岗位实训】

临摹以下家具三视图,建立空间思维模式。

实训项目	临摹家具三视图			
实训目的	1.能看懂家具三视图。 2.能准确临摹家具三视图。 3.能灵活运用所学知识,举一反三。			
项目要求	选做	必做	是否分组	每组人数
实训时间		实训学时		学分
实训地点		实训形式		
实训内容	某室内施工单位接到项目后,要求临摹酒店家具三视图并完成后续施工。 			

实训内容

床头柜平面图 1:10
PLAN

② 剖面图 1:10
SECTION

① 剖面图 1:10
SECTION

衣柜内柜正立面 1:10
ELEVATION

床头柜侧立面 1:10
ELEVATION

衣柜内柜平面图 1:10
PLAN

床头柜正立面 1:10
ELEVATION

包括:茶几三视图一套
　　　电视柜三视图一套
　　　床头柜三视图一套

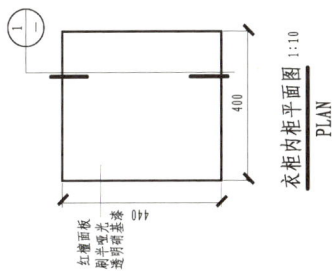

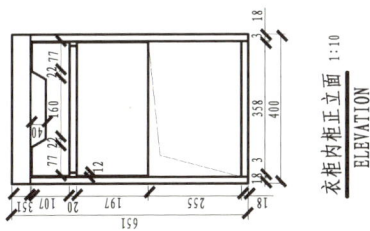

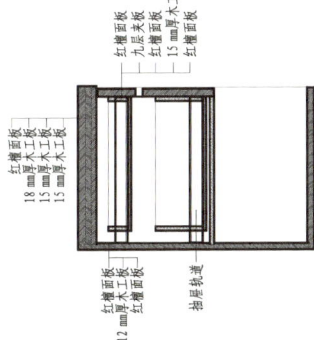

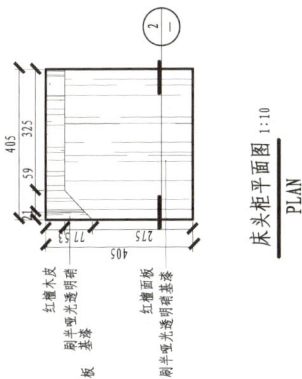

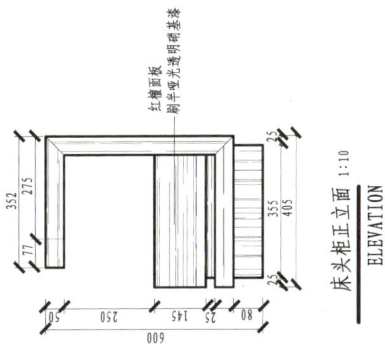

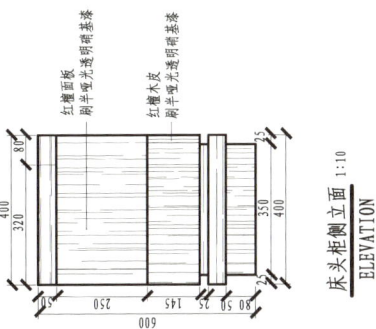

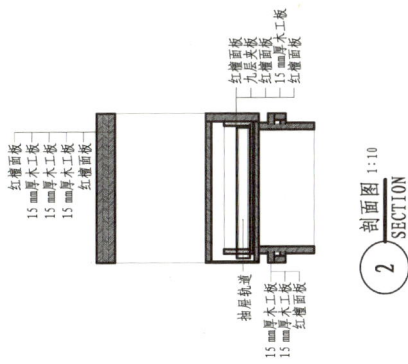

实训材料	打印好的图纸一份,绘图工具包括铅笔、直尺、橡皮擦、针管笔(0.1,0.3,0.5 mm 各 1 支)、A4 绘图纸。	
实训步骤及要求	评分标注	分值
1. 茶几三视图临摹 要求:熟悉茶几三视图与各种符号	正确临摹茶几三视图,错误,酌情扣 5～20 分; 熟悉平面图各种符号,不熟悉,酌情扣 5～20 分	40 分
2. 电视柜三视图临摹 要求:熟悉电视柜三视图与各种符号	正确临摹电视柜三视图,错误,酌情扣 5～15 分; 熟悉地面铺装图各种符号,不熟悉,酌情扣 5～15 分	30 分
3. 床头柜三视图临摹 要求:熟悉床头柜三视图与各种符号	正确临摹床头柜三视图,错误,酌情扣 5～15 分; 熟悉剖面图各种符号,不熟悉,酌情扣 5～15 分	30 分
学生评价		
教师评价		
企业评价		

项目二
AutoCAD 2022 绘制入门

【建议课时】

12 课时。

【学习目标】

知识目标

1. 认识 AutoCAD 2022 的操作界面。

2. 了解衣柜的组成部分。

3. 帮助学生建立标准制图的知识体系。

技能目标

1. 具备绘制简单家具单体的能力。

2. 具备使用 AutoCAD 2022 的基本操作能力。

3. 学会为图纸选择合适的比例。

素质目标

1. 培养学生批判性思维与解决问题的素养,不断优化制图方法。

2. 培养学生持续学习的习惯,及时掌握新功能、新技术,适应行业变化。

【项目要求】

1. 学生准备好电脑,并安装好 AutoCAD 2022 制图软件。

2. 教师准备好电脑与多媒体授课设备,并提前安装好 AutoCAD 2022 制图软件,下载好素材"衣柜单体.dwg"。

3. 教师打开 AutoCAD 2022 软件,讲解操作界面,示范衣柜三视图,按照衣柜平面图、衣柜立面图、衣柜内部分隔图的顺序,在 AutoCAD 2022 上进行绘制。

4. 在每个知识点结束后,引导学生用软件临摹教师的绘图过程,并检查绘制样式是否与教师绘制的一致。

任务一　衣柜单体绘制

【任务描述】

本任务主要是绘制衣柜的三视图,包括衣柜平面图、衣柜正立面图、衣柜侧立面图,并以此为载体认识 AutoCAD 2022 的操作界面和简单操作方法,帮助学生补充与完善图纸系统思维体系。本任务宏观上采用"实例驱动",微观上采用"项目式教学"以及用"演示法"讲解 AutoCAD 2022 的基本操作方法,同时要求学生"边学边画",使学生对室内设计制图从感性认识上升到理性认识。通过本任务的学习,对知识点进行归纳总结,发现新旧知识之间的内在联系,并将所学知识与相关学科进行有机衔接。

【知识点】

1. AutoCAD 2022 基本操作界面。
2. 衣柜平面图绘制。
3. 衣柜立面图绘制。
4. 衣柜内部分隔图绘制。

【任务导入】

计算机制图还没有普及时,大部分制图都由设计师手绘完成,但手绘的图纸具有耗时久、难修改、不易传输与保存等缺点。美国 Autodesk 公司开发的 AutoCAD(计算机辅助设计)软件以强大的功能和友好易用的界面得到了用户们的喜爱,从而使其成为国际与国内最普及的计算机辅助设计软件之一,AutoCAD 制图能力也成为室内设计师必备的能力之一。

目前,AutoCAD 有各种不同的版本,本书采用的版本为 AutoCAD 2022 简体中文版,该版本非常适合中国地区的用户。

AutoCAD 制图是室内设计师需要掌握的能力之一,绘制单体家具是制图中的基础(表 2-1-1)。大家一起来看图 2-1-1,能辨识出图纸中描绘的是什么吗?里面的图例分别表示什么意思?接下来一起学习如何用 AutoCAD 2022 绘制衣柜单体吧。

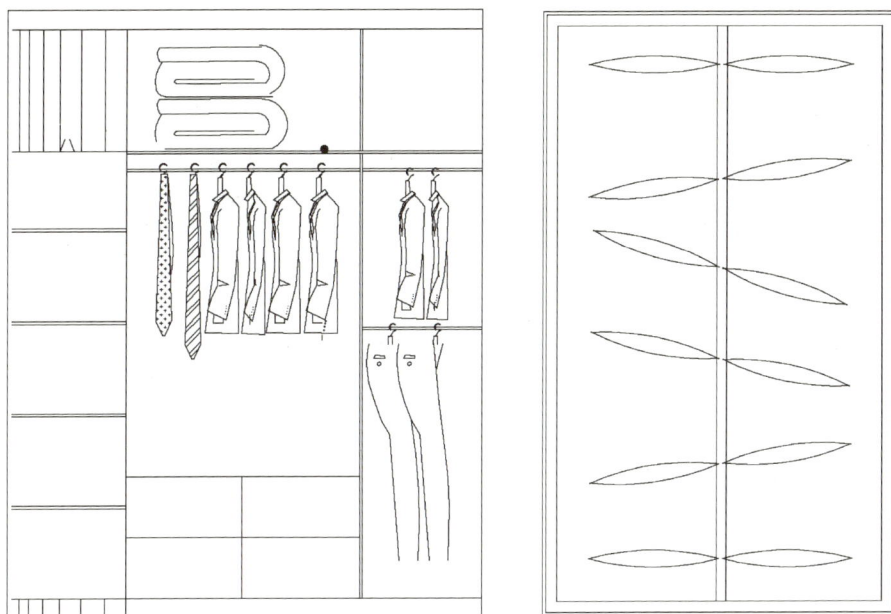

图 2-1-1

表 2-1-1 AutoCAD 常用快捷键

绘图快捷键		修改快捷键	
圆	C	删除	E
直线	L	复制	CO
圆弧	A	镜像	MI
矩形	REC	偏移	O
创建块	B	阵列	AR
图案填充	H	移动	M
标注快捷键		旋转	RO
文字标注	T	缩放	SC
测量	DI	拉伸	S
标注样式管理器	D	裁剪	TR
线性标注	DLI	延伸	EX
连续标注	DCO	圆角	F
文字样式	ST	分解	X
引线标注	LE	定数等分	DIV
其他快捷键			
图层管理器	LA		

【任务讲解】

1. 认识 AutoCAD 2022 的基本操作界面

启动 AutoCAD 2022 后,出现如图 2-1-2 所示的窗口,各部分内容如下:

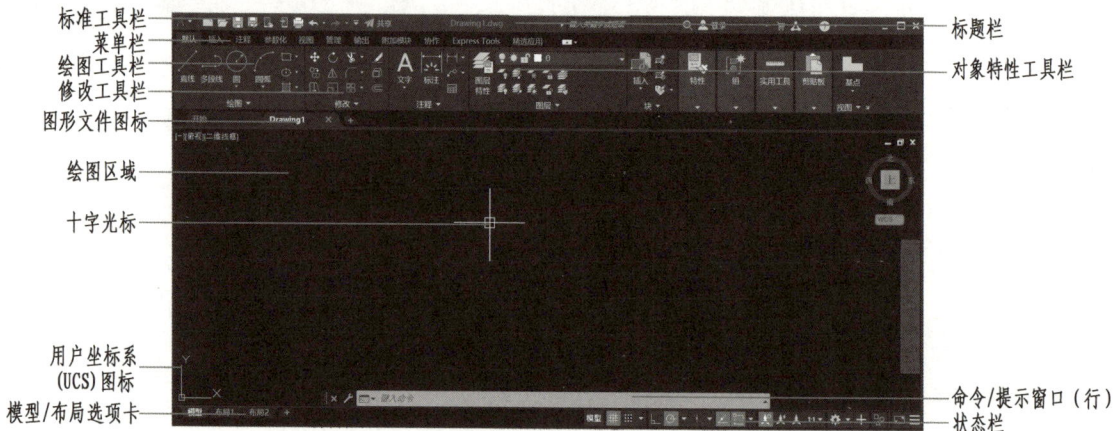

图 2-1-2

1)标题栏

标题栏位于窗口最顶部,用于说明该窗口为 AutoCAD 2022 软件。

2)菜单栏

可通过菜单栏弹出下拉菜单。下拉菜单包括常用的 AutoCAD 命令,默认情况下的菜单为 AutoCAD 本身所定义的菜单,也可对其进行修改。

3)标准工具栏

该工具栏主要包括一些常用的 AutoCAD 工具按钮,其中有很多工具按钮与 Office 工具按钮相同,如"打开""保存""打印"等。此外,凡是右下角带有小黑三角形的工具按钮是弹出图标,弹出图标包含若干另外的工具按钮,单击该按钮并按住鼠标左键,可以显示出其他工具按钮图标。对于所有的工具按钮,如果鼠标停留在其上,则可显示出该工具按钮的命令提示。

4)对象特性工具栏

该工具栏主要用于设置对象特性(如颜色、线型、线宽等),或者管理图层。

5)图形文件图标

该工具栏表示当前 AutoCAD 中正在编辑的图形文件,在该工具栏上显示出当前文件的文件名,如果单击位于该栏右边的最大化按钮,则看不到图形文件图标,同时文件名也将显示在标题栏中。

6)绘图工具栏

该工具栏包含常用的绘图工具按钮。

7)修改工具栏

该工具栏包含常用的修改工具按钮。

8)绘图区域

绘图区域又称为工作区,主要用于显示正在编辑的图形。一般情况下,应尽可能地使该区域大一些。

9）十字光标

在绘图区域标识拾取点和绘图点。十字光标由鼠标控制，可以用来定位点、选择和绘制图像。

10）用户坐标系（UCS）图标

用于显示图形方向，AutoCAD 图形是在不可见的栅格或坐标系中绘制的，坐标系以 X、Y 和 Z（对于三维图形）坐标为基础，AutoCAD 有一个固定的世界坐标系（WCS）和一个活动的用户坐标系（UCS）。查看显示在绘图区域左下角的 UCS 图标，可以了解 UCS 的位置和方向。

11）模型/布局选项卡

在模型（图形）空间和图纸（布局）空间进行切换。一般情况下，先在模型空间创建设计，然后创建布局以绘制和打印图纸空间中的图形。在本书中，为了简单起见，仅使用模型空间，针对布局只作了简单介绍。

12）命令/提示窗口（行）

用于显示命令提示和信息。在 AutoCAD 中，可以按下列 3 种方式启动命令：

①从下拉菜单或快捷菜单中选择菜单项。

②单击工具栏上的按钮。

③通过键盘从命令行直接输入命令。

为了提升 AutoCAD 的绘图速度，在实际工作中常用快捷键直接输入命令。因此，命令/提示窗口（行）尤为重要。

13）状态栏

状态栏主要显示当前图形编辑中的一些状态。例如，在左下角显示光标坐标，状态栏还包括其他按钮，使用这些按钮可以打开常用的绘图辅助工具。这些工具包括"捕捉"（捕捉模式）、"栅格"（图形栅格）、"正交"（正交模式）、"极轴"（极轴追踪）、"对象捕捉"（对象捕捉）、"对象追踪"（对象捕捉追踪）、"线宽"（线宽显示）和"模型"（模型空间和图纸空间切换）。

2. 衣柜平面图绘制

CAD界面设置

1）绘图设置

（1）设置图幅（图纸大小）

在命令行中输入"Limits"命令，单击空格键后启动"图形界限"命令。这时"屏幕命令/提示行"出现提示"指定左下角点或［开（ON）/关（OFF）］<0.0,0.0>"。按空格键即可，表示图形界限的左下角为坐标原点，如图 2-1-3 所示。

接下来，"屏幕命令/提示行"出现提示"指定右上角点<420.0,297.0>:"（在此处输入绘图极限的右上角点的坐标）。这样，把可输入的点限制在矩形区域内，避免在图形界限外作图。

（2）设置单位及精度

输入快捷"Units"命令，按空格键确定后，将出现"图形单位"对话框，利用它可进行单位制设置，如图 2-1-4 所示。

（3）设置十字光标大小

为了便于绘图，还需更改十字光标大小。在绘图区单击鼠标右键，选择最下方的"选项"，即可打开"选项"面板。在"选项"面板的"提示"子面板中，找到"十字光标大小"，将其改为"100"（图 2-1-5），然后单击"确定"退出。

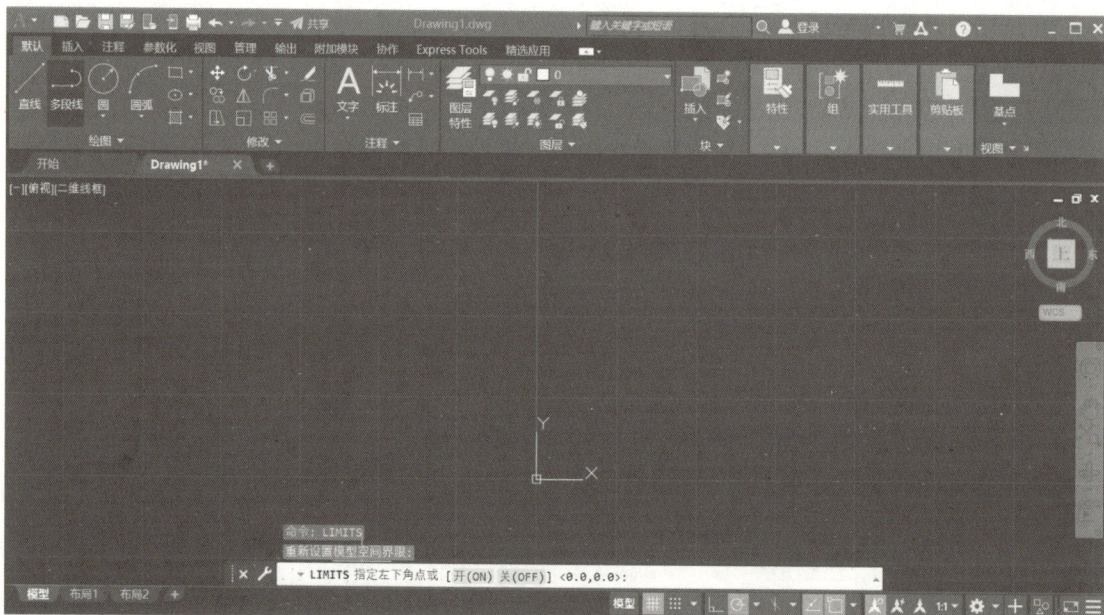

图 2-1-3

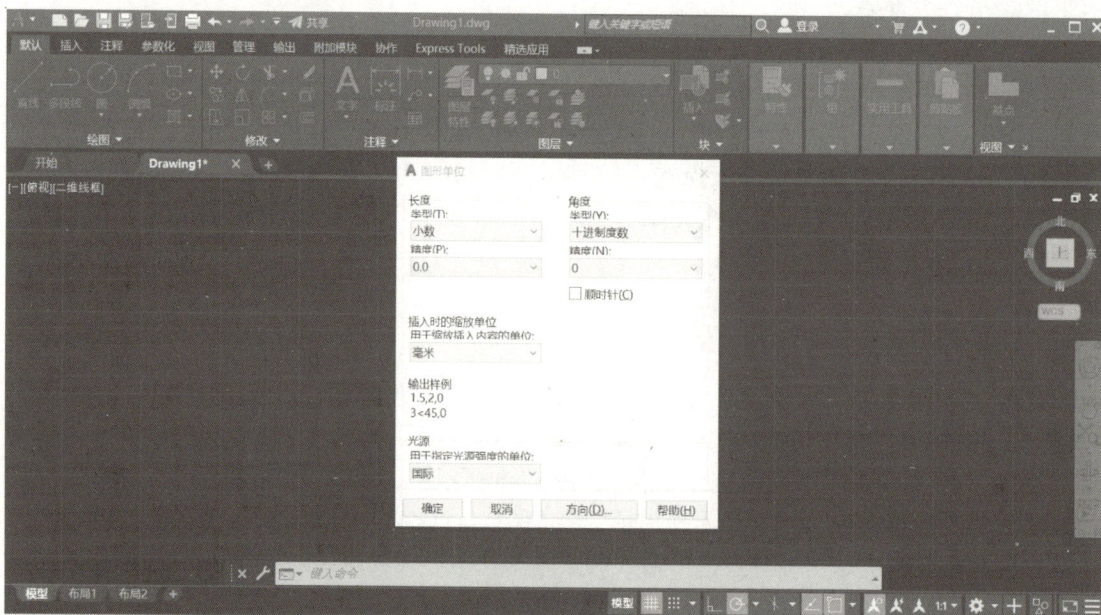

图 2-1-4

（4）新建图层

在命令栏中输入快捷命令"LA"，单击空格键打开"图层管理器"。单击"新建图层"按钮新增图层，将名称改为"家具"，颜色改为"索引颜色3"，在图层名称处单击鼠标右键，将该层设为当前层（图2-1-6），单击左上角关闭按钮。

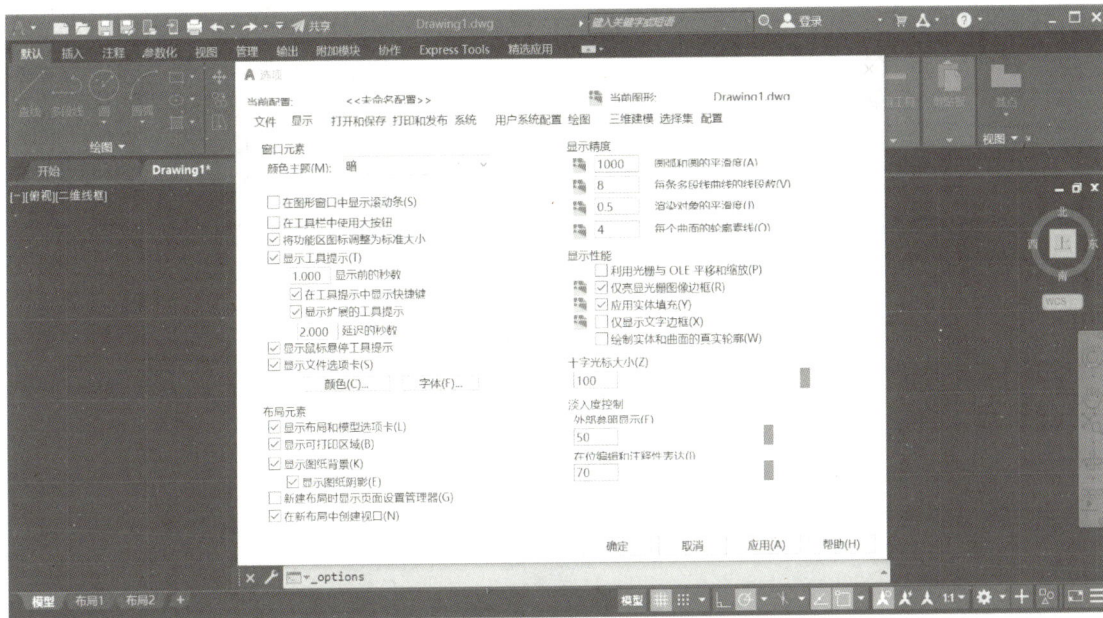

图 2-1-5

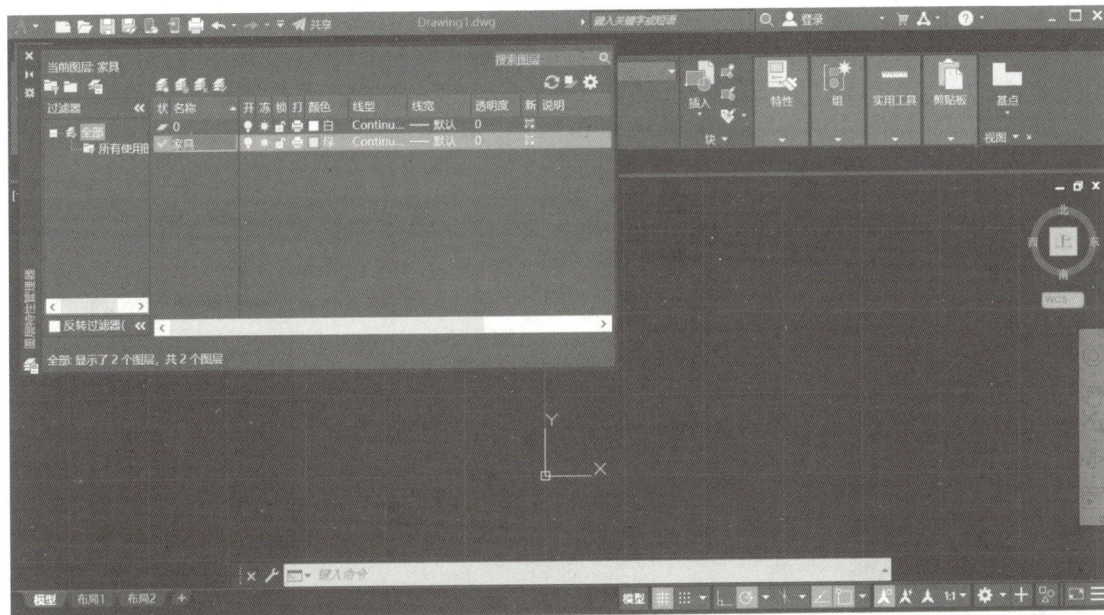

图 2-1-6

2）绘制衣柜平面图

在命令栏中输入绘制矩形的命令"REC"并按空格键确认。在命令栏中会出现提示"指定第一个角点或［倒角（C）/标高（E）/圆角（F）/厚度（T）/宽度（W）］："，单击屏幕上绘图区域中的任意点，则该点将成为矩形的一个顶点。

矩形

这时，命令栏中出现提示"指定另一个角点或［面积（A）尺寸（D）旋转（R）］"，输入"600,1200"并按空格键确认。这样，一个 600 mm×1200 mm 的矩形就出现在绘图区域了（图 2-1-7）。

接着绘制两根交叉线表示衣柜到顶。在命令栏中输入绘制线的命令"L"，单击空格键确定，命令栏的提示为"指定第一个点"。这时按下"F3"键打开"捕捉"，移动十字光标到矩形的其中一个端点，当出现小方块时单击鼠标左键。命令栏提示变为"指定下一点或［放弃（U）］:"，再移动十字光标到矩形斜对面的端点，当出现小方块时再次单击鼠标左键，最后再敲击空格键退出命令。执行同样的步骤，绘制连接另外两个对角点的线段。这样，就绘制出了一个 600 mm×1200 mm 到顶的柜子平面（图 2-1-8）。

直线

多段线

图 2-1-7

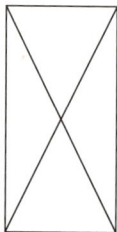

图 2-1-8

3）存盘退出

为了方便下一次调用，经常会对文件进行保存，AutoCAD 2022 的存盘操作与其他应用软件完全一致，按"Ctrl+S"键即可完成。存盘时需要注意的是，如果当前图形已经保存过，再次存盘时则会自动覆盖上一次的文件。如果是第一次保存图形，则提示"图形另存为"对话框，此时就需要选择合适的文件夹，并在"文件名"一栏中输入合适的文件名称，再按"保存"按钮。

使用此方法，把刚绘制好的衣柜保存成为名"衣柜平面"的文件（图 2-1-9），并单击 AutoCAD 2022 右上角的"×"按钮退出软件。

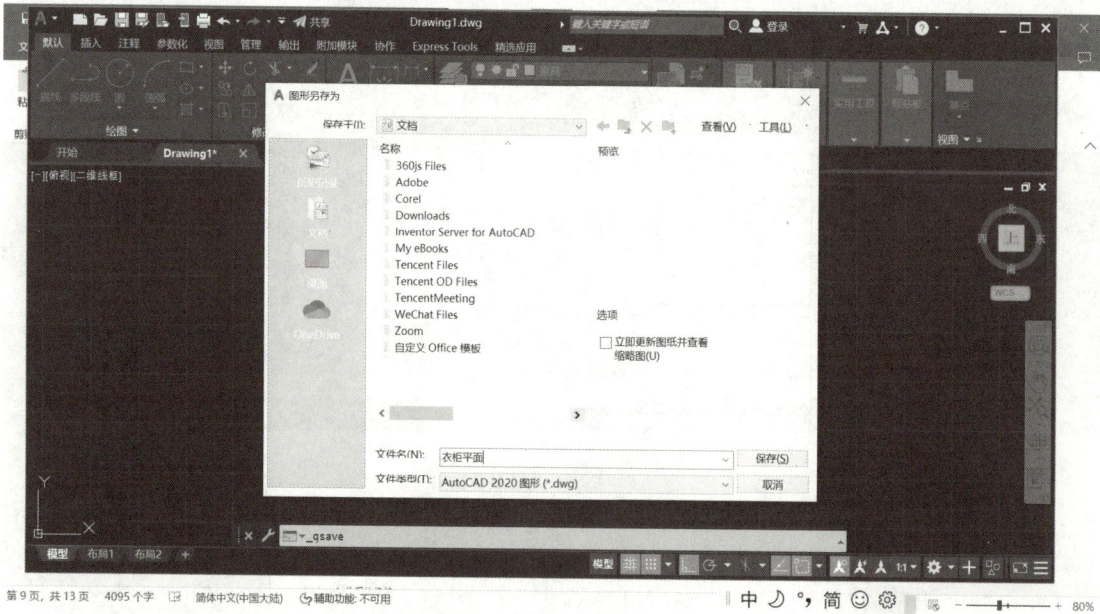

图 2-1-9

3. 衣柜立面图绘制

1）打开文件

启动 AutoCAD 软件后，单击工具栏中的"打开"按钮，弹出"选择文件"对话框，如图 2-1-10

所示。找到保存的"衣柜平面"图纸,单击"打开"按钮,即可打开之前绘制的衣柜平面图纸。

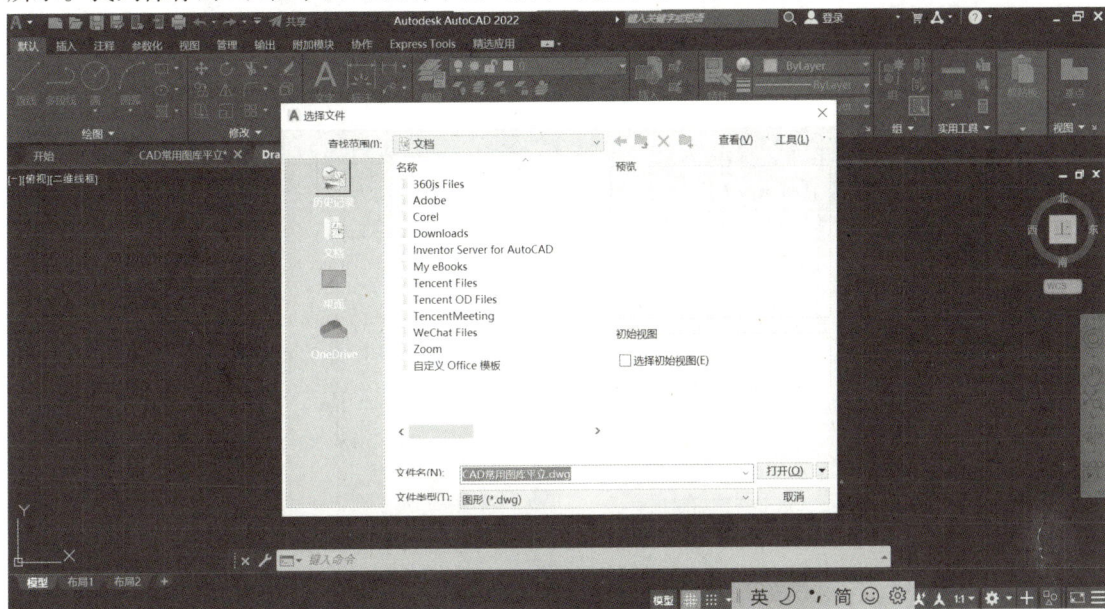

图 2-1-10

2)绘制衣柜立面

在"家具"图层中,使用"REC"命令绘制一个宽 1200 mm、高 2800 mm 的矩形。因为矩形是一个整体,不便于对每条边单独操作,所以要将其进行分解。具体步骤如下:在命令栏中输入分解命令的快捷键"X"并单击空格键确认;这时命令栏提示"选择对象:",用鼠标左键单击绘制好的矩形;命令栏提示"选择对象:找到 1 个",单击空格键确认(图 2-1-11),即可分解矩形。

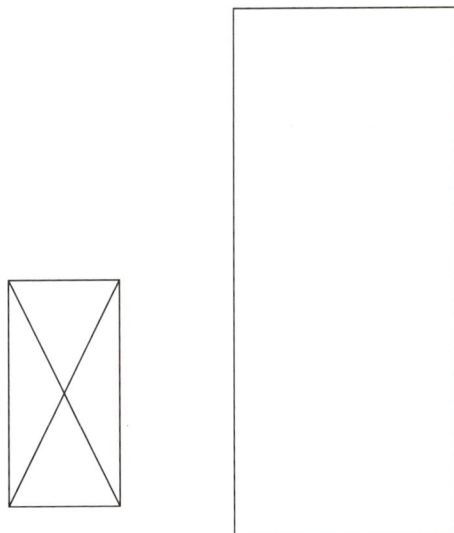

图 2-1-11

绘制衣柜的边框与踢脚。首先使用偏移工具"O"完成此操作,具体步骤如下:在命令栏中输入偏移工具快捷键"O"后并单击空格键确认;这时命令栏提示"指定偏移距离或[通过(T)删除(E)图层(L)]<0.0000>:",这里可直接输入需要偏移的距离"30",再次单击回车键确认;命令栏将提示"选择要偏移的对象,或[退出(E)放弃(U)]<退出>:",用鼠标左键单击矩形最上面的边;这时命令栏会提示"指定要偏移的那一侧上的点,或[退出(E)多个(M)放弃(U)]<退出>:",将十字光标向下滑动并单击鼠标左键,在矩形上边线的下方会出现一根距离 30 mm 的平行线。接着使用同样的方法,把矩形左边向右偏移 30 mm,右边向左偏移 30 mm,完成上述偏移操作后,单击空格键退出命令。

接下来,再次单击空格键,重复上一个"偏移"命令,将偏移距离改为"100",按空格键确认后,将矩形下边向上偏移 100 mm(图 2-1-12)。

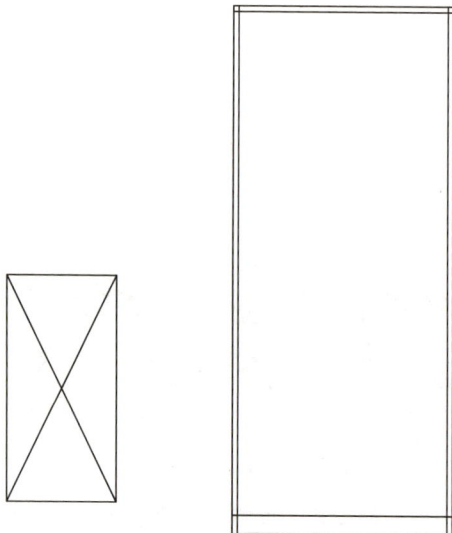

图 2-1-12

当衣柜的边框与踢脚的位置确定下来后,观察到 4 个角的线条有交错,影响识图,需要进行清理。在命令栏中输入圆角命令的快捷键"F",并单击空格键确认,命令栏提示"当前设置:模式=修剪,半径=0.0000 选择第一个对象或[放弃(U)多线段(P)半径(R)修剪(T)多个(M)]:",如果半径不为 0.000,需要输入"R"并单击空格键确认,接着输入"0"再次单击空格确认即可;如果半径为 0.000,可以直接单击空格键进行下一步操作。这时命令栏提示"选择第一个对象或[放弃(U)多线段(P)半径(R)修剪(T)多个(M)]:",移动十字光标,用鼠标左键单击衣柜边框,这时命令栏提示"选择第二个对象,或按住"Shift"键选择对象以应用角点或[半径(R)]:",再次移动十字光标,用鼠标左键单击衣柜相邻的另一条边框,可以看到多余的线段消失了。单击键重复上一个命令,依次修改另外 3 个角,最终得到如图 2-1-13 所示的衣柜框架。

接下来绘制衣柜开门。首先,输入直线命令"L",单击空格键确认。然后,将十字光标移到衣柜顶横线的中间位置,这时出现了一个三角形标记,表示该横线的中点。如果没有显示标记,可按"F3"键打开"捕捉"功能;或者同时按"Shift+鼠标右键",选择菜单栏最下端的"对象捕捉设置",在"中点"前打勾并确认。确定中点后,在衣柜上方横线的中点处画线段的第一点,在衣柜下方横线的中点处画线段的第二点,单击空格键确认,如图 2-1-14 所示。

输入偏移命令"O",指定偏移距离为"15",将衣柜中线往左右各偏移一次,如图 2-1-15 所示。

输入图层特性管理器命令"LA"并单击空格键确认。新建图层,将其命名为"填充",颜色改为"252"。单击该图层线型,弹出"选择线型"面板,单击"加载"按钮,选择线型"ACAD_ISO02W100"并单击确认。这时"选择线型"面板中将显示所选的虚线线型,选择它并单击"确定"按钮。随后,将该图层置为当前层,同时关闭图层特性管理器,这时即可绘制衣柜门的开启方向。

输入线段命令"L"并单击空格键确认,在"填充"图层中开始绘制线段。线段第一点为衣柜中线的顶点,第二点为衣柜门侧面的中点,第三点为衣柜中线的底点,单击空格键确认,如图2-1-16所示。

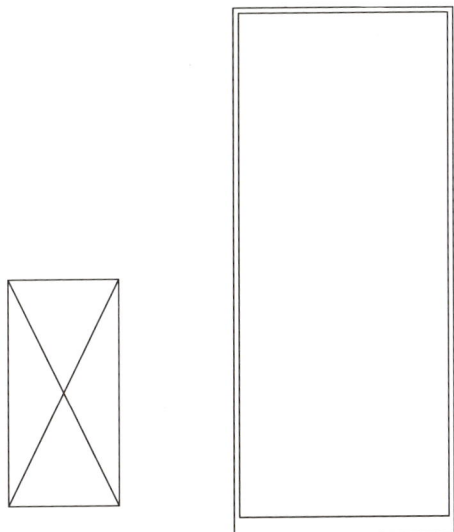

图 2-1-13

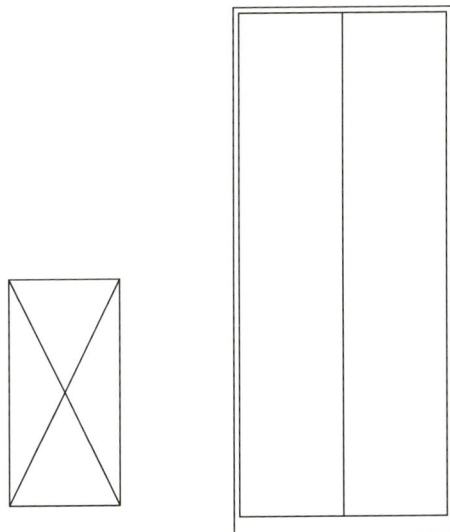

图 2-1-14

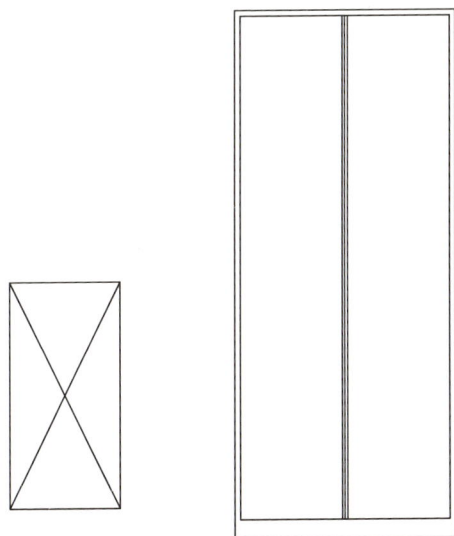

图 2-1-15

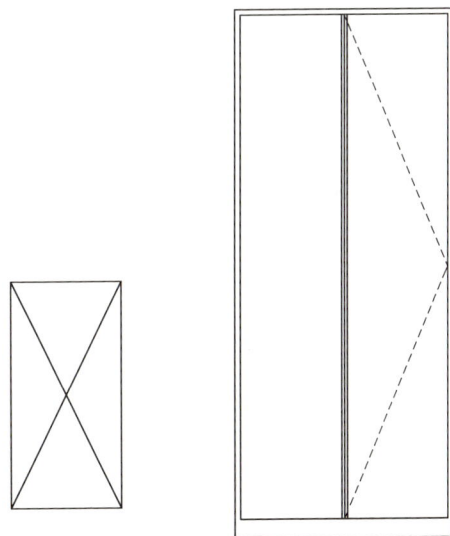

图 2-1-16

这时我们发现衣柜另一侧的开启方向线和这一侧是完全对称的,用镜像命令进行绘制更节约时间。输入镜像命令的快捷键"MI",单击空格键确认。这时命令栏会提示"选择对象:",移动十字光标,利用鼠标左键选择刚刚绘制的灰色衣柜开启线,具体方法有以下 3 种:

①用鼠标左键分别单击两条线段。

②按住鼠标左键从左上往右下拖动出选择框,直至框内的物体全被选中。

③按住鼠标左键从右下往左上拖动出选择框,选择框穿过的所有物体都会被选中。

在这里,使用①或③这两种方法更合适。按住鼠标左键从右下往左上拖出选择框,穿过两条灰线。当命令栏提示"指定对角点:找到 2 个选择对象:"时,表示已成功选中了要镜像的线条,单击空格键确认。接下来,命令栏提示"选择对象:指定镜像线的第一点:",利用"捕捉"工具,鼠标左键单击衣柜中心线的顶点。命令栏提示"指定镜像线的第二点:",鼠标左键单击衣柜中心线的底点,命令栏提示"要删除源对象吗?［是(U)否(P)]<否>:"。在命令栏中,"[ ]"中的内容是可以选择的选项,"< >"中的内容是默认选项。因此,这句话的意思是在进行镜像操作后,是否要删除原始线段,默认为"否",只需单击空格键即可保留原始线段。然后保存并关闭 CAD 软件,即可得到完整的衣柜立面图,如图 2-1-17 所示。

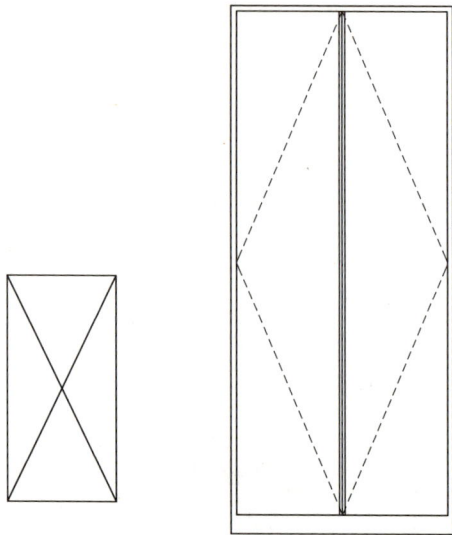

图 2-1-17

4. 衣柜内部分隔图绘制

1)打开文件

启动 CAD 软件后,用以前学过的方法,打开之前绘制的衣柜图纸。

2)复制衣柜立面

在命令栏中输入复制命令"CO"并单击空格键确认;命令栏提示"选择对象:",拖动鼠标左键,从右下往左上框选前面绘制的衣柜立面;命令栏将提示"指定对角点:找到 15 个选择对象:",再次单击空格键确认;命令栏提示"指定基点或[位移(D)模式(O)]<位移>:",移动十字光标,在图纸中的任意位置单击鼠标左键;接着,命令栏提示"指定第二个点或[阵列(A)]<使用第一个点作为位移>:",按"F8"键可打开正交模式,这样物体就只能在垂直或者水平方向移动了;向右滑动十字光标,在原有衣柜立面的右边单击鼠标左键并单击空格键确认,就成功复制出一个新的衣柜立面,如图 2-1-18 所示。

3)绘制衣柜内部分隔图

绘制衣柜内部分隔图,首先要删除衣柜门。在 CAD 中,常用的删除方式有以下两种:

①选中要删除的对象,按"Delete"键即可删除该对象。

②输入删除命令"E",选中要删除的对象,单击空格键确认。

从右下往左上框选衣柜中缝与衣柜开启线,按"Delete"键将其删除,如图 2-1-19 所示。

删除和返回上一步

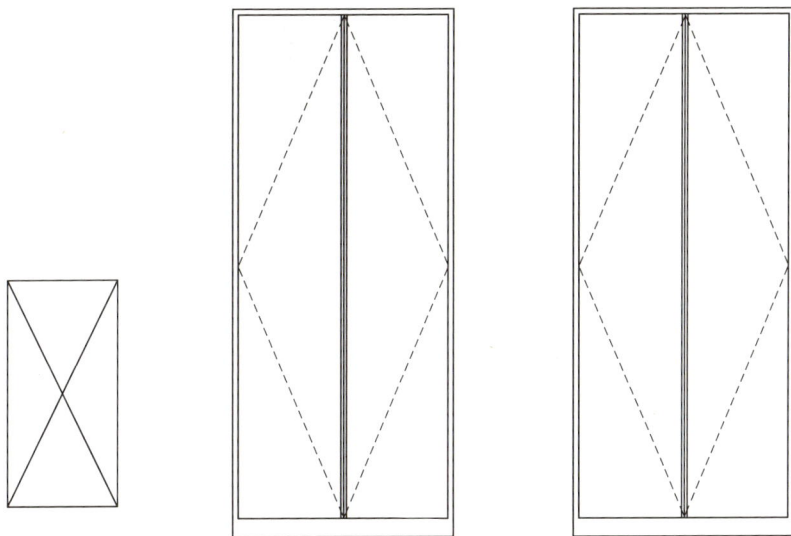

图 2-1-18

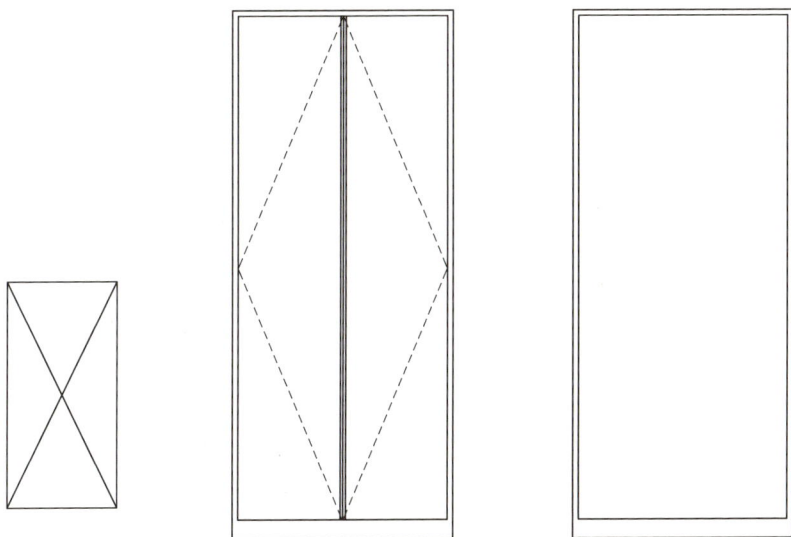

图 2-1-19

输入复制命令快捷键"CO"，单击空格键确认，选择衣柜最顶部的两根线条。指定任意基点后往下滑动十字光标，再输入数据"800"，并单击空格键确认，即可复制衣柜的隔板，如图 2-1-20 所示。

这时我们会发现衣柜隔板与边框线条有交错，影响识图，就需要对其进行修剪。修剪命令有多种用法，在此先学习最简单的一种。首先输入修剪命令快捷键"TR"并单击两次空格键以确认，用鼠标左键移动十字光标，单击不想要的部分即可，如图 2-1-21 所示。

修剪

接着，再用线段命令"L"从隔板的中点画垂直辅助线到衣柜底板中点（注意："F8"打开正交，"F3"打开捕捉）。再用偏移命令"O"将新画线段往左右两边各偏移"15"。选择垂直辅助线，按"Delete"键将其删除。随后用修剪命令"TR"将多余的线段进行修剪，如图 2-1-22 所示。

用同样的方法画出衣柜其他横隔板,这样衣柜内部分隔图就绘制完成了,如图 2-1-23 所示。

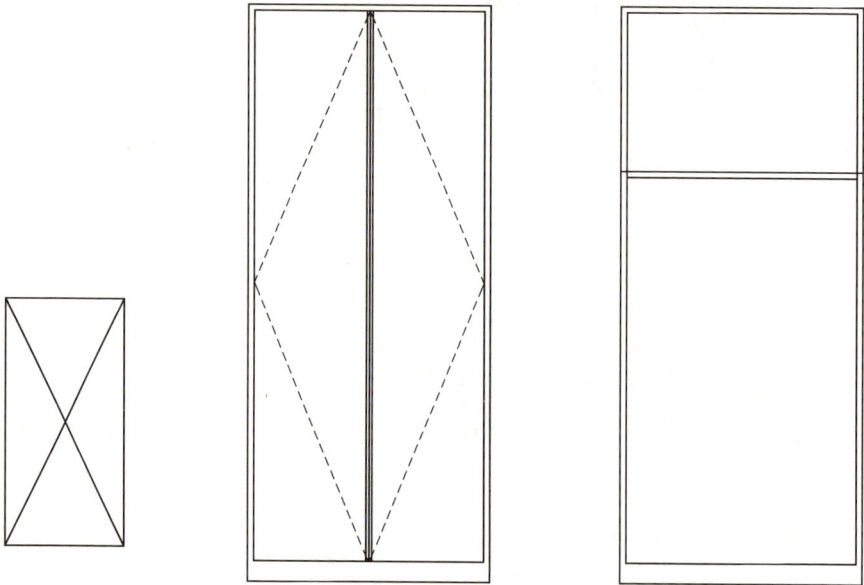

图 2-1-20

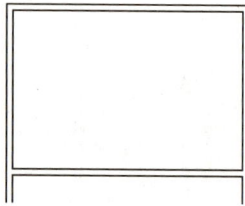

图 2-1-21

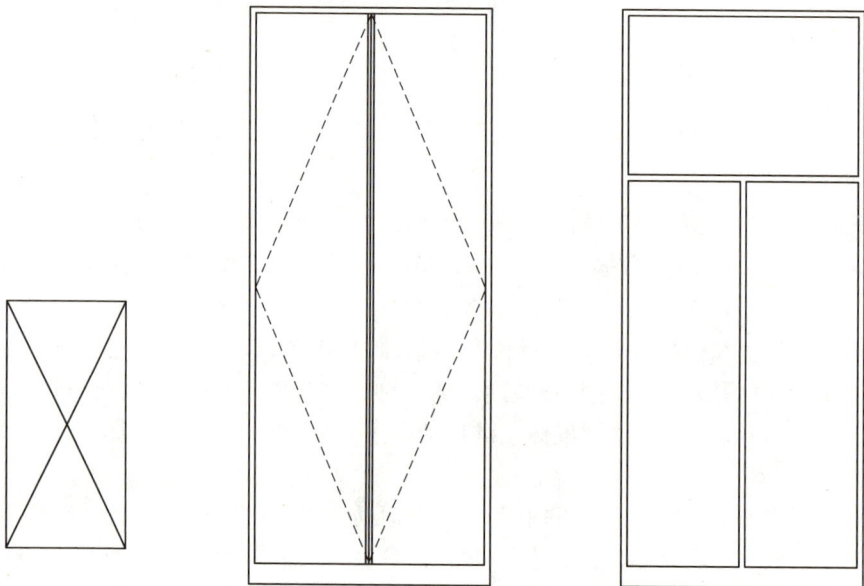

图 2-1-22

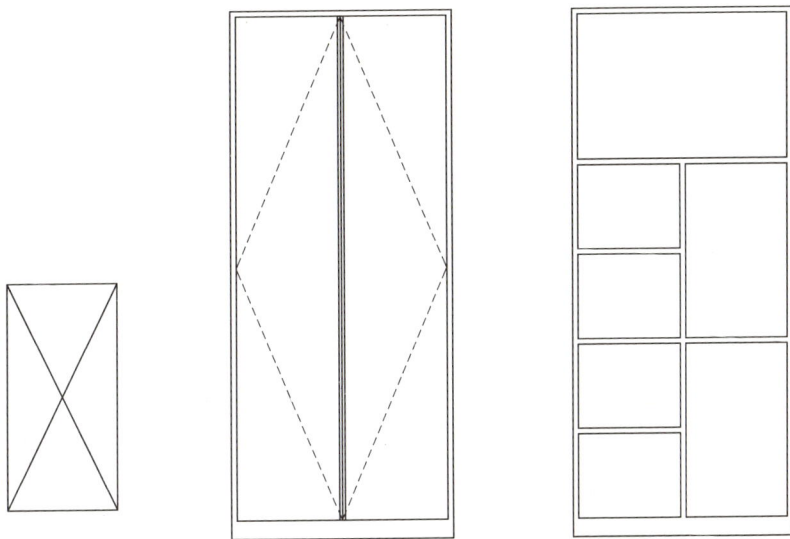

图 2-1-23

绘制鞋柜立面

【知识拓展】

"幼儿时期应该是我们人生中最具想象力的时期",好的幼儿园可以为孩子营造这样的环境:可以为孩子提供多种体验;可以亲近自然;可以学习有趣的知识;可以让孩子们自由玩耍;可以鼓励孩子探索未知,激发他们的创造力,让每一个孩子都能快乐自由的成长。

深圳×××国际幼儿园项目靠近深圳西海岸的一个住宅区,周边光线充足,绿树环绕。为了在建筑和周围景观之间形成一个和谐的关系,并为孩子们提供了一个更加自然友好的成长环境,设计采用木材为主材料,同时搭配白色调,创建出一个亲密友好的学习环境。在空间设计中,儿童空间和成人空间相结合。传统儿童区的弧形被理性取代,几何线条被用来作为空间语言。设计师以孩子的思维理念作为视角,重新规划了空间以适应儿童的活动规模,为孩子们创造了一个既适合学习又适合玩耍的线型空间。

深圳×××国际幼儿园

思考:1. 通过阅读材料,你认为儿童在身心方面与成人有什么不同?
　　　2. 结合阅读材料,你会如何针对这些不同为儿童进行室内设计呢?

【岗位实训】

使用本任务所学的知识,用 CAD 软件绘制家具单体。

实训项目	CAD 家具单体绘制			
实训目的	1.能使用学习过的 CAD 命令。 2.能合理设置图层并修改图层属性。 3.能灵活运用所学知识,举一反三。			
项目要求	选做	必做	是否分组	每组人数
实训时间		实训学时		学分
实训地点		实训形式		
实训内容	某室内施工单位接到项目后,要求用 CAD 绘制以下家具单体图。 包括:鞋柜立面图一张 鞋柜内部构造图一张			
实训材料	安装有 AutoCAD 2022 的电脑一台			

实训步骤及要求	评分标注	分值
1.鞋柜立面图绘制 要求:使用刚学过的命令	正确使用刚学过的命令,错误,酌情扣 5~40 分; 图层与线型设置合理,不合理,酌情扣 5~10 分	50 分
2.鞋柜内部构造图绘制 要求:使用刚学过的命令	正确使用刚学过的命令,错误,酌情扣 5~40 分; 图层与线型设置合理,不合理,酌情扣 5~10 分	50 分

实训步骤及要求	评分标注	分值
学生评价		
教师评价		
企业评价		

任务二　教室室内设计图纸绘制

【任务描述】

本任务主要是绘制出简单室内设计中的图纸,包括原始结构图、地面铺装图、平面布置图,并以此为载体认识 AutoCAD 2022 的常用命令,帮助学生补充与完善图纸系统思维体系。本任务宏观上采用"实例驱动",微观上采用"项目式教学"以及用"演示法"讲解 AutoCAD 2022 的基本操作方法,同时要求学生"边学边画",使学生对室内设计制图从感性认识上升到理性认识。通过本任务的学习,对知识点进行归纳总结,发现新旧知识之间的内在联系,并将所学知识与相关学科进行有机衔接。

【知识点】

1. 教室原始结构图绘制。
2. 教室地面铺装图绘制。
3. 教室平面布置图绘制。

【任务导入】

在任务一中,已经学习了如何用 AutoCAD 绘制家具单体,再来看图 2-2-1,大家能分辨出使用了哪些 CAD 绘图命令吗? 同学们是不是已经迫不及待地想要学习如何绘制室内设计图纸呢? 下面让我们一起来绘制教室室内设计图纸吧。

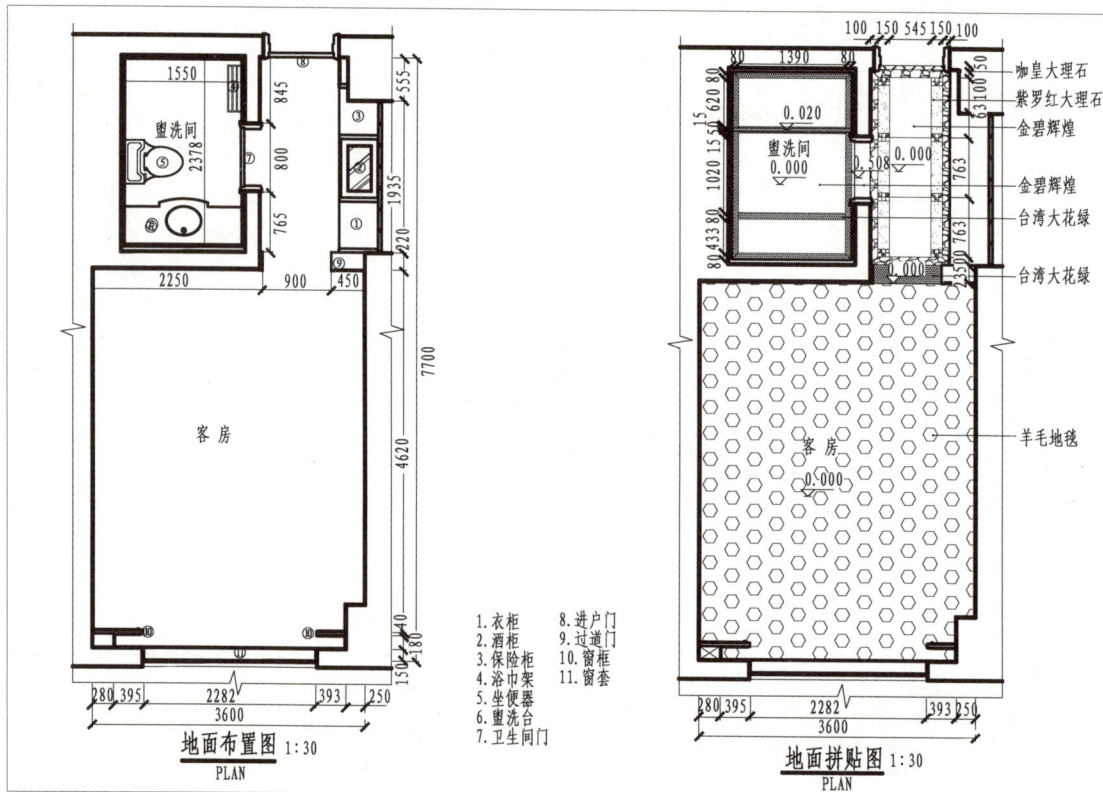

图 2-2-1

【任务讲解】

1. 教室原始结构图绘制

1）轴线绘制

先打开 CAD 文件，新建图形并完成绘图前的基本设置。输入"LA"命令，打开"图层特性管理"。新建 3 个图层，分别设置其名称、颜色和线型，并将"轴线"图层置为当前层，如图 2-2-2 所示。

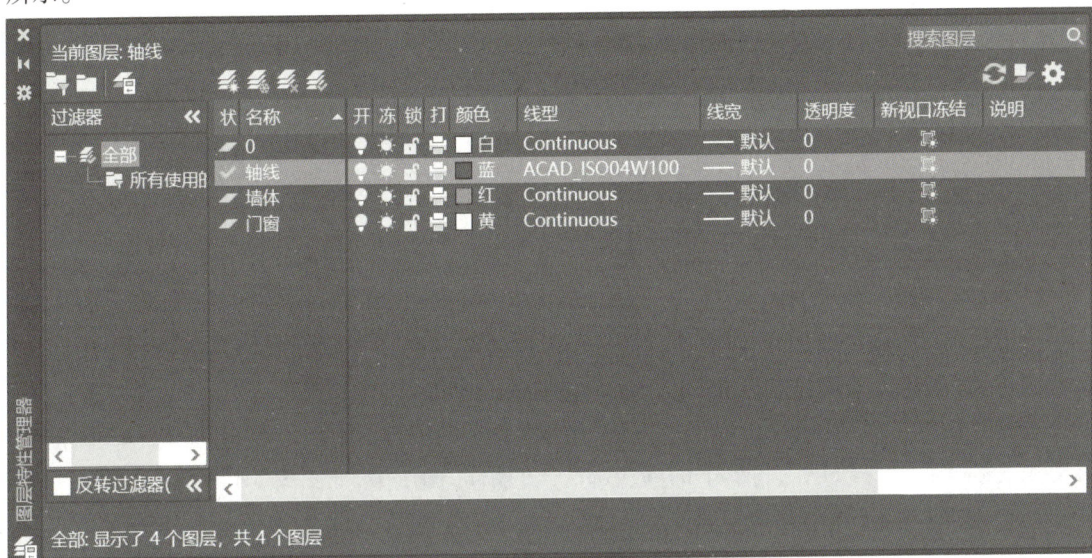

图 2-2-2

输入直线命令"L"，画一条水平方向长 9000 mm 的线段（按"F8"键打开"正交"模式）。滚动鼠标滚轮或按住鼠标滚轮拖动，将直线置于绘图区域中央。输入复制命令"CO"，将刚才绘制的线段垂直向下复制 6000 mm 的距离，如图 2-2-3 所示。

接着使用"L"命令，在刚绘制的线段左侧，绘制一条长为 7000 mm 的垂直线段。使用"CO"命令，将其向右侧水平方向 8000 mm 的距离复制一条线段。这样就绘制出一个 6000 mm×8000 mm、四角出头的轴线网，如图 2-2-4 所示。

图 2-2-3

图 2-2-4

我们虽然把"轴线"图层设置成了"点画线"，但为什么看上去还是连续直线呢？这就涉及线型比例的修改。选中其中一条直线，单击鼠标右键，在弹出的面板中选择"特性"，即可打开"特性"面板，找到其中的"线型比例"，将其改为"20"，单击回车键后，按"Esc"键退出"特性"面板。这时,可以看到这条线段已经显示成"点画线"样式,如图 2-2-5 所示。

如何快速地把其他 3 条线也修改成点画线呢? 输入复制属性命令"MA"并单击空格键确认,这时命令栏提示"选择源对象:",用鼠标左键单击已经修改好的线段;命令栏提示"选择目标对象或[设置(S)]:",按住鼠标左键拖动选择框,从右下往左上框选其他 3 条线条;单击空格键确认,即可一次性地修改好所有线条的线型比例,如图 2-2-6 所示。

图 2-2-5   图 2-2-6

2)墙体绘制

教室墙体均为 24 墙,因此使用偏移命令"O"可将每条轴线分别向两边各偏移"120",为了避免偏移错误,建议采用先左后右、先上后下的顺序,如图 2-2-7 所示。

选择其中的一条墙线,单击界面上方的"图层",选中"墙体"图层,将其放入"墙体"图层中。再使用复制属性命令"MA",将剩下的墙线都放入"墙体"图层中,如图 2-2-8 所示。

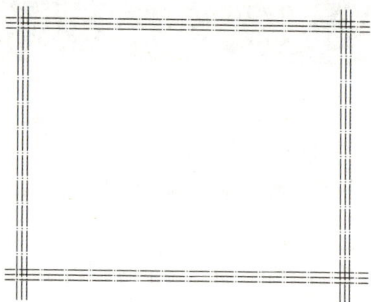 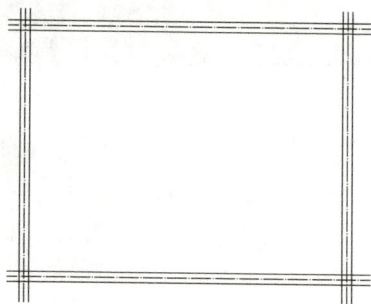

图 2-2-7   图 2-2-8

接着输入命令"LA",打开图层管理器,将"墙体"图层置为当前层并关闭"轴线"图层前面的"灯泡"。在图层属性中,可以把"灯泡"理解为是否可见,当打开"冻结"和"锁定"时则该图层不能被修改。关闭"图层特性管理器",可以看到被隐藏的轴线。使用圆角工具"F",将多余的线条修改整齐(将半径设置为 0),这样教室墙体就绘制完成了,如图 2-2-9 所示。

图 2-2-9

3）教室门绘制

使用直线命令,从左下角内墙体端点开始做垂直线段到外墙体上,如图 2-2-10 所示。

输入移动命令"M"并单击空格键确认;命令栏提示"选择对象:",移动鼠标左键,单击刚绘制的线段,再单击空格键确认;命令栏提示"指定基点或[位移(D)]<位移>:",用鼠标左键在画面中任意点一下;命令栏提示"指定第二个点或<使用第一个点作为位移>:",将鼠标向右滑动,并输入"120",单击空格键确认,这样 120 mm 宽的门垛就画出来了,如图 2-2-11 所示。

图 2-2-10

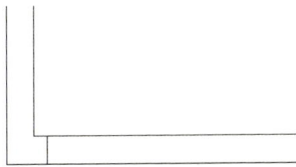

图 2-2-11

使用复制命令"CO",把刚绘制的门垛继续向右"1500"进行水平复制。再使用修剪命令"TR"开出门洞,如图 2-2-12 所示。

使用镜像命令"MI",以教室上部墙体中点往下的垂线为中线,镜像刚才绘制的墙垛,并使用修剪命令"TR"修剪多余线条,如图 2-2-13 所示。

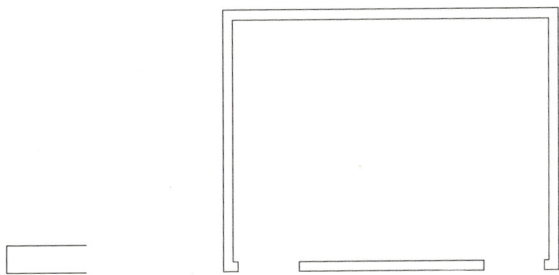

图 2-2-12

图 2-2-13

将"门窗"图层设置为当前层,在任意位置使用矩形命令"REC"绘制"750,30"的矩形。旋转该矩形,输入旋转命令"RO"并单击空格键确认,如果命令栏提示"选择对象:",则选择刚绘制的矩形并单击空格键确认;命令栏提示"指定基点:",用鼠标左键单击矩形的任意角点;命令栏提示"指定旋转角度,或[复制(C)参照(R)]<0>:",输入数值"90"并单击空格键确认,门扇就旋转好了,如图 2-2-14 所示。

使用移动命令"M",以门扇的左下角为基点,第二点为左侧门垛的中点,移动门扇。并用直线命令"L"绘制线段,连接两个门垛的中点,绘制门扇关闭线,如图 2-2-15 所示。

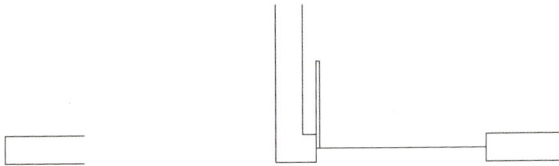

图 2-2-14

图 2-2-15

圆弧

绘制门扇的开启轨迹。输入圆弧命令"A"并单击空格键确认,命令栏提示"指定圆弧的起点或[圆心(C)]:",输入"C"后,单击空格键,修改为指定圆心;命令栏提示"指定圆弧的圆心:",用鼠标左键单击左边墙垛的中点;命令栏提示"指定圆弧的起点:",用鼠标左键单击门扇关闭线的中点;命令栏提示"指定圆弧的端点(按住"Ctrl"键以切换方向)或[角度(A)弦长(L)]:",用鼠标左键单击门扇的左上角,完成一个门扇开启线的绘制,如图2-2-16所示。

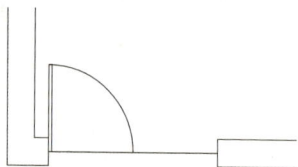

图 2-2-16

还可以使用其他方法绘制门扇。输入圆形工具"C"并单击空格键确认,命令栏提示"指定圆的圆心或[三点(3P)两点(2P)切点、切点、半径(T)]:",用鼠标左键单击门垛中心点;命令栏提示"指定圆的半径或[直径(D)]:",输入数据"750"后,单击空格键完成圆形的绘制,如图2-2-17所示。

圆　　　椭圆　　　样条曲线　　　延伸

输入修剪命令"TR",将多余的开启线修剪掉,如图2-2-18所示。而与修剪命令相对的,叫作延伸命令"EX",它们的使用方法相同却功能相反。同学们可以尝试用延伸命令"EX"。后面还会涉及其他相应命令,如分解命令和块命令等。

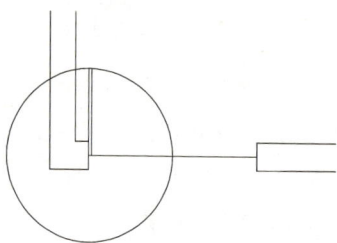

图 2-2-17

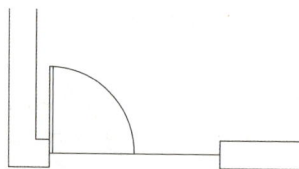

图 2-2-18

使用镜像工具"MI",以过门扇关闭线中点的垂直线为镜像线,绘制另一边的双扇门。再次输入镜像命令,以过上方墙体线中点的垂直线为镜像线,绘制另一扇门,如图2-2-19所示。

4)教室窗户绘制

输入定数等分命令的快捷键"DIV"并单击空格键确认,命令栏提示"选择要定数等分的对象:",用鼠标左键单击教室上部墙体的内线;命令栏提示"输入线段数目或[块(B)]:",输入数据"3"并单击空格键确认。打开"对象捕捉设置",勾选"节点",然后单击"确定"按钮。将当前图层切换为"墙体"图层,使用直线命令,过刚才等分出来的节点做垂直于外墙的辅助线,如图2-2-20所示。

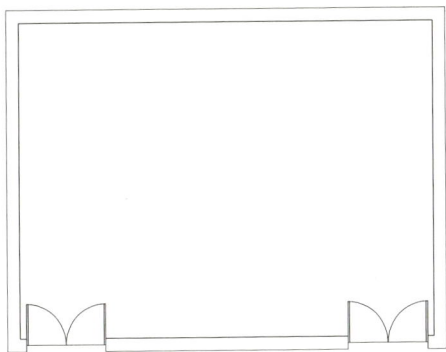

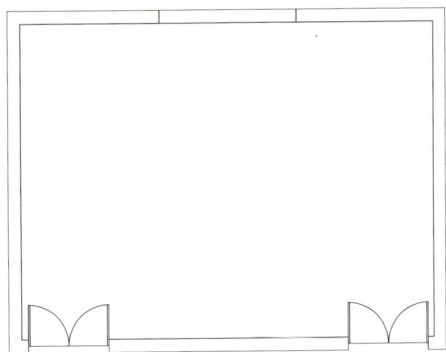

图 2-2-19   图 2-2-20

使用偏移命令"O",将两根辅助线向左右两边偏移"1200"。删除刚绘制的辅助线,并用修剪命令"TR"开出窗洞,如图 2-2-21 所示。

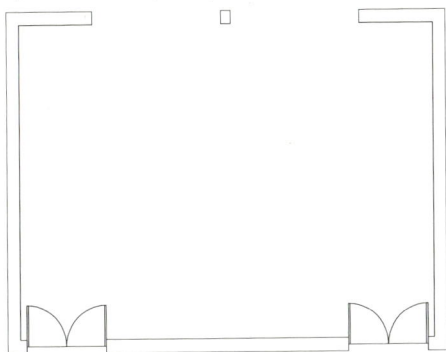

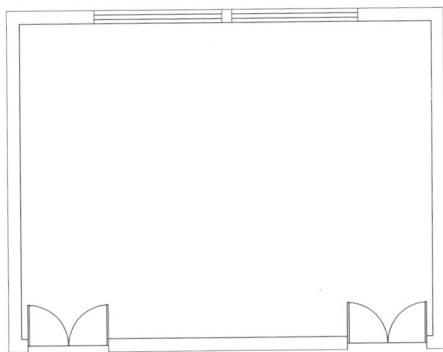

图 2-2-21   图 2-2-22

将当前图层切换为"门窗"图层,使用直线命令,过窗洞角一点绘制线段,将窗洞封闭起来。接着使用偏移工具"O",输入偏移距离"80",将刚才绘制的线段连续偏移 3 次。再选择刚才绘制的 4 根窗线,以过墙体中心点的垂线为镜像线,用镜像命令"MI"镜像,这样就绘制好了教室的原始结构图,如图 2-2-22 所示。

原始结构图1
绘制

原始结构图2
绘制

2. 教室地面铺装图绘制

1)复制原始结构图

使用复制命令"CO",将绘制好的教室原始结构图向右边进行复制(复制前记得打开轴线图层,将轴线网一起复制),如图 2-2-23 所示。

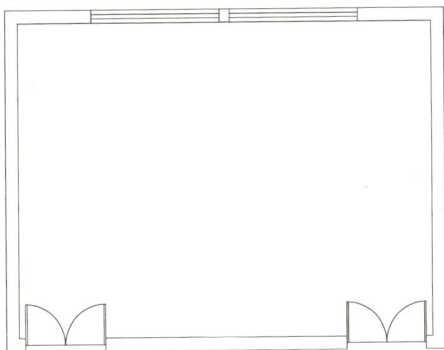

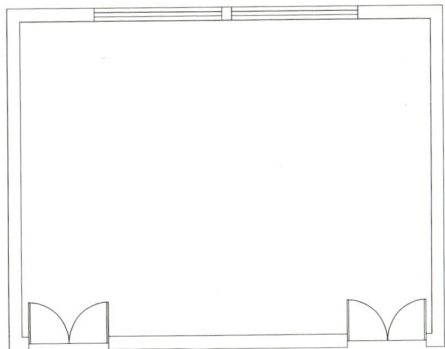

图 2-2-23

2）地面材质填充

新建图层，将其命名为"填充"，颜色为"252"，线型为"Continuous"，并设置成当前层。输入填充命令快捷键"H"并单击空格键确认，命令栏提示"拾取内部点或［选择对象（S）］［放弃（U）］［设置（T）］："，同时绘图区上方显示为"图案填充创建"。用鼠标左键单击教室内部任意点，然后在"图案填充创建面板"中，将图案填充类型修改为"用户定义"，图案填充间距修改为"800"，同时单击"特性"中的"双"，打开交叉线，如图 2-2-24 所示。

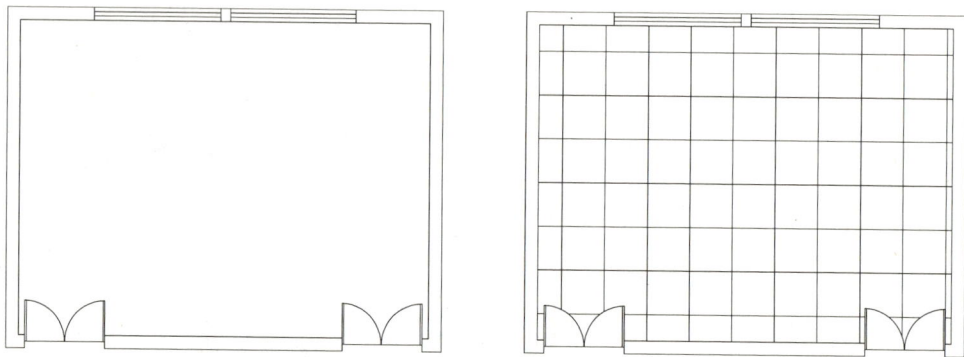

图 2-2-24

先单击"设定原点"，再单击教室的右上角或者左上角，将其设置为原点，单击空格键确认，教室的地面铺装图就完成了，如图 2-2-25 所示。

平面布置图绘制1　平面布置图绘制2

3. 教室平面布置图绘制

1）复制原始结构图

使用复制命令"CO"，将绘制好的教室原始结构图向右边进行复制（复制前记得打开轴线图层，将轴线网一起复制），如图 2-2-23 所示。

2）讲台的绘制与调整

新建图层，将其命名为"家具"，颜色为"3"，线型为"Continuous"，并设置成当前层。打开图库中的"讲台"文件，选中其中的讲台平面图库，同时按"Ctrl+C"键。切换回绘制的"教室室内设计图"，同时按"Ctrl+V"键，并在新复制的教室平面图中单击鼠标左键，如图 2-2-26 所示。

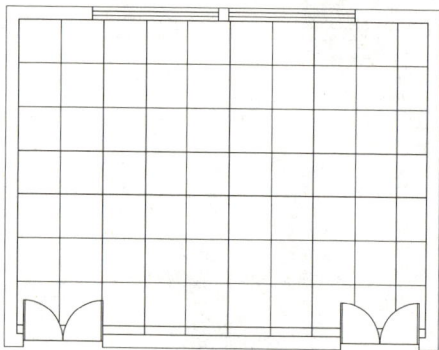

图 2-2-25

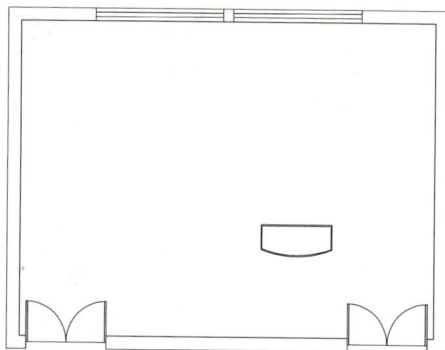

图 2-2-26

这时我们注意到"讲台"图库是一个整体,无法进行修改。需要使用分解命令"X",将"讲台"图库进行分解。选中"讲台",将其图层选择为"家具",对象颜色选为"ByLayer"。为了便于后续选择,需要将修改好的"讲台"重组为块。输入块定义命令"B"并单击空格键确认,即可打开"块定义"面板。在"名称"栏中输入"讲台"。单击"基点"下方的"拾取点",再单击"讲台"的任意角点。在"对象"栏下单击"选择对象",框选"讲台"图库并单击空格键确认。最后单击"确定"按钮,这样"讲台"就修改好图层并组成为块了,如图 2-2-27 所示。

使用旋转命令"RO",将讲台旋转 270°。接着输入缩放命令"SC"并单击空格键确定,这时命令栏提示"选择对象:",用鼠标左键单击"讲台"并单击空格键确认;命令栏提示"指定基点:",用鼠标左键单击"讲台"任意角点;命令栏提示"指定比例因子或[复制(C)][参照(R)]:",输入数据"1.2"并单击空格键确认,表示将讲台从基点放大 1.2 倍。接着使用移动命令"M"移动"讲台",将基点设为讲台右边的中点,将第二个点设为右边内墙线的中点。再次移动讲台,基点为任意点,第二个点为滑动鼠标输入数据"1000",单击空格键确定。这样讲台就放在了想要的位置上,如图 2-2-28 所示。

旋转

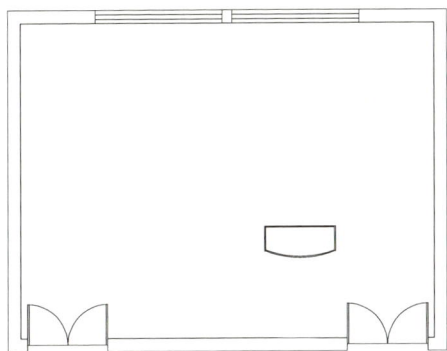

图 2-2-27

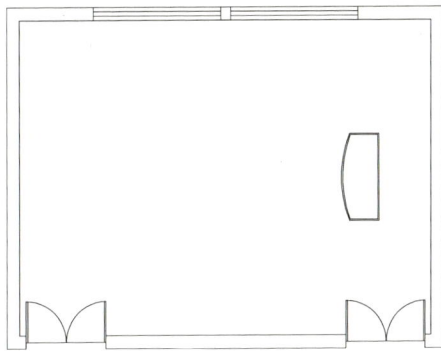

图 2-2-28

3)课桌椅的绘制与调整

打开图库中的"课桌"文件,框选其中的课桌平面图库,同时按"Ctrl+C"键。切换到"教室室内设计图",再同时按"Ctrl+V"键,在新复制的教室平面图中单击鼠标左键。复制成功,如图 2-2-29 所示。

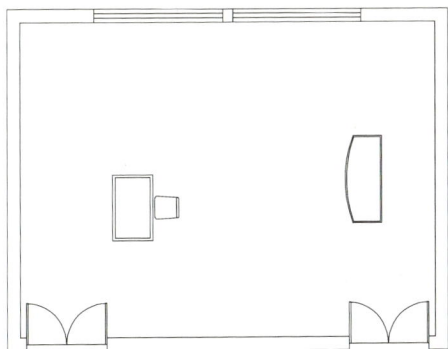

图 2-2-29

使用分解命令"X"将其分解并修改到"家具"图层。输入测量工具"DI"并单击空格键确认,命令栏提示"指定第一点:",单击课桌的任意角点;命令栏提示"指定第二个点或[多个点(M)]:",沿课桌的长边用鼠标单击另一个角点;命令栏显示"Y 增量 = 1200",即表示课桌长1200 mm。使用同样的方法,测量出课桌宽750 mm。将课桌大小调整为800 mm×600 mm,即长边缩短1200−800=400(mm),宽边缩短750−600=150(mm)。

图 2-2-30

拉伸

输入拉伸命令"S"并单击空格键确认,命令栏提示"选择对象:",按住鼠标左键,从右下往左上框选桌子的下方4个节点,单击空格键确认。命令栏提示"指定基点或[位移(D)]<位移>:",鼠标左键单击绘图区任意一点。命令栏提示"指定第二个点或<使用第一个点作为位移>:",在打开正交的情况下,往上滑动鼠标,并输入数据"400",单击空格键确认。桌子的长缩短400 mm,变成800 mm。再次使用拉伸命令"S",从右下往左上框选桌子最左边的4个点,往右滑动鼠标后输入数据"150",这时桌子的宽也改为600 mm,如图2-2-30所示。

使用移动工具"M"调整桌椅的位置,使它们大致对齐。使用块工具"B"将桌椅做成块,块的名称为"桌椅",基点为桌子的角点。使用旋转命令"RO"将桌椅旋转为面对讲台,如图2-2-31所示。

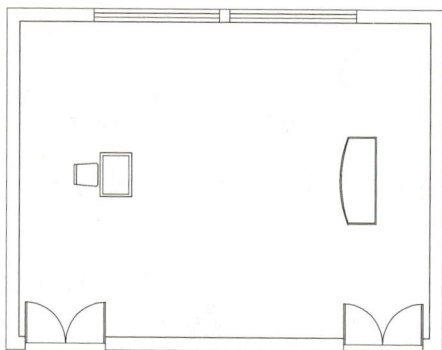

图 2-2-31

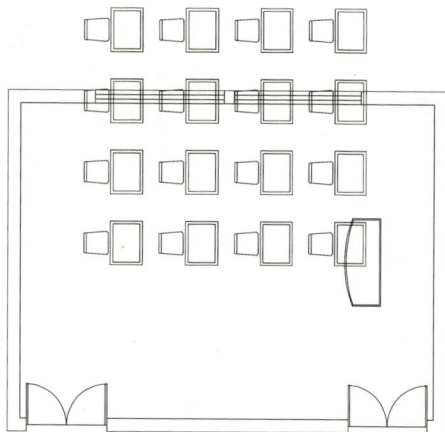

图 2-2-32

输入阵列命令"AR"并单击空格键确认,命令栏提示"选择对象:",用鼠标左键单击桌椅,并单击空格键确认。绘图区提示"输入阵列类型 矩形(R)路径(PA)极轴(PO)",单击空格键确定为"矩形",绘图区顶部出现"阵列创建"面板,将"列数"下面的"介于"改为"1400";"行数"改为"4",下面的"介于"改为"1300",并单击空格键确认,如图2-2-32所示。

调整桌椅的位置。使用复制命令"CO"将右侧内墙线往左边复制一条辅助线,距离为"2000"。使用移动命令"M"将桌椅的右上角对齐辅助线上端,再删除辅助线。这时,教室的平面布置图就绘制完成了,如图2-2-33所示。

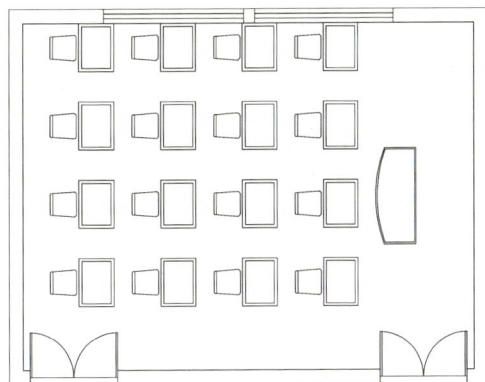

平面布置图
绘制1

平面布置图
绘制2

图 2-2-33

【知识拓展】

玄武湖无障碍花园

　　南京繁华的闹市中,藏着一处幽静之地。徜徉在这片坐落于紫金山与玄武湖之间的山水丛林中,沿着盲道一直向前,随处可见的是各种精心设置的无障碍设施。这便是南京首个无障碍花园——玄武湖无障碍花园。

玄武湖无障碍花园

　　玄武湖无障碍花园由外延区和核心区两部分组成。外延区将核心区域无障碍步道体系延伸至景区主入口,无缝对接城市无障碍体系;核心区以视障朋友为主要服务对象,以 420 m 的无障碍环形步道和扶手栏杆为主体,配建了"爱心小筑"等设施。

盲文标志

　　作为全程参与玄武湖无障碍花园设计与建设的设计师——南京市园林规划设计院有限责任公司高级工程师陈啊雄表示,为了满足不同人群的需求和期待,在设计前期,曾多次前往南京市盲人学校和南京市特殊教育学校,去搜集、整理特殊人群的想法和创意。

　　将关爱体现在一个个细节上。例如,设计团队在植物区域设置了触摸花坛,让视障人士能够通过触摸和闻香来感知植物的形态和气味;在观景平台设置了触摸模型,立体展示出玄武湖全景,让视障人士能够通过触摸来感知湖泊的形状和大小。在陈啊雄看来,玄武湖无障碍花园不仅是一个旅游景点,也是一个科普教育基地。花园内设置了植物科普标牌和鸟类科普廊,用中英文和盲文介绍了各种植物和鸟类的特征和习性。陈啊雄说:"我们希望通过这些设施,让视障人士能够通过触觉、听觉等感官来感知花园的美丽,也让普通游客能够通过体验来增强对视障人士的理解和尊重。"

　　除了玄武湖无障碍花园,陈啊雄还在筹备无锡的无障碍设计项目,他说:"无障碍设计是一种社会责任,也是一种专业追求。我希望能够通过我的设计为特殊人群创造更多的便利和快乐,也为城市增添更多的美好和温暖。"

　　思考:1.通过阅读材料,你认为无障碍设计还包括哪些?
　　　　　2.结合阅读材料,你是怎样理解设计师的社会责任的?

【岗位实训】

　　使用本任务所学的知识,测量并使用 CAD 软件绘制寝室原始结构图、地面铺装图和平面布置图。

实训项目	CAD 寝室设计图绘制						
实训目的	1.能使用学过的 CAD 命令。 2.能合理设置图层并修改图层属性。 3.能灵活运用所学知识,举一反三。						
项目要求	选做		必做		是否分组		每组人数	
实训时间				实训学时		学分	
实训地点				实训形式			

实训内容	请同学们测量自己寝室的数据,并参照课程中绘制的教室设计图,完成寝室设计图的绘制。 包括:寝室原始结构图一张 　　　寝室地面铺装图一张 　　　寝室平面布置图一张

实训材料	安装好 AutoCAD 2022 的电脑一台	
实训步骤及要求	评分标注	分值
1. 寝室原始结构图绘制 要求:正确设置图层;正确绘制轴线网	正确绘制轴线网,错误,酌情扣 5~10 分; 正确绘制墙体,错误,酌情扣 5~10 分; 正确绘制门窗,错误,酌情扣 5~10 分; 图层与线型设置合理,不合理,酌情扣 5~10 分	40 分
2. 寝室地面铺装图绘制 要求:正确使用填充命令	正确选择填充区域,错误,酌情扣 5~10 分; 正确选择填充图案,不合理,酌情扣 1~5 分; 正确设置原点,不合理,酌情扣 1~5 分	20 分
3. 寝室平面布置图绘制 要求:家具布局合理并成块	正确调用图库,错误,酌情扣 5~10 分; 正确修改家具图层,错误,酌情扣 5~10 分; 正确修改家具尺寸,错误,酌情扣 5~10 分; 正确摆放家具位置,不合理,酌情扣 5~10 分	40 分
学生评价		
教师评价		
企业评价		

任务三　教室室内设计图纸的标注

【任务描述】

本任务主要是对简单室内设计中的图纸进行标注,包括图框与比例的选择、文字标注、尺寸标注,并以此为载体掌握 AutoCAD 2022 的常用标注命令和标注设置,帮助学生补充与完善图纸系统思维体系。本任务宏观上采用"实例驱动",微观上采用"项目式教学"以及用"演示法"讲解 AutoCAD 2022 的基本标注命令,同时要求学生"边学边画",使学生对室内设计制图从感性认识上升到理性认识。通过本任务的学习,对知识点进行归纳总结,发现新旧知识之间的内在联系,并将所学知识与相关学科进行有机衔接。

【知识点】

1. 图框与比例的设置。
2. 尺寸标注。
3. 文字标注。

【任务导入】

前面绘制了教室室内设计图纸,这样的图纸能直接打印吗?如果只有简单形状,没有文字和说明,工人师傅们能按图施工吗?观察图 2-3-1,大家能否辨识出图纸中描绘的是什么吗?它们的数据是多少?接下来学习如何用 AutoCAD 2022 来标注教室室内设计图纸。

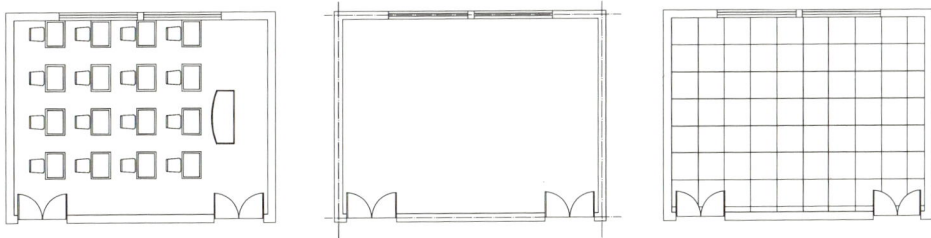

图 2-3-1

【任务讲解】

1. 图框与比例的设置

1)确定打印图纸大小

常用的图纸有 A1,A2,A3,A4 这 4 种规格。这里设定图纸的最终打印尺寸为 A3 大小,即 420 mm×297 mm。

2)放入图框

在 CAD 中打开文件"图框"和"教室室内设计图"。拖动鼠标左键框选"图框",将其复制后粘贴到"教室室内设计图"中,如图 2-3-2 所示。

3)图框缩放与比例确定

在 CAD 中都是按照实际尺寸绘制的,因此需要把图框缩小到 A3 图幅的尺寸(420 mm×297

mm）。使用缩放命令"SC"，在选择图框并以图框任意角点为基点后，命令栏提示"指定比例因子或[复制（C）参照（R）]："，输入"R"并单击空格键确认；命令栏提示"指定参照长度<1.0000>："，移动鼠标左键，分别单击图框一条长边的两个端点；命令栏提示"指定新的长度或[点（P）]<1.0000>："，输入数据"420"并单击空格键确认，即可将图框长边缩小到 420 mm，如图 2-3-3 所示。

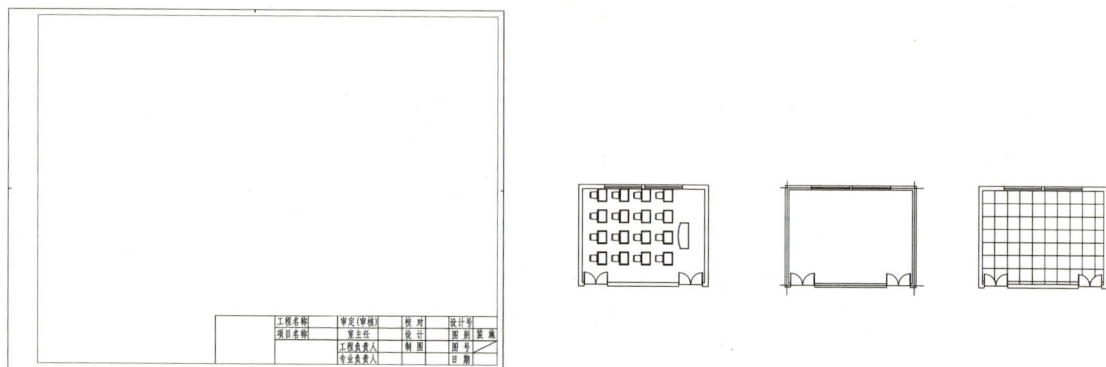

图 2-3-2

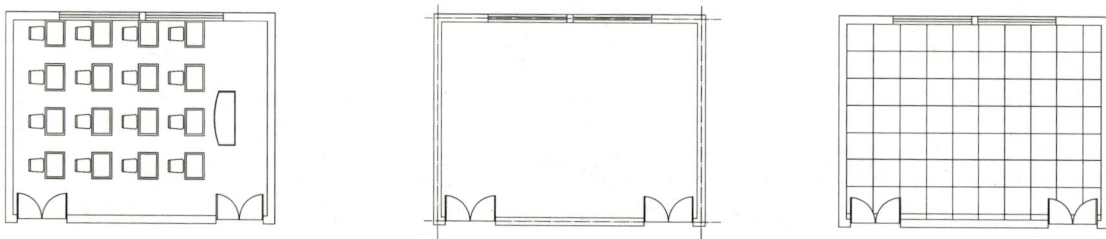

图 2-3-3

为了保持尺寸的准确，尽量不要缩放绘制物体的大小，因此只能放大图框，让所绘物体相对缩小，而放大图框的倍数就是缩小物体的比例。使用缩放命令"SC"，用比例缩放将图框放大"50"倍，这时刚好框住所绘图纸，其比例为"1∶50"，如图 2-3-4 所示。

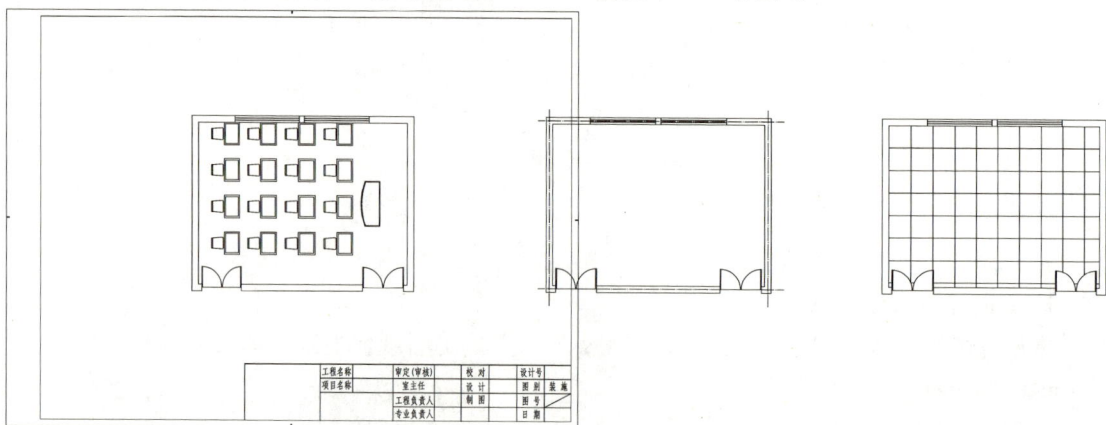

图 2-3-4

打开"轴线"图层，再复制两个图框，将绘制的 3 幅图分别放入图框中，如图 2-3-5 所示。（注意，如果移动不方便，可以按"F8"键关闭正交。图纸在图框中的位置应居中略偏上为佳）。

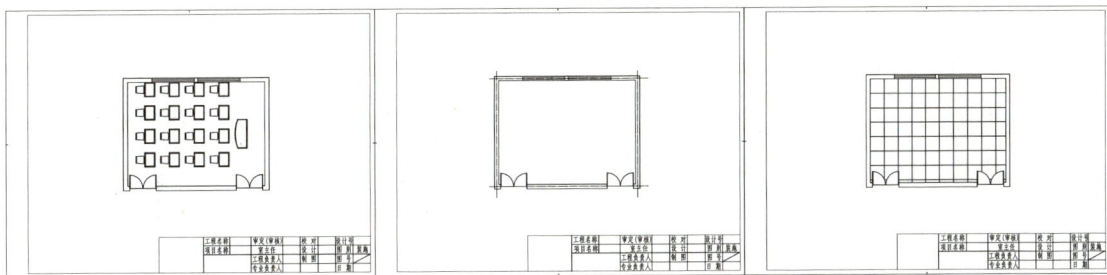

图 2-3-5

2. 教室设计图的尺寸标注

1）文字设置

新建图层，名称改为"标注"，颜色改为"索引颜色 3"，线型改为"Continuous"，并置为当前层。输入文字样式命令"ST"并单击空格键确认，打开"文字样式"对话框。单击"新建"按钮新建文字样式，将其命名为"文字标注"，字体选择"仿宋"，宽度因子改为"0.7000"，如图 2-3-6 所示。

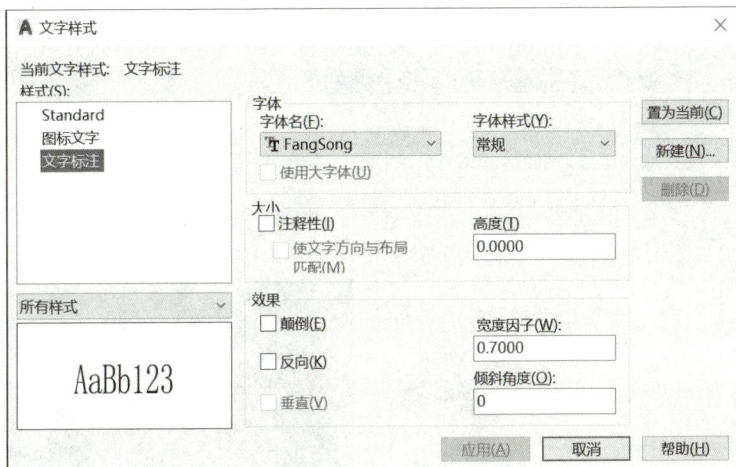

图 2-3-6

单击"置为当前"并关闭"文字样式"面板。

2）标注设置

输入标注样式快捷键"D"并单击空格键确认，打开"标注样式管理器"对话框。单击"新建"按钮，打开"创建新标注样式"对话框，新样式名为"ISO-50"（为了区别各种比例，一般把标注样式命名为 ISO+比例，所以"ISO-50"的意思就是适用于比例为 1∶50 的图纸）。因为前期没有设置过标注样式，所以基础样式可以是任意的。如果这次设置好了，下次可以直接用设置好的样式作为基础样式，可加快绘图速度，如图 2-3-7 所示。再单击"继续"按钮进入标注样式设置。

标注样式的设置比较复杂，需要对各面板进行设置。

①"线"的设置如图 2-3-8 所示。

②"符号和箭头"的设置如图 2-3-9 所示。

③"文字"的设置如图 2-3-10 所示。

④"调整"的设置如图 2-3-11 所示。值得注意的是，"使用全局比例"后面的数值应与 1∶

50 的比例相对应,所以数值是"50"。

　　⑤"主单位"设置如图 2-3-12 所示。

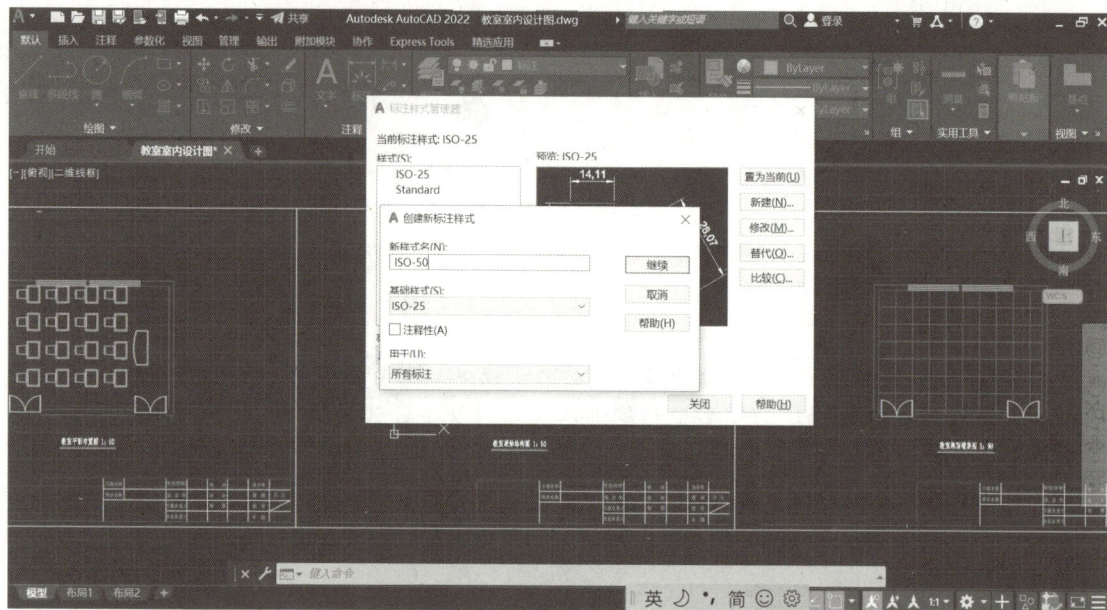

图 2-3-7

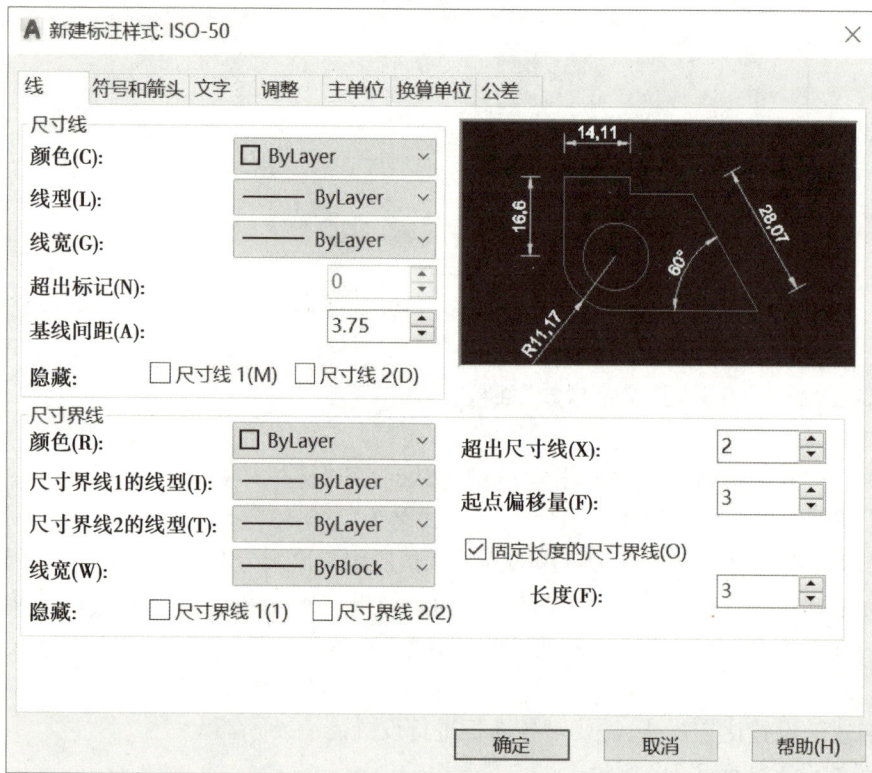

图 2-3-8

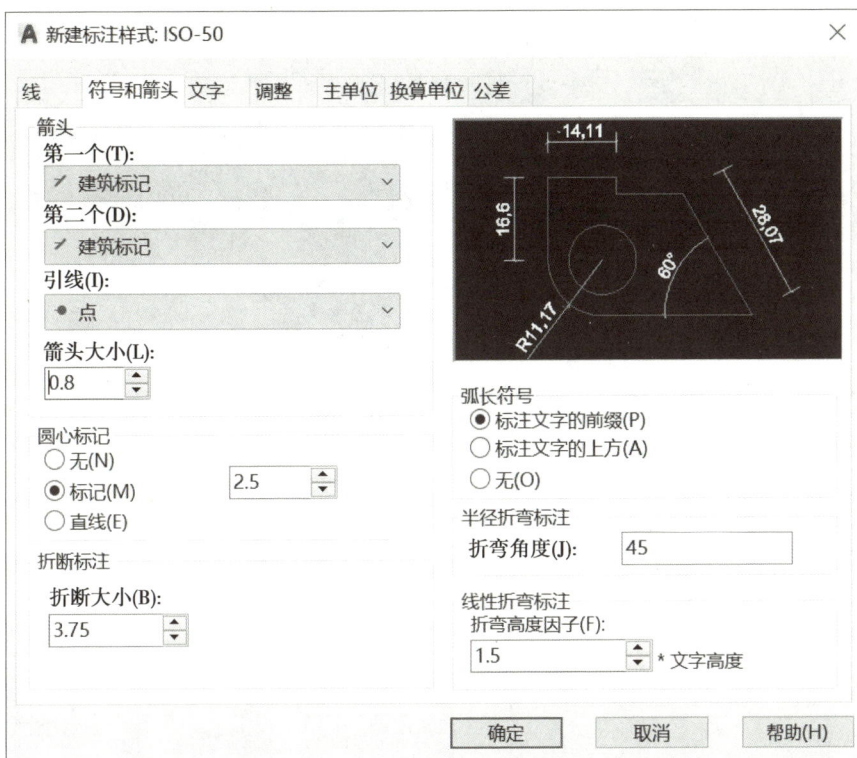

图 2-3-9

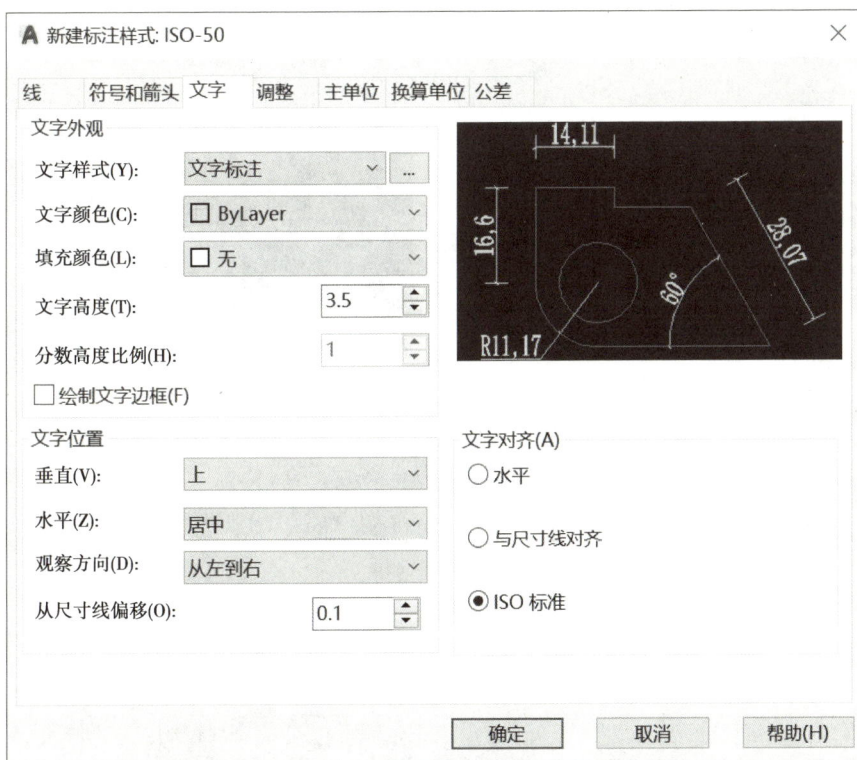

图 2-3-10

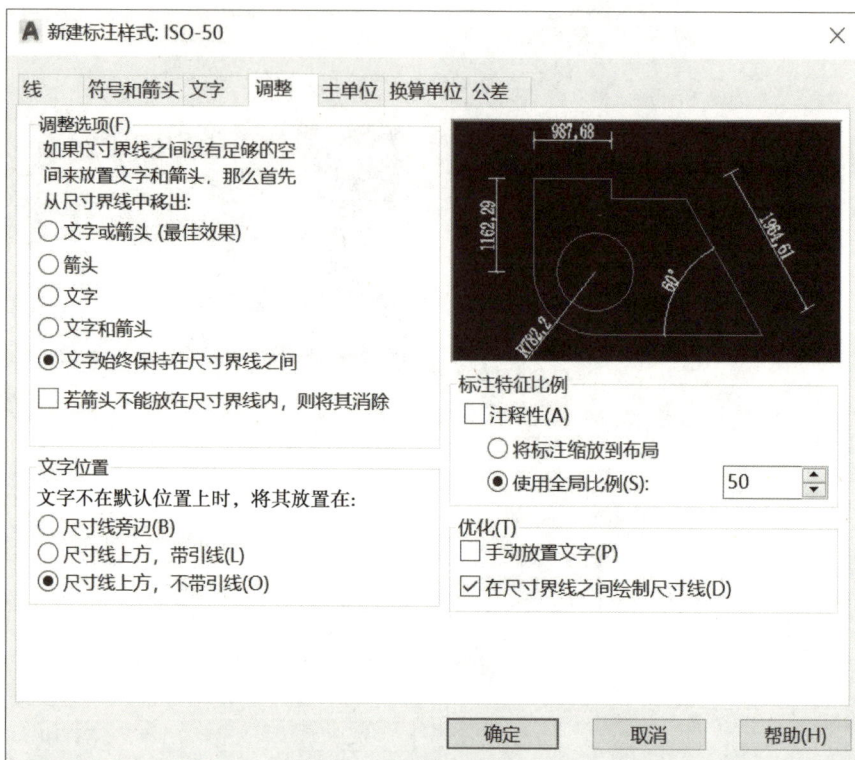

图 2-3-11

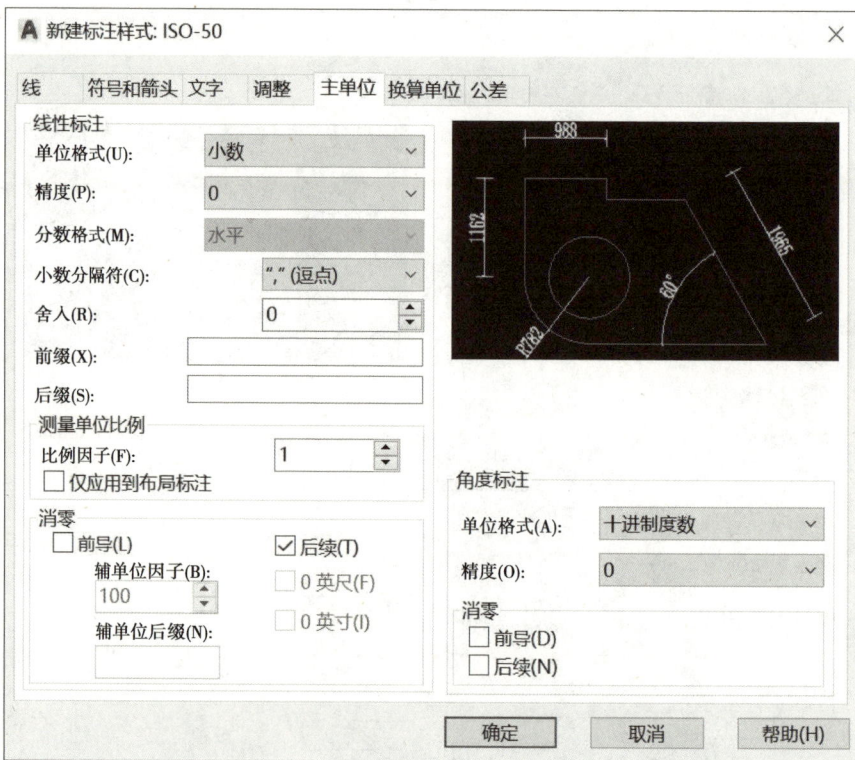

图 2-3-12

目前还不需要修改"换算单位"与"公差"面板,单击"确定"保存设置,并把"ISO-50"置为当前层,然后关闭"标注样式管理器"对话框,这样标注样式就设置好了。

3)尺寸标注

输入线性标注命令"DLI"并单击空格键确认,命令栏提示"指定第一个尺寸界线原点或<选择对象>:",用鼠标左键单击教室原始结构图左边轴线的下部端点;命令栏提示"指定第二个尺寸界线原点:",用鼠标左键单击左边大门的左侧门垛角点,然后向下移动到合适的位置再次单击鼠标左键,第一个尺寸就标注好了,如图 2-3-13 所示。

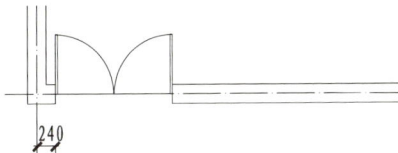

图 2-3-13

接着输入连续标注命令"DCO"并单击空格键确定,命令栏提示"指定第二个尺寸界线原点或[选择(S)][放弃(U)]<选择>:",移动十字光标,依次单击左侧门的另一个门垛、右侧门的两个门垛、右侧轴线下部端点,并单击空格键确定,内部细节尺寸就标注好了,如图 2-3-14 所示。

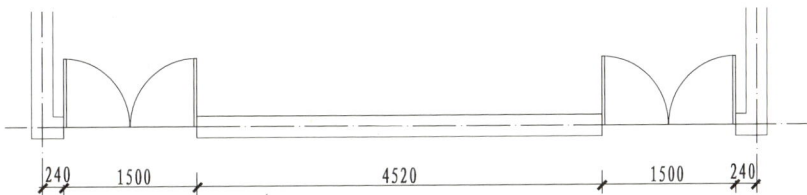

图 2-3-14

再使用同样的方法标注墙体的长、宽与上部窗户尺寸,标注完成后的效果如图 2-3-15 所示。

再次使用标注命令,为"平面布置图"和"地面铺装图"标注好尺寸,标注完成后的效果如图 2-3-16 所示。

3.教室设计图的文字标注

1)图名与比例标注

图名字体大小为比例×5,因为前面套入的图框比例为 1∶50,所以图名字体高度为 50×5＝250。输入文字命令"T"并单击空格键确认,在教室原始结构图下方从左上往右下拉出文本框。这时在 CAD 顶部出现"文字编辑器",在"样式"栏中选择刚设置好的"文字标注",在文字高度栏中输入"250"并单击回车键确认。这时我们看到闪烁的文字光标变大了,输入"教室原始结构图 1∶50"并用鼠标左键单击绘图区确定,如图 2-3-17 所示。

首先将图名移到图纸下方正中,并在下方绘制与文字等宽的线段,再将这根线段放入"墙体"图层。最后将这根线段往下复制距离"50",新线段放入"标注"图层,如图 2-3-18 所示。

将图名与下面的线段分别复制到另外两张图的下方,双击文字部分,分别将其修改为"教室平面布置图 1∶50"与"教室地面铺装图 1∶50",如图 2-3-19 所示。这样图名与比例就标注好了。

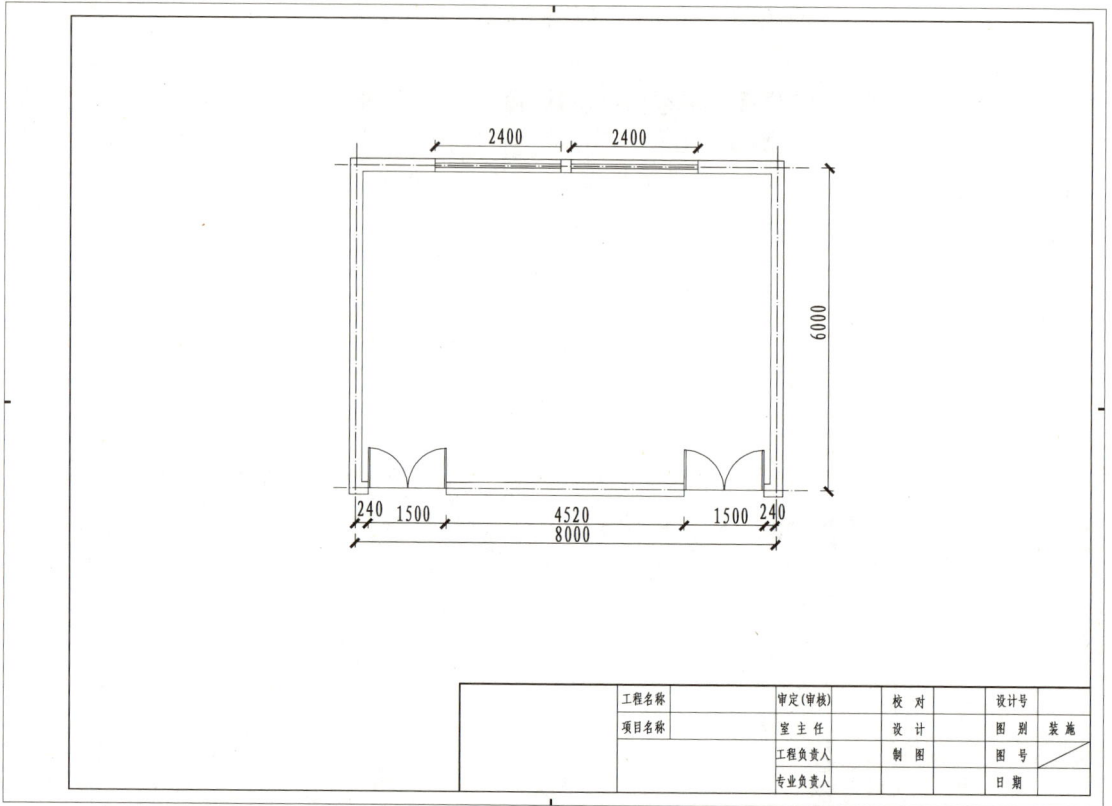

图 2-3-15

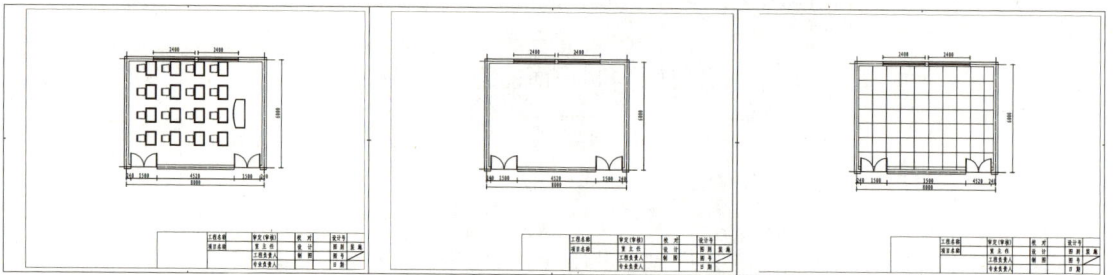

图 2-3-16

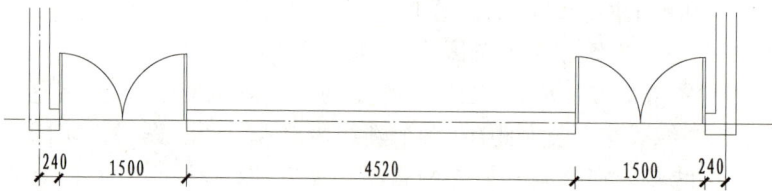

教室原始结构图 1:50

图 2-3-17

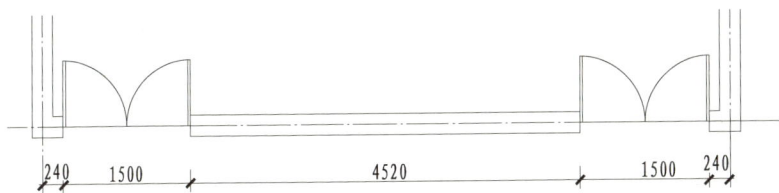

教室原始结构图 1:50

图 2-3-18

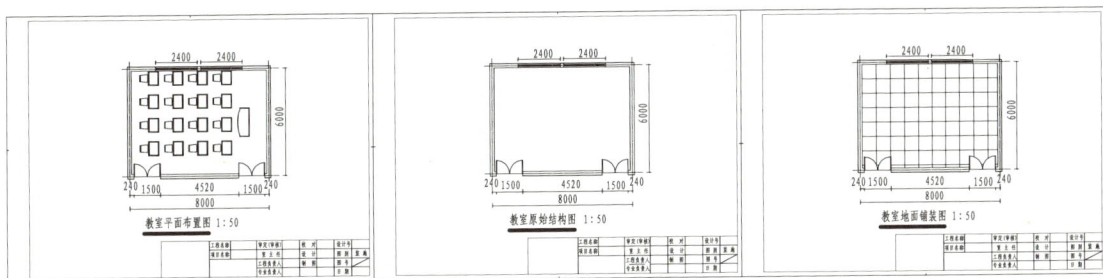

图 2-3-19

2）家具与材料标注

文字标注的字体大小为比例×3.5,而前面套入的图框比例为 1∶50,这里文字标注字体高度为 50×3.5＝175。先标注材料,按住鼠标滚轮拖动,将绘图区移动到"地面铺装图"。输入引

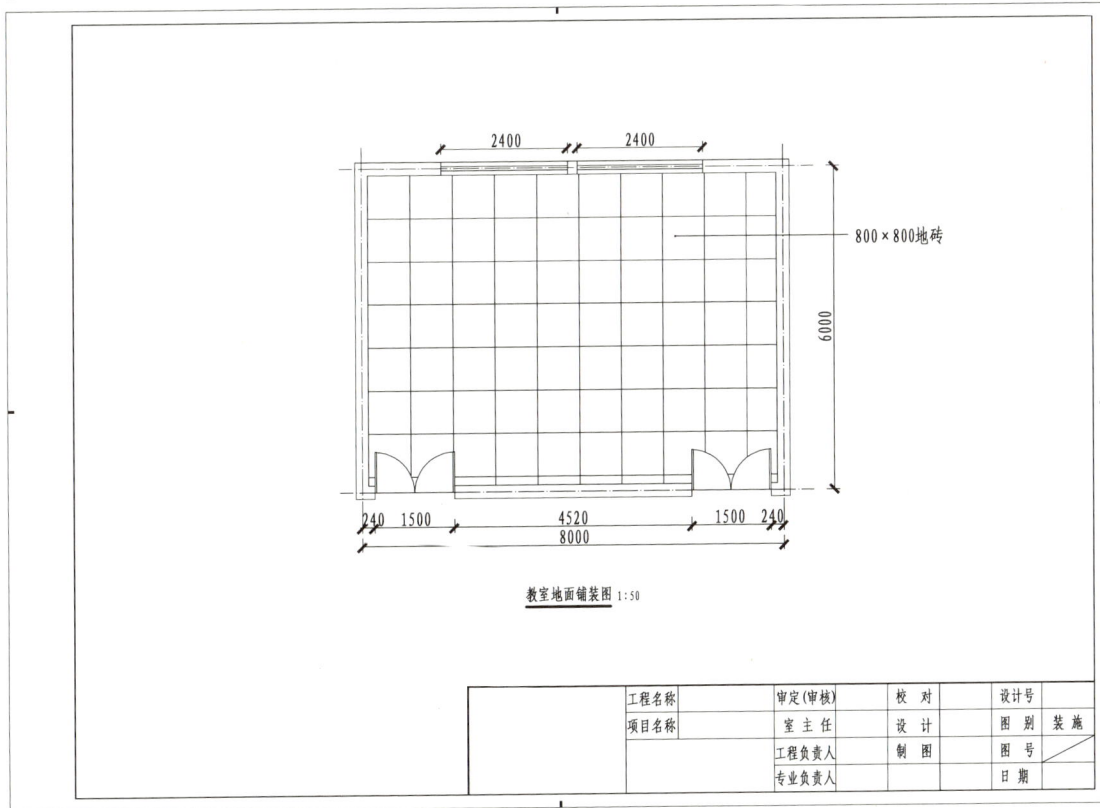

图 2-3-20

线管理器命令"LE"并单击空格键确认,命令栏提示"指定第一个引线点或[设置(S)]<设置>",鼠标左键单击铺装的地砖;命令栏提示"指定下一点:",打开正交后,在尺寸标注外的水平线上单击鼠标左键并同时单击空格键确认;命令栏提示"指定文字宽度<0>",再次单击空格键;命令栏提示"输入注释文字的第一行<多行文字(M)>",输入文字"800×800地砖"并单击两下回车键确认,如图2-3-20所示。

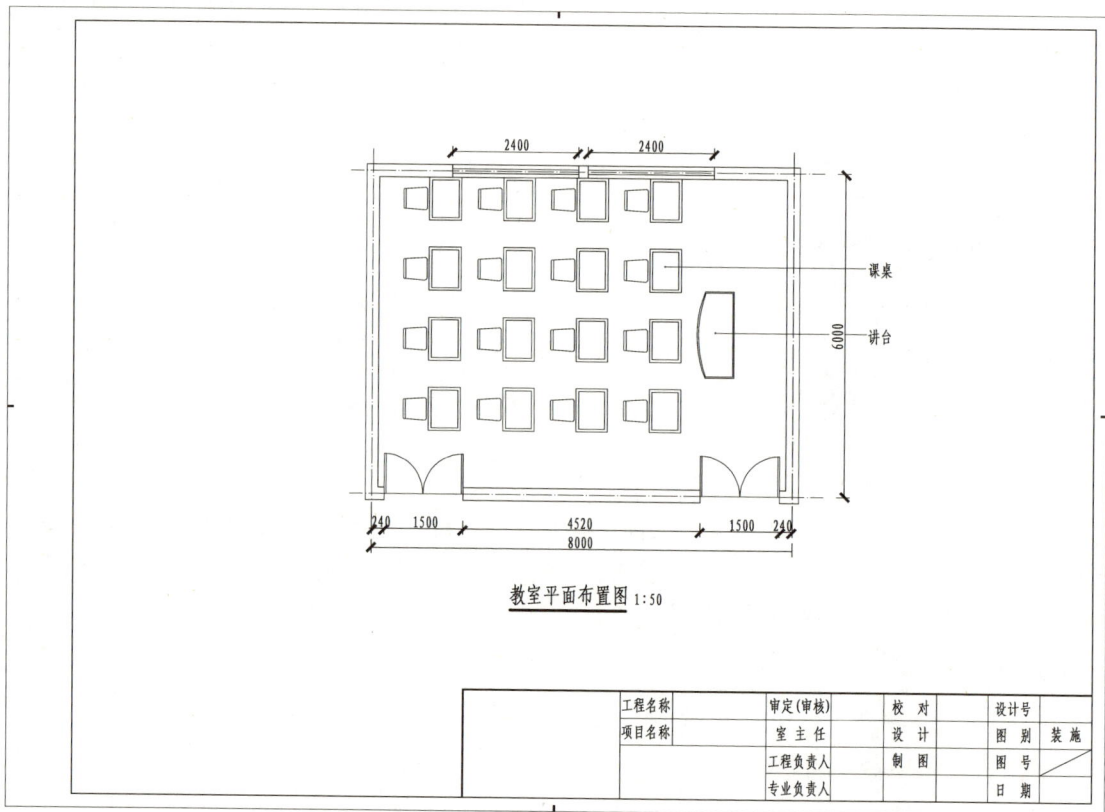

图 2-3-21

使用同样的方法,在"平面布置图"中用引线标注"讲台"和"课桌",如图2-3-21所示。这样,就完成了所有的标注。

【知识拓展】

青年设计师

在加拿大密西沙加市(Mississauga)举行了一场声势浩大的确定建筑设计方案的宣布仪式,由市长宣布结果,当地市民和媒体对设计者的关注如同摇滚明星。而这位明星就是刚满30岁的中国建筑师马岩松。

这是一栋56层的公寓楼,开发商对其进行了国际创新设计大赛。马岩松领衔的北京MAD建筑师事务所的方案"玛丽莲·梦露大厦",最终击败进入提名阶段的另外5家建筑公司方案后脱颖而出。密西沙加市的市长还亲自给马岩松写信,感谢他为城市设计了一栋非常好的建筑。

马岩松与他的模型

建筑大师大多数大器晚成，像贝聿铭先生设计卢浮宫时已经六十多岁了。在中国建筑设计师里,30 岁以前一举成名的屈指可数。然而在拍摄《我与建筑有个约会》这部纪录片时,马岩松却总是自谦地说:"我其实并不是很成功。"

因为一切都只是厚积薄发。建筑师不是单靠灵感、靠草图就能拿国际大奖。中标梦露大厦前两年,马岩松每天只能睡两个小时左右。当时他还在扎哈手下工作。每天加班到晚上 12 点,披星戴月,马不停蹄地又开始做竞赛。做到清晨 7 点,只留两个小时睡觉,9 点起床,10 点上班,又开始头脑风暴的一天。就这样,马岩松两年参加了一百多个竞赛,相当于平均每周都要做出一个建筑方案,终于等来了"梦露的青睐"。

思考:1.通过阅读材料,你认为设计师的基本素养还包括哪些?

2.结合阅读材料,你是如何理解设计师的时间管理意识?

【岗位实训】

使用本次课程所学的知识,为上节课绘制的寝室原始结构图、地面铺装图、平面布置图套上合适的图框,并进行文字标注与尺寸标注。

实训项目	CAD 寝室设计图绘制					
实训目的	1.能使用学习过的 CAD 命令。 2.能合理设置合适的比例。 3.能灵活运用所学知识,举一反三。					
项目要求	选做		必做		是否分组		每组人数	
实训时间				实训学时		学分	
实训地点				实训形式			

实训内容	请同学们参照课程中标注的教室设计图,为上次课绘制的寝室设计图套上合适的图框,并进行文字标注与尺寸标注。 包括:标注寝室原始结构图一张 　　　标注寝室地面铺装图一张 　　　标注寝室平面布置图一张

实训材料	安装好 AutoCAD 2022 的电脑一台	
实训步骤及要求	评分标注	分值
1. 套上合适的图框 要求:图框比例合适;画面位置居中	正确调用并缩放图框,错误,酌情扣 5~10 分; 正确换算比例,错误,酌情扣 5~10 分; 画面位置居中偏上,错误,酌情扣 5~10 分	30 分
2. 进行尺寸标注 要求:尺寸标注设置正确;尺寸标注规范清晰	正确设置尺寸标注,错误,酌情扣 5~20 分 正确使用标注命令,错误,酌情扣 5~10 分 标注清晰规范,不合理,酌情扣 5~10 分	40 分
3. 进行文字标注 要求:文字标注设置正确;文字位置合适,不影响识图	正确设置文字标注,错误,酌情扣 5~10 分 正确标注图名与比例,错误,酌情扣 5~10 分 正确标注材料与家具,错误,酌情扣 5~10 分	30 分
学生评价		
教师评价		
企业评价		

项目三
客厅方案绘制

【建议课时】

16 课时。

【学习目标】

知识目标

1. 掌握室内设计平面布置图、天棚布置图、立面图的基本概念。

2. 熟悉室内设计制图流程。

技能目标

1. 具备用 AutoCAD 快捷键绘图的能力。

2. 具备绘制现代简约风格客厅方案图的能力。

素质目标

1. 提升学生审美素养和创新设计素质。

2. 培养学生遵守行业规范和标准的职业素养。

【项目要求】

1. 学生准备好电脑,并安装好 AutoCAD 2022 制图软件。

2. 教师准备好电脑和多媒体授课设备,并提前安装好 AutoCAD 2022 制图软件,下载好素材"现代简约式客厅. dwg"。

3. 教师示范步骤,按照平面布置图、天棚布置图、电视背景墙、沙发背景墙的顺序,使用 AutoCAD 2022 快捷键,绘制现代简约风格的客厅图纸。

4. 在每个知识点结束后,引导学生临摹教师绘图过程,并检查绘制图纸是否与教师绘制的图纸一致。

任务一 现代简约风格客厅绘制

【任务描述】

本任务主要是根据已有的现代简约风格客厅效果图绘制其 CAD 方案图,并以此为载体掌握室内设计三视图的画法,熟悉 CAD 制图软件的快捷键,理解现代简约风格的概念。本任务宏观上采用"实例驱动",微观上采用"项目式教学"以及用"演示法"讲解现代简约风格客厅的绘制技巧及流程,同时要求学生"边学边画",使学生对现代简约风格客厅绘制从感性认识上升到理性认识,掌握现代简约风格客厅绘制技能。通过本任务的学习,对知识点进行归纳总结,发现新旧知识之间的内在联系,并将所学知识与相关学科进行有机衔接。

【知识点】

1. 平面布置图绘制步骤。

2. 天棚布置图绘制步骤。

3. 电视背景墙绘制步骤。

4. 沙发背景墙绘制步骤。

【任务导入】

强调功能性设计,线条简约流畅,色彩对比强烈,这是现代简约风格的特征。大量使用钢化玻璃、不锈钢等新型材料作为辅材,也是现代简约风格最常见的装饰手法,能给人带来前卫、不受拘束的感觉。由于线条简单、装饰元素少,现代简约风格还常常使用软装配合,显示出简洁的现代美感。在客厅设计中,会客以及家人的聚会是客厅的功能性需求。在现代简约风格的客厅设计时,设计师可根据具体方案的要求选择不同的材料及手法,以适应受众的需求。但总体效果统一在流畅的线条、强烈的对比这种现代简约风格的特征中。

【任务讲解】

1. 平面布置图绘制

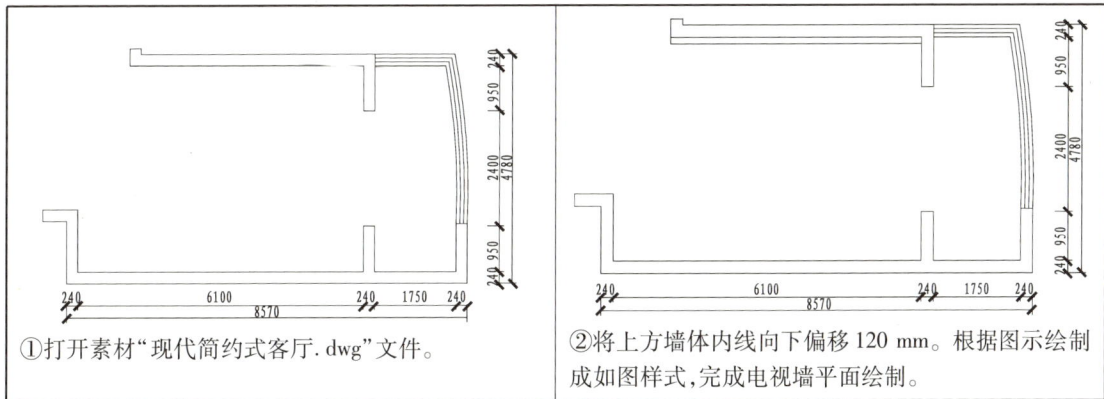

①打开素材"现代简约式客厅.dwg"文件。

②将上方墙体内线向下偏移 120 mm。根据图示绘制成如图样式,完成电视墙平面绘制。

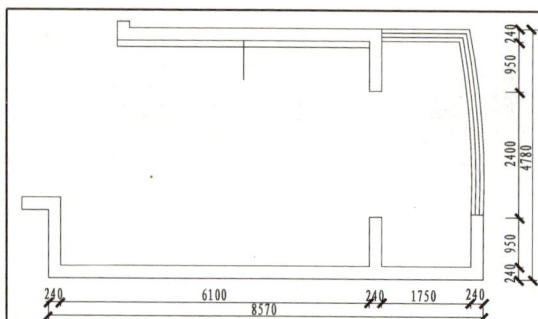

③捕捉上方墙体内线的中点,绘制一条如图所示任意长度的直线。

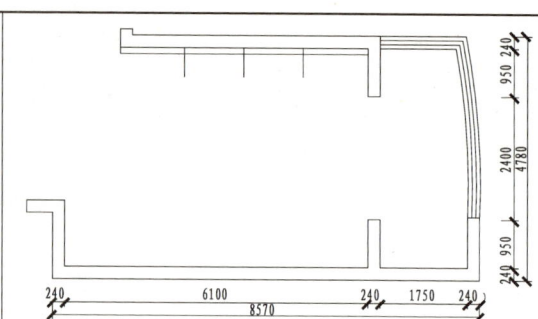

④将所绘制的直线分别向两边偏移1200 mm,完成效果如图所示。

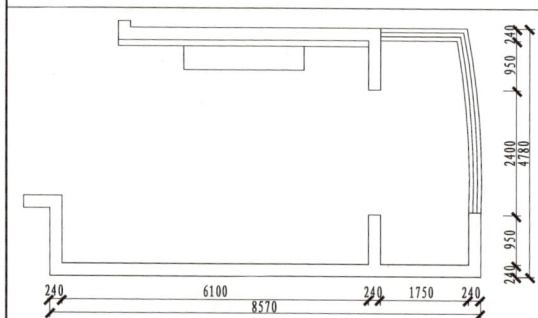

⑤将图示直线向下偏移450 mm,并修改为如图样式,完成电视柜外轮廓线的绘制。

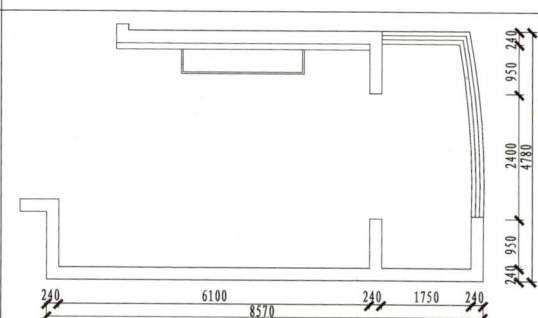

⑥完成电视柜内轮廓线的绘制,间距为15 mm,完成效果如图所示。

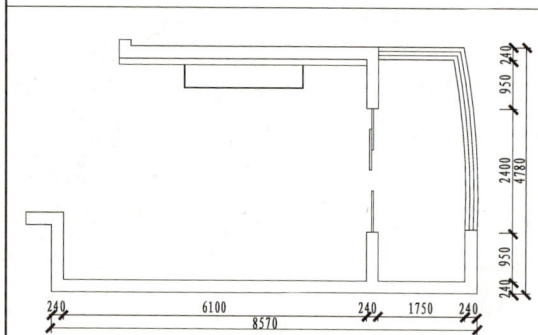

⑦完成阳台推拉门绘制,完成效果如图所示。

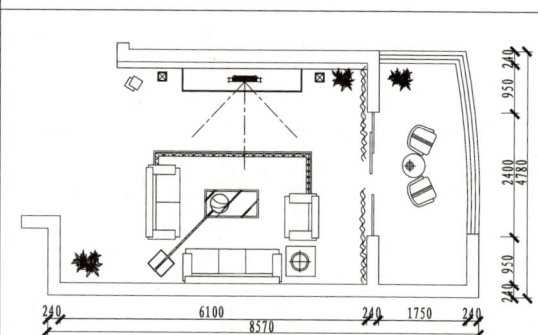

⑧根据图示完成平面布置图的绘制。

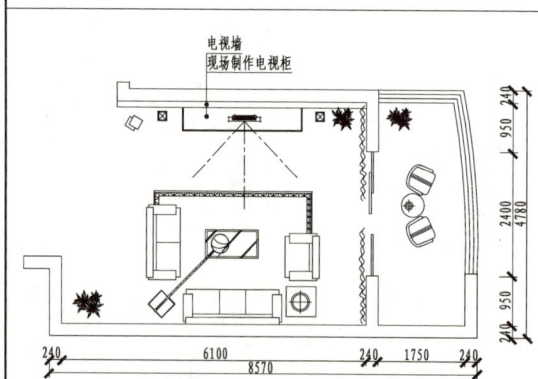

⑨用"多行文字命令"和"引线"标注命令对绘制完成的平面布置图进行文字标注,完成效果如图所示。

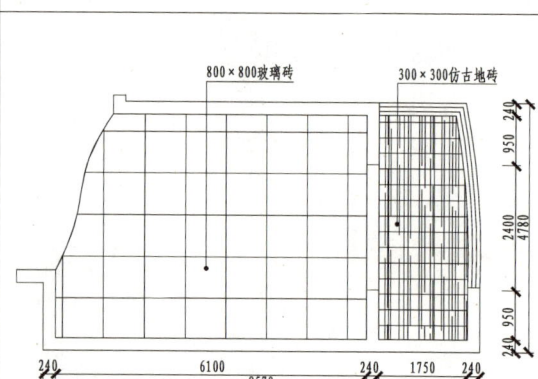

⑩根据图示完成地面铺装图。

2.天棚布置图绘制

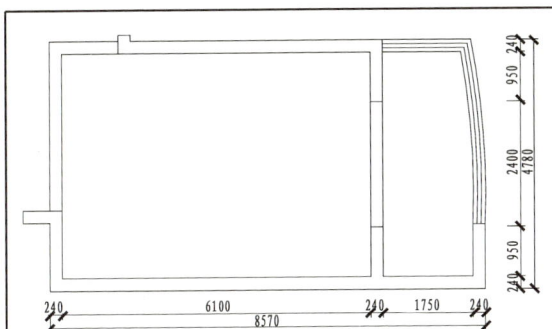

①根据图示完成天棚布置图的前期准备。

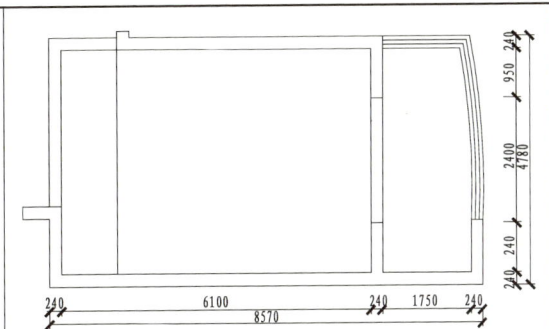

②绘制如图所示的直线。

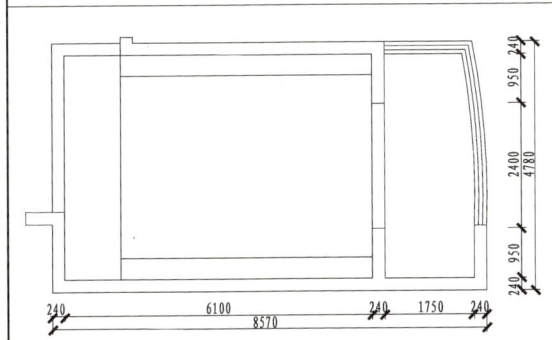

③将上下两堵墙墙体内线分别向内偏移 400 mm,并修改为如图所示样式。

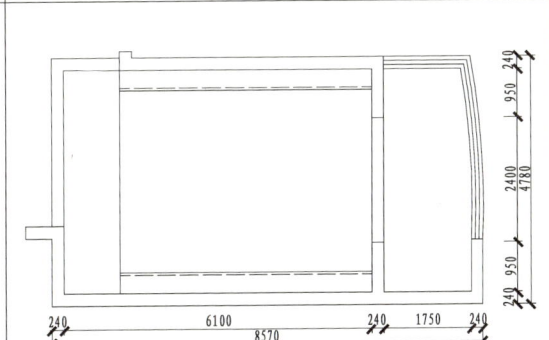

④绘制如图所示的漫反射灯带。

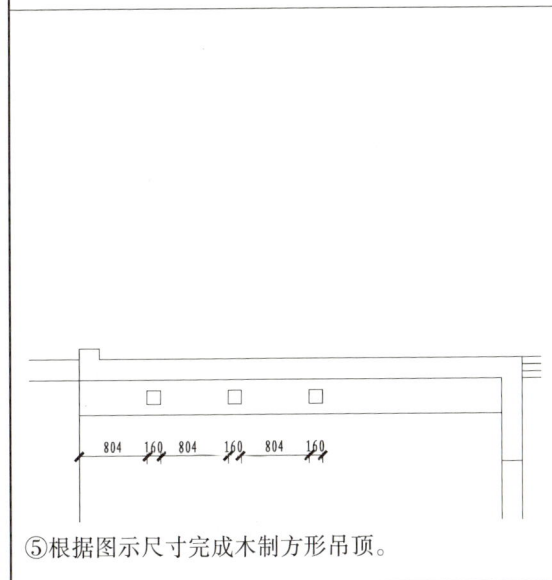

⑤根据图示尺寸完成木制方形吊顶。

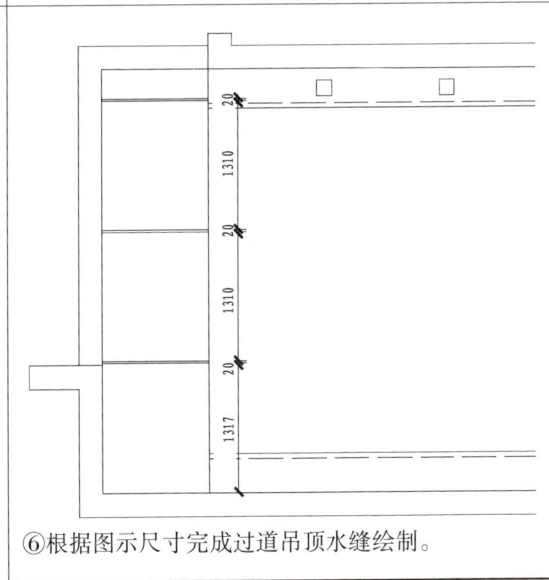

⑥根据图示尺寸完成过道吊顶水缝绘制。

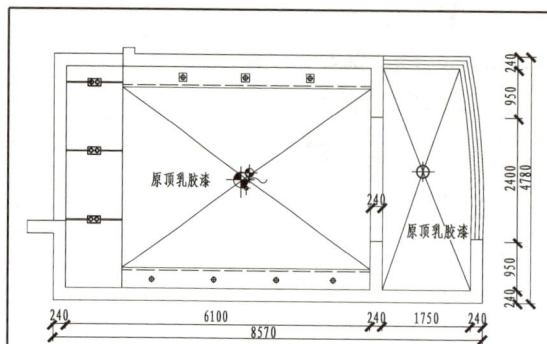

⑦根据图示进行灯具布置。

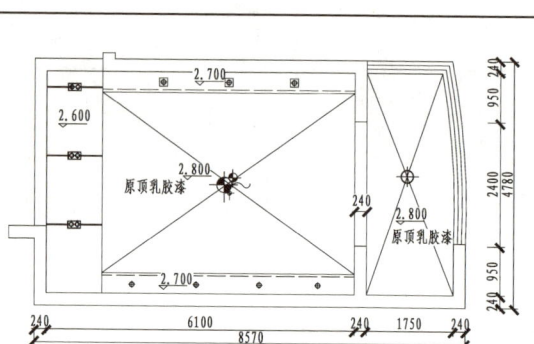

⑧根据图示完成标高的绘制。

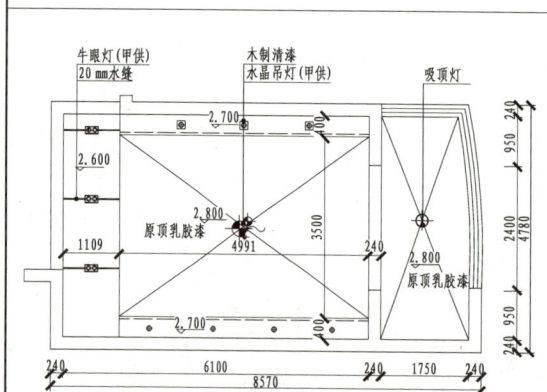

⑨根据图示完成文字和尺寸标注的绘制。

天棚布置图绘制1

天棚布置图绘制2

3.电视背景墙绘制

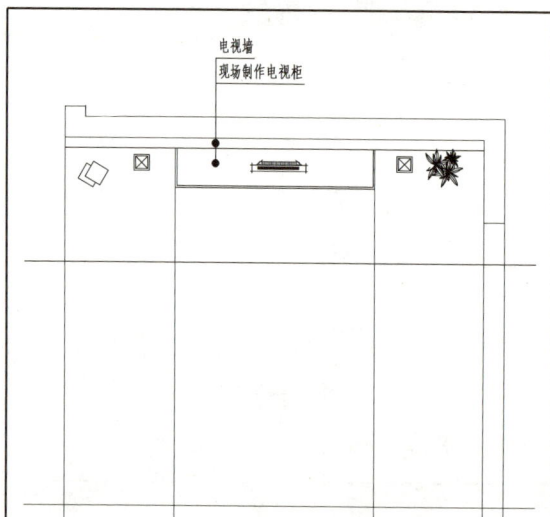

①复制平面图中电视墙部分到平面图下方,并根据立面图绘制方法绘制成如图所示样式。

②根据如图所示样式对电视背景墙立面进行修改。

③将顶线向下偏移 100 mm,并修剪为如图所示样式,完成吊顶侧面绘制。

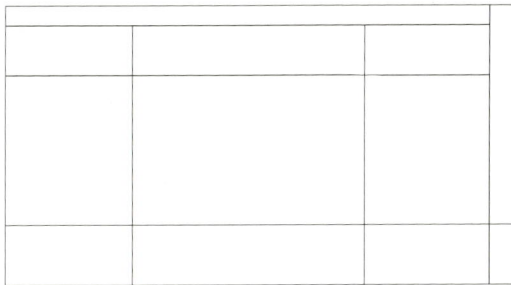

④将吊顶线向下偏移 600 mm。将地平线向上偏移 600 mm,完成效果如图所示。

⑤将电视墙修改为如图所示样式。

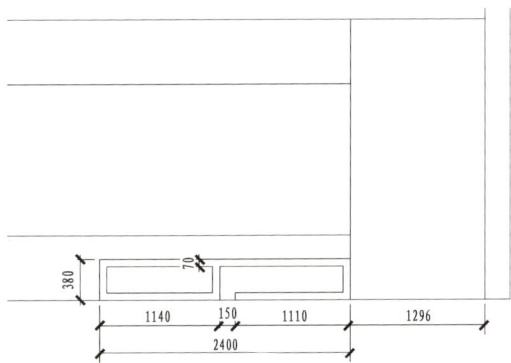

⑥根据图示尺寸完成电视柜的绘制。

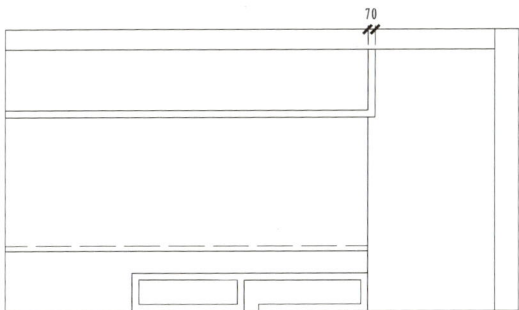

⑦根据图示尺寸完成电视墙装饰的绘制。

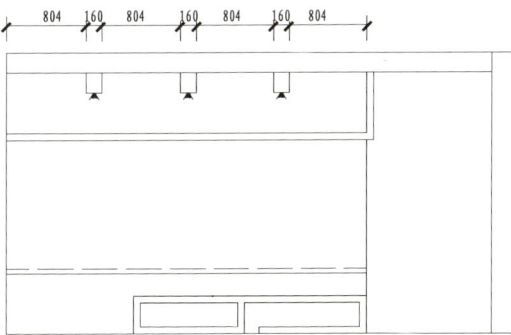

⑧根据图示尺寸完成木制装饰立柱的绘制。

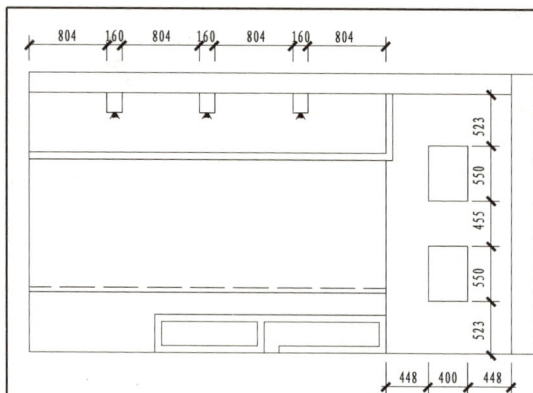

⑨根据图示尺寸完成电视墙右方装饰的绘制。绘制如图所示的漫反射灯带。

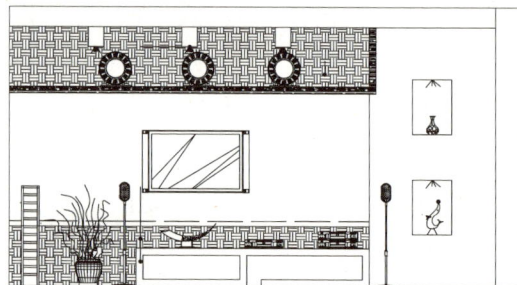

⑩根据图示摆放装饰品。根据图示进行填充。

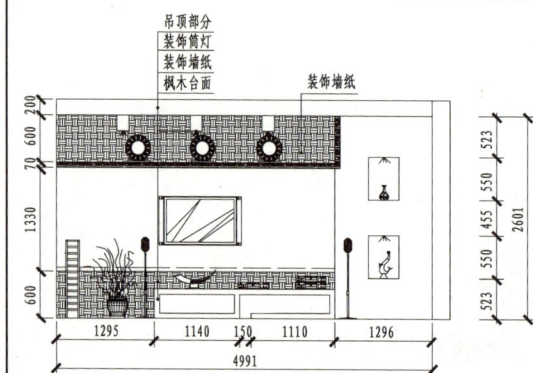

⑪根据图示进行文字和尺寸标注。

4.沙发背景墙绘制

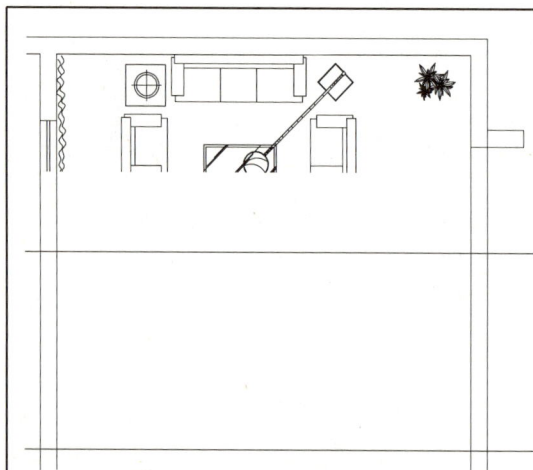

①复制平面图中沙发背景墙部分到平面图下方,并根据立面图绘制方法绘制成如图所示样式。

②将沙发背景墙修改为如图样式。

③将右方墙体内线向左偏移 1110 mm。将顶线向下偏移 100 mm 和 200 mm，完成效果如图所示。

④根据图示将偏移的直线修改为如图所示样式。

⑤将地线向上偏移 100 mm，并修改为如图所示样式，完成踢脚线的绘制。

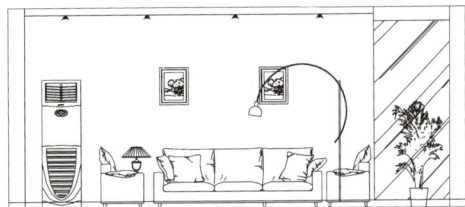

⑥根据图示完成家具布置。根据图示完成填充。

⑦将踢脚线修改为如图所示样式。

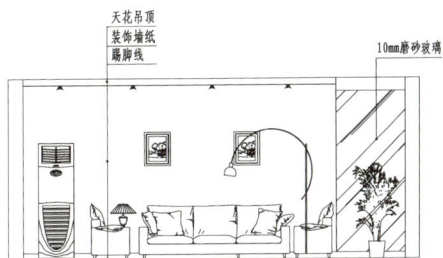

⑧根据图示完成文字和尺寸标注。

【知识拓展】

东安湖体育公园

第 31 届世界大学生夏季运动会主场馆东安湖体育公园，主体育场形如飞碟，6 m 高的巨型玻璃是飞碟的舷窗。建设者们在体育场的采光顶上，用 12540 块不同规格的彩釉玻璃，将巴掌大小的太阳神鸟放大 270 万倍，拼出全球最大的太阳神鸟图，迎接大地的仰望和天空的俯瞰。在玻璃安装之初，如何让每块都重达 100 kg 的彩釉玻璃在近 50 m 的高空中快速、精准入位？参与玻璃幕墙安装的工程师们通过拼图测试，将涉及 631 种规格、共计 12540 块玻璃按不同点位精确编号，最终仅通过 35 天的时间，巨幅太阳神鸟振翅于成都上空，全世界最大的彩釉玻璃采光顶拼装在这里完成。

东安湖体育公园夜景

在气候温暖湿润、夏季雨水不断的成都,想要保证采光和图案完美呈现,屋顶必须做到滴水不漏。27000 m^2 的采光顶需要的玻璃胶缝超过 40000 m,之后,每个缝隙都需要进行防水测试。模拟大到暴雨雨量的防水测试持续进行了 24 h,最终东安湖体育场交出了一份滴水不漏的答卷!

思考:1.通过阅读材料,你认为东安湖体育场的玻璃幕墙设计和施工为什么会这么精准?

2.结合当今社会现状,你认为设计师应该用什么样的方式去展现爱国情怀?

【岗位实训】

根据现代简约风格的客厅效果图,绘制其方案图。

实训项目	现代简约风格的客厅方案绘制					
实训目的	1.能看懂效果图中各个项目及家具。 2.能将效果图所示内容转化为 CAD 图纸。 3.能灵活运用所学知识,举一反三。					
项目要求	选做		必做		是否分组	每组人数
实训时间			实训学时			学分
实训地点			实训形式			

实训内容	某室内设计公司接到项目后,客户要求根据已有效果图绘制现代简约风格的方案图纸一套。  包括:客厅平面布置图一张 　　　客厅天棚布置图一张 　　　客厅电视墙立面图一张 　　　客厅沙发背景墙立面图一张	
实训材料	安装并激活 AutoCAD 2022 软件的电脑一台	
实训步骤及要求	**评分标注**	**分值**
1.现代简约风格客厅平面布置图绘制 要求:与效果图对应,绘制工整准确	与效果图平面对应,不符,酌情扣 5~20 分; 绘制工整准确,不符,酌情扣 1~5 分	25 分
2.现代简约风格客厅天棚布置图绘制 要求:与效果图对应,绘制工整准确	与效果图平面对应,不符,酌情扣 5~20 分; 绘制工整准确,不符,酌情扣 1~5 分	25 分
3.现代简约风格客厅电视背景墙立面图绘制 要求:与效果图对应,绘制工整准确	与效果图平面对应,不符,酌情扣 5~20 分; 绘制工整准确,不符,酌情扣 1~5 分	25 分

实训步骤及要求	评分标注	分值
4. 现代简约风格客厅沙发背景墙立面图绘制 要求：与效果图对应，绘制工整准确	与效果图平面对应，不符，酌情扣 5～20 分； 绘制工整准确，不符，酌情扣 1～5 分	25 分
学生评价		
教师评价		
企业评价		

任务二　现代中式风格客厅绘制

【任务描述】

本任务主要是根据已有现代中式风格客厅效果图绘制其 CAD 方案图,并以此为载体掌握室内设计三视图的画法,熟悉 CAD 制图软件的快捷键,理解现代中式风格的概念。本任务宏观上采用"实例驱动",微观上采用"项目式教学"以及用"演示法"讲解现代中式风格客厅的绘制技巧及流程,同时要求学生"边学边画",使学生对现代中式风格客厅绘制从感性认识上升到理性认识,掌握现代中式风格客厅绘制技能。通过本任务的学习,对知识点进行归纳总结,发现新旧知识之间的内在联系,并将所学知识与相关学科进行有机衔接。

【知识点】

1. 平面布置图绘制步骤。

2. 天棚布置图绘制步骤。

3. 电视背景墙绘制步骤。

4. 沙发背景墙绘制步骤。

【任务导入】

放眼望去,整个客厅运用了很多中式元素(深色木纹的木材、仿古地砖纹路的墙纸、中式格栅灯),给人以端正稳健、清雅含蓄之感,但仔细观察后发现,中式元素加上充满现代气息的简约家具及各类装饰品,体现了一种古典艺术与现代艺术的结合。

在颜色选取上,把传统中式的颜色(黑、红)作为主角,把大量带有深色木纹的木材作为造型与装饰,部分造型还采用了壁纸及木线条的结合。

本任务中的客厅在电视墙处理上还加入了现代材质——石材,形成了传统与现代、古典与时尚的对话。

整个客厅具有中式加简约的风格,体现出简朴优美、端正稳健、自然流畅,同时也体现了中式和现代庄重与优雅的双重气质。

【任务讲解】

1. 平面布置图绘制

①打开素材"现代中式卧室.dwg"文件。

②将上方墙体内墙线向下偏移 120 mm。将上方墙体左边和右边内墙线分别向内偏移 800 mm。

③将所偏移的直线修改为如图样式,完成电视墙的平面绘制。

④根据如图所示的尺寸绘制电视柜的外轮廓线。

⑤绘制电视柜的内轮廓线,间距为 20 mm,完成效果如图所示。

⑥根据图示摆放家具。

⑦根据图示完成文字标注。

⑧根据图示完成地面铺装图,并进行文字标注。

2.天棚布置图绘制

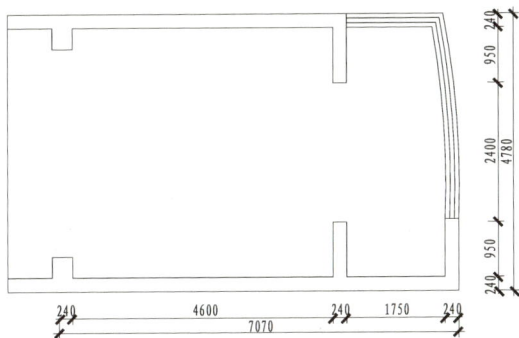

①根据图示完成天棚布置图的前期绘制。

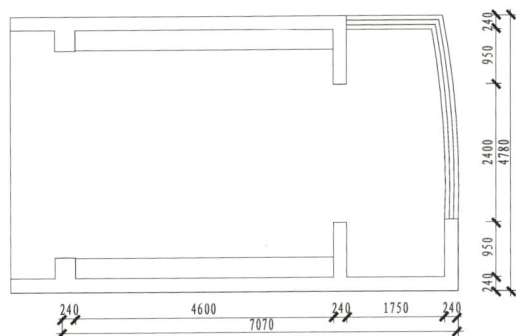

②将上方和下方墙体内线分别向内偏移 350 mm,完成效果如图所示。

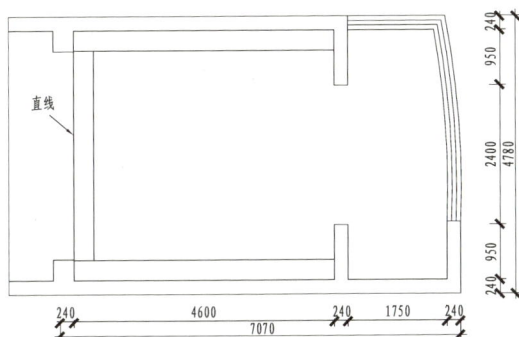

③绘制一条如图所示位置的直线,并将该直线向右偏移 350 mm。

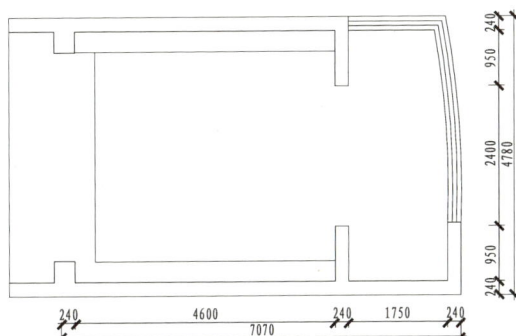

④根据如图所示的样式对偏移的直线进行修改。

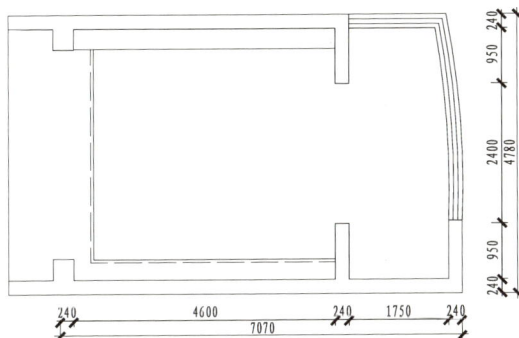

⑤绘制如图所示的漫反射灯带。

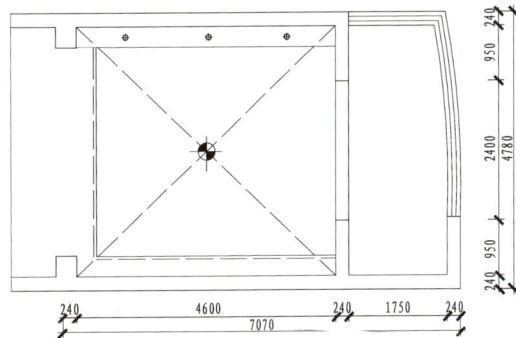

⑥根据如图所示样式进行灯具布置。

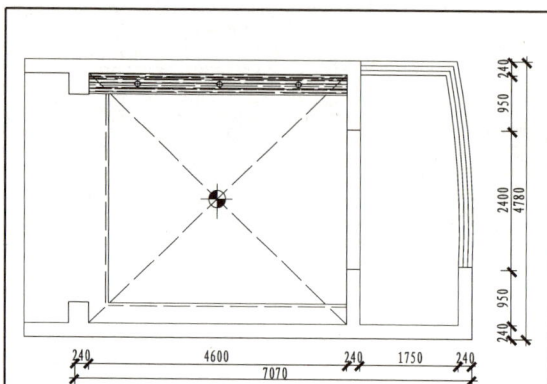

⑦根据图示对天棚吊顶木制部分进行填充。

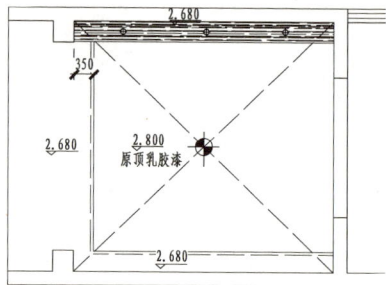

⑧根据图示完成标高的绘制。

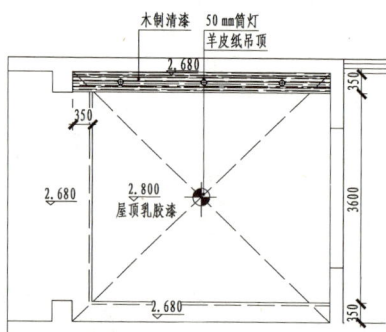

木制清漆　50 mm筒灯
羊皮纸吊顶

2.680

350

2.680

2.800
屋顶乳胶漆

2.680

350

3600

350

⑨根据图示完成文字和尺寸标注。

3. 电视背景墙绘制

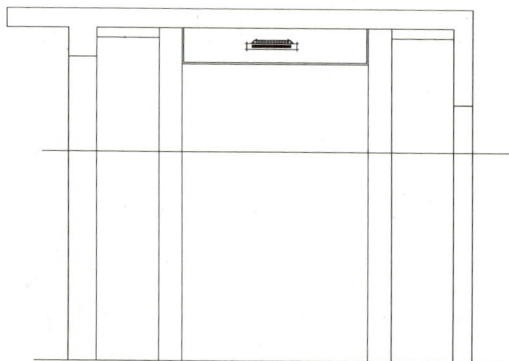

①复制平面图中电视背景墙部分到平面图下方，并根据立面图绘制方法绘制成如图所示的样式。

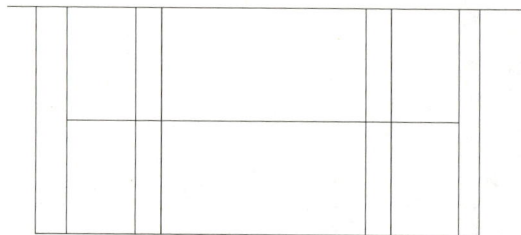

②捕捉墙线以外 Y 轴直线的中点，绘制如图所示的直线。

③将绘制的直线分别向两边偏移 10 mm,并删除绘制的直线,完成后的效果如图所示。

④将电视墙修改为如图所示样式。

⑤捕捉修改后的 X 轴直线的中点,绘制如图所示的直线。

⑥将绘制的直线分别向两边偏移 10 mm,完成后删除所绘制的直线,效果如图所示。

⑦根据图示对偏移的直线进行修改。

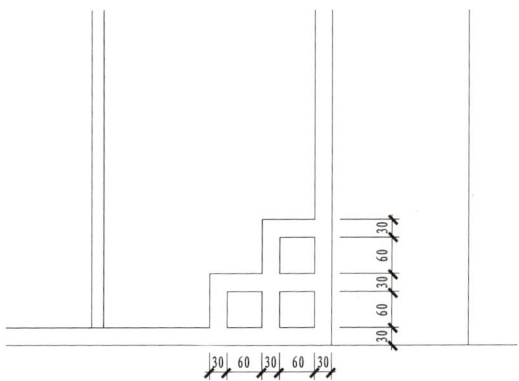

⑧根据图示绘制如图所示的尺寸和样式,再绘制中式花窗装饰。

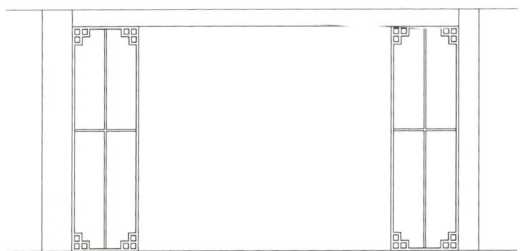

⑨将电视墙绘制成如图所示样式。

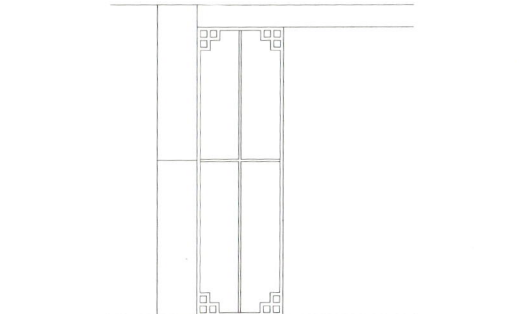

⑩捕捉左方柱子的中点,绘制如图所示的直线,完成效果如图所示。

⑪将该直线分别向两边偏移 200 mm，并删除绘制的直线，完成效果如图所示。

⑫将偏移的直线分别向外偏移 30 mm，完成效果如图所示。

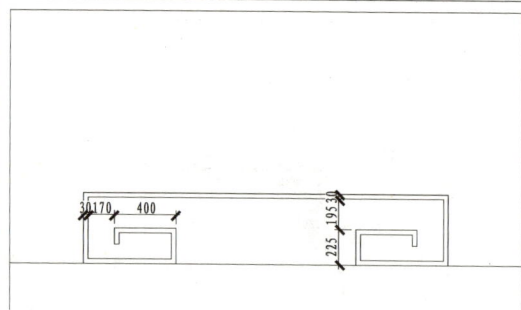

⑬根据图示尺寸绘制电视柜。

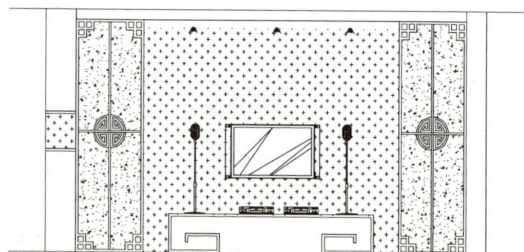

⑭根据图示摆放装饰品。根据图示进行填充。

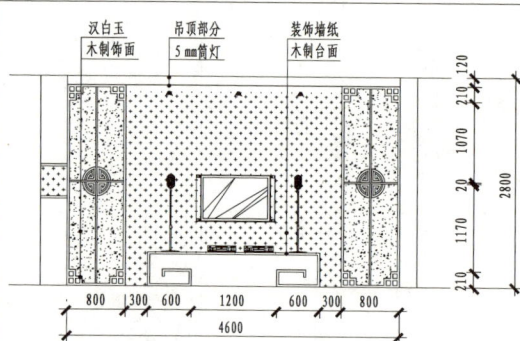

⑮根据图示对立面进行文字和尺寸标注。

4.沙发背景墙绘制

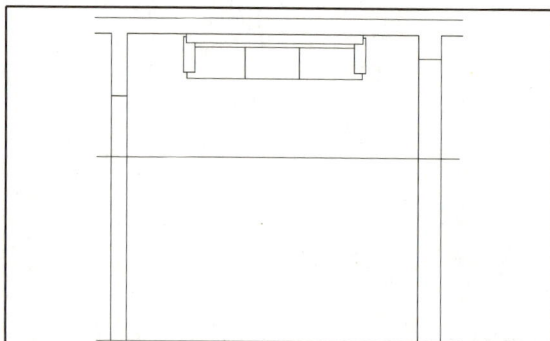

①复制平面图中沙发背景墙部分到平面图下方，并根据立面图绘制方法绘制成如图所示样式。

②根据如图所示样式对沙发背景墙立面进行修改。

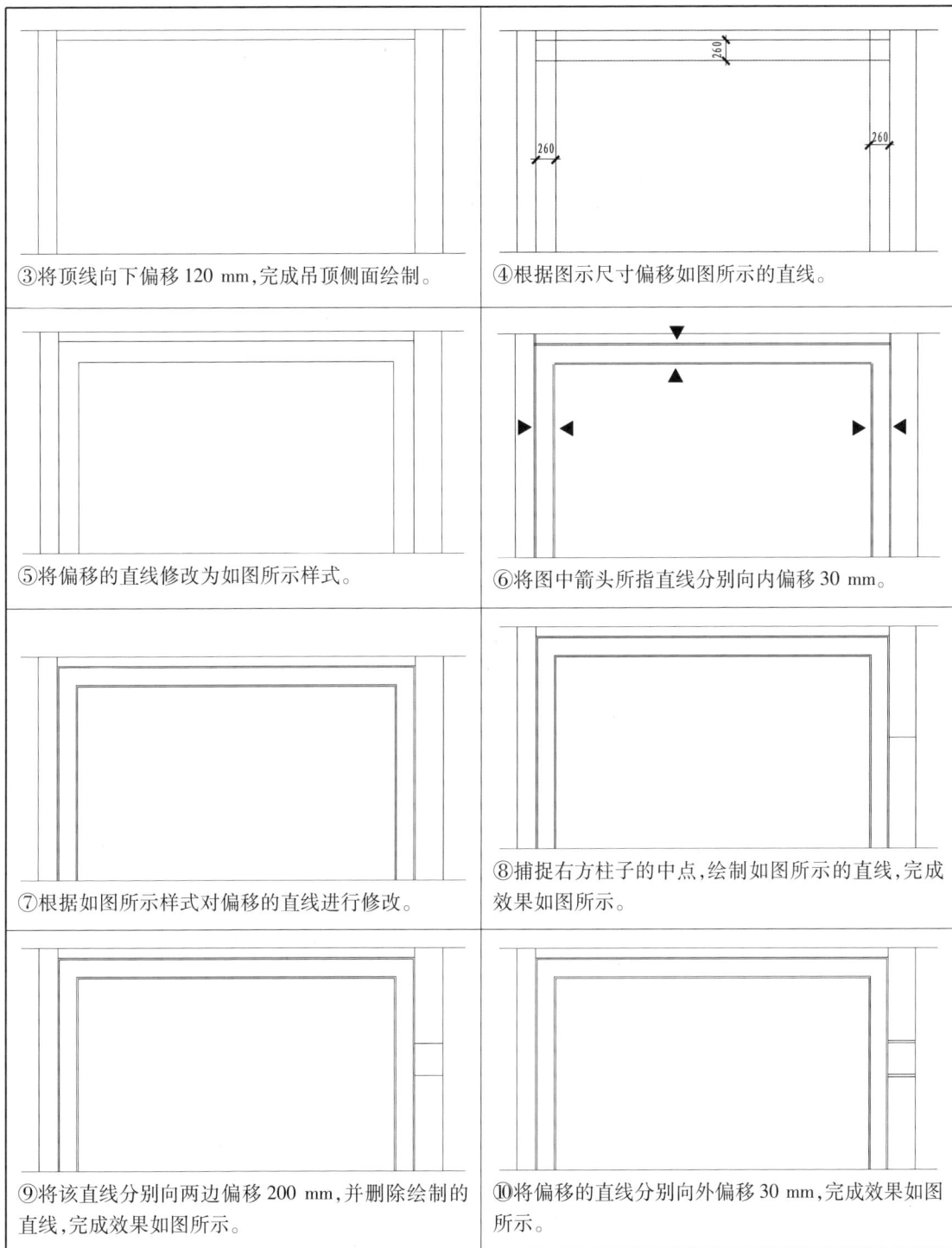

③将顶线向下偏移 120 mm，完成吊顶侧面绘制。

④根据图示尺寸偏移如图所示的直线。

⑤将偏移的直线修改为如图所示样式。

⑥将图中箭头所指直线分别向内偏移 30 mm。

⑦根据如图所示样式对偏移的直线进行修改。

⑧捕捉右方柱子的中点，绘制如图所示的直线，完成效果如图所示。

⑨将该直线分别向两边偏移 200 mm，并删除绘制的直线，完成效果如图所示。

⑩将偏移的直线分别向外偏移 30 mm，完成效果如图所示。

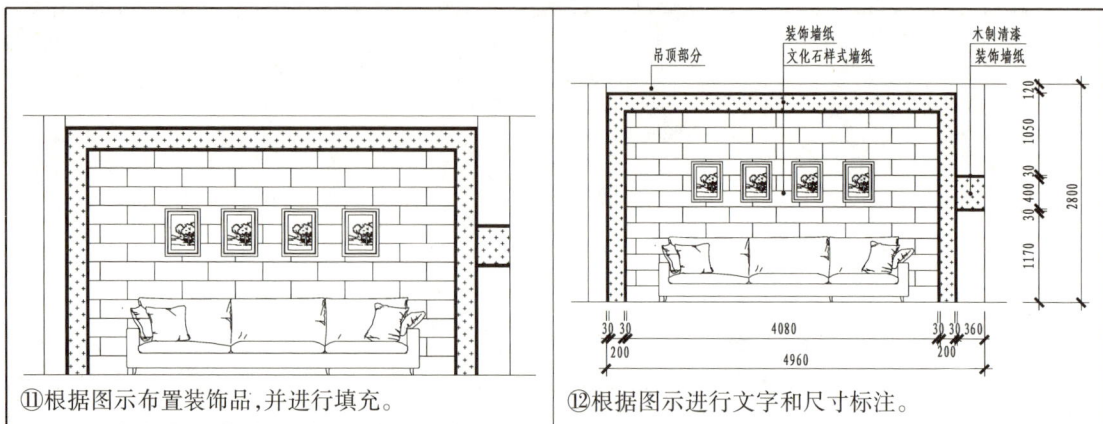

| ⑪根据图示布置装饰品,并进行填充。 | ⑫根据图示进行文字和尺寸标注。 |

【知识拓展】

上海中心大厦

城市中的超高层建筑,就像大地上起伏的波浪,象征着城市化进程的潮涌。建造高楼,不仅是打造一个地标,更是为高密度的城市寻找向上的空间。

上海中心大厦是上海市的一座超高层地标式摩天大楼,项目面积433954 m^2,建筑主体为119层,总高度为632 m,结构高度为580 m,为目前中国第一高楼,被誉为建筑奇迹,还拥有世界上最快的电梯,能以18 m/s的速度上升。上海地处长三角冲积平原,其陆地大多数是由吸满了水的沙子组成的,在沙滩上建"第一高楼",其难度可想而知。

上海中心大厦的平面为倒角的三角形外形,随着建筑高度的不断旋转上升而均匀缩小,缓缓自地面延伸向云端,螺旋隐喻宇宙间的旋转,正是万物生命的起源。这种平滑光顺的非线性扭转性形体,也可以有效降低大楼的风荷载。

思考:1. 通过阅读材料,你认为上海中心大厦设计和施工成功的秘诀是什么?

2. 结合当今社会,你认为设计师应该用怎样的方式去爱国?

【岗位实训】

根据以下现代中式风格客厅效果图,绘制其方案图。

实训项目	现代中式风格客厅方案绘制			
实训目的	1.能看懂效果图中的各个项目与家具。 2.能将效果图所示内容转化为CAD图纸。 3.能灵活运用所学知识,举一反三。			
项目要求	选做	必做	是否分组	每组人数
实训时间		实训学时		学分
实训地点		实训形式		

	某室内设计公司接到项目后,客户要求根据已有效果图绘制现代中式风格的方案图纸一套。
实训内容	包括:客厅平面布置图一张 客厅天棚布置图一张 客厅电视墙立面图一张 客厅沙发背景墙立面图一张

实训材料	安装并激活 AutoCAD 2022 软件的电脑一台	
实训步骤及要求	评分标注	分值
1. 现代中式风格客厅平面布置图绘制 要求:与效果图对应,绘制工整准确	与效果图平面对应,不符,酌情扣 5～20 分; 绘制工整准确,不符,酌情扣 1～5 分	25 分
2. 现代中式风格客厅天棚布置图绘制 要求:与效果图对应,绘制工整准确	与效果图平面对应,不符,酌情扣 5～20 分; 绘制工整准确,不符,酌情扣 1～5 分	25 分
3. 现代中式风格客厅电视背景墙立面图绘制 要求:与效果图对应,绘制工整准确	与效果图平面对应,不符,酌情扣 5～20 分; 绘制工整准确,不符,酌情扣 1～5 分	25 分

实训步骤及要求	评分标注	分值
4. 现代中式风格客厅沙发背景墙立面图绘制 要求：与效果图对应，绘制工整准确	与效果图平面对应，不符，酌情扣5~20分； 绘制工整准确，不符，酌情扣1~5分	25分
学生评价		
教师评价		
企业评价		

任务三 现代欧式风格客厅绘制

【任务描述】

本任务主要是根据已有现代欧式风格客厅效果图绘制其 CAD 方案图,并以此为载体掌握室内设计三视图的画法,熟悉 CAD 制图软件的快捷键,理解现代欧式风格的概念。本任务宏观上采用"实例驱动",微观上采用"项目式教学"以及用"演示法"讲解现代欧式风格客厅的绘制技巧及流程,同时要求学生"边学边画",使学生对现代欧式风格客厅绘制从感性认识上升到理性认识,掌握现代欧式风格客厅绘制技能。通过本任务的学习,对知识点进行归纳总结,发现新旧知识之间的内在联系,并将所学知识与相关学科进行有机衔接。

【知识点】

1. 平面布置图绘制步骤。
2. 天棚布置图绘制步骤。
3. 电视背景墙绘制步骤。
4. 沙发背景墙绘制步骤。

【任务导入】

欧式风格线条流动变化,色彩丰富华丽,体现出一种豪华、尊贵的皇室气质。而本任务以简欧设计手法,去除欧式风格中过于繁杂的线条及色彩,以最简练的线条及造型,为现代空间加入几分豪华大气感,也体现出时尚个性及对物质、品位的更高追求。

本任务中的客厅可以用一个"峻"字概括。白色墙纸、白色地砖、白色家具,无不演绎着一个充满气息而冷峻的环境。而电视墙及隔断上的简欧式线条又为这个时尚空间平添了几分成熟、豪气的韵味。本客厅的最大亮点在于电视墙的造型处理上,两根弧形线条将本身狭长的电视墙一分为二。结合装饰墙纸与黄色木纹的使用,使整个电视墙设计既避免了过于狭长的感觉,又巧妙地展示了大气凛然的风范。

【任务讲解】

1. 平面布置图绘制

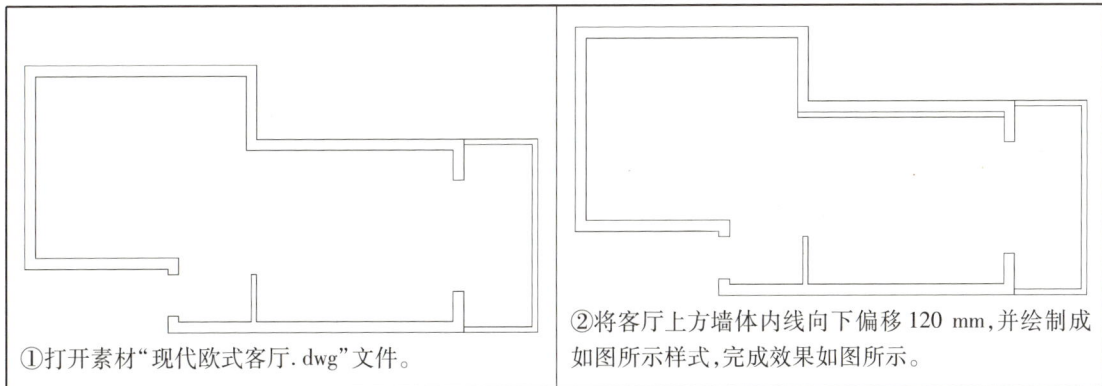

①打开素材"现代欧式客厅.dwg"文件。

②将客厅上方墙体内线向下偏移 120 mm,并绘制成如图所示样式,完成效果如图所示。

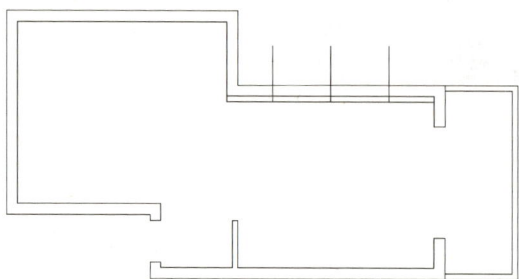

③捕捉偏移直线的中点并向上绘制一条直线,将该直线分别向两边偏移 1300 mm,完成效果如图所示。

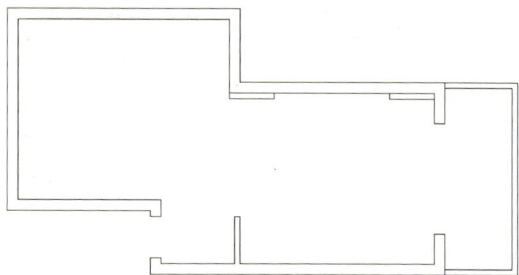

④将步骤②③所绘制的直线修改成如图所示样式。

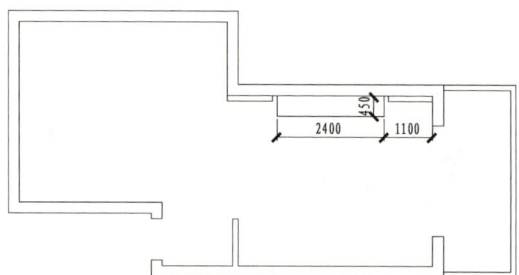

⑤根据图示尺寸绘制电视柜的外轮廓线。

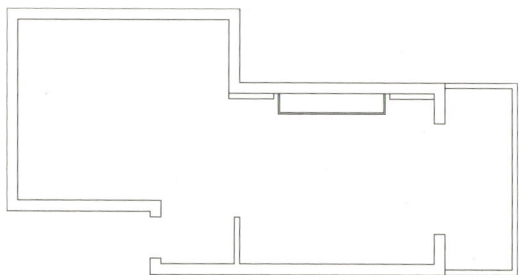

⑥绘制电视柜的内轮廓线,间距为 30 mm,完成效果如图所示。

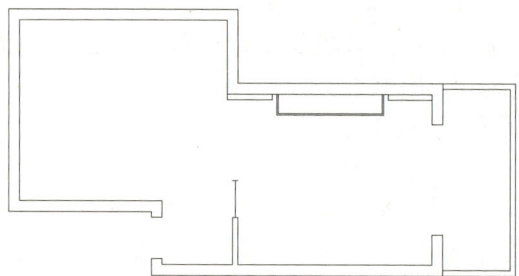

⑦将如图所示的直线向上偏移 800 mm,并捕捉该直线的中点,绘制如图所示的直线。

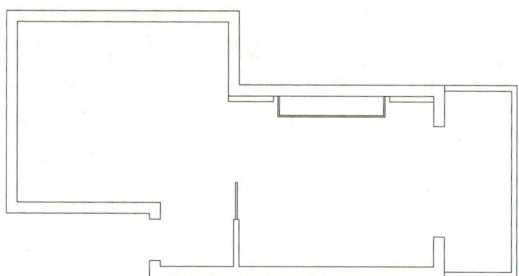

⑧将所绘制的直线分别向两边偏移 20 mm,并将所绘制的直线删除。

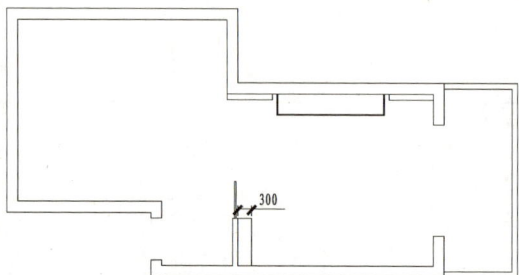

⑨根据如图所示的尺寸,绘制如图所示的壁炉平面。

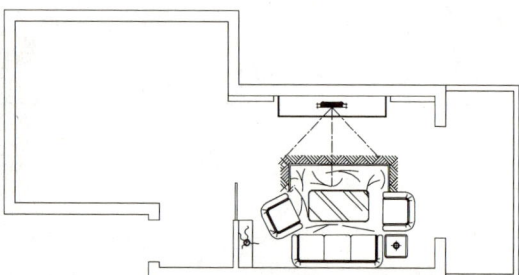

⑩绘制平面布置图的家具,完成效果如图所示。

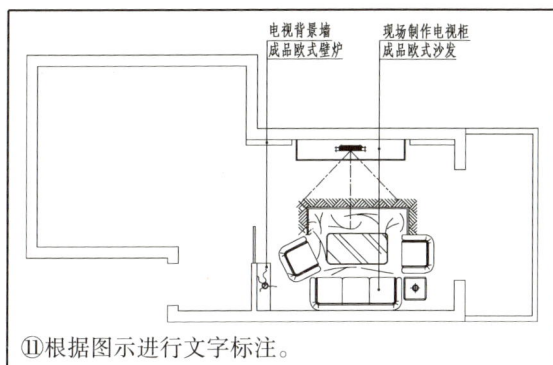

⑪根据图示进行文字标注。

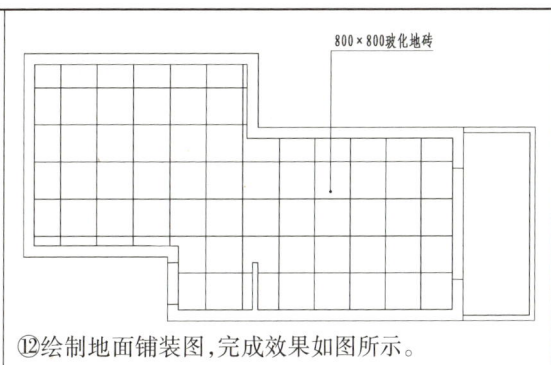

⑫绘制地面铺装图,完成效果如图所示。

2.天棚布置图绘制

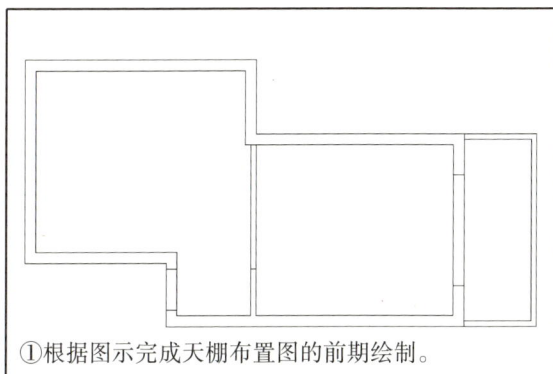

①根据图示完成天棚布置图的前期绘制。

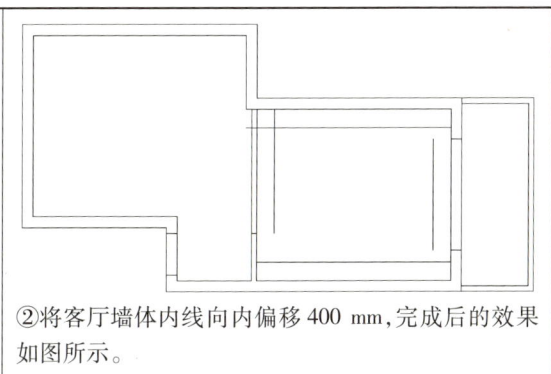

②将客厅墙体内线向内偏移400 mm,完成后的效果如图所示。

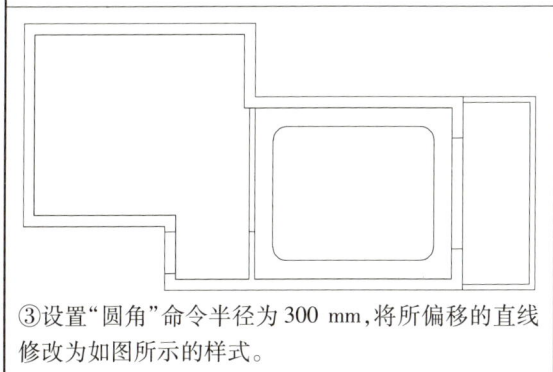

③设置"圆角"命令半径为300 mm,将所偏移的直线修改为如图所示的样式。

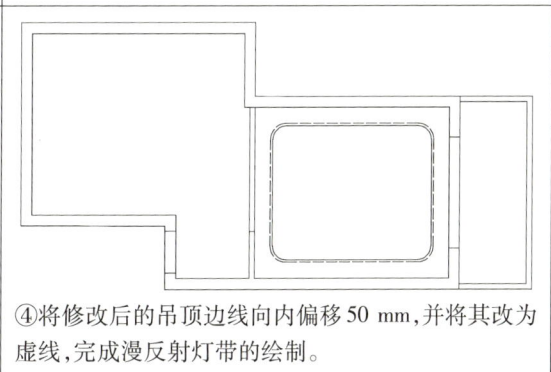

④将修改后的吊顶边线向内偏移50 mm,并将其改为虚线,完成漫反射灯带的绘制。

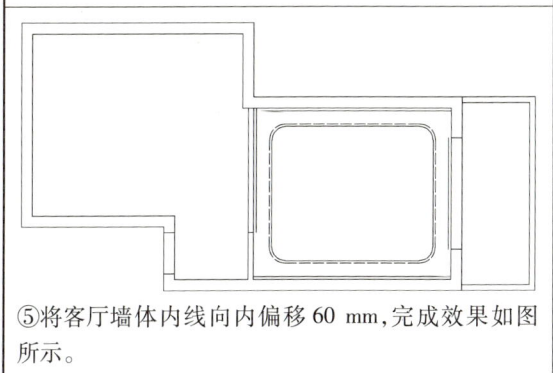

⑤将客厅墙体内线向内偏移60 mm,完成效果如图所示。

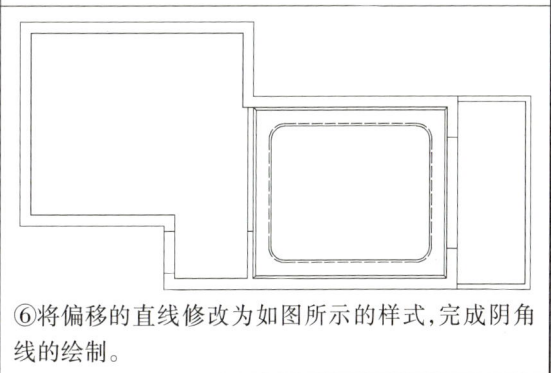

⑥将偏移的直线修改为如图所示的样式,完成阴角线的绘制。

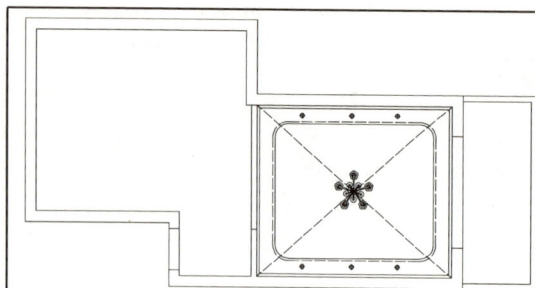

⑦绘制天棚布置图灯具,完成效果如图所示。

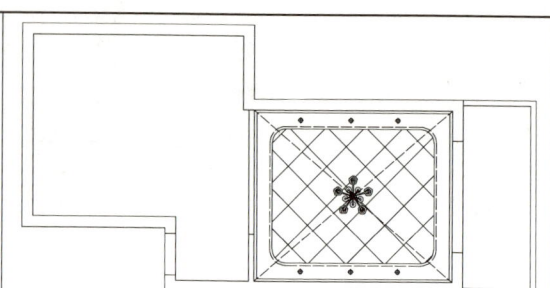

⑧完成天棚布置图填充,效果如图所示。

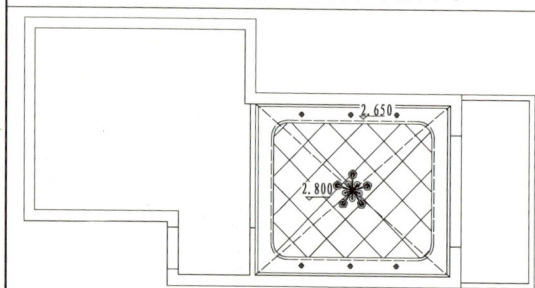

⑨绘制天棚布置图标高,完成效果如图所示。

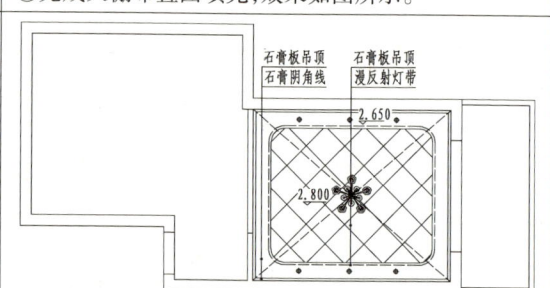

⑩根据图示进行文字标注。

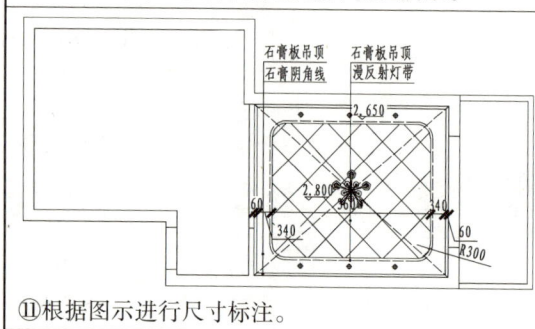

⑪根据图示进行尺寸标注。

3.电视背景墙绘制

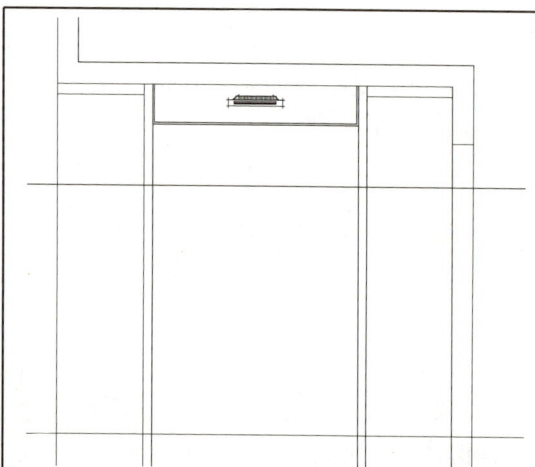

①复制平面图中的电视背景墙部分到平面图下方,并根据立面图绘制方法绘制成如图所示的样式。

②根据图示将电视墙修改为如图所示样式。

③将顶线向下偏移150 mm,并修改为如图所示样式,
完成吊顶侧面绘制。

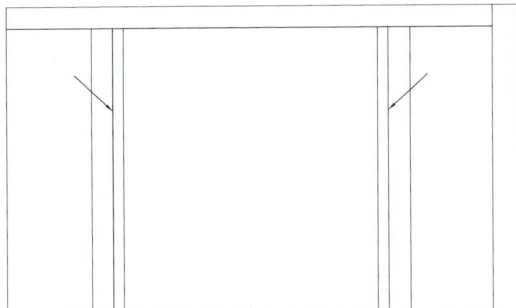

④将如图所示直线分别向外偏移200 mm。

⑤绘制圆弧,完成效果如图所示。

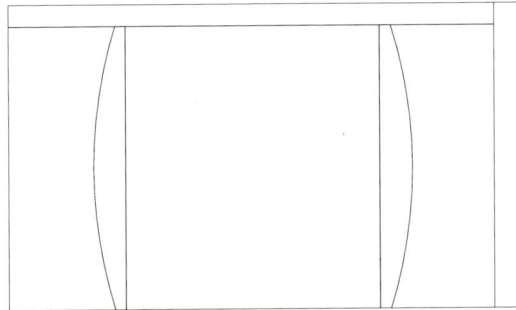

⑥将电视墙修改为如图所示样式。

⑦将两条圆弧分别向外偏移100 mm,将吊顶侧面直
线向下偏移100 mm,并修改为如图所示样式。

⑧将电视墙修改为如图所示样式。

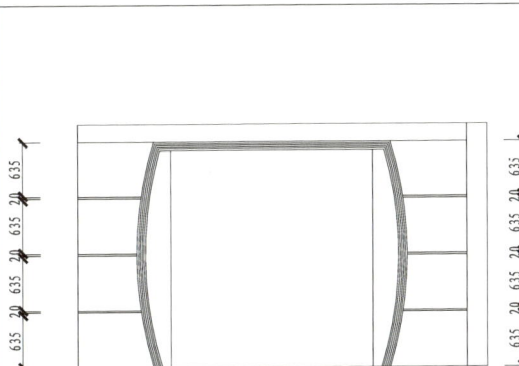

⑨根据图示尺寸绘制电视墙造型。

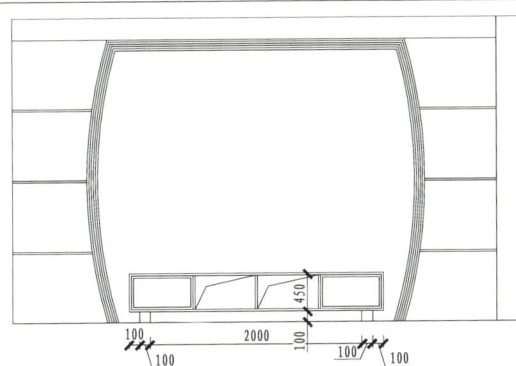

⑩根据图示尺寸绘制电视柜立面。

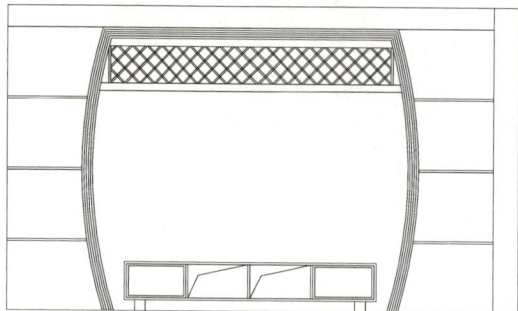

⑪绘制如图所示的装饰造型。

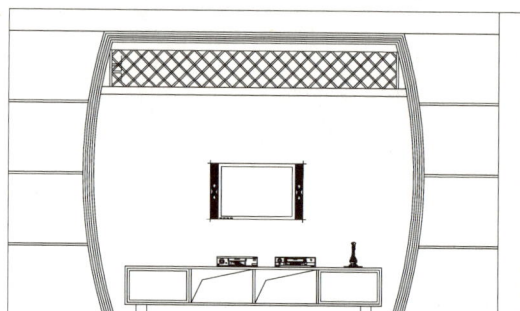

⑫绘制电视墙装饰品，完成效果如图所示。

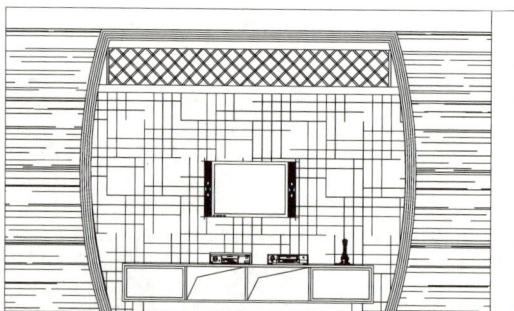

⑬完成电视墙图案填充，效果如图所示。

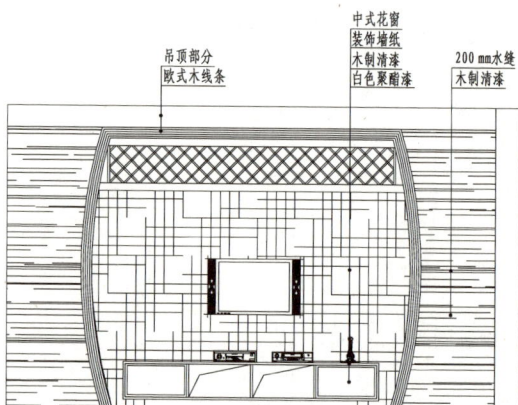

⑭根据图示进行文字标注。

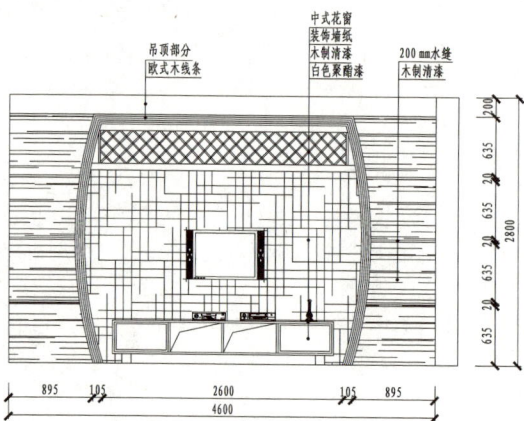

⑮根据图示进行尺寸标注。

4.沙发背景墙绘制

①复制平面图中的壁炉部分到平面图下方,并根据立面图绘制方法绘制成如图所示样式。

②将壁炉部分修改为如图所示样式。

③将顶线向下偏移150 mm,并修改为如图所示样式,完成吊顶侧面绘制。

④绘制如图所示的隔断装饰。

⑤绘制如图所示的壁炉。

⑥将地线向上偏移100 mm,并修改为如图所示样式,完成踢脚线绘制。

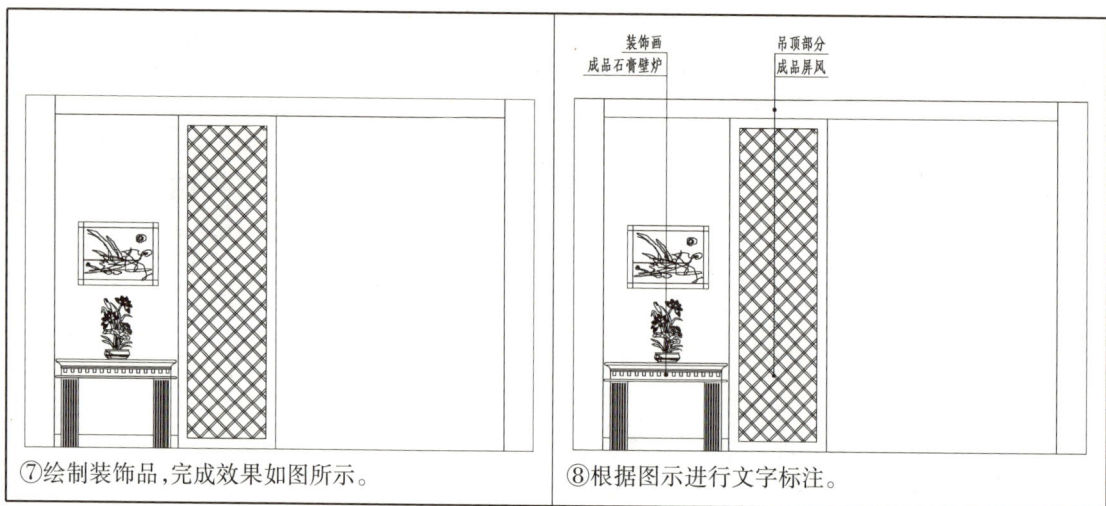

⑦绘制装饰品,完成效果如图所示。

⑧根据图示进行文字标注。

【知识拓展】

雄安高铁站设计

在我国大地上,一张以"八纵八横"为骨架,以区域连接线、城际铁路为补充的全球规模最大的高速铁路网正在日渐形成。雄安高铁站,是目前全亚洲最大的高铁站之一,相当于66个足球场,雄安站汇聚京雄、津雄、石雄三大主动脉,是中国庞大高铁交通网络中"八纵八横"的中心枢纽,也是未来全世界大型公共交通设施的范本。400根巨型钢梁完成78 m的跨越,超过20000 m^{2}的候车大厅内无一根立柱支撑,全部荷载集中在站台的散射型支柱上,最大限度地减少了钢材的使用量,这是对空间的极致利用。

雄安高铁车站鸟瞰

候车时抬头仰望,自然光轻轻落在站内清水混凝土柱子上,呈现出天然的高级灰,这种材料被称作混凝土界的"素颜女王",浇筑完就可以直接使用,表面无须二次涂装和修饰。

　　若从高处俯瞰,雄安站宛如一片东西对称的荷叶,中间隆起的部分宛如一颗颗正要滚落的露珠,"荷叶"上铺设了 4.2 万 m^2 的太阳能光伏面板,可满足站内全年的照明需求,每年能减少 4500 t 二氧化碳的排放,相当于植树 12 亿 m^2。

　　思考:1. 通过阅读材料,你认为雄安高铁站设计和施工成功的秘诀是什么?

　　　　　2. 结合当今社会,你认为设计师应该用怎样的方式去爱国?

【岗位实训】

根据现代欧式风格的客厅效果图,绘制其方案图。

实训项目	现代欧式风格客厅方案绘制					
实训目的	1. 能看懂效果图中的各个项目与家具。 2. 能将效果图所示内容转化为 CAD 图纸。 3. 能灵活运用所学知识,举一反三。					
项目要求	选做		必做		是否分组		每组人数	
实训时间				实训学时		学分	
实训地点				实训形式			
实训内容	某室内设计公司接到项目后,客户要求根据已有效果图绘制现代欧式风格的方案图纸一套。  包括:客厅平面布置图一张 　　　客厅天棚布置图一张 　　　客厅电视墙立面图一张 　　　客厅沙发背景墙立面图一张					

实训材料	安装并激活 AutoCAD 2022 软件的电脑一台	
实训步骤及要求	评分标注	分值
1.现代欧式风格客厅平面布置图绘制 要求:与效果图对应,绘制工整准确	与效果图平面对应,不符,酌情扣 5~20 分; 绘制工整准确,不符,酌情扣 1~5 分	25 分
2.现代欧式风格客厅天棚布置图绘制 要求:与效果图对应,绘制工整准确	与效果图平面对应,不符,酌情扣 5~20 分; 绘制工整准确,不符,酌情扣 1~5 分	25 分
3.现代欧式风格客厅电视背景墙立面图绘制 要求:与效果图对应,绘制工整准确	与效果图平面对应,不符,酌情扣 5~20 分; 绘制工整准确,不符,酌情扣 1~5 分	25 分
4.现代欧式风格客厅沙发背景墙立面图绘制 要求:与效果图对应,绘制工整准确	与效果图平面对应,不符,酌情扣 5~20 分; 绘制工整准确,不符,酌情扣 1~5 分	25 分
学生评价		
教师评价		
企业评价		

项目四
餐厅方案绘制

【建议课时】

16 课时。

【学习目标】

知识目标

1. 掌握室内设计平面布置图、天棚布置图、立面图的基本概念。

2. 熟悉室内设计制图的流程。

技能目标

1. 具备 AutoCAD 快捷键的绘图能力。

2. 具备绘制现代简约风格餐厅方案图的能力。

素质目标

1. 培养学生高度的责任感和严谨细致的工作作风。

2. 培养学生自主学习、自主探究的能力。

【项目要求】

1. 学生准备好电脑，并安装好 AutoCAD 2022 制图软件。

2. 教师准备好电脑与多媒体授课设备，并提前安装好 AutoCAD 2022 制图软件，下载好素材"现代简约式餐厅.dwg"。

3. 教师示范步骤，按照平面布置图、地面铺装图、天棚布置图、餐厅背景墙的顺序，使用 AutoCAD 2022 快捷键，绘制现代简约风格客厅图纸。

4. 在每个知识点结束后，引导学生临摹教师绘图过程，并检查绘制图纸是否与教师绘制图纸保持一致。

任务一　简约风格餐厅绘制

【任务描述】

本任务主要是根据已有现代简约风格餐厅效果图绘制其 CAD 方案图,并以此为载体掌握室内设计三视图的画法,熟悉 CAD 制图软件的快捷键,理解现代简约风格的餐厅造型特点。本任务宏观上采用"实例驱动",微观上采用"项目式教学"以及用"演示法"讲解现代简约风格餐厅的绘制技巧及流程,同时要求学生"边学边画",使学生对现代简约风格餐厅绘制从感性认识上升到理性认识,掌握现代简约风格餐厅绘制技能。通过本任务的学习,对知识点进行归纳总结,发现新旧知识之间的内在联系,并将所学知识与相关学科进行有机衔接。

【知识点】

1. 平面布置图绘制步骤。
2. 天棚布置图绘制步骤。
3. 立面装饰墙 A 绘制步骤。
4. 立面鞋柜墙绘制步骤。
5. 立面装饰墙 B 绘制步骤。

【任务导入】

简约不等于简单。现代简约风格的主要特点是使用曲线和非对称线条构成,线条有的柔美雅致,有的遒劲而富于节奏感,整个立体形式都与有条不紊的、有节奏的曲线融为一体。在餐厅的设计上更加注重室内外沟通。现代简约风格在餐厅的设计上还经常使用形状不同的金属灯、钢化玻璃、不锈钢等新型材料作为辅材;并且大胆使用如苹果绿、大红、纯黄等高纯度色彩,既体现了现代简约风格的个性特点,又遵循了餐厅的功能性需求。高纯度的颜色能够更好地增进人们的食欲。

【任务讲解】

1.平面布置图绘制

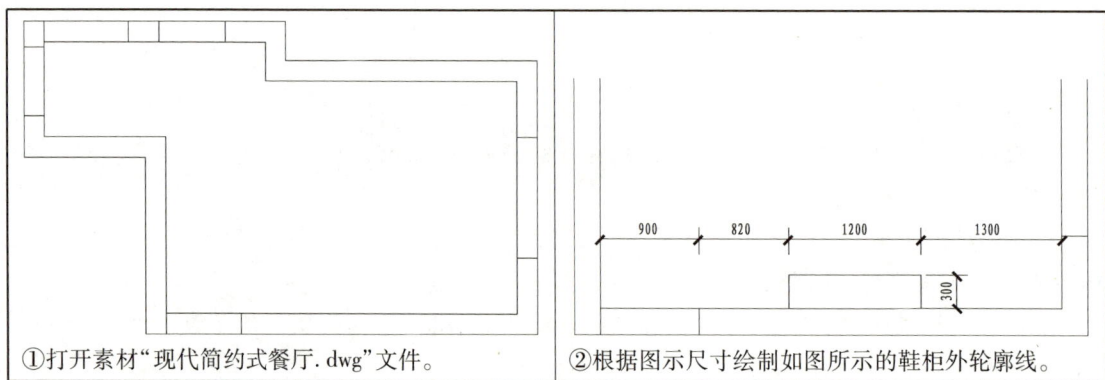

①打开素材"现代简约式餐厅.dwg"文件。　②根据图示尺寸绘制如图所示的鞋柜外轮廓线。

③绘制鞋柜内轮廓线,完成效果如图所示。

④摆放餐厅餐桌,完成效果如图所示。

⑤根据图示进行文字标注。

⑥完成地面铺装图,完成效果如图所示。

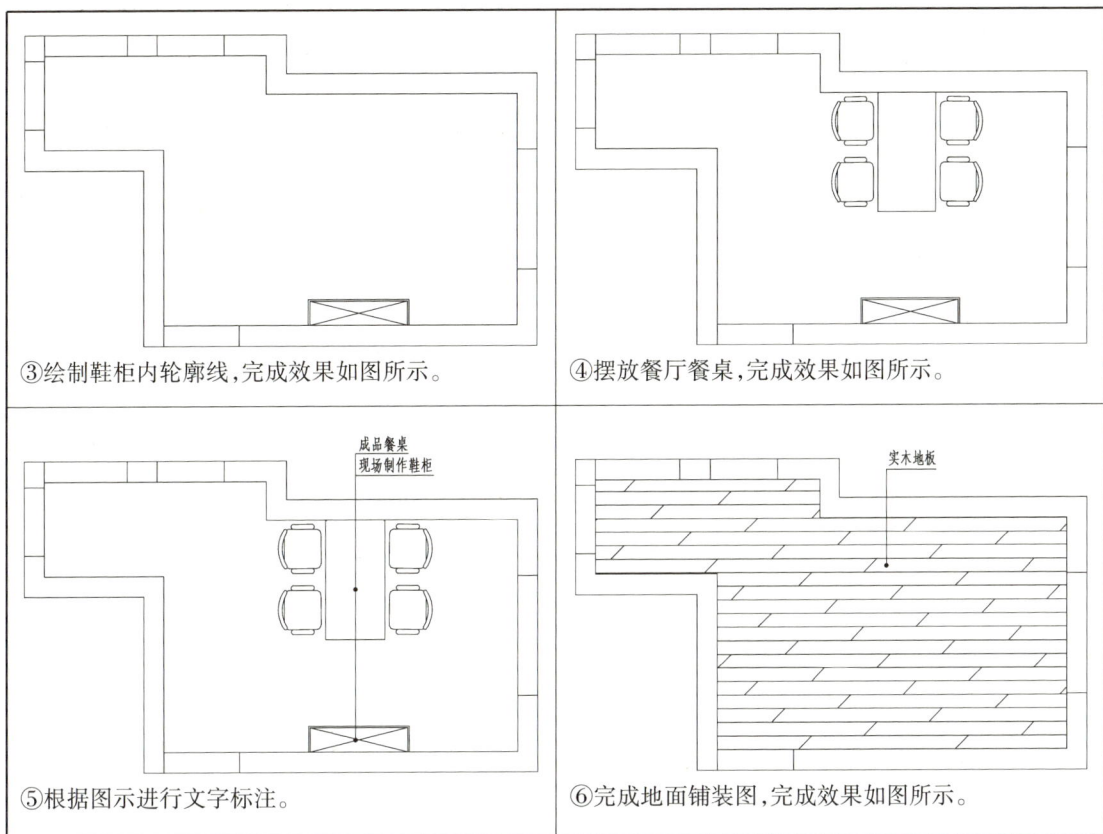

2.天棚布置图绘制

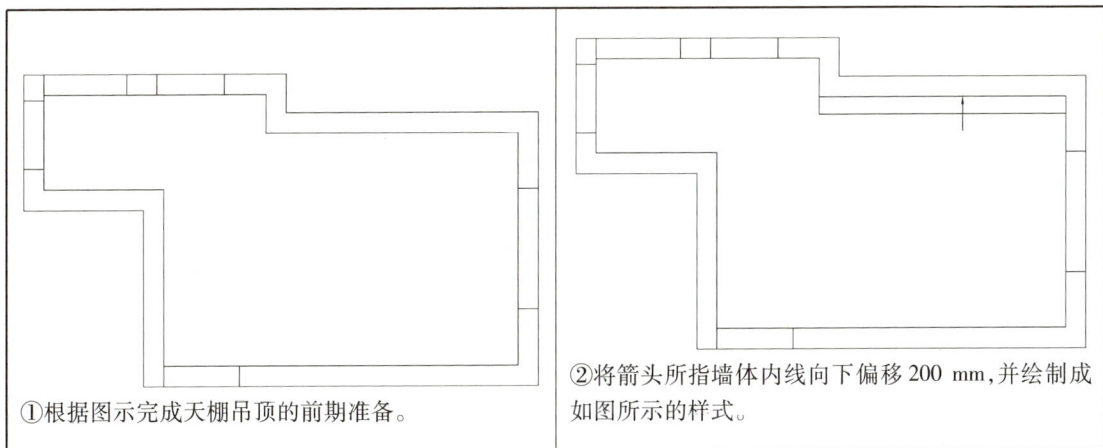

①根据图示完成天棚吊顶的前期准备。

②将箭头所指墙体内线向下偏移200 mm,并绘制成如图所示的样式。

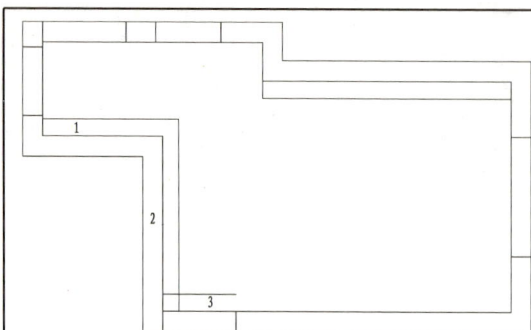

③将墙体内线 1 向上偏移 200 mm,将墙体内线 2 向右偏移 200 mm,将墙体内线 3 向上偏移 200 mm,完成效果如图所示。

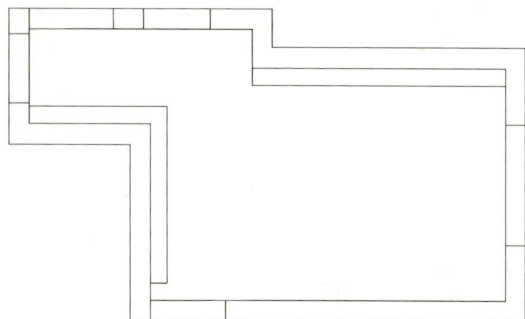

④将步骤③所偏移的直线修改为如图所示样式。

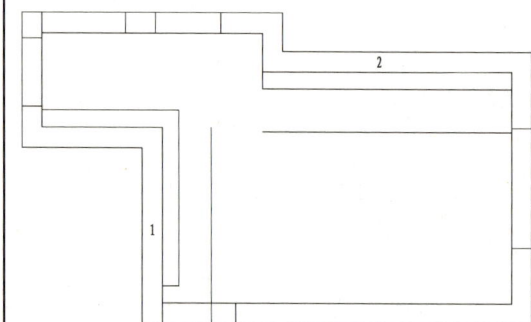

⑤将墙体内线 1 向右偏移 600 mm,将墙体内线 2 向下偏移 700mm,完成效果如图所示。

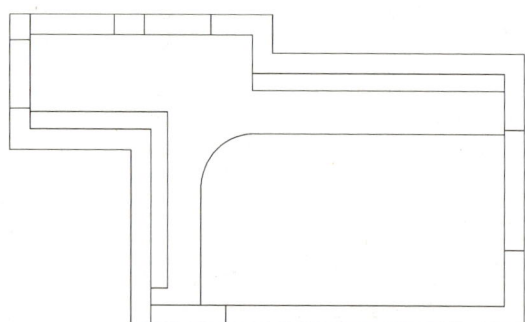

⑥设置"圆角"半径为 600 mm;将步骤⑤偏移的直线修改为如图所示样式。

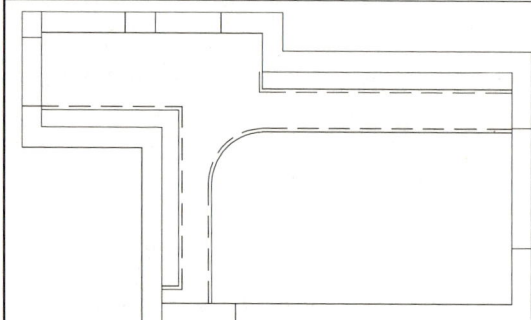

⑦绘制如图所示的漫反射灯带。

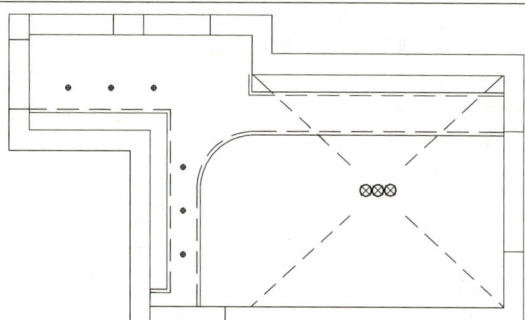

⑧绘制天棚布置图灯具,完成效果如图所示。

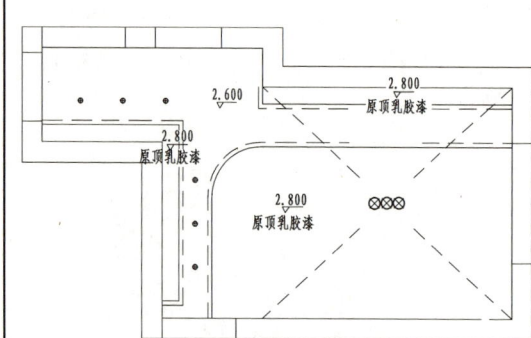

⑨绘制天棚布置图标高,完成效果如图所示。

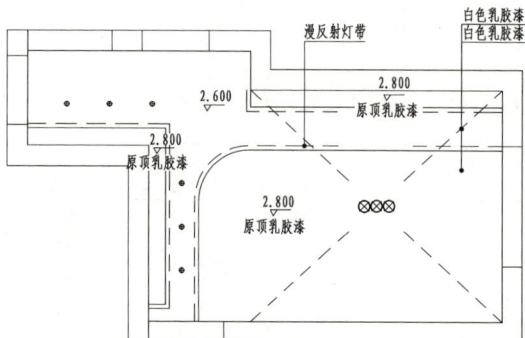

⑩根据图示完成文字标注。

⑪根据图示进行尺寸标注。

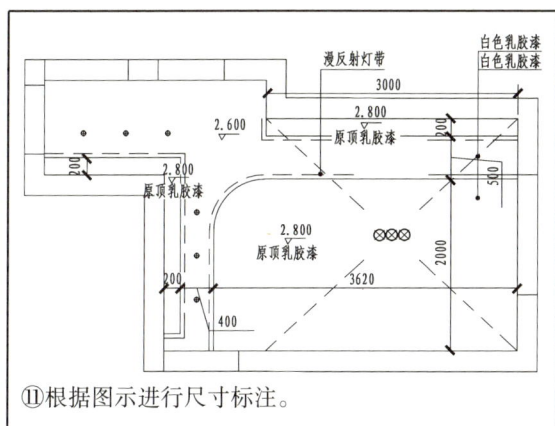

3. 立面装饰墙 A 绘制

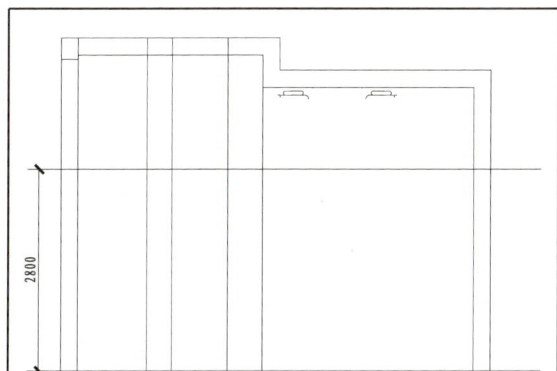

①复制平面图④中电视墙部分到平面图下方,并根据立面图绘制方法绘制成如图所示样式。

②将电视墙修改为如图所示样式。

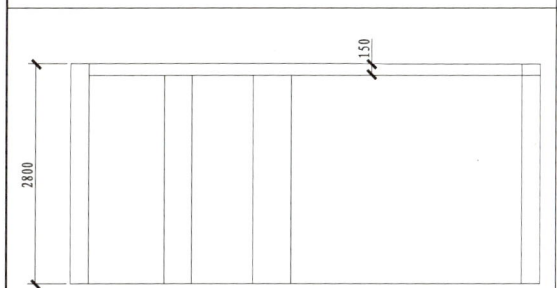

③将顶线向下偏移 150 mm,并修改为如图所示样式。

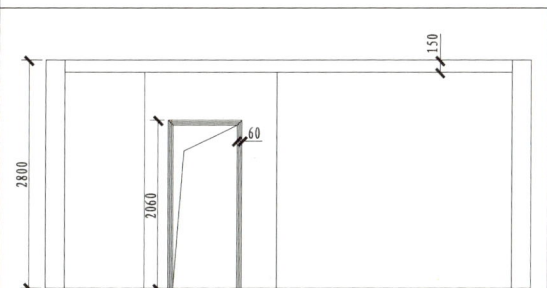

④绘制如图所示的门洞及其门套。

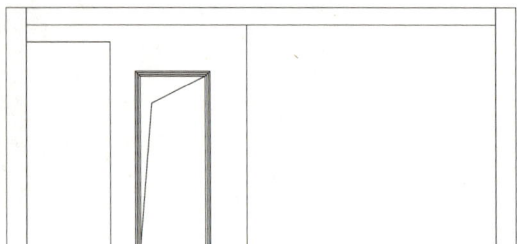

⑤将吊顶线向下偏移200 mm,并修改为如图所示样式。

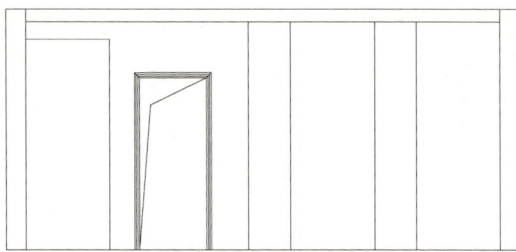

1000 300 920 440 500 1000 500 1000

⑥根据图示尺寸绘制如图所示的直线。

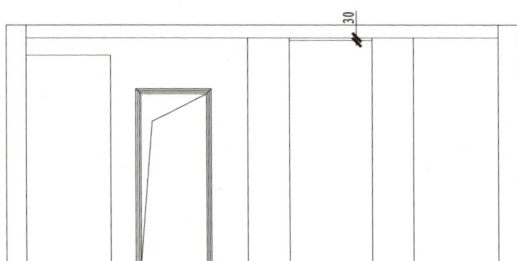

30

⑦将吊顶直线向下偏移30 mm,并修改为如图所示样式。

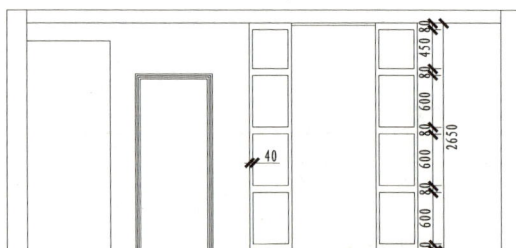

450 450 600 600 600 2650 600

500 1000 500 1000

⑧根据图示尺寸绘制如图所示的餐厅装饰墙造型。

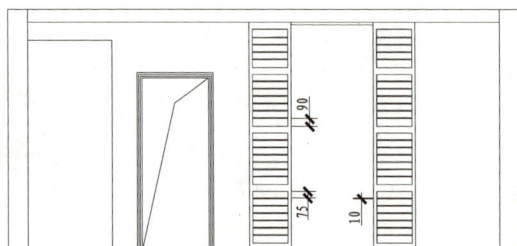

40

90 15 10

⑨完成如图所示的造型绘制。

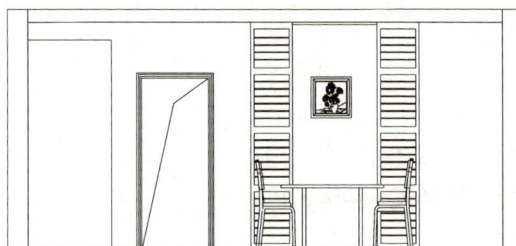

⑩摆放餐厅装饰品,完成效果如图所示。

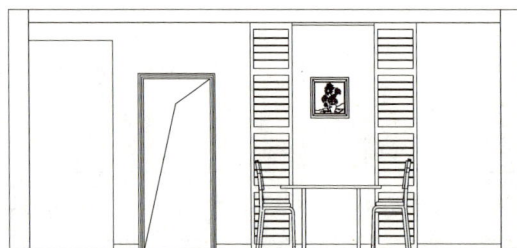

⑪将地线向上偏移80 mm,并修改为如图所示样式,完成踢脚线绘制。

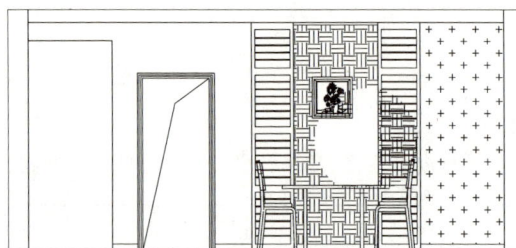

⑫对餐厅装饰墙进行装饰填充,完成效果如图所示。

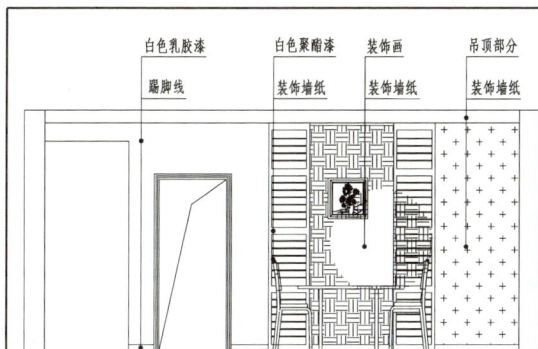

⑬根据图示进行文字标注。

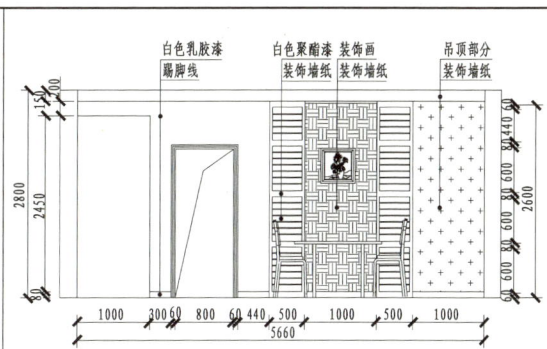

⑭根据图示进行尺寸标注。

4.立面鞋柜墙绘制

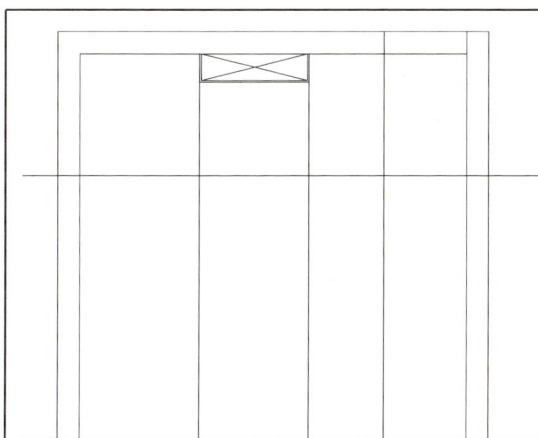

①复制平面图中鞋柜墙部分到平面图下方,并根据立面图绘制方法绘制成如图所示样式。

②将鞋柜墙修改为如图所示样式。

③将顶线向下偏移200 mm,将右方墙体内线向左偏移600 mm,并修改为如图样式,完成吊顶侧面绘制。

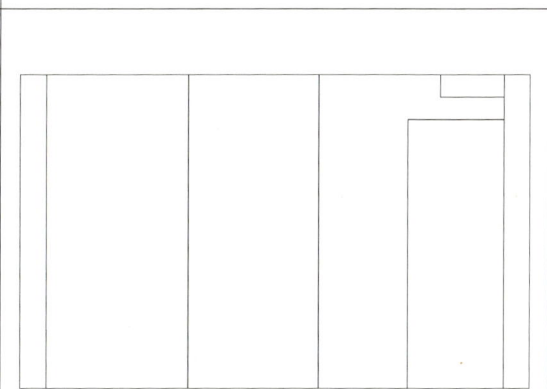

④将顶线向下偏移400 mm,并修改为如图所示样式。

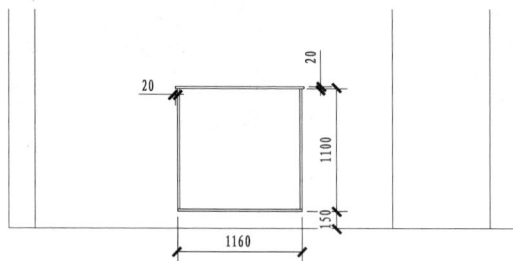

⑤根据图示完成鞋柜外框的绘制。

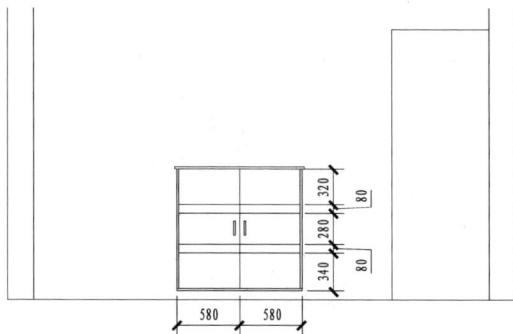

⑥根据图示尺寸完成柜门的绘制。

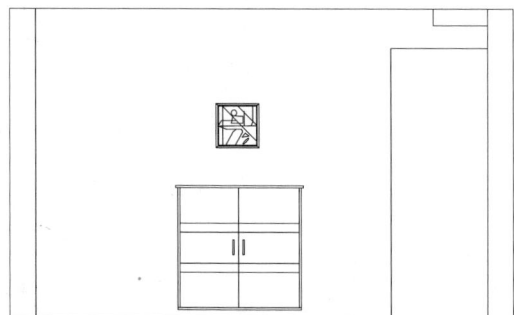

⑦摆放装饰品,完成效果如图所示。

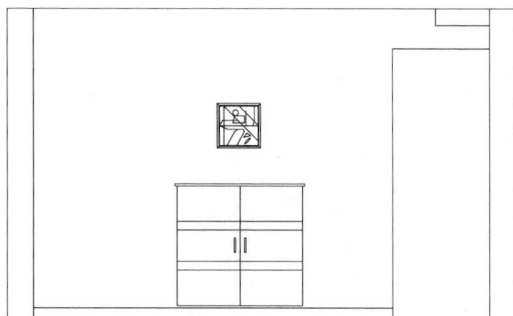

⑧将地线向上偏移 100 mm,并修改成如图所示样式,完成踢脚线的绘制。

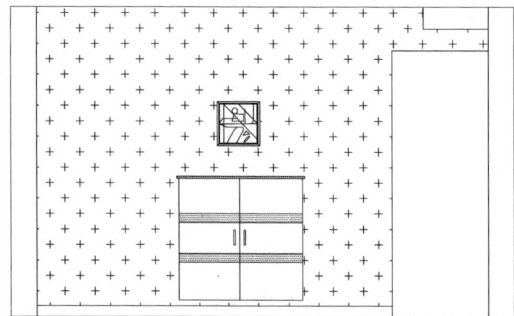

⑨将立面图填充为如图所示样式。

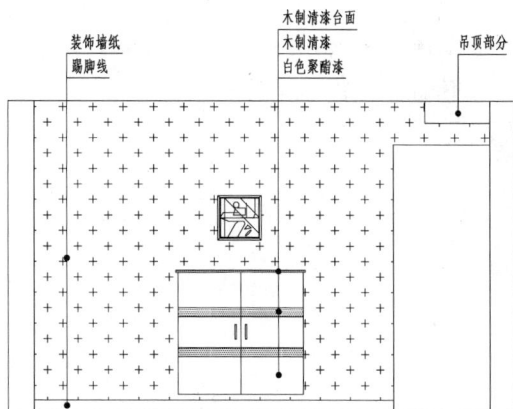

⑩根据图示进行文字标注。

5. 立面装饰墙 B 绘制

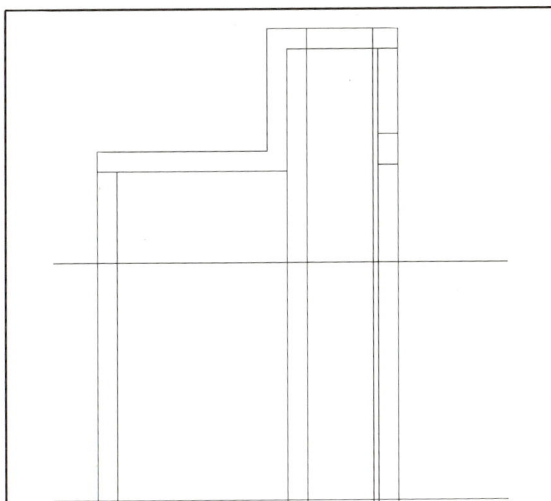

①复制平面图中如图部分到平面图下方,并根据立面图绘制方法绘制成如图所示样式。

②将墙体修改为如图所示样式。

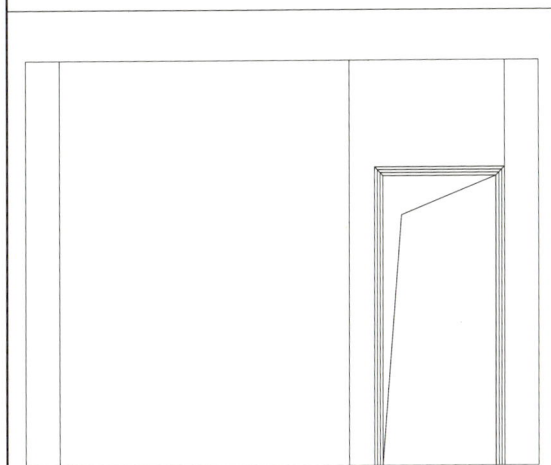

③绘制如图所示的门洞及其门套。

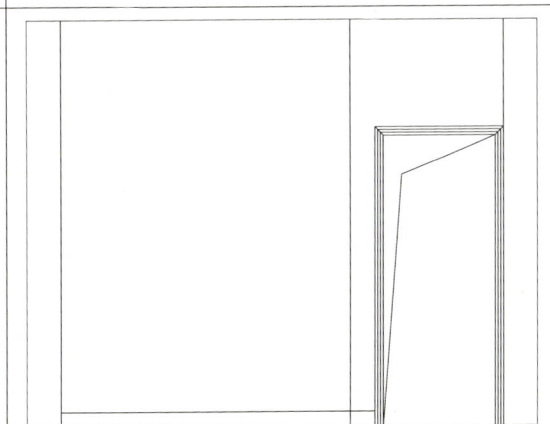

④将地线向上偏移 100 mm,并修改成如图所示样式,完成踢脚线绘制。

⑤将顶线向下偏移 200 mm,并修改成如图所示样式,完成吊顶侧面绘制。

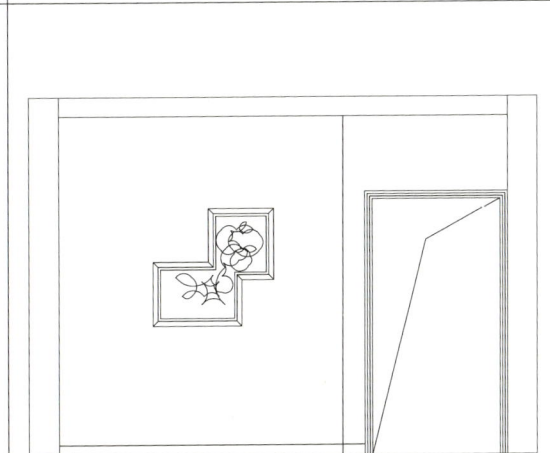

⑥摆放装饰品,完成效果如图所示。

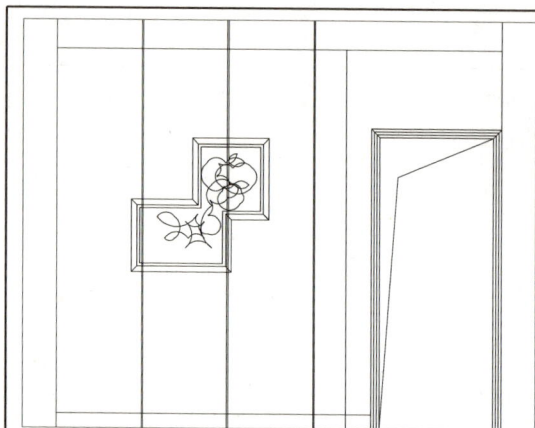

⑦将左边墙体内线向右偏移600 mm。将偏移的直线继续向右偏移 10 mm。重复以上两个步骤,绘制如图所示的直线。

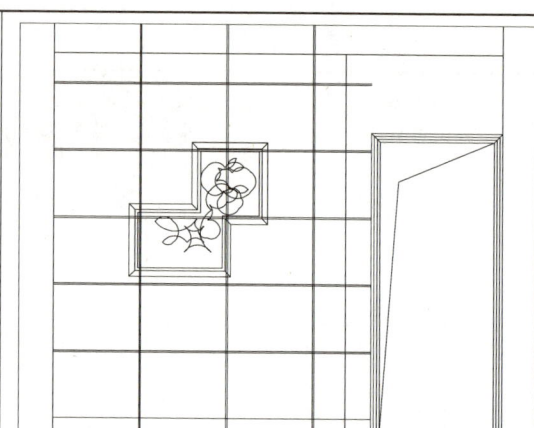

⑧将踢脚线向上偏移 400 mm。将偏移的直线继续向上偏移 10 mm。重复以上两个步骤,绘制如图所示的直线。

⑨将步骤⑦⑧所偏移的直线修改为如图所示样式。

⑩将装饰墙填充为如图所示样式。

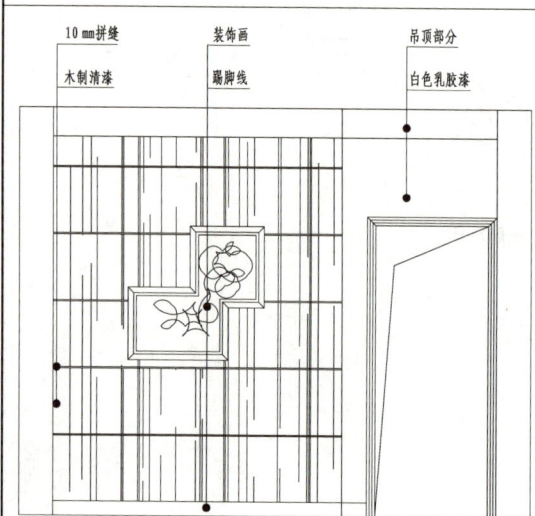

⑪根据图示进行文字标注。

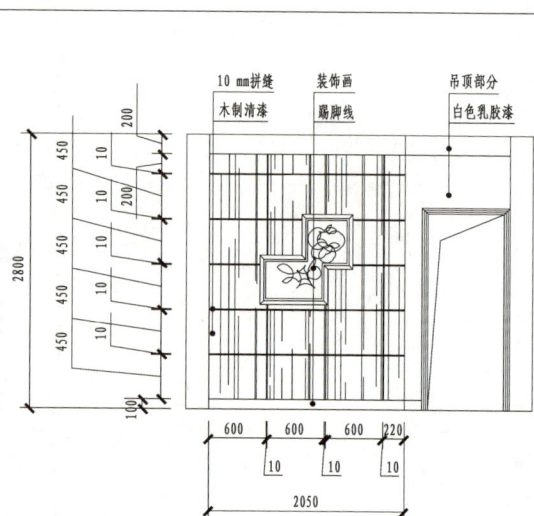

⑫根据图示进行尺寸标注。

【知识拓展】

餐厅灯光

　　餐厅的灯光设计在营造餐厅氛围、提升用餐体验方面起着非常重要的作用。以下是一些餐厅灯光设计的建议:

　　1.考虑就餐区域的不同需求

　　餐厅内通常会有主要用餐区和休闲区。主要用餐区需要创造一个温馨、舒适、优雅的氛围;休闲区通常希望更加明亮和轻松。灯光设计应针对不同区域,运用不同类型的灯光,创造出不同的氛围。

　　2.运用配色效果

　　配合餐厅的主题、装修风格和菜品特色,运用不同颜色的灯光创造出独特的氛围。例如,红色、黄色调的灯光可以让顾客感受到温暖和舒适,绿色调的灯光则可以带来清新、健康等感受。

　　3.利用层次感

　　根据餐厅的不同区域和用途,设计不同灯光层次,以达到灯光的分层、变化效果。例如,利用吊灯、落地灯等灯具,结合墙壁、天花板等,可以实现灯光层次的丰富变化,从而增强餐厅的空间感和美感。

　　4.增加互动性

　　在餐厅的某些区域,可以增加一些互动、景观或装置类灯光效果,如插画灯光、墙面投影与地面或吊灯互动,从而打破静态的场景感受,加强用户的感官体验。

　　总之,餐厅的灯光设计应考虑整体环境、用途、主题以及客户需求等方面,达到创造出独特、时尚的用餐体验效果。

　　思考:灯光设计是怎样营造餐厅氛围的?

【岗位实训】

　　根据现代简约风格餐厅效果图,绘制其方案图。

实训项目	现代简约风格餐厅方案绘制					
实训目的	1.能看懂效果图中的各个项目与家具。 2.能将效果图所示内容转化为CAD图纸。 3.能灵活运用所学知识,举一反三。					
实训时间			实训学时		学分	
项目要求	选做		必做	是否分组	每组人数	
实训地点			实训形式			

实训内容	某室内设计公司接到项目后,客户要求根据效果图绘制现代简约风格的方案图纸一套。 包括:餐厅平面布置图一张 餐厅天棚布置图一张 餐厅装饰背景墙立面图 A 一张 餐厅装饰背景墙立面图 B 一张
实训材料	安装并激活 AutoCAD 2022 软件的电脑一台

实训步骤及要求	评分标注	分值
1.现代简约风格餐厅平面布置图绘制 要求:与效果图对应,绘制工整准确	与效果图平面对应,不符,酌情扣 5~20 分; 绘制工整准确,不符,酌情扣 1~5 分	25 分
2.现代简约风格餐厅天棚布置图绘制 要求:与效果图对应,绘制工整准确	与效果图平面对应,不符,酌情扣 5~20 分; 绘制工整准确,不符,酌情扣 1~5 分	25 分
3.现代简约风格餐厅背景墙立 A 面图绘制 要求:与效果图对应,绘制工整准确	与效果图平面对应,不符,酌情扣 5~20 分; 绘制工整准确,不符,酌情扣 1~5 分	25 分

实训步骤及要求	评分标注	分值
4.现代简约风格餐厅背景墙立 B 面图绘制 要求:与效果图对应,绘制工整准确	与效果图平面对应,不符,酌情扣 5～20 分; 绘制工整准确,不符,酌情扣 1～5 分	25 分
学生评价		
教师评价		
企业评价		

任务二 现代中式风格餐厅绘制

【任务描述】

本任务主要是根据已有现代中式风格餐厅效果图绘制其 CAD 方案图,并以此为载体掌握室内设计三视图的画法,熟悉 CAD 制图软件的快捷键,理解现代中式风格的概念。本任务宏观上采用"实例驱动",微观上采用"项目式教学"以及用"演示法"讲解现代中式风格餐厅的绘制技巧及流程,同时要求学生"边学边画",使学生对现代中式风格餐厅绘制从感性认识上升到理性认识,掌握现代中式风格客厅绘制技能,区别现代中式风格餐厅设计与客厅设计的区别。通过本任务的学习,对知识点进行归纳总结,发现新旧知识之间的内在联系,并将所学知识与相关学科进行有机衔接。

【知识点】

1. 平面布置图绘制步骤。
2. 天棚布置图绘制步骤。
3. 餐厅装饰墙 A 绘制步骤。
4. 餐厅装饰墙 B 绘制步骤。

【任务导入】

中国有句俗语"民以食为天",人们的一日三餐在生活中是至关重要的部分,因此在这个方案中加以亮点设计。餐厅的顶部采用现代简洁的石膏板矩形吊顶与中国传统的手工艺木雕相结合做造型。设计时考虑现代人需要的浪漫情调,墙面运用留白处理并配有中国传统木制画框做简单造型处理,中国灯笼式造型吊灯使浪漫情调格外浓厚。

餐厅酒柜结合厨房推拉门做了一个整体造型。中式传统色彩的木制饰面及传统中式柜体结构,结合现代玻璃材质,使整个餐厅既摆脱了传统中式的呆板和古老印象,又保留了中式古典的神态。

【任务分解】

1. 平面布置图绘制

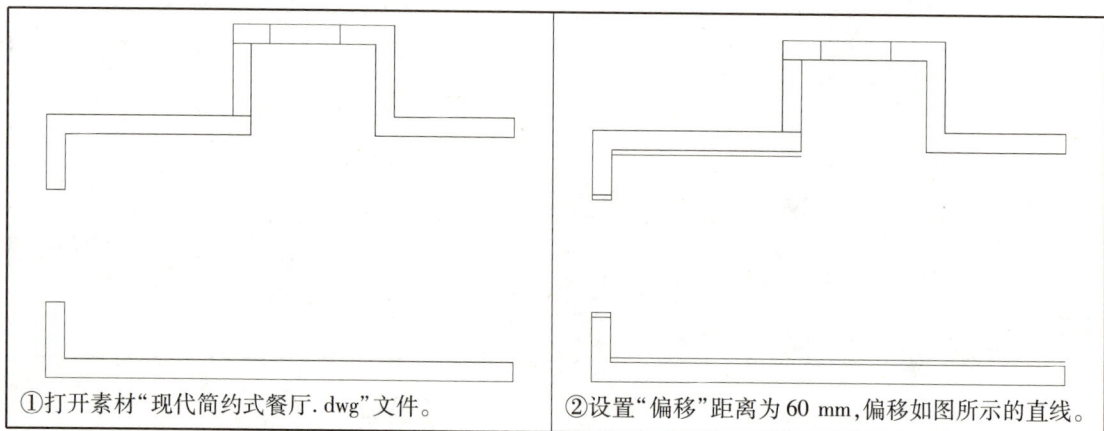

| ①打开素材"现代简约式餐厅. dwg"文件。 | ②设置"偏移"距离为 60 mm,偏移如图所示的直线。 |

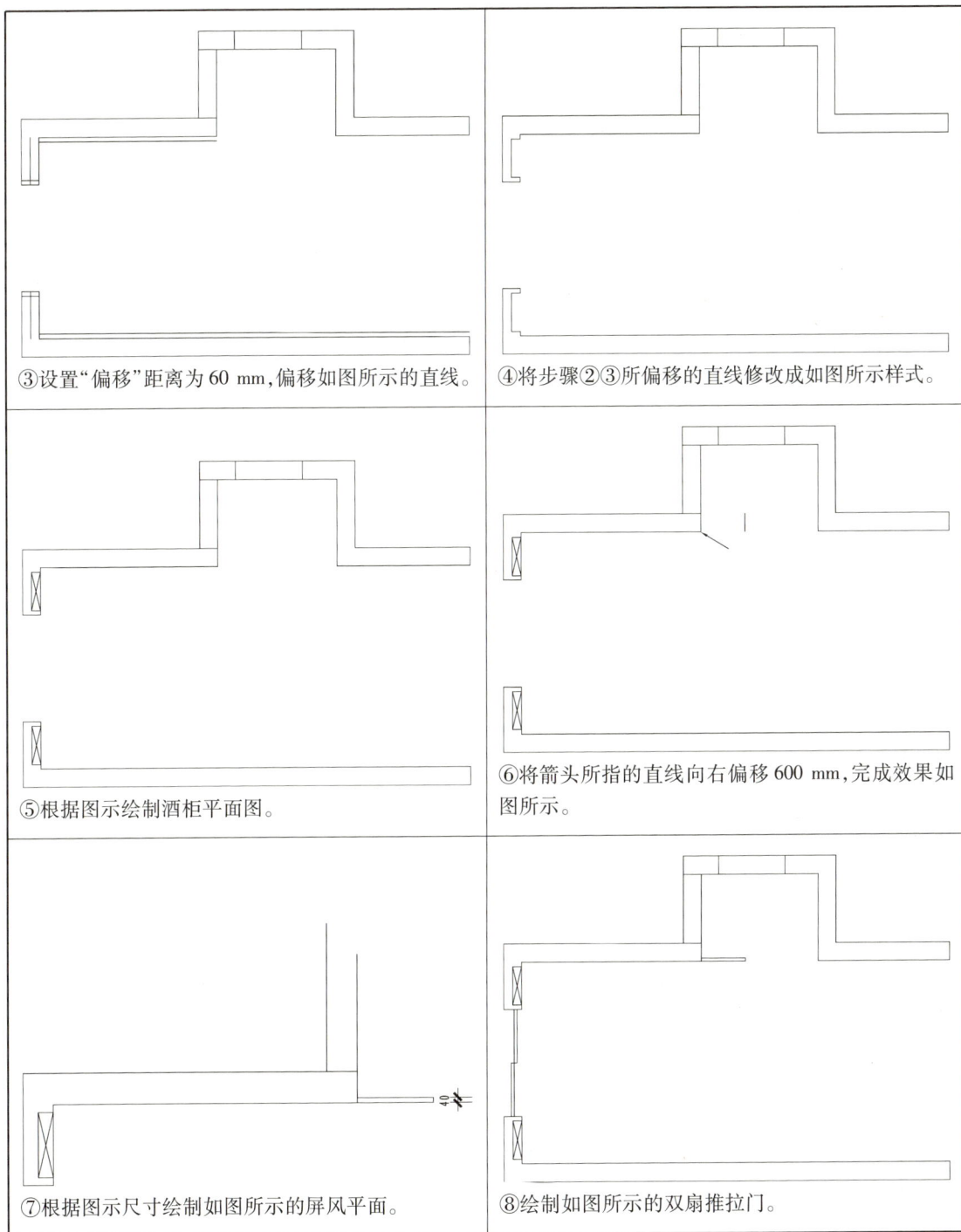

③设置"偏移"距离为 60 mm，偏移如图所示的直线。

④将步骤②③所偏移的直线修改成如图所示样式。

⑤根据图示绘制酒柜平面图。

⑥将箭头所指的直线向右偏移 600 mm，完成效果如图所示。

⑦根据图示尺寸绘制如图所示的屏风平面。

⑧绘制如图所示的双扇推拉门。

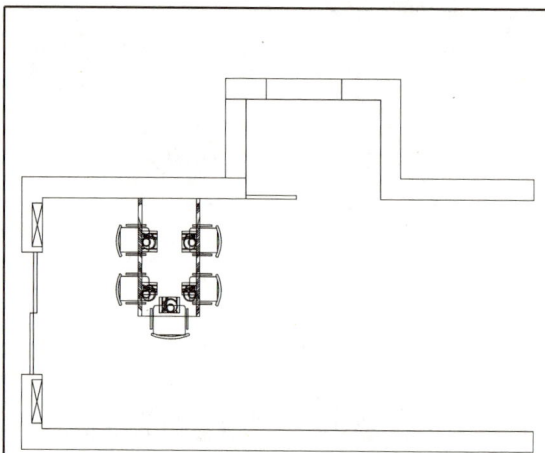

⑨摆放餐桌,完成效果如图所示。

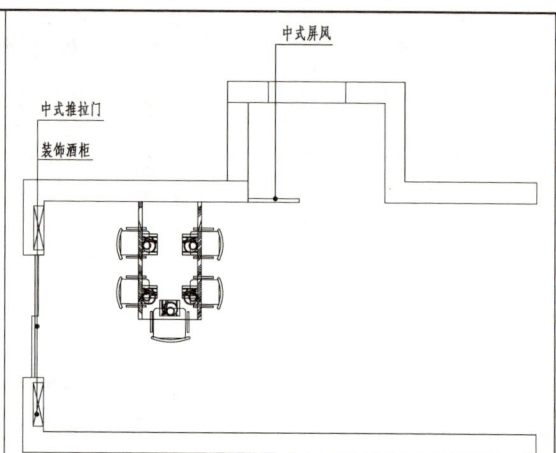

⑩根据图示进行文字标注。

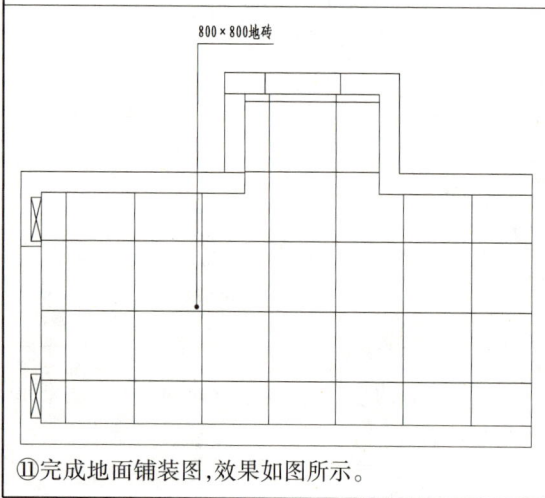

中式屏风

中式推拉门

装饰酒柜

800×800地砖

⑪完成地面铺装图,效果如图所示。

2.天棚布置图绘制

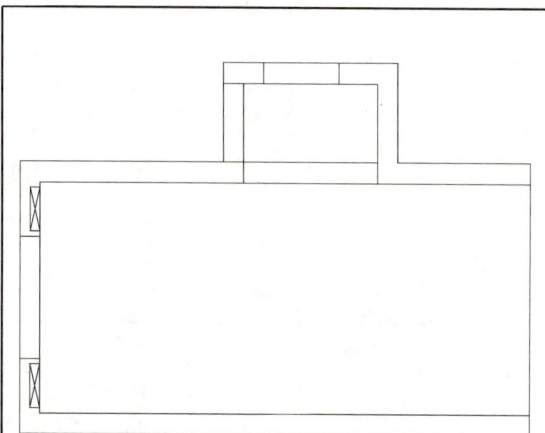

①根据图示完成天棚布置图的前期绘制。

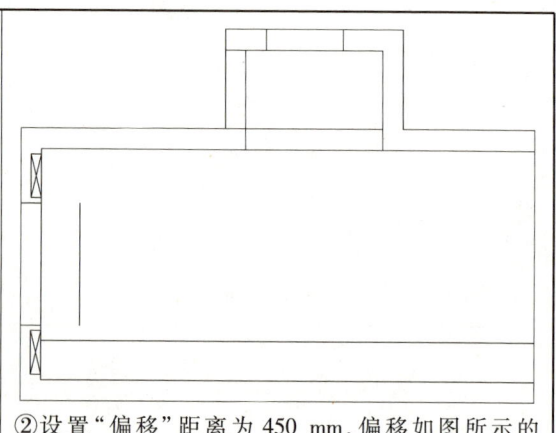

②设置"偏移"距离为450 mm,偏移如图所示的直线。

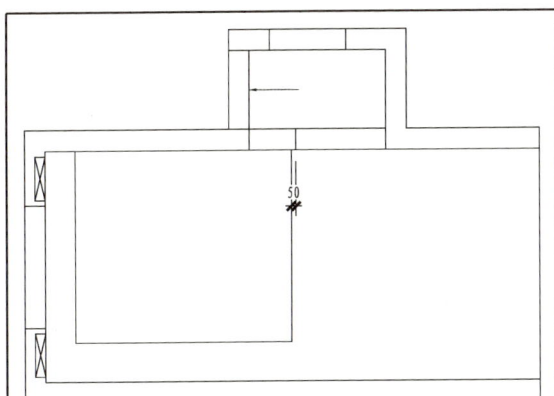

③将箭头所指直线向右偏移 550 mm,并修改成如图所示样式。

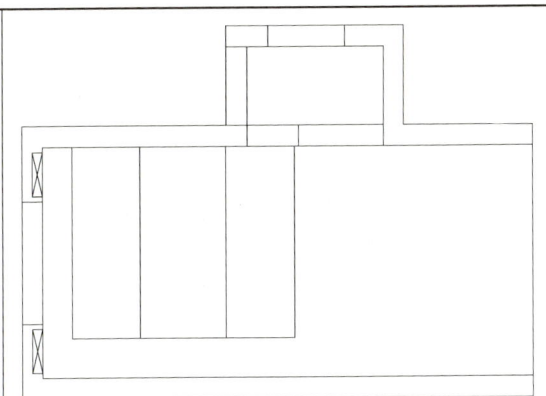

④设置"偏移"距离为 800 mm,偏移如图所示的直线。

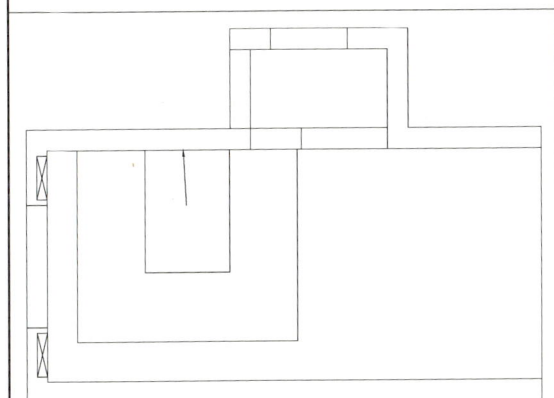

⑤将箭头所指直线向下偏移 1400 mm,并修改成如图所示样式。

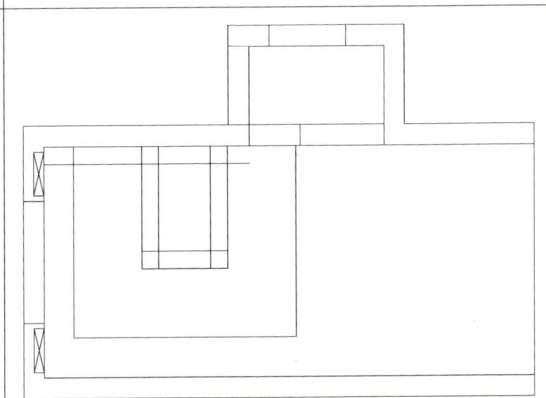

⑥设置"偏移"距离为 200 mm,偏移如图所示的直线。

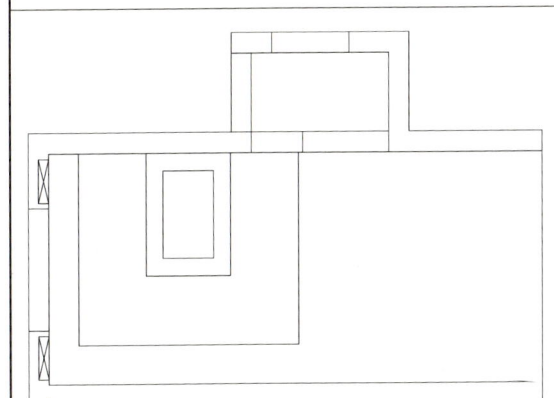

⑦将步骤⑥所偏移的直线修改成如图所示样式。

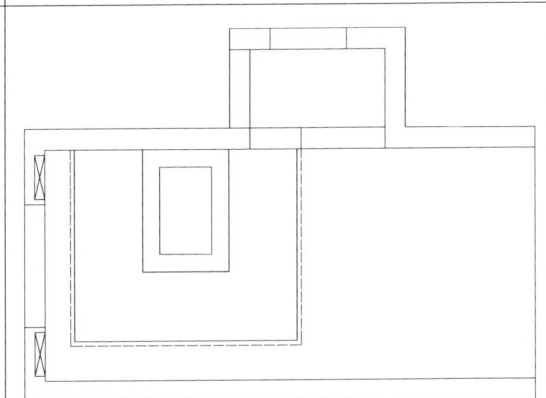

⑧绘制如图所示的漫反射灯带。

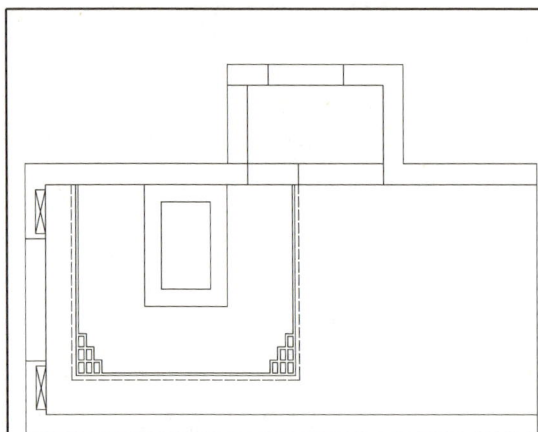

⑨根据图示样式绘制天棚吊顶中式花窗。

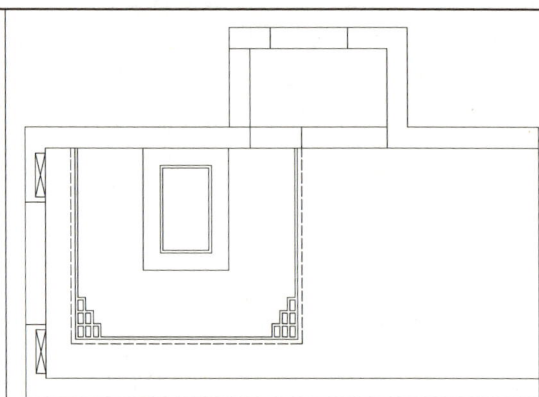

⑩设置"偏移"距离为 30 mm,偏移如图所示的直线,并将其修改为如图所示样式。

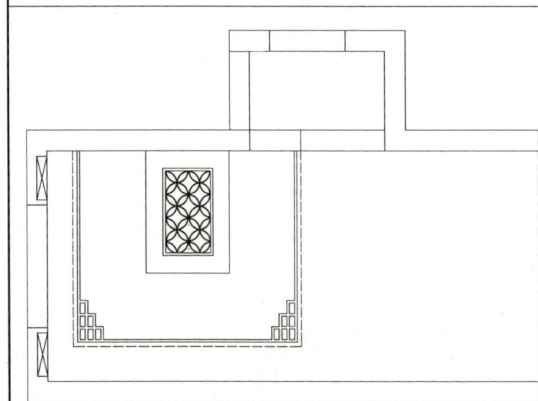

⑪绘制如图所示的中式花窗。

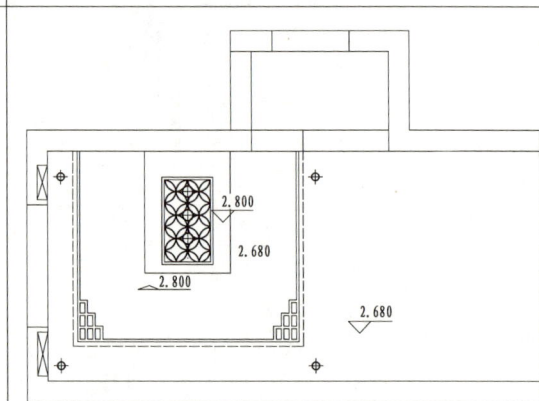

⑫根据图示绘制天棚布置图标高。

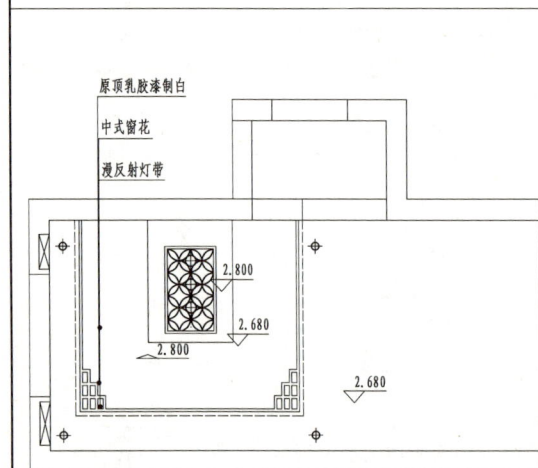

⑬根据图示进行文字标注。

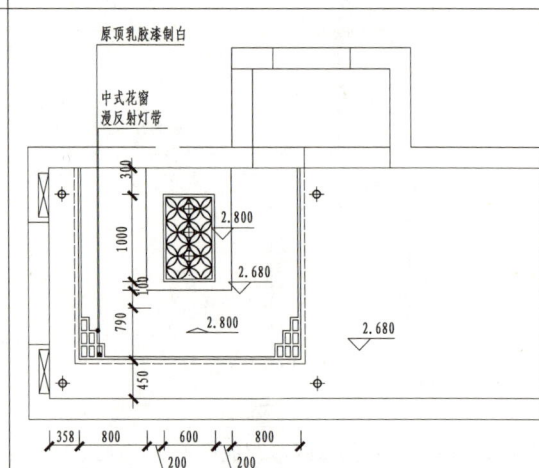

⑭根据图示进行尺寸标注。

3.餐厅装饰墙 A 绘制

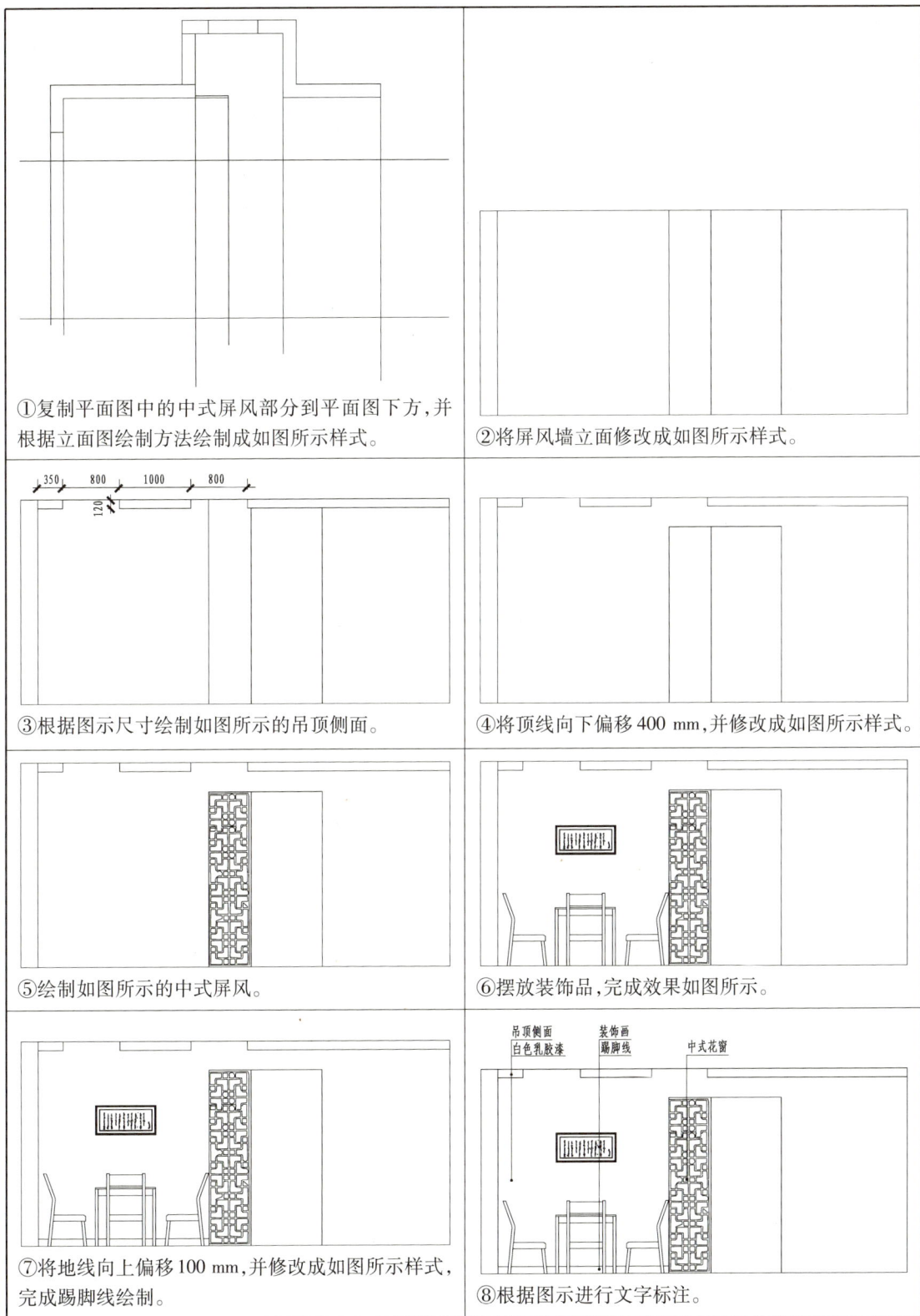

①复制平面图中的中式屏风部分到平面图下方,并根据立面图绘制方法绘制成如图所示样式。

②将屏风墙立面修改成如图所示样式。

③根据图示尺寸绘制如图所示的吊顶侧面。

④将顶线向下偏移 400 mm,并修改成如图所示样式。

⑤绘制如图所示的中式屏风。

⑥摆放装饰品,完成效果如图所示。

⑦将地线向上偏移 100 mm,并修改成如图所示样式,完成踢脚线绘制。

⑧根据图示进行文字标注。

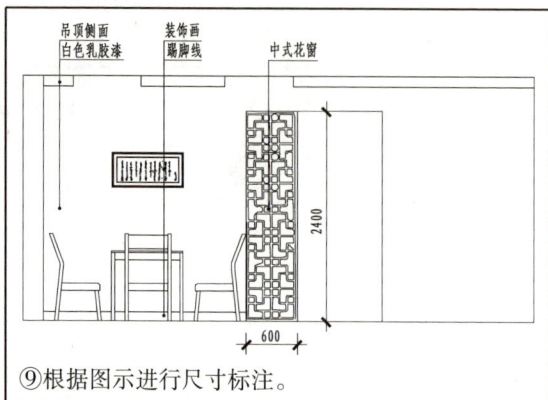

⑨根据图示进行尺寸标注。

4.餐厅装饰墙 B 绘制

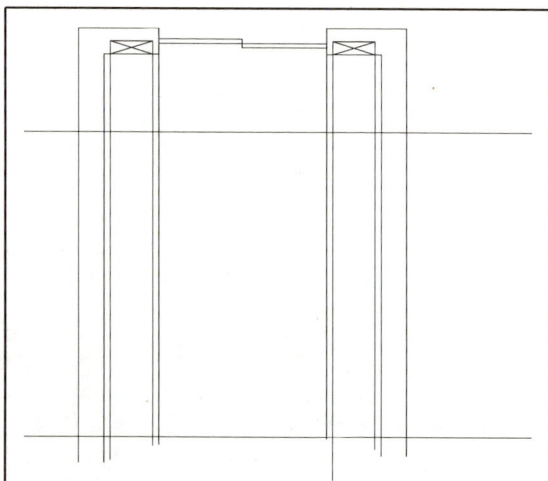

①复制平面图中的装饰酒柜部分到平面图下方,并根据立面图的绘制方法绘制成如图所示样式。

②根据图示将酒柜墙立面修改成如图所示样式。

③将顶线向下偏移120 mm。将偏移的直线继续向下偏移400 mm,并修改成如图所示样式。

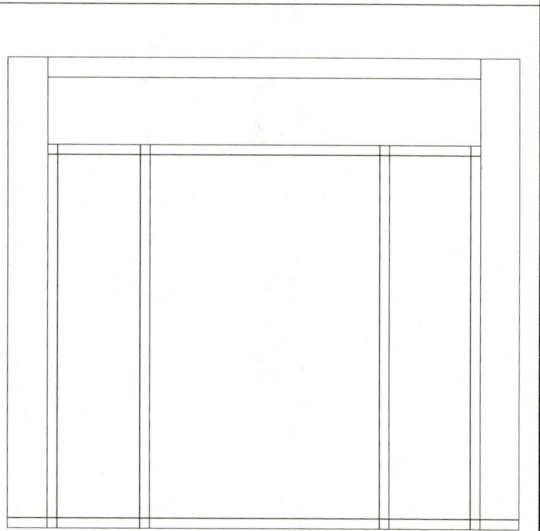

④设置"偏移"距离为60 mm,偏移如图所示的直线。

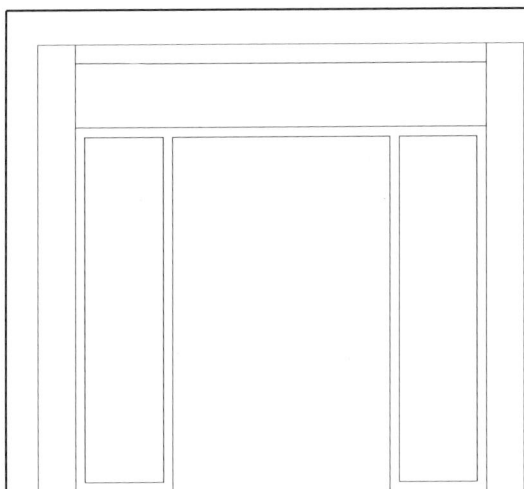

⑤将装饰酒柜墙立面修改成如图所示样式。

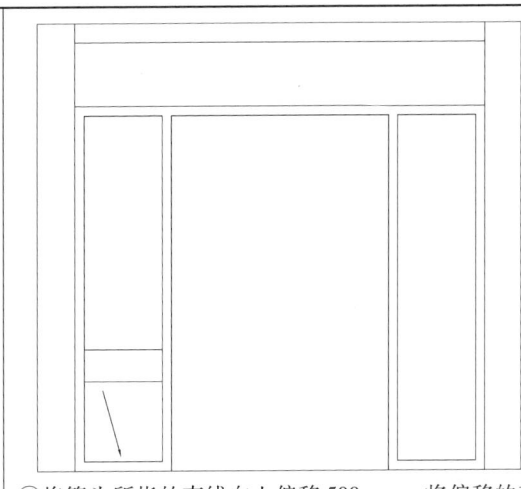

⑥将箭头所指的直线向上偏移500 mm。将偏移的直线继续向上偏移200 mm,并修改成如图所示样式。

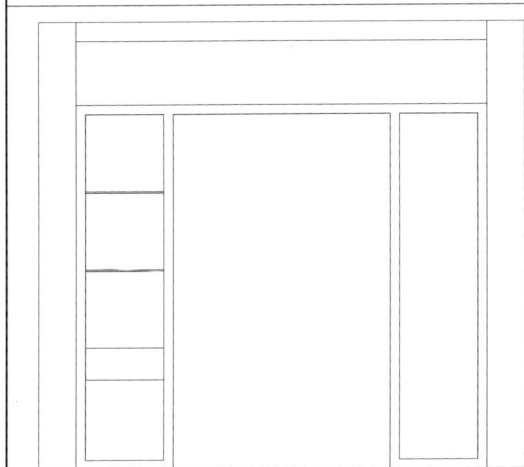

⑦将图示部分等分成3份,每份之间距离10 mm,完成效果如图所示。

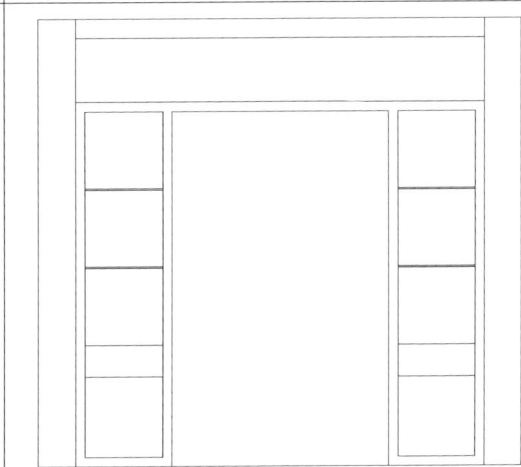

⑧用"复制"命令将装饰酒柜墙立面修改成如图所示样式。

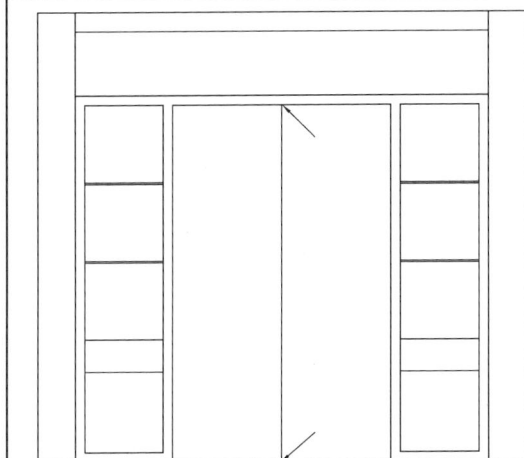

⑨以图示中的两中点为起点和端点绘制直线,完成效果如图所示。

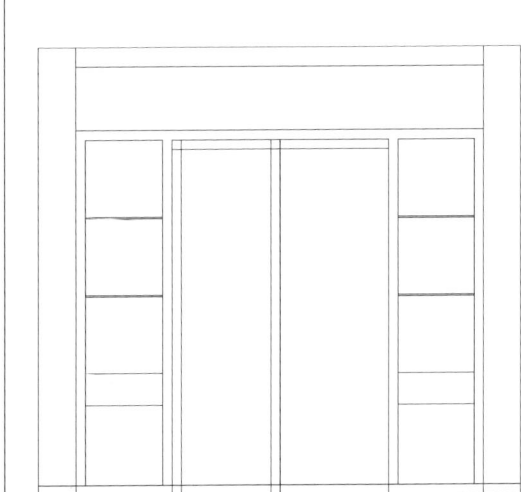

⑩设置"偏移"距离为60 mm,偏移如图所示的直线。

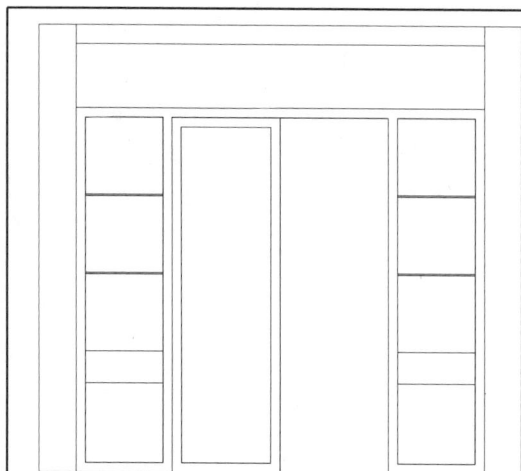

⑪将步骤⑩所偏移的直线修改成如图所示样式。

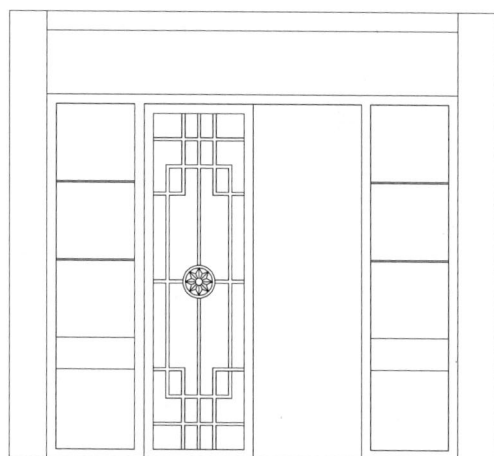

⑫绘制如图所示的推拉门造型。

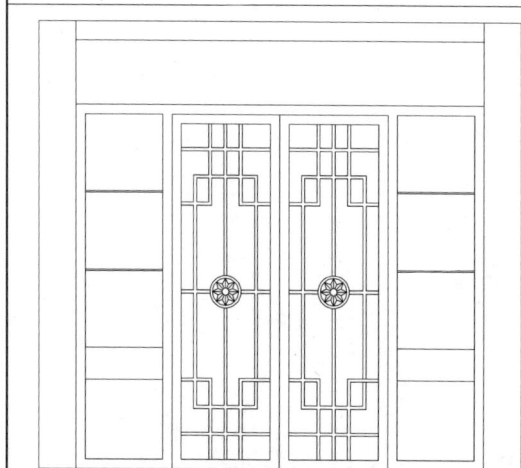

⑬用"复制"命令将门修改成如图所示样式。

⑭摆放装饰品,完成效果如图所示。

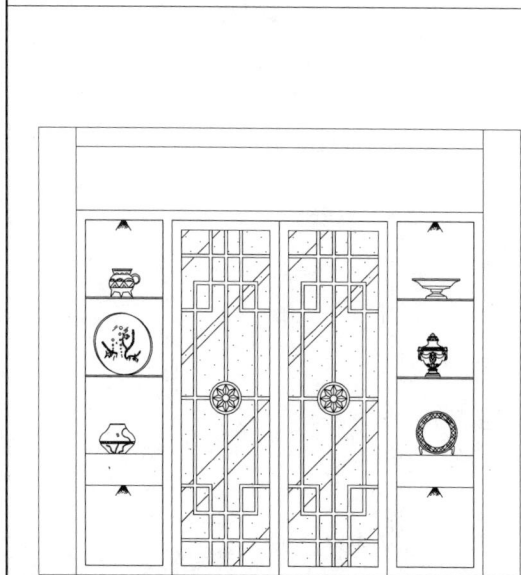

⑮将推拉门填充成如图所示样式。

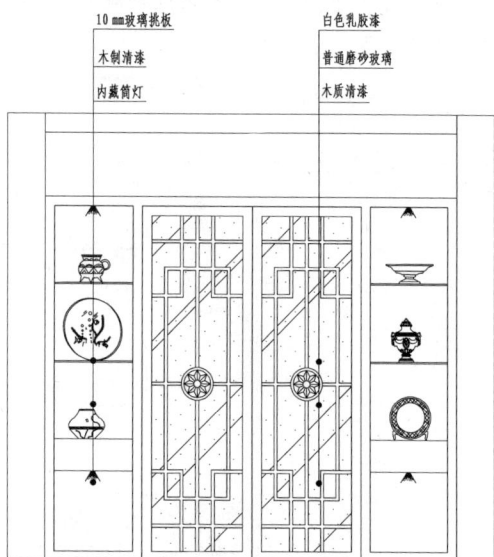

⑯根据图示进行文字标注。

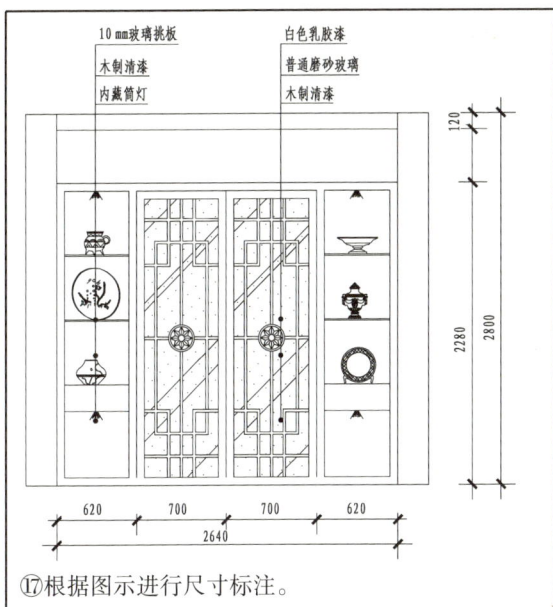

⑰根据图示进行尺寸标注。

【知识拓展】

什么是现代中式风格

现代中式风格是将现代元素和传统元素结合在一起形成和发展起来的,以现代人的审美需求来打造富有传统韵味的事物。中式风格的特点是总体布局对称均衡,端正稳健,而在装饰细节上崇尚自然情趣,花鸟、鱼虫等精雕细琢,富于变化,充分体现出了中国传统美学精神。而现代中式风格在继承传统中式风格表现方法的基础上,更加重视现代生活的居住感受。在现代建筑中适当运用一些传统元素,使中式风格变得更加亲切、自然,更适合现代人的生活需要。

室内设计反映的其实是一种生活方式,是对生活的一种态度。现代中式风格设计是现代中国人传承自己民族悠久、伟大文化的一种方式,它不仅体现了世界上最古老的文化之一,也成了室内设计风格中的一道亮丽风景线!

思考:1.你知道的中式风格元素有哪些?

2.传统中式元素怎么变化运用到现代中式风格设计中呢?

【岗位实训】

根据现代中式风格餐厅效果图,绘制其方案图。

实训项目	现代中式风格餐厅方案绘制				
实训目的	1.能看懂效果图中的各个项目与家具。 2.能将效果图所示内容转化为CAD图纸。 3.能灵活运用所学知识,举一反三。				
实训时间		实训学时		学分	
项目要求	选做	必做	是否分组	每组人数	
实训地点		实训形式			

实训内容	根据效果图,绘制现代中式风格餐厅的方案图纸一套。 包括:餐厅平面布置图一张 　　餐厅天棚布置图一张 　　餐厅装饰背景墙立面图 A 一张 　　餐厅装饰背景墙立面图 B 一张	
实训材料	安装并激活 AutoCAD 2022 软件的电脑一台	
实训步骤及要求	评分标注	分值
1.现代中式风格餐厅平面布置图绘制 要求:与效果图对应,绘制工整准确	与效果图平面对应,不符,酌情扣 5～20 分; 绘制工整准确,不符,酌情扣 1～5 分	25 分
2.现代中式风格餐厅天棚布置图绘制 要求:与效果图对应,绘制工整准确	与效果图平面对应,不符,酌情扣 5～20 分; 绘制工整准确,不符,酌情扣 1～5 分	25 分
3.现代中式风格餐厅背景墙立面图 A 绘制 要求:与效果图对应,绘制工整准确	与效果图平面对应,不符,酌情扣 5～20 分; 绘制工整准确,不符,酌情扣 1～5 分	25 分

实训步骤及要求	评分标注	分值
4. 现代中式风格餐厅背景墙立面图 B 绘制 要求：与效果图对应，绘制工整准确	与效果图平面对应，不符，酌情扣 5~20 分； 绘制工整准确，不符，酌情扣 1~5 分	25 分
学生评价		
教师评价		
企业评价		

任务三　现代欧式风格餐厅绘制

【任务描述】

本任务主要是根据已有现代欧式风格餐厅效果图绘制其 CAD 方案图,并以此为载体掌握室内设计三视图的画法,熟悉 CAD 制图软件的快捷键,理解现代欧式风格的概念。本任务宏观上采用"实例驱动",微观上采用"项目式教学"以及用"演示法"讲解现代欧式风格客厅的绘制技巧及流程,同时要求学生"边学边画",使学生对现代欧式风格餐厅绘制从感性认识上升到理性认识,掌握现代欧式风格餐厅绘制技能。通过本任务的学习,对知识点进行归纳总结,发现新旧知识之间的内在联系,并将所学知识与相关学科进行有机衔接。

【知识点】

1. 平面布置图绘制步骤。
2. 天棚布置图绘制步骤。
3. 酒柜背景墙绘制步骤。
4. 罗马柱门洞绘制步骤。

【任务导入】

本餐厅空间较大,采光较好,视觉效果较好,左边有一过道,但对餐厅本身的使用影响不大。在此案中,一张欧式餐桌成为整个餐厅的亮点。白色的木制家具,搭配紫色的餐布,庄重中带一点浪漫色彩。当然并不是单独一张餐桌就能说明一切,鲜花还须绿叶衬。家具优美的曲线,还有那盏精美的水晶吊顶,如果说本案中的家具是一个庄重的贵妇,那么这盏灯就像俏皮的公主。为了搭配整个餐厅的视觉效果,窗帘也运用了紫色,使整个空间的浪漫主义色彩更加浓烈。

在本任务中,餐厅与客厅是连在一起的,为了不让餐厅完全暴露在客厅的视线范围内,在餐厅与客厅的结合部做了两根罗马柱,又放置了一株高大的绿色植物,这样餐厅与客厅就似有似无地被隔开了,从而达到隔而不断的艺术效果。

【任务讲解】

1. 平面布置图绘制

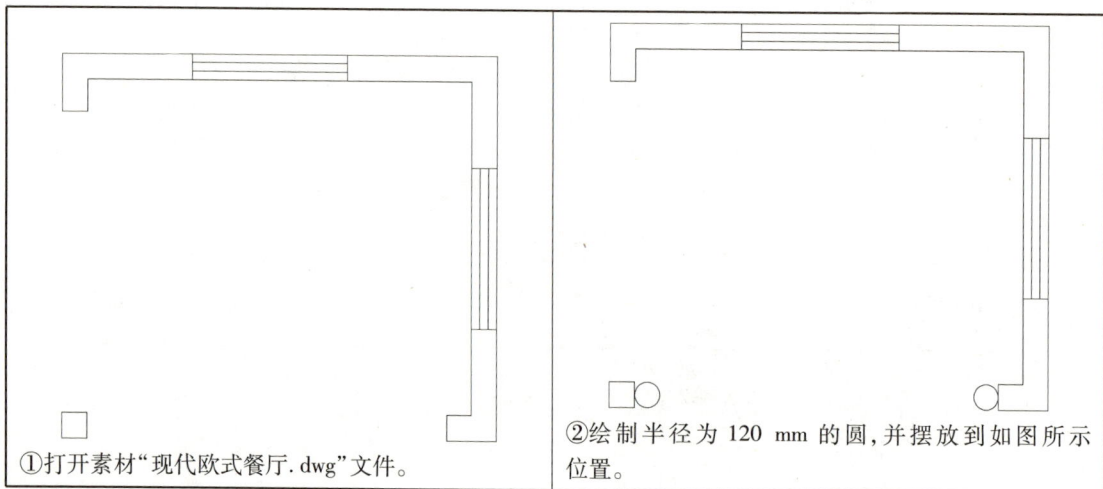

①打开素材"现代欧式餐厅.dwg"文件。

②绘制半径为 120 mm 的圆,并摆放到如图所示位置。

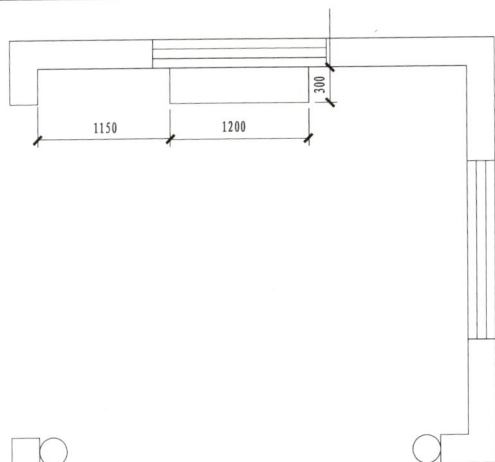

③根据图示尺寸绘制如图所示的柜体外轮廓线。

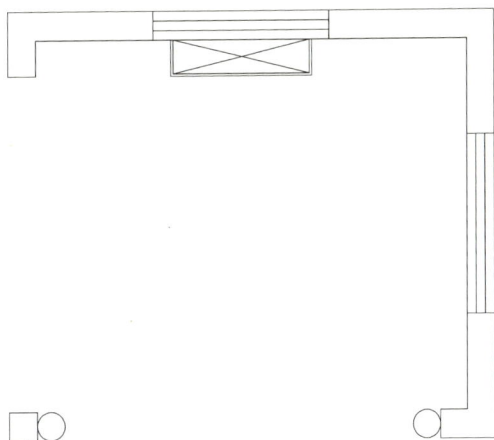

④绘制柜体内轮廓线,完成效果如图所示。

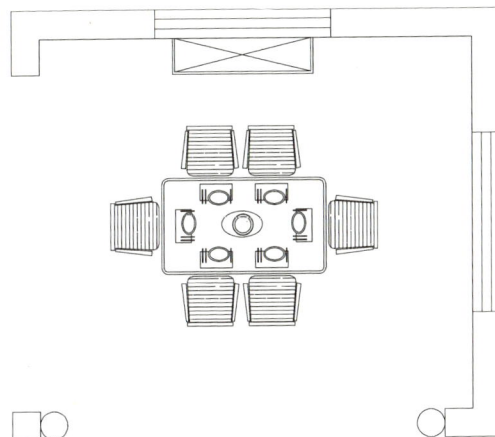

⑤摆放餐桌,完成效果如图所示。

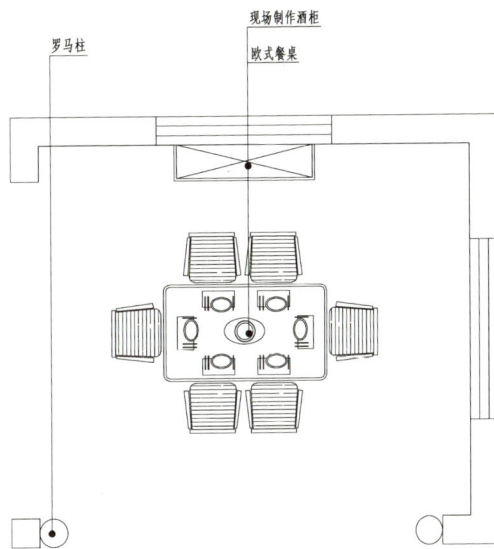

⑥根据图示进行文字标注。

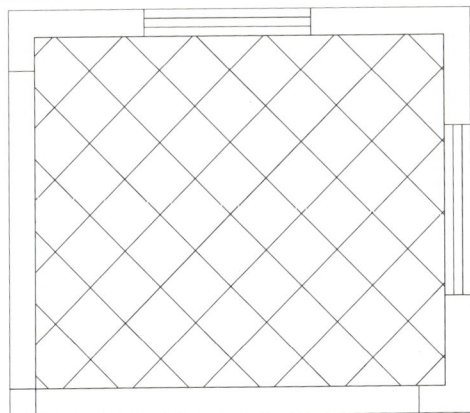

⑦设置"填充"样式为:用户定义、角度45°、间距450mm、双向;对图示位置进行填充,完成效果如图所示。

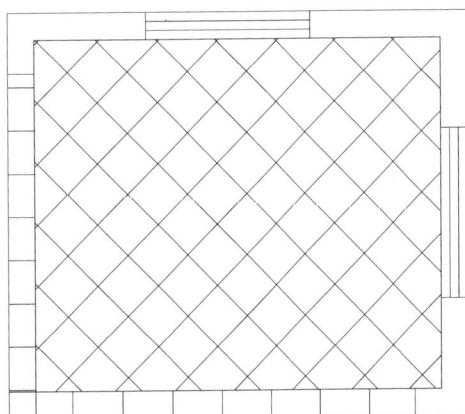

⑧设置"填充"样式为:用户定义、角度90°、间距450mm;对图示位置进行填充,完成效果如图所示。

450×450地砖斜贴
450×450地砖

⑨根据图示进行文字标注。

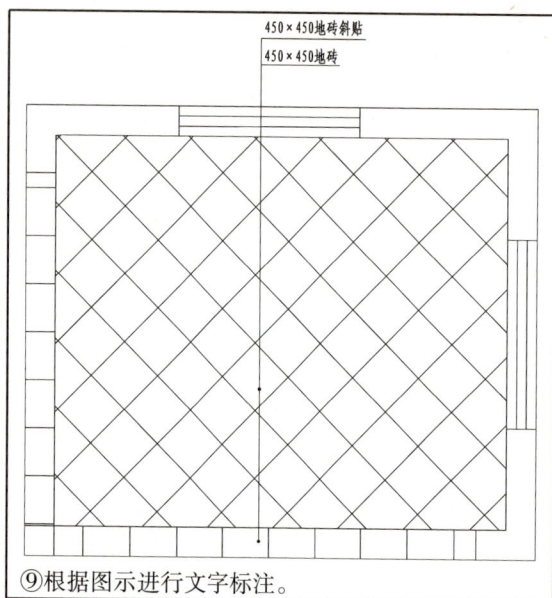

2.天棚布置图绘制

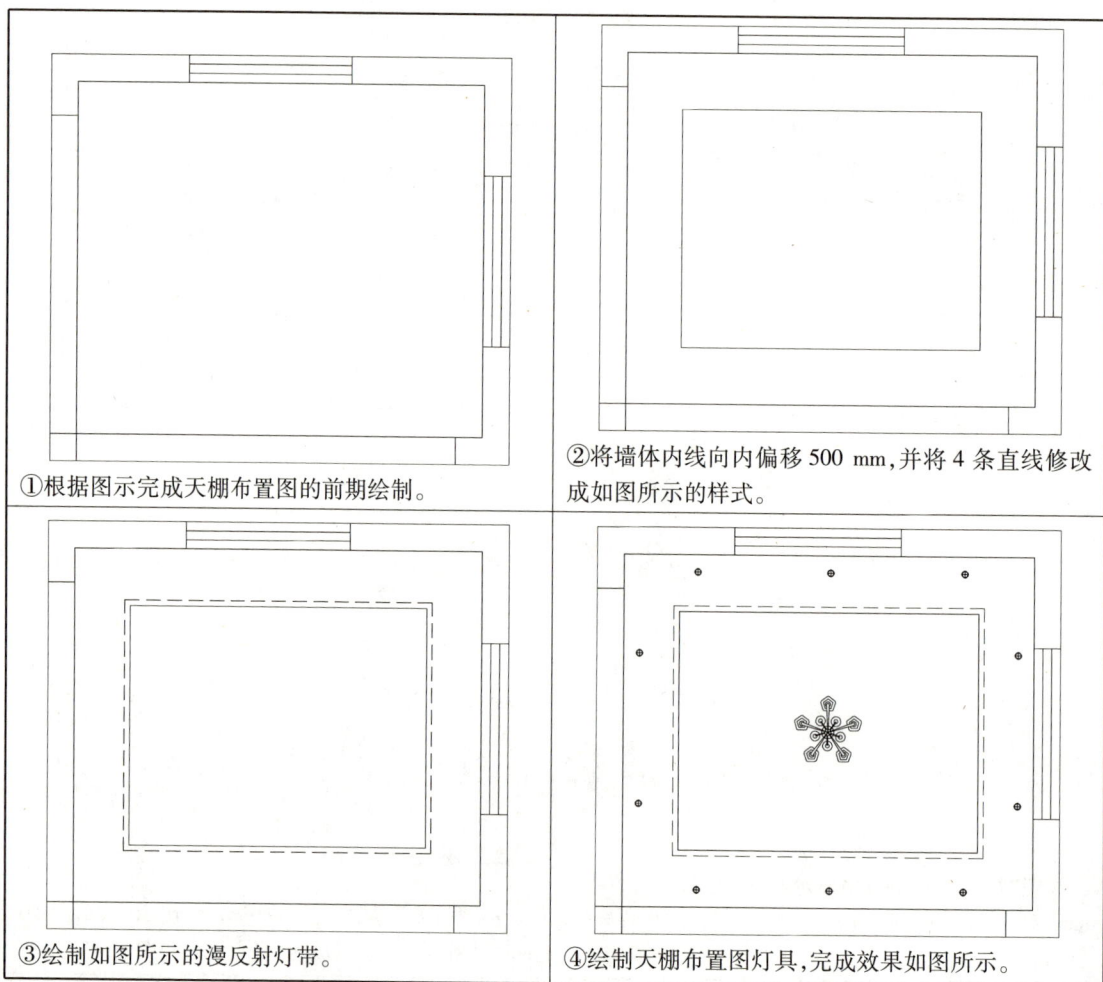

①根据图示完成天棚布置图的前期绘制。

②将墙体内线向内偏移500 mm,并将4条直线修改成如图所示的样式。

③绘制如图所示的漫反射灯带。

④绘制天棚布置图灯具,完成效果如图所示。

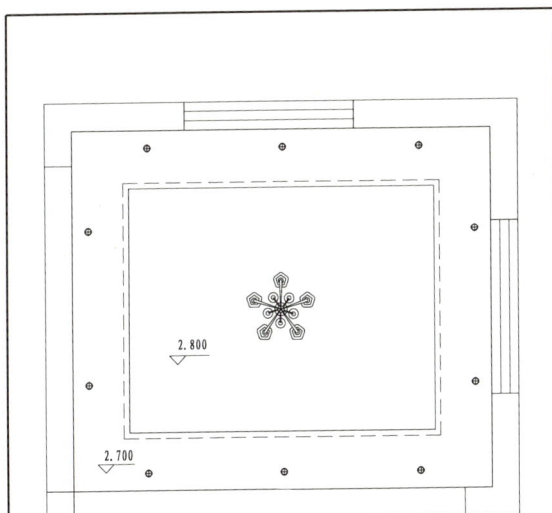

⑤绘制天棚布置图标高,完成效果如图所示。

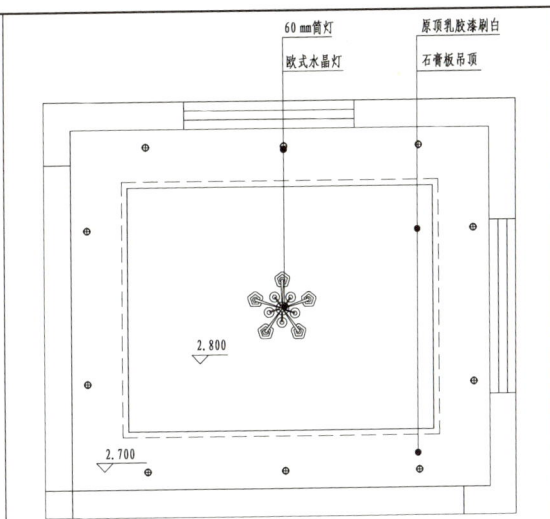

⑥根据图示进行文字标注。

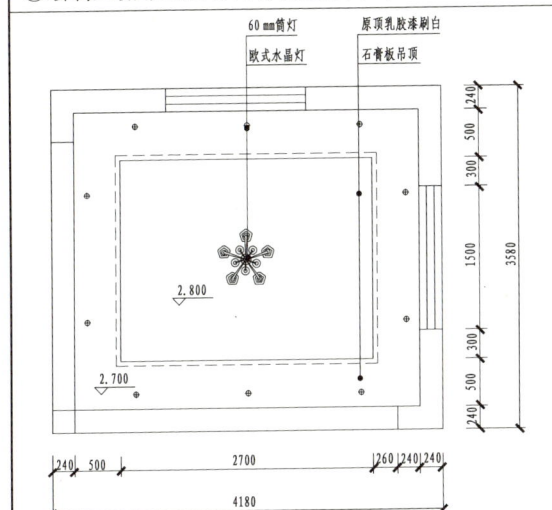

⑦根据图示进行尺寸标注。

3.酒柜背景墙绘制

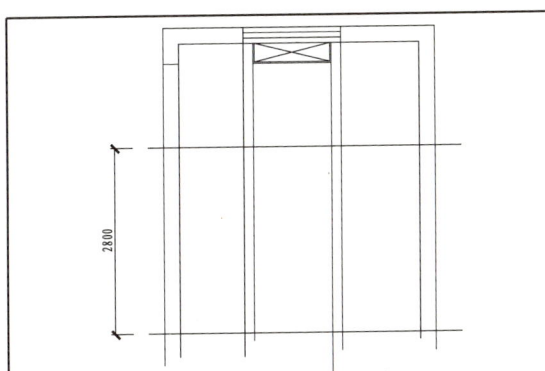

①复制平面图中的酒柜墙部分到平面图下方,并根据立面图绘制方法绘制成如图所示样式。

②将酒柜墙修改成如图所示样式。

③将顶线向下偏移100 mm,并修改成如图所示样式。

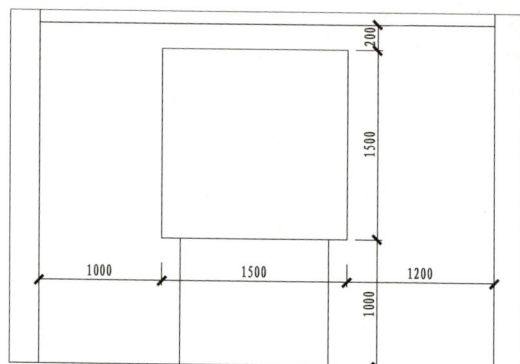

④以外侧竖线确定窗户长度,内侧竖线确定酒柜宽度,绘制如图所示的窗洞。

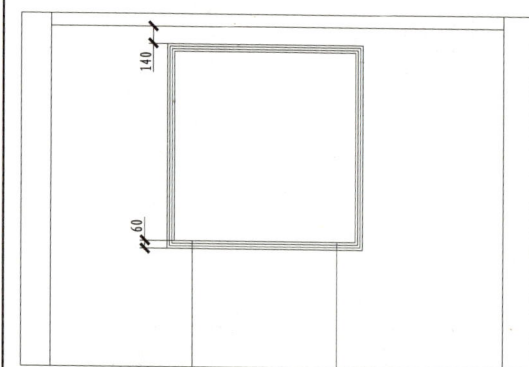

⑤绘制窗套,完成效果如图所示。

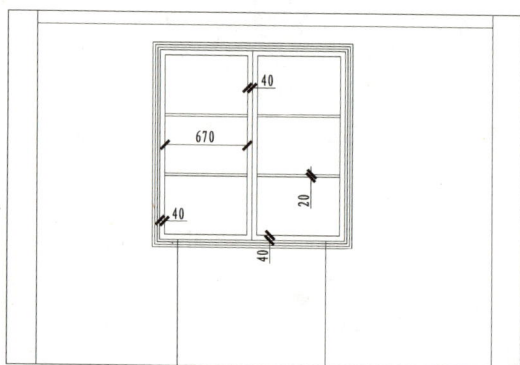

⑥绘制窗户,完成效果如图所示。

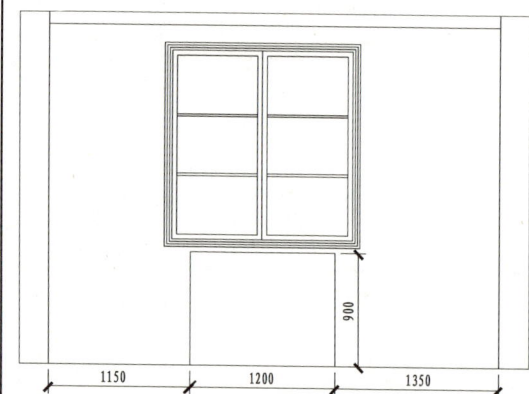

⑦绘制如图所示的酒柜外轮廓线。

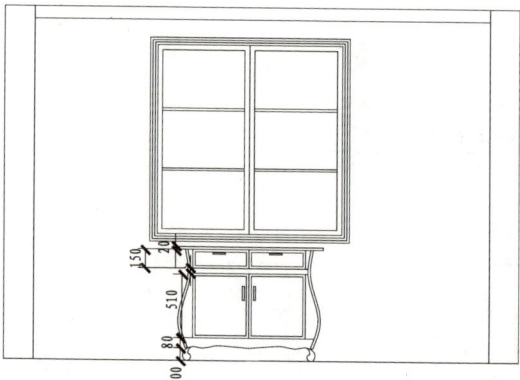

⑧根据图示尺寸绘制如图所示的酒柜。

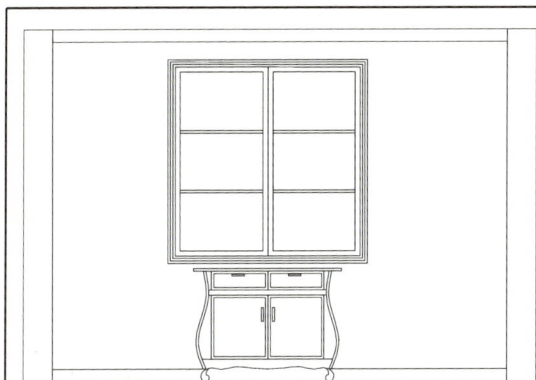

⑨将地线向上偏移 100 mm,并修改成如图所示样式,完成踢脚线的绘制。

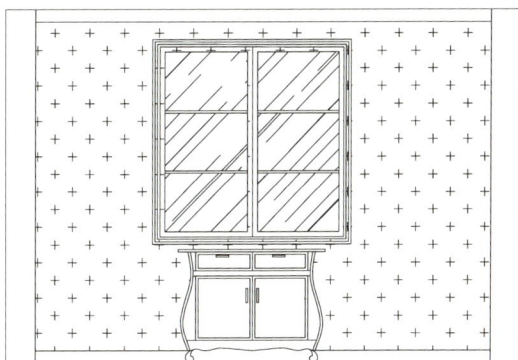

⑩对墙面进行装饰填充,完成效果如图所示。

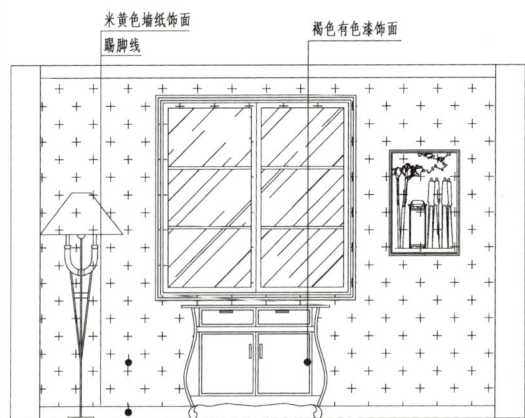

⑪根据图示进行文字标注。

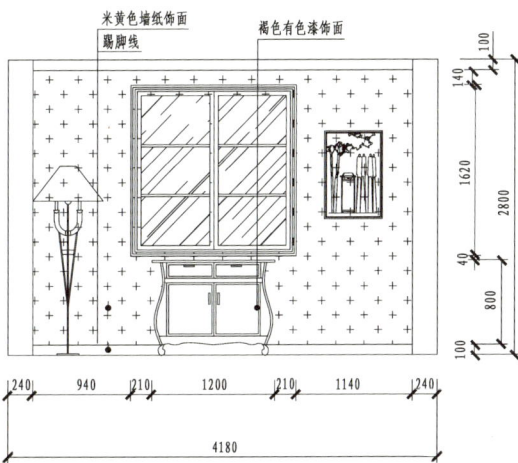

⑫根据图示进行尺寸标注。

4.罗马柱门洞绘制

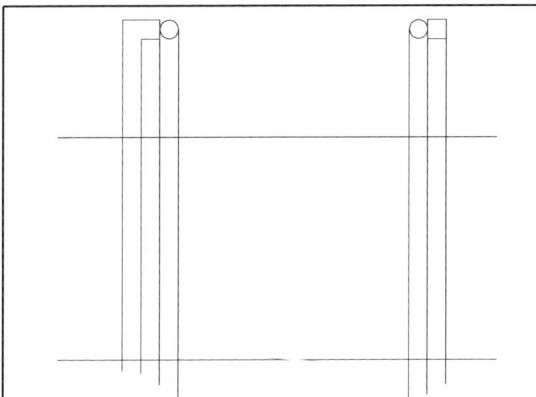

①复制平面图中的罗马柱部分到平面图下方,并根据立面图绘制方法绘制成如图所示样式。

②将罗马柱的墙立面修改成如图所示样式。

③将顶线向下偏移 100 mm,并修改成如图所示样式。

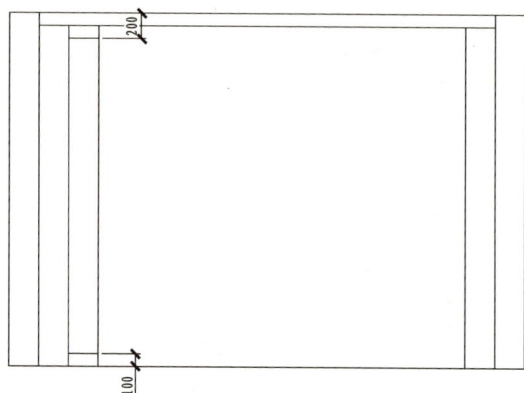

④将地线和向上偏移 100 mm,顶线向下偏移 200 mm,并修改成如图所示样式。

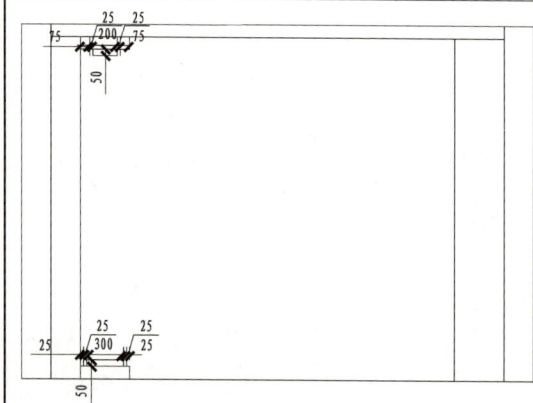

⑤根据左边图示尺寸绘制罗马柱下方柱体。根据右边图示尺寸绘制罗马柱上方柱体。

⑥将步骤⑤绘制的柱体修改成如图所示样式。

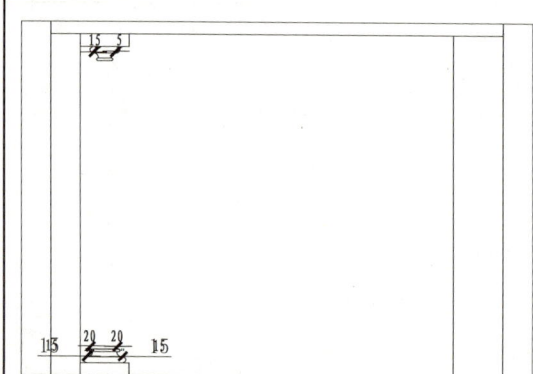

⑦根据左边图示尺寸绘制下方柱体造型。根据右边图示尺寸绘制上方柱体造型。

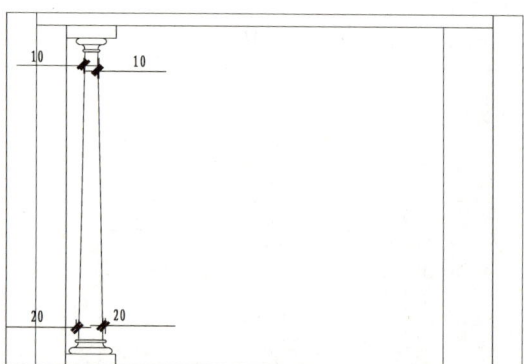

⑧根据图示尺寸绘制如图所示造型。

⑨将左边罗马柱复制到右边罗马柱的位置,完成效果如图所示。

⑩摆放装饰品,完成效果如图所示。

⑪根据图示进行文字标注。

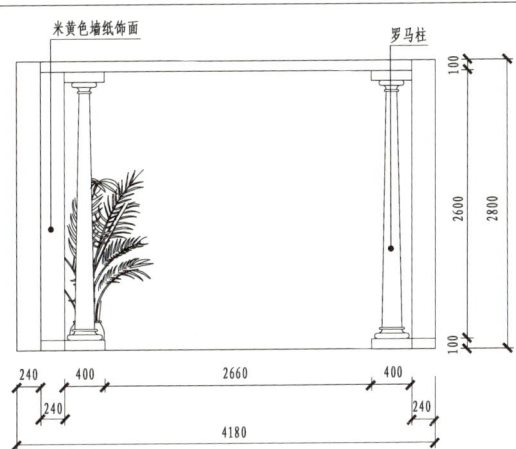

米黄色墙纸饰面

罗马柱

⑫根据图示进行尺寸标注。

米黄色墙纸饰面

罗马柱

100

2600 2800

100

240 400 2660 400

240 240

4180

【知识拓展】

欧式风格特点

在整个装潢设计风格趋向简洁的今天,欧式风格的装修也融入了简洁、朴实的元素。欧美风格包括北欧、西欧、北美等不同风格。其中,北欧风格更加简洁,颇受年轻人和时尚人士的青睐。如果你的房子面积较小,那么就不太适合做欧式风格的装修,不妨在居家摆设上多下功夫。因为软装饰在整个欧式风格中起着举足轻重的作用。

欧式风格的餐厅设计与中式风格的餐厅设计在餐桌形状的选择上有着明显不同。中式偏正,欧式偏长。在欧式风格的餐厅设计上,与欧式客厅和卧室相同,墙纸、石膏是它的主要表现手段。由于餐厅的功能性特点,往往面积相对较小。相对卧室、客厅的设计相对简化。其风格主要体现在餐桌、灯具、墙面的表现上。

家具:与硬装修的欧式细节应该是相称的。选择暗红色、带有西方复古图案以及西化的造型;有着精细手雕图案的棕色实木边桌及餐桌椅等。

墙纸:可以选择一些比较有特色的墙纸装饰房间,例如,画有圣经故事以及人物等内容的墙纸就是很典型的欧式风格。在北美风格中,条纹和碎花也是很常见的。

灯具:亮闪闪的钢制材料灯具以及华丽细碎的水晶灯都不适合,可以是一些外型线条柔和或者光线柔和的灯,像铁艺枝灯就是不错的选择,有一点造型、有一点朴拙。

装饰画:欧式风格装修的房间应选用线条烦琐、看上去比较厚重的画框才能与之匹配。而且并不排斥描金、雕花甚至看起来较为隆重的样子,相反,这恰恰是风格所在。

思考:1. 古典欧式风格与现代欧式风格的主要区别在哪里?

2. 为什么欧式风格不排斥描金、雕花等烦琐装饰?

【岗位实训】

根据以下其他现代欧式风格餐厅效果图,绘制其方案图。

实训项目	现代欧式风格餐厅方案绘制				
实训目的	1. 能看懂效果图中的各个项目与家具。 2. 能将效果图所示内容转化为 CAD 图纸。 3. 能灵活运用所学知识,举一反三。				
实训时间			实训学时		学分
项目要求	选做	必做	是否分组		每组人数
实训地点			实训形式		
实训内容	根据已有效果图,绘制现代欧式风格餐厅的方案图纸一套。 包括:餐厅平面布置图一张 　　　餐厅天棚布置图一张 　　　餐厅装饰背景墙立面图 A 一张 　　　餐厅装饰背景墙立面图 B 一张					
实训材料	安装并激活 AutoCAD 2022 软件的电脑一台				
实训步骤及要求	评分标注				分值
1. 现代欧式风格餐厅平面布置图绘制 要求:与效果图对应,绘制工整准确	与效果图平面对应,不符,酌情扣 5 ~ 20 分; 绘制工整准确,不符,酌情扣 1 ~ 5 分				25 分

实训步骤及要求	评分标注	分值
2.现代欧式风格餐厅天棚布置图绘制 要求:与效果图对应,绘制工整准确	与效果图平面对应,不符,酌情扣5～20分; 绘制工整准确,不符,酌情扣1～5分	25分
3.现代欧式风格餐厅背景墙立面图A绘制 要求:与效果图对应,绘制工整准确	与效果图平面对应,不符,酌情扣5～20分; 绘制工整准确,不符,酌情扣1～5分	25分
4.现代欧式风格餐厅背景墙立面图B绘制 要求:与效果图对应,绘制工整准确	与效果图平面对应,不符,酌情扣5～20分; 绘制工整准确,不符,酌情扣1～5分	25分
学生评价		
教师评价		
企业评价		

项目五
卧室方案绘制

【建议课时】

16 课时。

【学习目标】

知识目标

1. 掌握室内设计平面布置图、天棚布置图、立面图的基本概念。
2. 熟悉室内设计制图的流程。

技能目标

1. 具备使用 AutoCAD 快捷键绘图的能力。
2. 具备绘制现代简约风格卧室方案图的能力。

素质目标

1. 培养学生较高的职业素养。
2. 培养学生高度的责任感和严谨细致的工作作风。
3. 培养学生自主学习、自主探究的能力。

【项目要求】

1. 学生准备好电脑,并安装好 AutoCAD 2022 制图软件。

2. 教师准备好电脑与多媒体授课设备,并提前安装好 AutoCAD 2022 制图软件,下载好素材"现代简约式卧室. dwg"。

3. 教师示范步骤,按照平面布置图、地面铺装图、天棚布置图、床头背景墙的顺序,使用 AutoCAD 2022 快捷键,绘制现代简约风格卧室图纸。

4. 在每个知识点结束后,引导学生临摹教师的绘图过程,并检查绘制图纸是否与教师绘制的图纸保持一致。

任务一　现代简约风格卧室绘制

【任务描述】

卧室是人们休息的地方,所以应营造出一种温馨、舒适、让人心情愉悦的气氛。本任务中的卧室在设计上体现出整体设计理念,展示柜、电视柜、储藏柜都被整合在靠西墙的一组柜子上。卧室以温馨的米黄色为主,搭配木制床头背景墙以及大装饰画营造出舒适的睡眠气氛。

顶面的方形二级周边吊顶即满足了灯具的安装要求,在体现简约时尚的情况下,既不感觉单调又不失层次感。

地面浅色木地板,在突出墙面的同时,又与床头背景墙的墙纸相呼应。

【知识点】

1. 平面布置图绘制步骤。

2. 天棚布置图绘制步骤。

3. 床头背景墙绘制步骤。

4. 立面电视墙绘制步骤。

【任务导入】

现代简约风格以简洁明快为主要特点,重视室内空间的使用功能。室内布置按功能区分的原则进行,家具布置与空间密切配合,在现代简约风格的卧室设计上主张废弃多余的、繁琐的附加装饰,在色彩和造型上追随流行时尚。除采用黑白灰的色调加简洁流畅的直线条搭配外,现代简约风格的卧室还可以通过不同颜色以及材料的搭配营造出不同的简约风格的卧室效果,如金属灯罩、跳跃的颜色和简洁的几何图案等,可营造出时尚感十足的现代简约卧室效果。

【任务讲解】

1. 平面布置图绘制

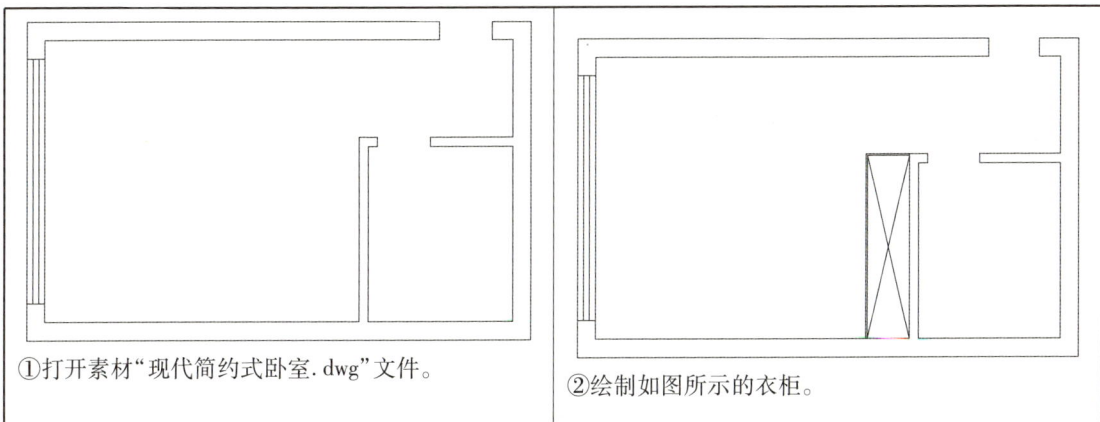

①打开素材"现代简约式卧室.dwg"文件。

②绘制如图所示的衣柜。

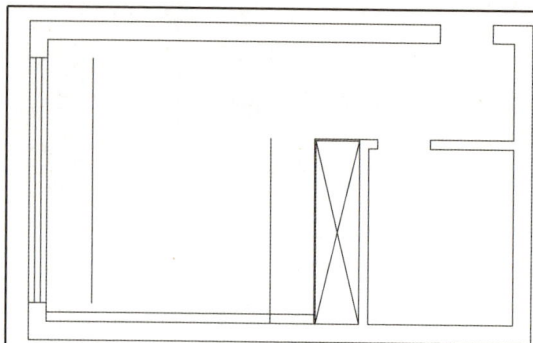

③将衣柜外线向左偏移 600 mm；左边墙体窗户内线向右偏移 600 mm。将下方墙体内线向上偏移 120 mm，完成效果如图所示。

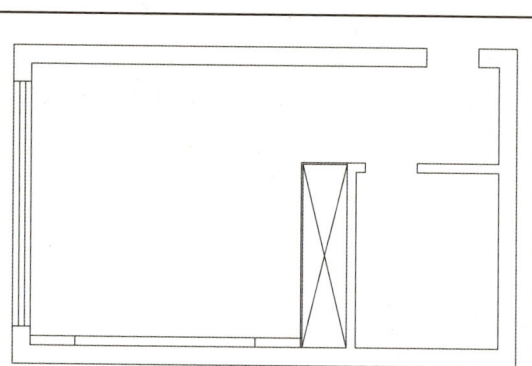

④将偏移的线修改成如图所示样式，以完成床头背景墙平面的绘制。

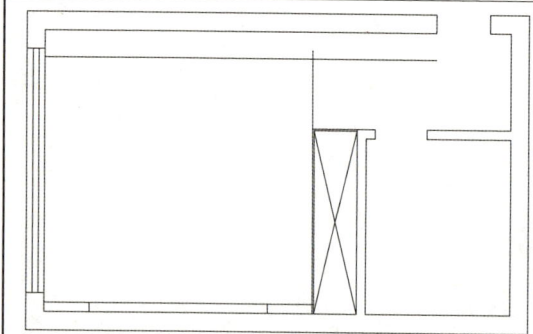

等分

⑤将上方墙体内线向下偏移 350 mm；将左边墙体内线向右偏移 3600 mm，效果如图所示。

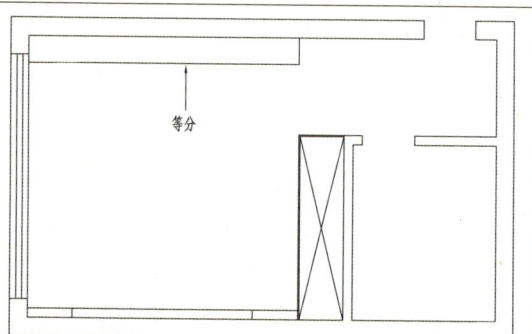

⑥将偏移的直线修改成如图所示样式，并用等分命令将图示直线分解为 3 等分。

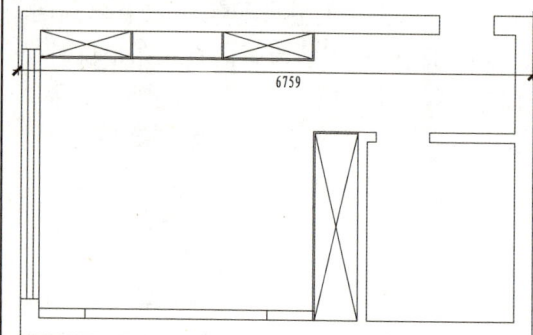

6759

⑦运用等分的距离将偏移出的线绘制成如图所示的柜子。

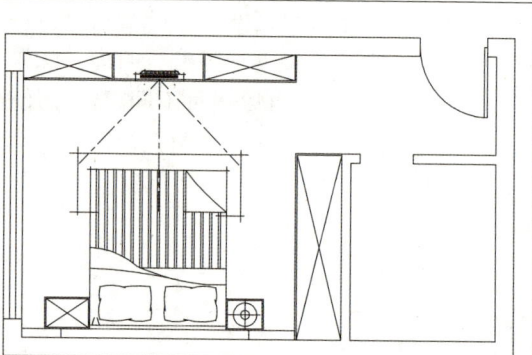

⑧将图库中的电视和床摆放到如图所示位置。

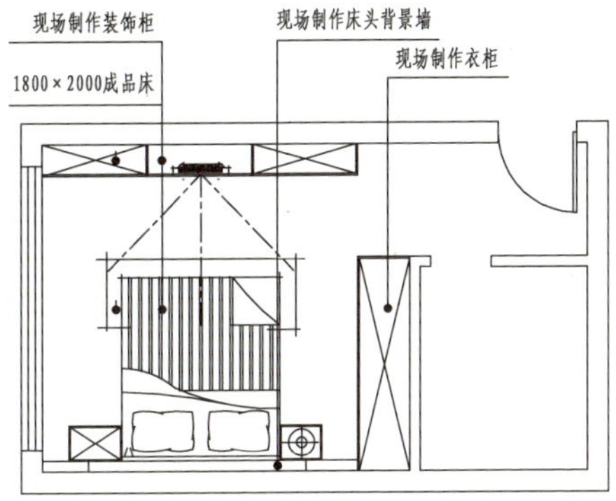

现场制作装饰柜　现场制作床头背景墙
1800×2000成品床　现场制作衣柜

平面布置图

⑨用"多行文字命令"和"引线"标注命令对绘制完成的平面布置图进行文字标注,完成效果如图所示。

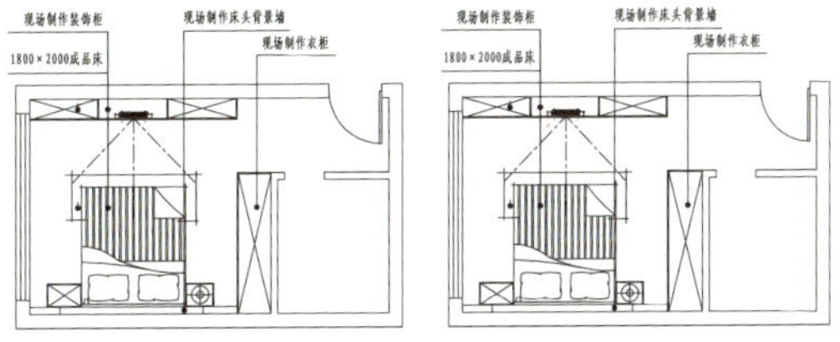

现场制作装饰柜　现场制作床头背景墙
1800×2000成品床　现场制作衣柜
平面布置图

现场制作装饰柜　现场制作床头背景墙
1800×2000成品床　现场制作衣柜
平面布置图

⑩复制一个平面布置图到其右边,完成效果如图所示。

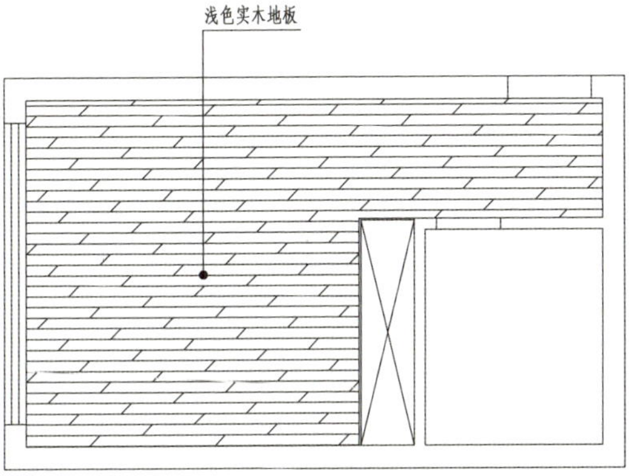

浅色实木地板

地面铺装图

⑪将复制的平面布置图修改绘制成地面铺装图,完成效果如图所示。

2. 天棚布置图绘制

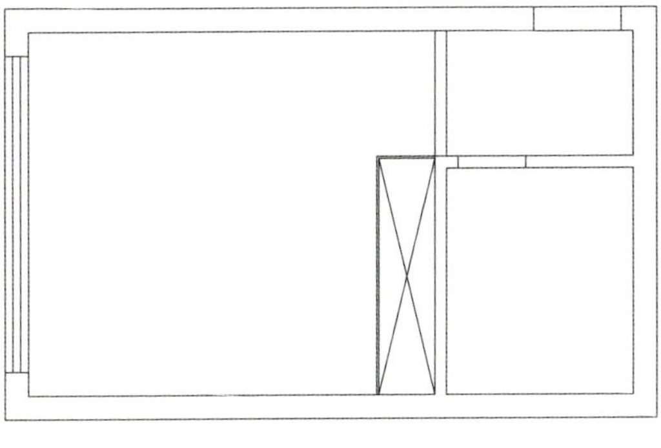

天棚布置图

①复制一个地面铺装图到其右边,并修改成如图所示样式。

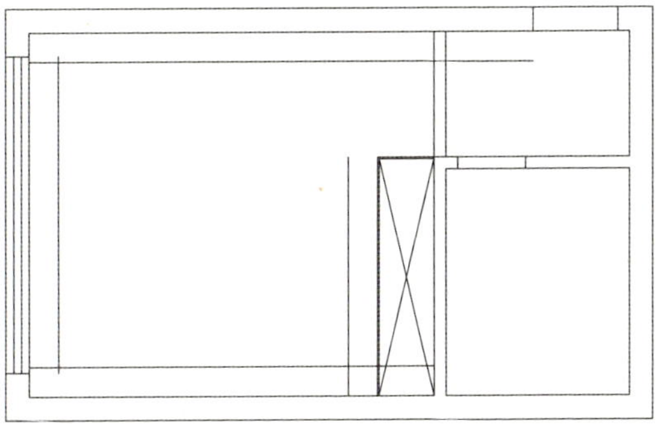

天棚布置图

②将墙体内线及衣柜外轮廓线向内偏移300 mm,完成效果如图所示。

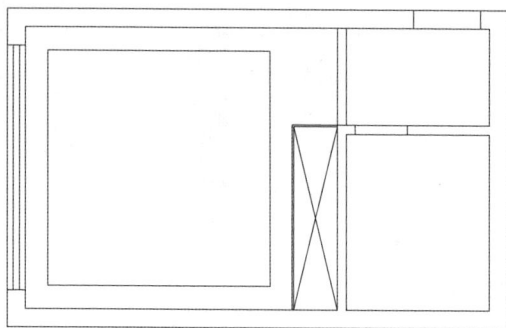

天棚布置图

③将偏移的线修改成如图所示样式。

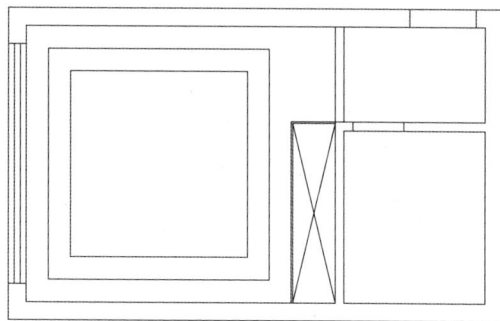

天棚布置图

④将修改好的直线向内偏移300 mm,并修改成如图所示样式,完成吊顶基本样式的绘制。

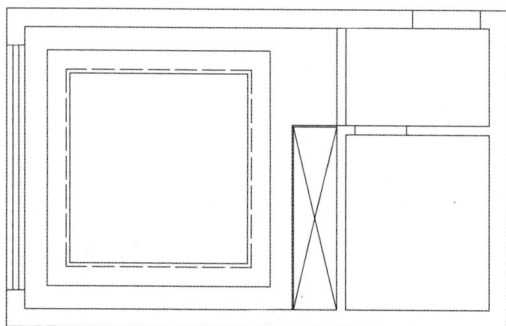

天棚布置图

⑤将吊顶里面矩形边线向外偏移50 mm;将偏移的直线改成虚线,完成漫反射灯带的绘制,效果如图所示。

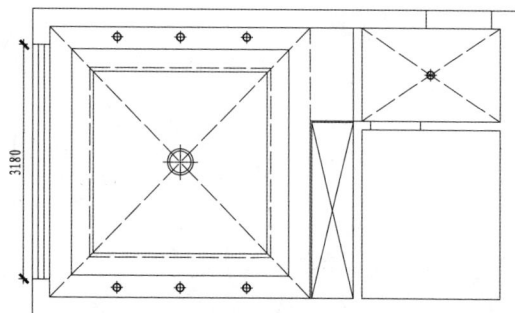

天棚布置图

⑥根据图示进行灯具布置。

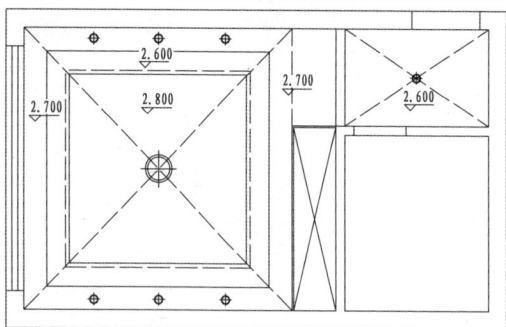

天棚布置图

⑦根据图示完成标高的绘制。

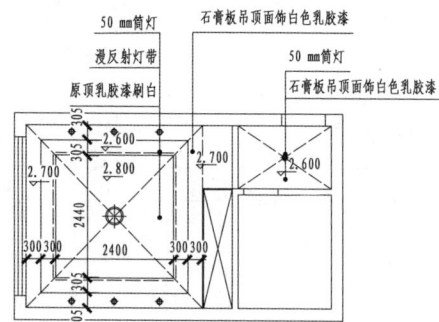

天棚布置图

⑧根据图示完成文字和尺寸标注。

3.床头背景墙绘制

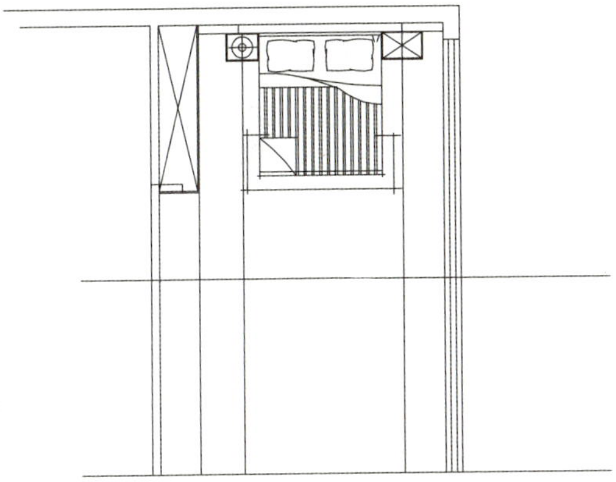

①复制平面图中的床头背景墙部分到平面图下方,并根据立面图绘制方法绘制成如图所示样式。

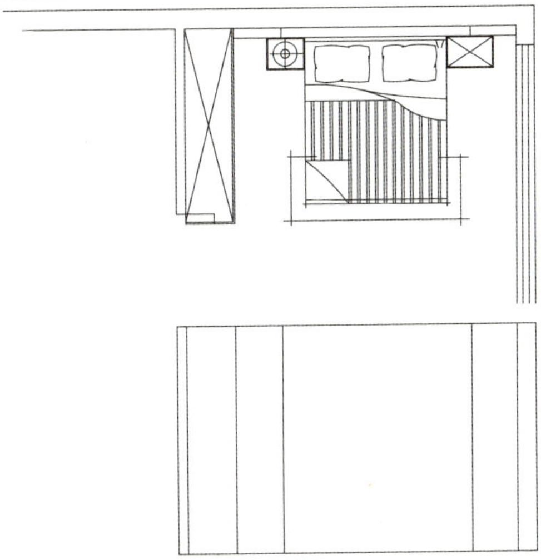

②根据如图所示样式对床头背景墙的立面进行修改。

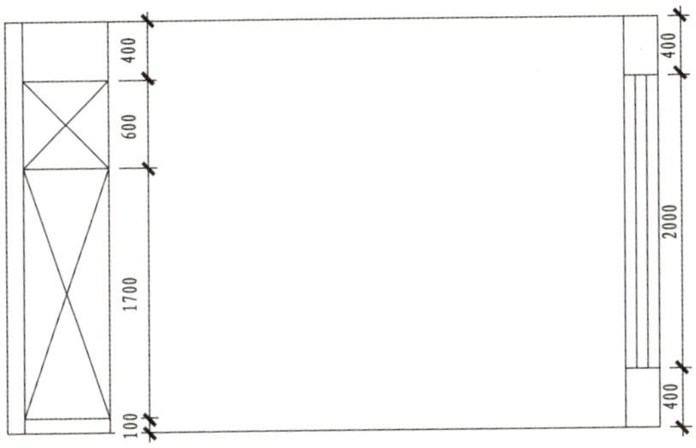

③根据图示的标注绘制成图示样式,完成衣柜侧面、窗户侧面的绘制。

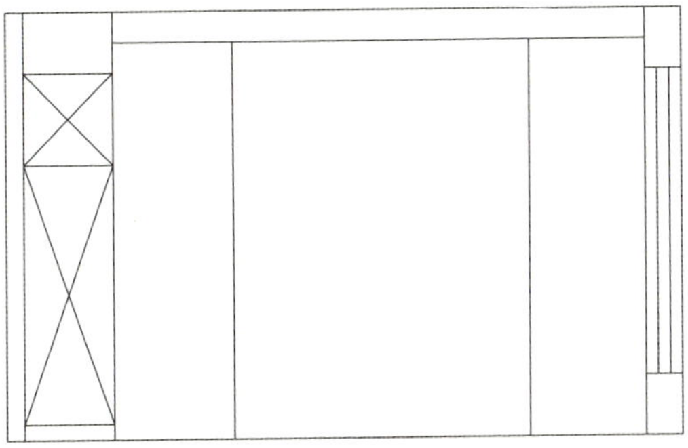

④将床头背景墙顶线向下偏移200 mm,并修改为如图所示样式,完成吊顶侧面的绘制。

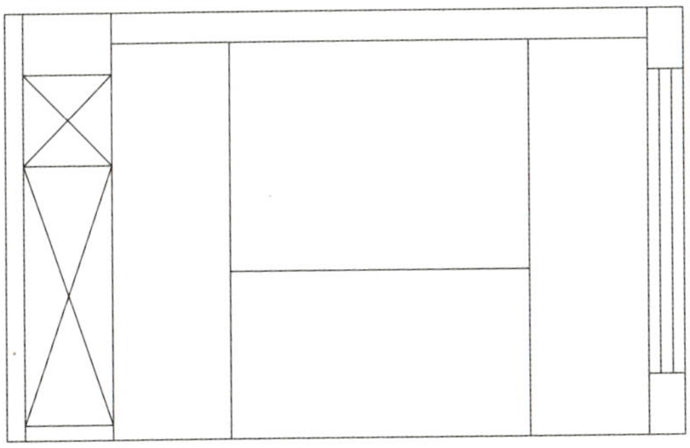

⑤将床头背景墙地线向上偏移1100 mm,并修改成如图所示样式。

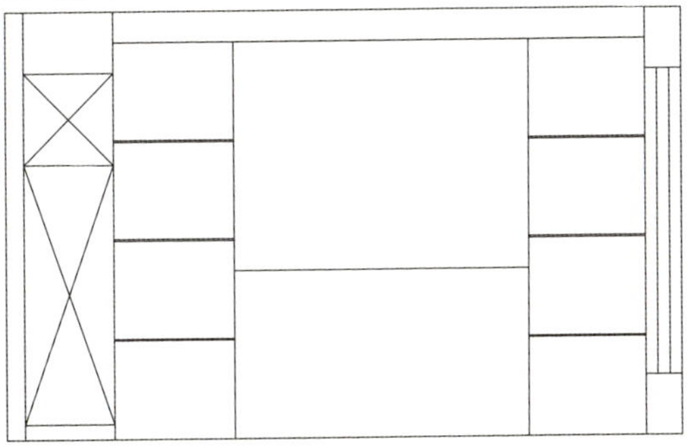

⑥利用等分命令绘制10 mm水缝,完成效果如图所示。

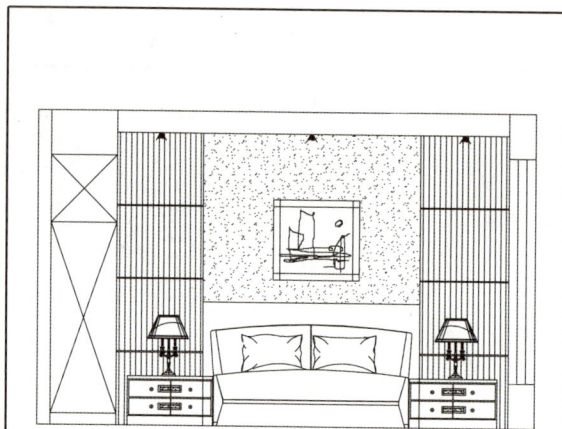

⑦根据图示完成床头背景墙装饰品的摆放。根据图示完成床头背景墙样式的填充。

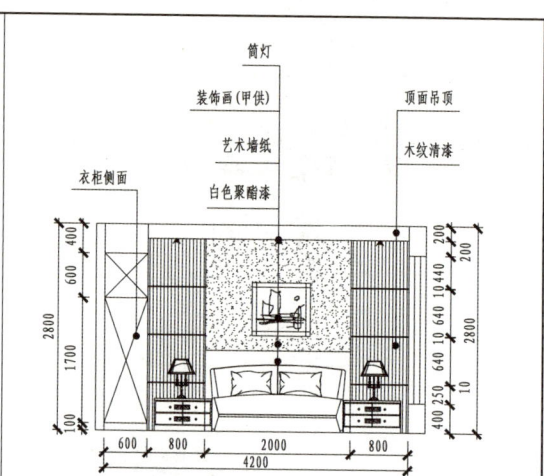

筒灯
装饰画(甲供)
艺术墙纸
衣柜侧面
白色聚酯漆
顶面吊顶
木纹清漆

⑧根据图示完成文字和尺寸标注。

4. 立面电视墙绘制

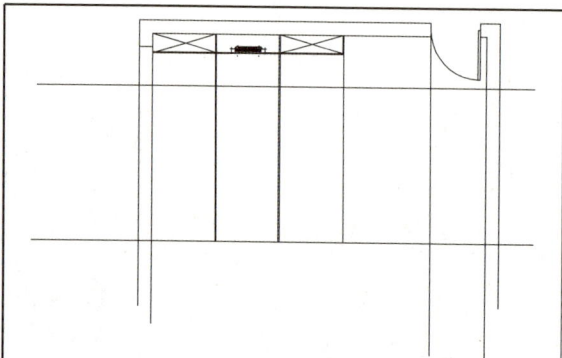

①复制平面图中的卧室电视墙部分到平面图下方,并根据立面图绘制方法绘制成如图所示样式。

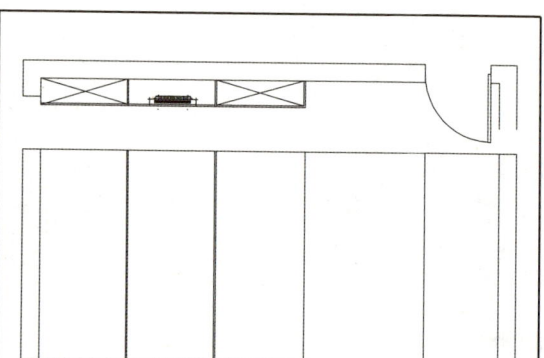

②根据如图所示样式对电视墙立面进行修改。

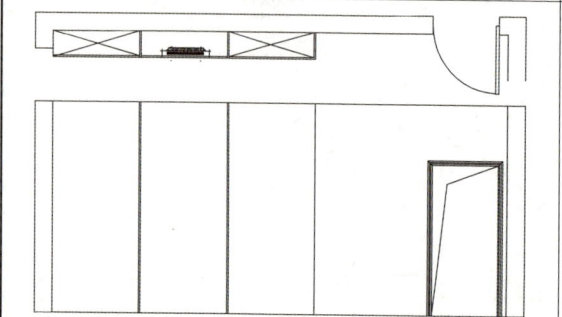

③根据前面所学知识绘制门洞与门套,完成效果如图所示。

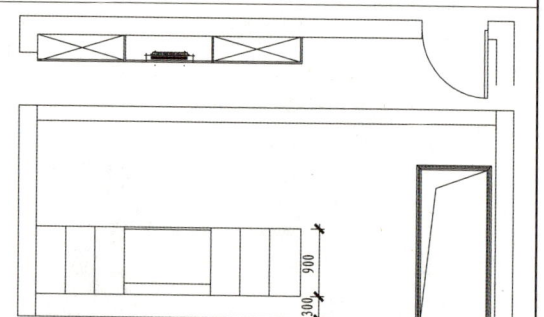

④将顶线向下偏移200 mm,完成吊顶部分的绘制。根据图示尺寸,将电视墙绘制成如图所示样式。

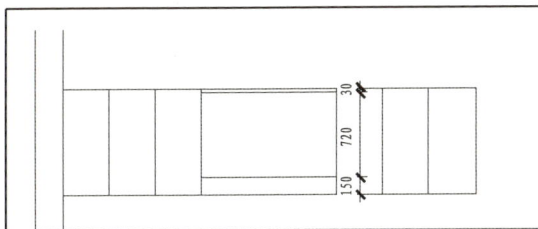

⑤根据图示尺寸,将柜子绘制成如图所示样式,完成柜门的绘制。

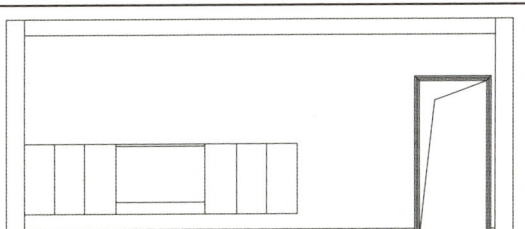

⑥将地线向上移动80 mm,完成踢脚线的绘制,完成效果如图所示。

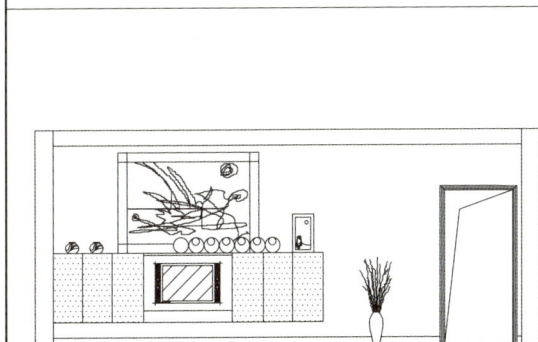

⑦根据图示完成电视墙装饰品的摆放,同时完成电视柜的填充。

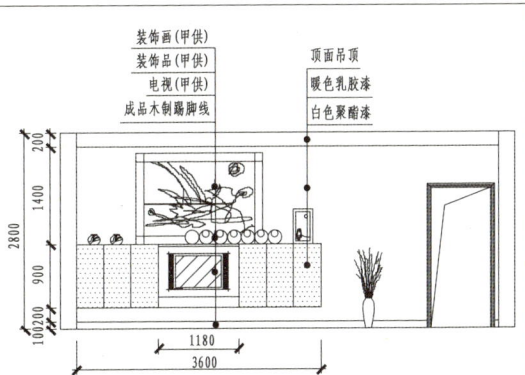

⑧根据图示完成文字和尺寸标注。

【知识拓展】

人体工程学卧室篇(单位:mm):

1. 单人床:宽900,1050,1200;长1800,1860,2000,2100。

2. 双人床:宽1350,1500,1800;长1800,1860,2000,2100。

3. 圆床:直径1860,2125,2424;常用床尺寸1200×2000;1500×2000;1800×2000;2000×2300。

4. 床高:400~500(一般床高300,加上床垫高度在460最佳,等于膝盖高度)。

5. 床靠高:850~950。

6. 床头柜:宽400~600,深350~450,高500~700(标准范围,不同风格尺寸不同)。

7. 一般规格:500×500×550;400×600×550。现代风格床头柜:580×415×490,600×400×600,600×400×400;欧式风格床头柜:560×390×584,590×455×500,600×495×558,680×450×748。

8. 衣柜:衣柜门宽300~550(单扇),衣柜宽800,900,1000(基本单元),推拉门宽700,深550~600,高1800~2400;标准深600。

9. 矮柜:深350~450,柜门宽度300~600,高度根据实际环境,常用600。

【岗位实训】

根据现代简约风格卧室效果图,绘制其方案图。

实训项目	现代简约风格卧室方案绘制				
实训目的	1. 能看懂效果图中的各个项目与家具。 2. 能将效果图所示的内容转化为 CAD 图纸。 3. 能灵活运用所学知识,举一反三。				
实训时间		实训学时		学分	
项目要求	选做	必做	是否分组	每组人数	
实训地点		实训形式			
实训内容	某室内设计公司接到项目后,客户要求根据已有效果图绘制现代简约风格的方案图纸一套。 包括:卧室平面布置图一张 卧室天棚布置图一张 卧室床头背景墙一张 卧室立面装饰墙一张				
实训材料	安装并激活 AutoCAD 2022 软件的电脑一台				
实训步骤及要求		评分标注		分值	
1. 现代简约风格卧室平面布置图绘制 要求:与效果图对应,绘制工整准确		与效果图平面对应,不符,酌情扣 5 ~ 20 分; 绘制工整准确,不符,酌情扣 1 ~ 5 分		25 分	
2. 现代简约风格卧室天棚布置图绘制 要求:与效果图对应,绘制工整准确		与效果图平面对应,不符,酌情扣 5 ~ 20 分; 绘制工整准确,不符,酌情扣 1 ~ 5 分		25 分	
3. 现代简约风格卧室床头背景墙绘制 要求:与效果图对应,绘制工整准确		与效果图平面对应,不符,酌情扣 5 ~ 20 分; 绘制工整准确,不符,酌情扣 1 ~ 5 分		25 分	
4. 现代简约风格卧室立面装饰墙绘制 要求:与效果图对应,绘制工整准确		与效果图平面对应,不符,酌情扣 5 ~ 20 分; 绘制工整准确,不符,酌情扣 1 ~ 5 分		25 分	
学生评价					
教师评价					
企业评价					

任务二　现代中式风格卧室绘制

【任务描述】

在本任务中考虑到卧室是一个比较安静的休息场所,所以将学习、休息、化妆三个功能融合在一起。在布局方面,对于卧室来说休息是最主要的,因此将床选择为东西朝向,因为这个方向是主人休息时最安静的地方。根据房间尺寸,将电视柜放在西面墙正对床而立,电视柜旁是一个简单的梳妆台,在梳妆台左边摆上清雅的花草不时散出淡淡的清香,可谓"盆景小花幽幽开,淡淡清香溢出来"。床头背景设计是让房屋主人在休息时感觉背后踏实,每天都能睡个安稳觉。

阳台上做书桌,旁边放一个中式书架,主人可以在此专心学习,不受外界干扰。

整个卧室设计大量运用了深色木纹清漆结合中国传统雕刻装饰,并经过巧妙的现代手法进行处理,体现了现代中式手法的取精简、去繁杂的深邃。

【知识点】

1.平面布置图绘制步骤。

2.天棚布置图绘制步骤。

3.床头背景墙绘制步骤。

4.电视背景墙绘制步骤。

【任务导入】

在现代中式风格卧室的设计中,现代生活与传统元素的结合,是设计师考虑的首要问题。中式风格中繁复的木质雕花床和厚重的榻如何改良,一张现代感的床和中式感十足的房间如何结合是现代中式风格打造的一个重要难题,在传统中注入现代元素。卧室是居住者最放松、最私密的场所。在卧室设计中,简化繁复的工艺会给居住者一种轻松的居住感受。适度选用中式风格的装饰元素,会让居住者品位到浓浓的中国味,却实实在在地享受着现代生活的品质。这是现代中式风格的设计灵魂。

【任务讲解】

1.平面布置图绘制

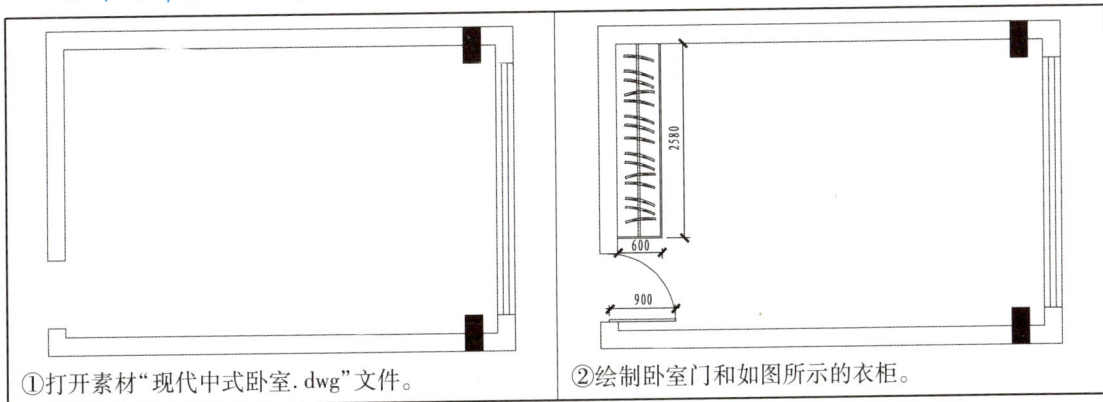

①打开素材"现代中式卧室.dwg"文件。

②绘制卧室门和如图所示的衣柜。

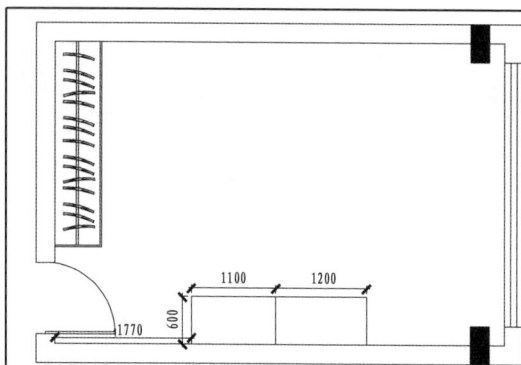

③根据图示尺寸绘制电视柜的外轮廓线。

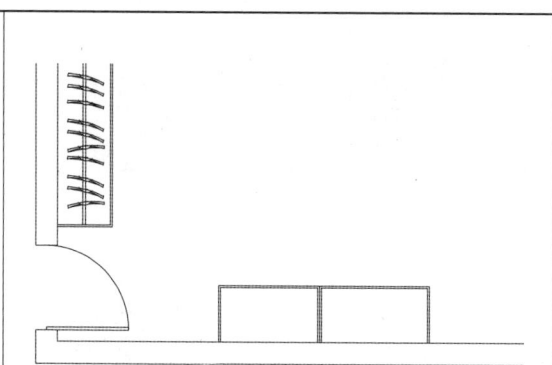

④将电视柜外轮廓线向内偏移 20 mm。

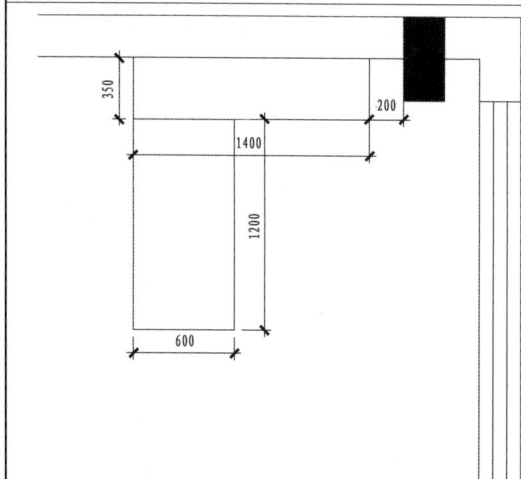

⑤根据图示尺寸绘制书桌的外轮廓线。

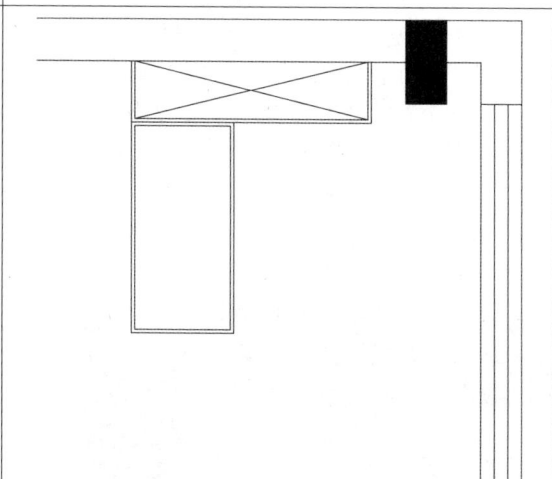

⑥根据图示绘制书桌的内轮廓线。

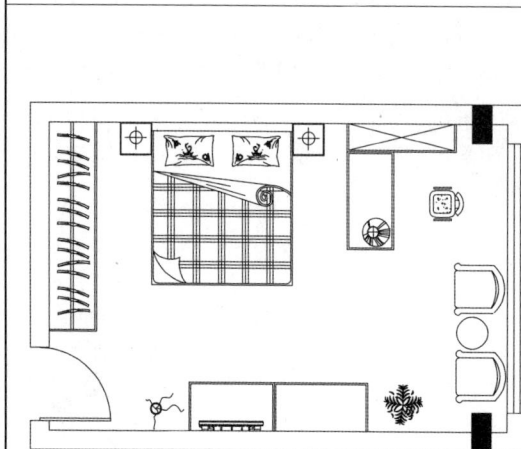

⑦将床和其他装饰品摆放到图示位置。

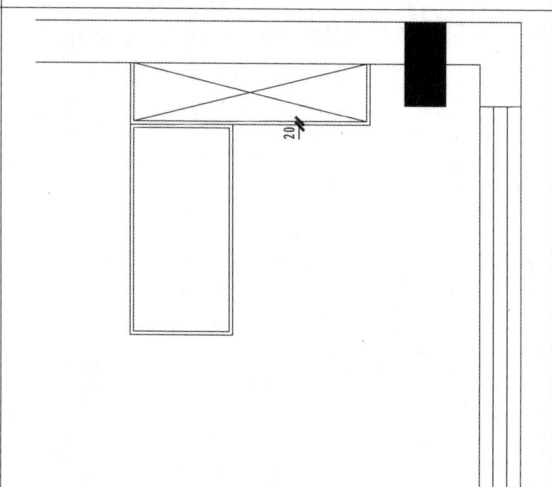

⑧用"多行文字命令"和"引线"标注命令对绘制完成的平面布置图进行文字标注。

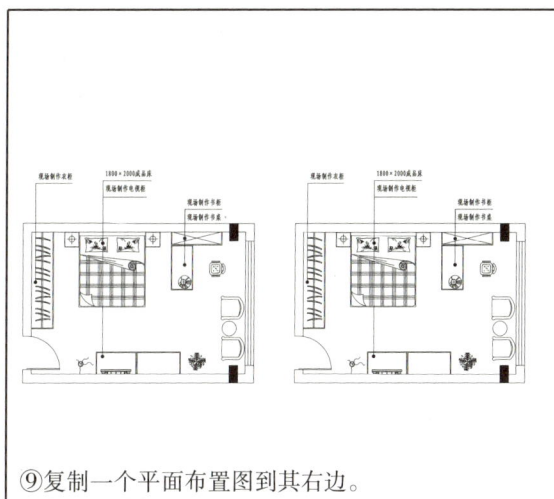

⑨复制一个平面布置图到其右边。

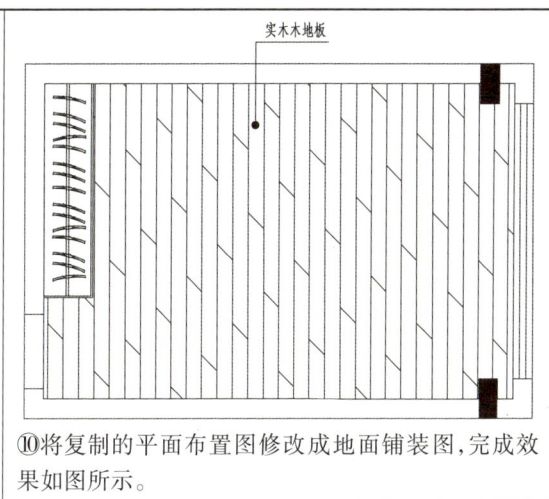

⑩将复制的平面布置图修改成地面铺装图,完成效果如图所示。

2.天棚布置图绘制

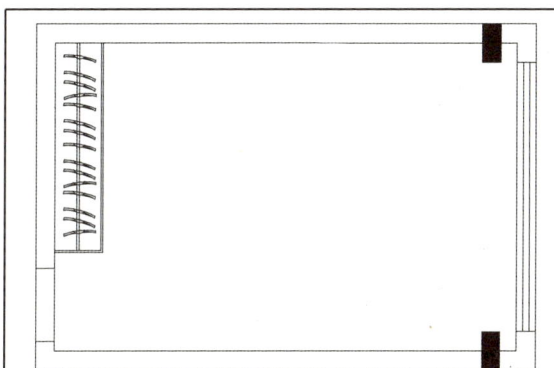

①复制一个地面铺装图到其右边,并修改为如图所示样式。

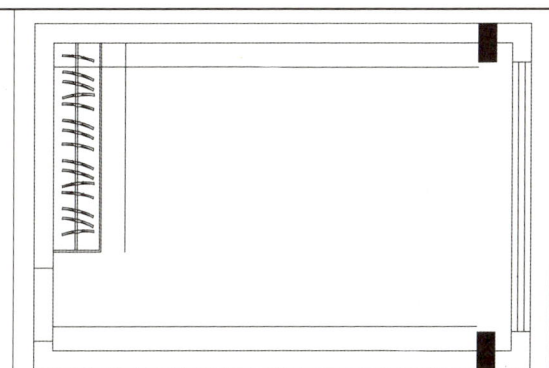

②将衣柜外轮廓线向右偏移300 mm。将上方墙体和下方墙体内线分别向内偏移300 mm。

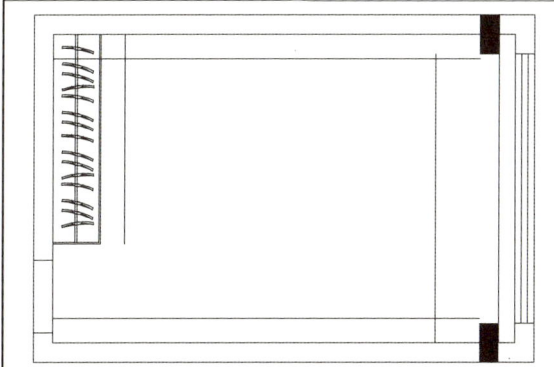

③将右方窗户内线向左偏移200 mm,完成窗帘盒绘制。将偏移的线继续向左偏移800 mm。

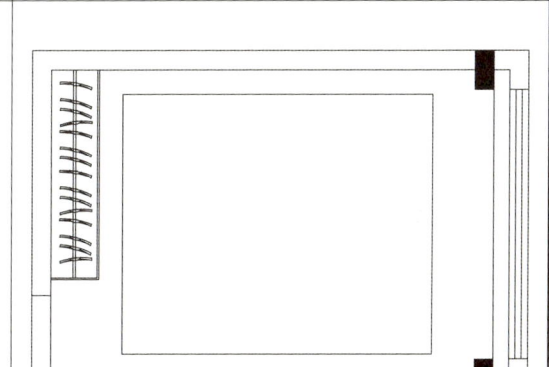

④将偏移的线修改成如图所示样式。

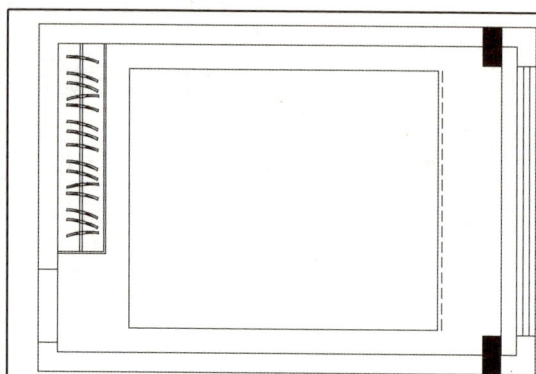

⑤将右方吊顶最里面的矩形边线向左偏移 50 mm,并将偏移的直线改为虚线,完成漫反射灯带的绘制。

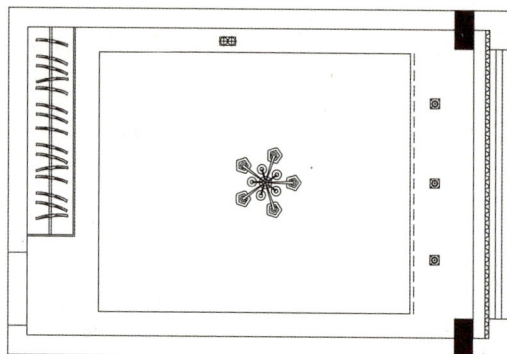

⑥根据图示进行灯具布置。

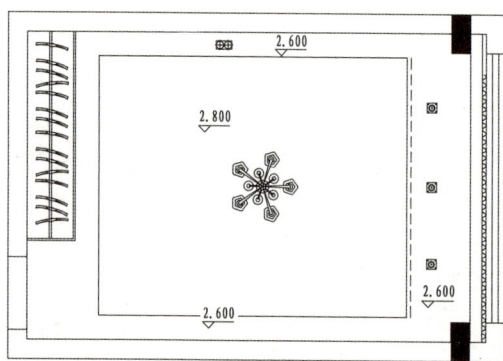

⑦根据图示完成标高的绘制。

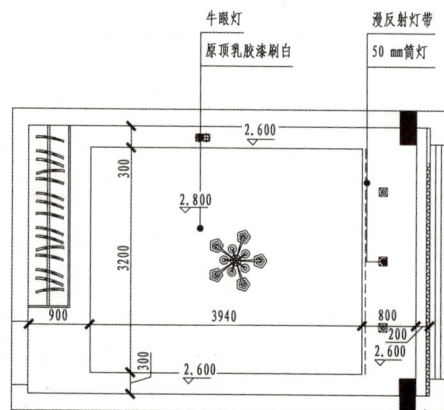

⑧根据图示完成文字和尺寸标注。

3.床头背景墙绘制

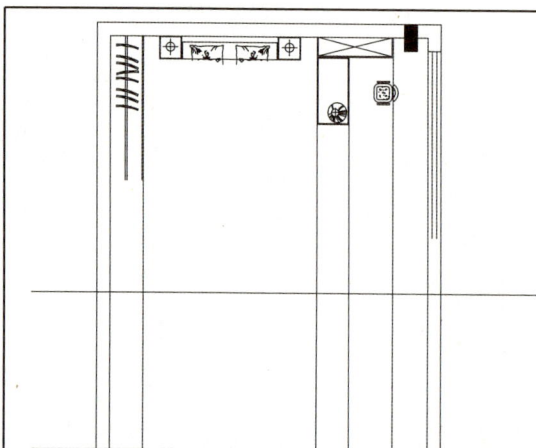

①复制平面图中的床头背景墙部分到平面图下方,并根据立面图绘制方法绘制成如图所示样式。

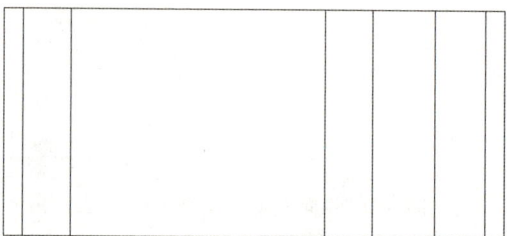

②根据如图所示样式对床头背景墙立面进行修改。

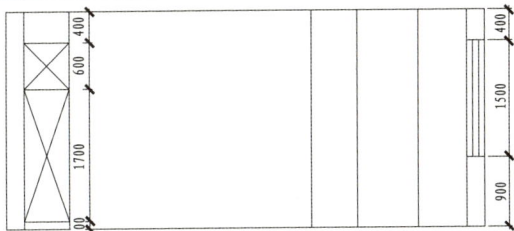

③根据标注绘制成图示样式,完成衣柜侧面、窗户侧面的绘制。

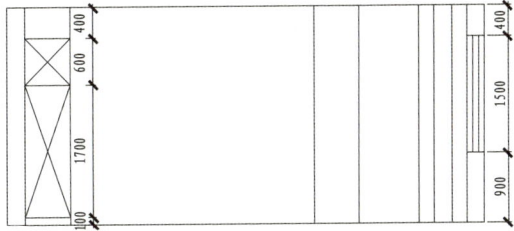

④将右边窗户内线向左偏移200 mm。将偏移出的线继续向右偏移240 mm,完成柱子的绘制。

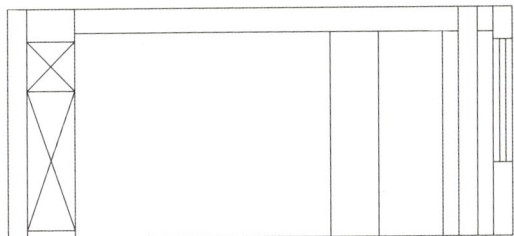

⑤将床头背景墙顶线向下偏移300 mm,并修改成如图所示样式,完成吊顶侧面的绘制。

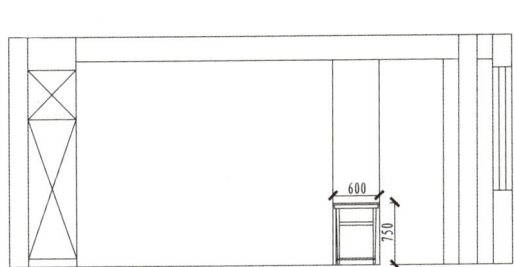

⑥根据图示尺寸完成书桌的绘制。

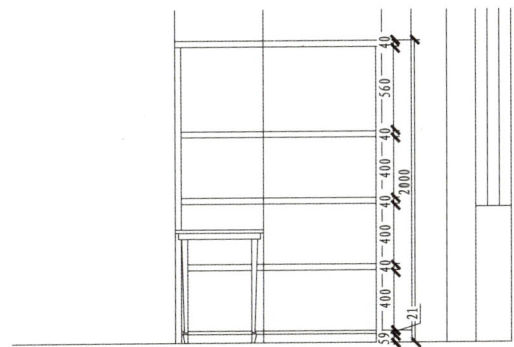

⑦根据图示尺寸完成书柜的绘制。

⑧将衣柜内线向右偏移200 mm,并修改成如图所示样式。

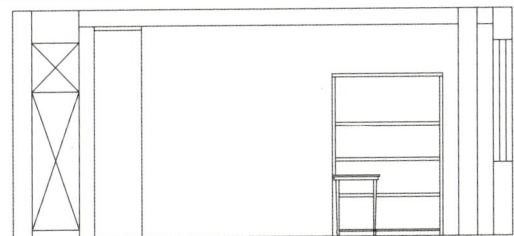

⑨将修改后的线向右偏移600 mm。将吊顶线向下偏移50 mm,并修改成如图所示样式。

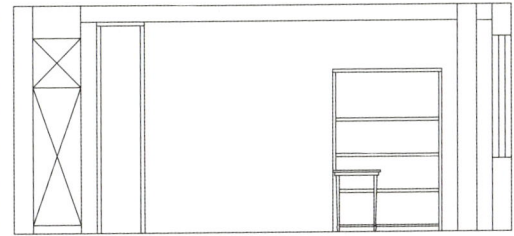

⑩将⑨绘制的Y轴直线向内偏移50 mm,并修改成如图所示样式。

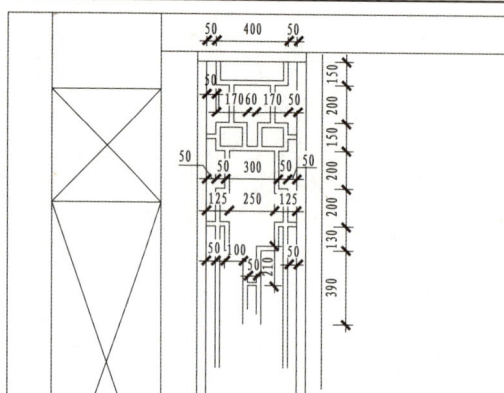

⑪根据图示尺寸绘制中式窗格,窗格龙骨间距为15 mm。

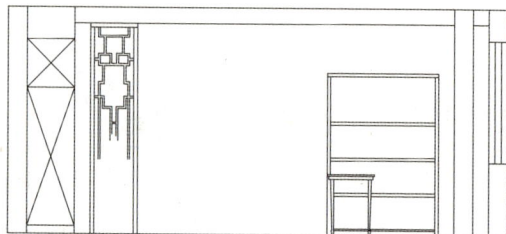

⑫将绘制好的窗格以图示中点进行镜像。

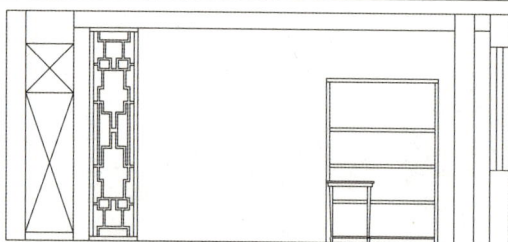

⑬将镜像后的窗格修改成如图所示样式。

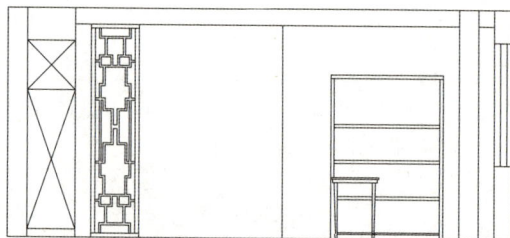

⑭将窗格右边边线向右偏移1800 mm。

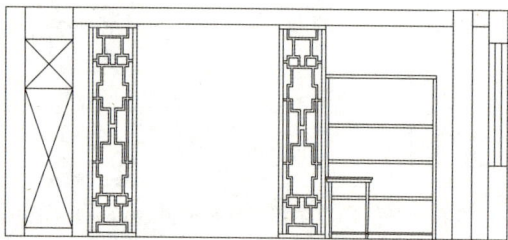

⑮将绘制好的窗格复制到右边,完成效果如图所示。

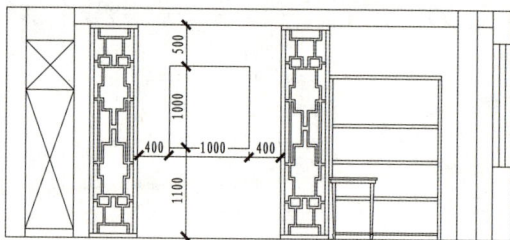

⑯根据图示尺寸绘制正方形。

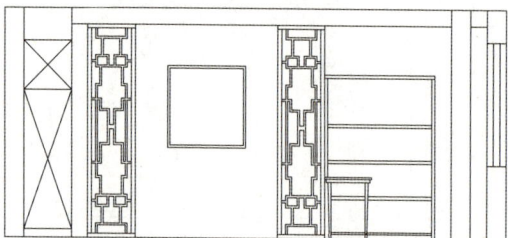

⑰将正方形边线向内偏移30 mm,并修改成如图所示的样式。

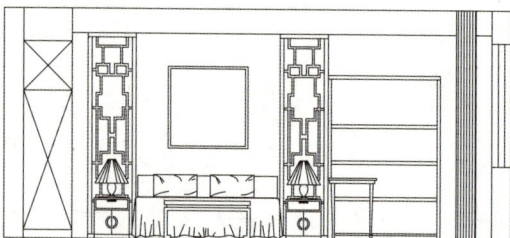

⑱将床立面摆放到如图所示位置。根据图示对窗格进行修剪。

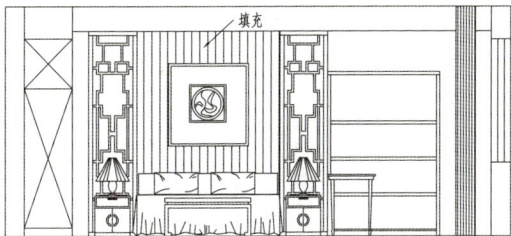

⑲将图示位置填充为"用户定义–角度90°–间距100"。

⑳根据图示进行装饰品摆放。根据图示进行填充。

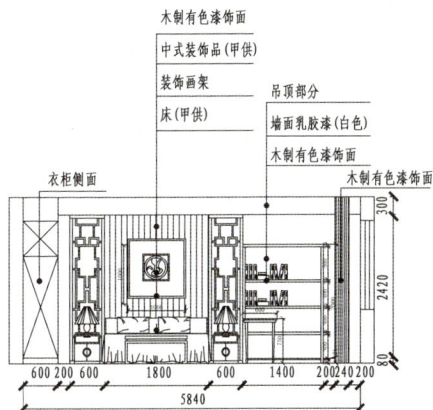

㉑根据图示进行文字和尺寸标注。

4.电视背景墙绘制

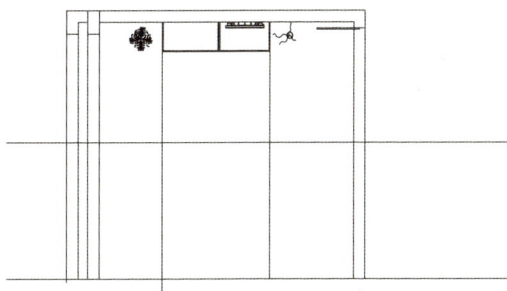

①复制平面图中的电视墙部分到所示平面图下方,并根据立面图绘制方法绘制成如图所示样式。

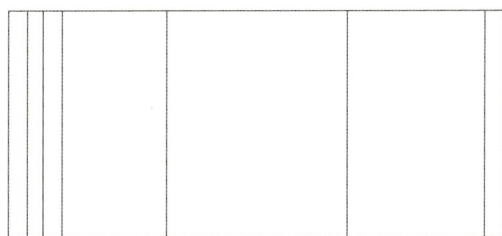

②根据如图所示样式对电视背景墙立面进行修改。

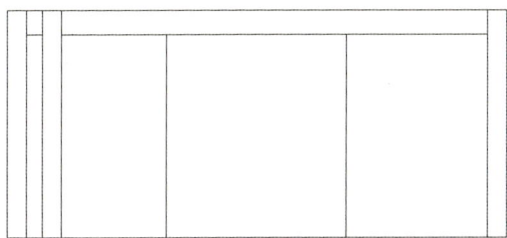

③将顶线向下偏移300 mm,并修改为如图所示样式。

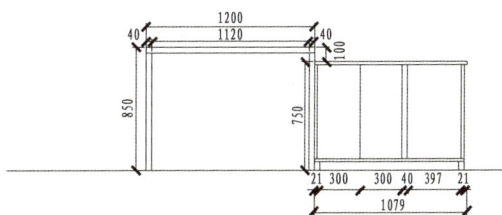

④根据图示尺寸完成电视柜及装饰台的绘制。

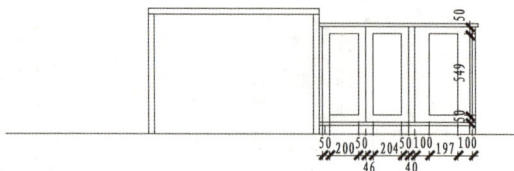

⑤根据图示尺寸完成柜门造型的绘制。

⑥根据图示布置装饰品。根据图示进行填充。

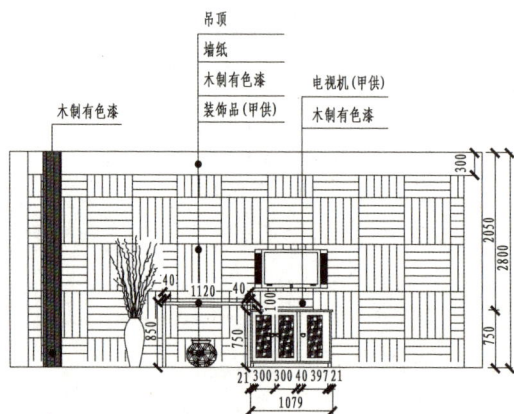

⑦根据图示进行文字和尺寸标注。

【知识拓展】

中式,不只是一种装饰风格,更是对古老文化传承的一种回归。通过这种装修风格,能够更好地感受中国传统文化的魅力,也能够在繁忙的现代生活中找到一份宁静和安宁。中式风格的细分,你又知道多少?

1. 中式风格

简约却不失华丽,无论是装饰画、壁画还是摆饰,都能展现出东方古典的美感。典雅的布艺家具和细腻的地毯,让人仿佛穿越时光回到了古老的中国,感受到历史的魅力。

2. 新中式

更加注重现代感,黑白灰的色彩搭配,简约而不失大气,让整个空间显得清爽又舒适。不仅如此,融入一些现代元素的新中式风格也很受年轻人的青睐,既有传统文化的价值,又具备时尚的氛围。

3. 复古中式

将金碧辉煌的元素融入传统装修中,富丽堂皇,奢华感十足! 金色的装饰、红木家具、精致的雕刻等细节都透露着浓浓的贵族气息。仿佛进入了一个绚丽多彩的古代神话世界!

4. 古宅大宅风

展现出了中国传统建筑的独特魅力,木质的纹理、青石的地板、鱼缸的设计等,一切都是那么纯粹、自然,与大自然融为一体,让人仿佛重回到古代大宅中。

5. 苏州园林风

将园林艺术融入室内装修中,让整个空间呈现出独特的意境。水池、假山、花桥等元素的运用,使整个空间充满了生机和活力。无论是赏花还是听鸟语,都能在这样的空间中寻找到心灵的宁静。

6. 古典中式

让人感受到中国传统文化的底蕴和哲学思想。家具的雕花、器物的装饰,都带有浓厚的历史和文化印记。对于那些喜欢追求品质生活的人来说,这样的风格无疑是一个不二的选择。

7. 宋式美学风格

将宋代的文化和艺术元素融入装修中,简约而不简单。细腻的陶瓷器、纤尘不染的制作工艺,让整个空间散发出一种优雅的气息。在这样的空间中,无须喧嚣,只需静享人生。

8. 法式中式混搭

将法式的优雅和中式独特之美相结合,展现出一种奇妙的搭配。精致的雕花、浪漫的细节,传统的中式元素与优雅的法式元素相互交融,打造出一个别具一格的室内空间。

【岗位实训】

根据现代中式风格卧室效果图,绘制其方案图。

实训项目	现代中式风格卧室方案绘制				
实训目的	1. 能看懂效果图中的各个项目与家具。 2. 能将效果图所示的内容转化为 CAD 图纸。 3. 能灵活运用所学知识,举一反三。				
实训时间		实训学时		学分	
项目要求	选做	必做	是否分组	每组人数	
实训地点		实训形式			
实训内容	根据已有效果图绘制现代中式风格卧室的方案图纸一套。 　　　包括:卧室平面布置图一张 　　　　　卧室天棚布置图一张 　　　　　卧室装饰背景墙立面图 A 一张 　　　　　卧室装饰背景墙立面图 B 一张				

实训材料	安装并激活 AutoCAD 2022 软件的电脑一台		
实训步骤及要求	评分标注		分值
1.现代中式风格卧室平面布置图绘制 要求:与效果图对应,绘制工整准确	与效果图平面对应,不符,酌情扣 5~20 分; 绘制工整准确,不符,酌情扣 1~5 分		25 分
2.现代中式风格卧室天棚布置图绘制 要求:与效果图对应,绘制工整准确	与效果图平面对应,不符,酌情扣 5~20 分; 绘制工整准确,不符,酌情扣 1~5 分		25 分
3.现代中式风格卧室床头背景墙立面图绘制 要求:与效果图对应,绘制工整准确	与效果图平面对应,不符,酌情扣 5~20 分; 绘制工整准确,不符,酌情扣 1~5 分		25 分
4.现代中式风格卧室电视背景墙立面图绘制 要求:与效果图对应,绘制工整准确	与效果图平面对应,不符,酌情扣 5~20 分; 绘制工整准确,不符,酌情扣 1~5 分		25 分
学生评价			
教师评价			
企业评价			

任务三　现代欧式风格卧室绘制

【任务描述】

　　本任务的设计运用了明亮的色彩,为空间带来更好的光感;搭配纯白色家具,浪漫而温馨;清晰利落的装饰线条、质感丰富的材料和精致水晶灯点缀其中,尽显华丽风范;柔软的织物包裹整个卧室,温暖而宁静;精心挑选的洁具,在经典的黄白之间邂逅。欧式的居室有的不只是豪华大气,更多的是惬意和浪漫。

　　运用吊顶金黄色漫反射灯带,使整个卧室更加温暖和浪漫。

【知识点】

　　1.平面布置图绘制步骤。

　　2.天棚布置图绘制步骤。

　　3.床头背景墙绘制步骤。

　　4.电视墙绘制步骤。

【任务导入】

　　现代欧式风格是对传统欧式风格的发展和改造。简化了传统欧式风格极尽繁复、华丽的装饰特点,在一定程度上保留了传统欧式风格的设计元素,能更好地与现代工艺相结合。特别是在卧室设计上,主要通过欧式家具来体现欧式风格的特点,配以柔和温暖的灯光,以及大量的布艺,通过三者的不同组合,搭配出丰富多彩的现代欧式风格卧室效果。

　　地板:如果是复式房子,一楼大厅地板可以铺设石材,这样会显得大气;如果是普通居室,客厅与餐厅最好铺设木质地板,若部分用地板,部分用地砖,则会使房间显得狭小。

　　地毯:欧式风格装修中,地面的主要角色应由地毯来担当。地毯的舒适脚感和典雅的独特质地与西式家具的搭配相得益彰。选择时最好是图案和色彩相对淡雅,过于花哨的地面会与欧式古典的宁静和谐相冲突。

可爱小装饰:欧式风格中最常见的就是古典的欧式风格。典雅的古代风格、纤致的中世纪风格、富丽的文艺复兴风格、浪漫的巴洛克和洛可可风格,以及庞贝式和帝政式的新古典风格,各个时期都有其精彩的展现,是欧式风格不可或缺的重要角色。欧式新古典风格在造型方面的主要特点是曲线趣味、非对称法则、色彩柔和艳丽、崇尚自然等。

【任务讲解】

1. 平面布置图绘制

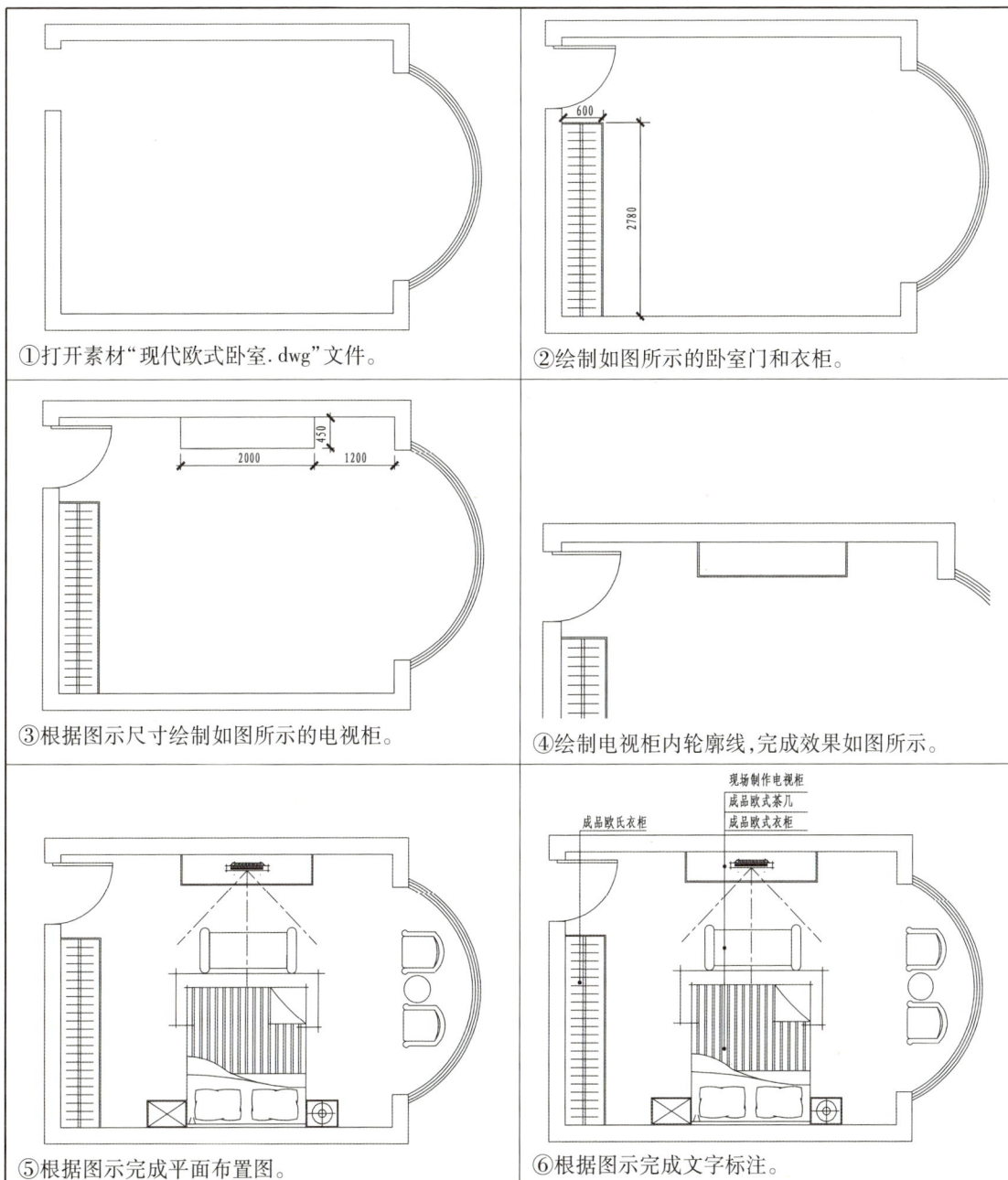

①打开素材"现代欧式卧室.dwg"文件。

②绘制如图所示的卧室门和衣柜。

③根据图示尺寸绘制如图所示的电视柜。

④绘制电视柜内轮廓线,完成效果如图所示。

⑤根据图示完成平面布置图。

⑥根据图示完成文字标注。

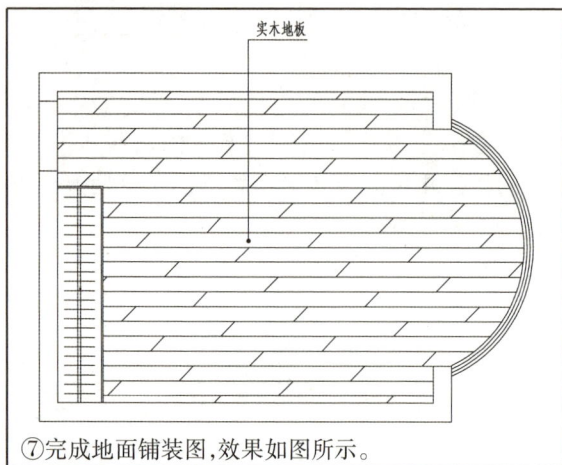

⑦完成地面铺装图,效果如图所示。

2.天棚布置图绘制

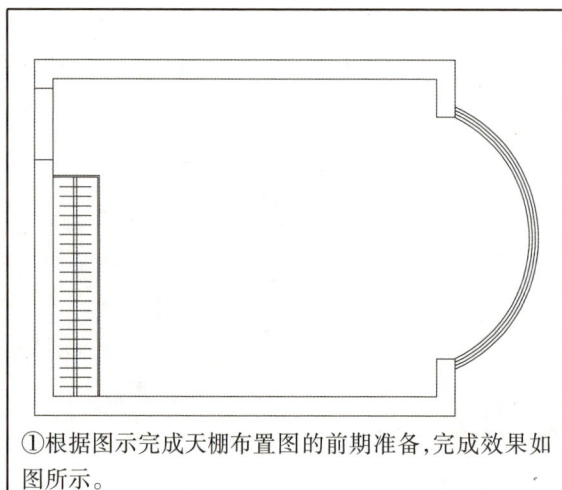

①根据图示完成天棚布置图的前期准备,完成效果如图所示。

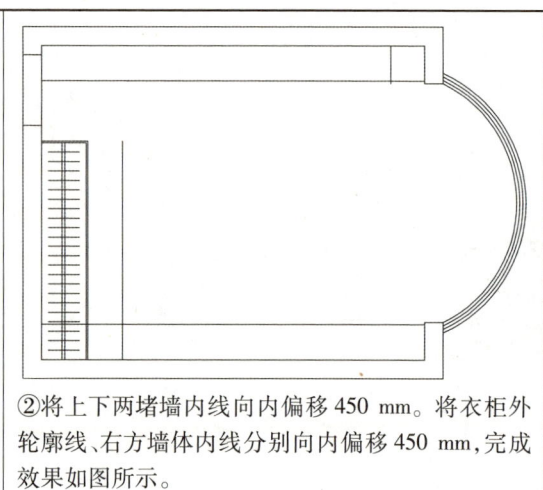

②将上下两堵墙内线向内偏移 450 mm。将衣柜外轮廓线、右方墙体内线分别向内偏移 450 mm,完成效果如图所示。

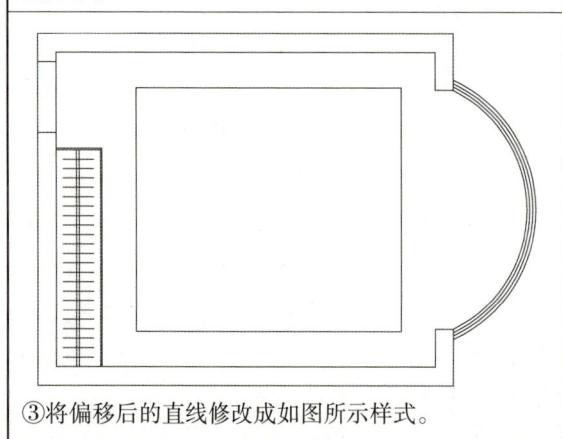

③将偏移后的直线修改成如图所示样式。

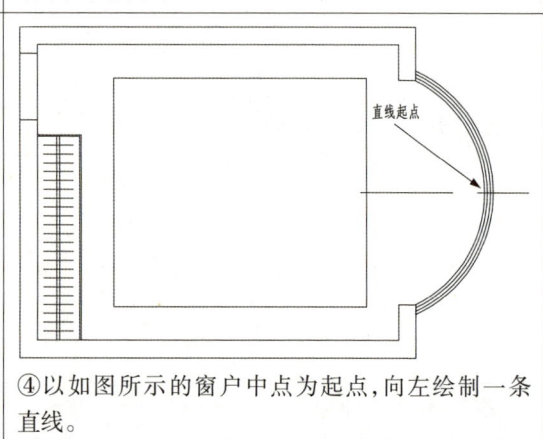

④以如图所示的窗户中点为起点,向左绘制一条直线。

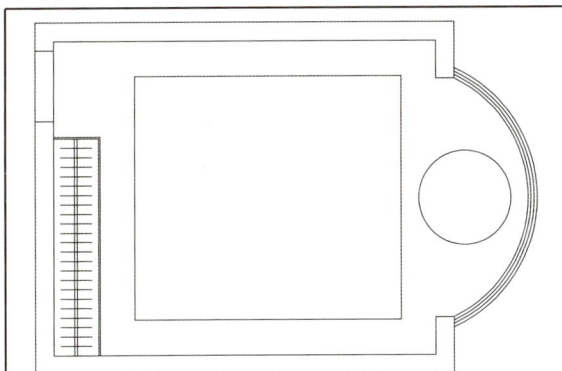

⑤以绘制的直线中点为圆心绘制一个半径为 600 mm 的圆,完成后删除直线,效果如图所示。

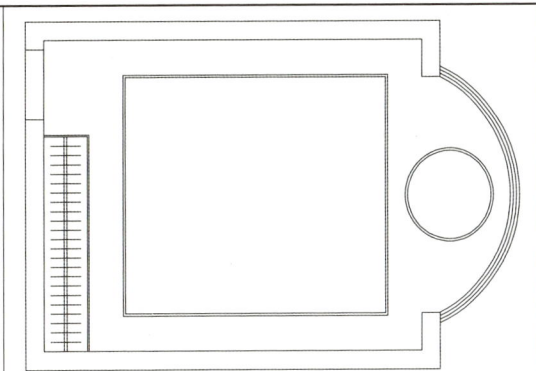

⑥将矩形边线向内偏移 30 mm,将圆向内偏移 30 mm,完成效果如图所示。

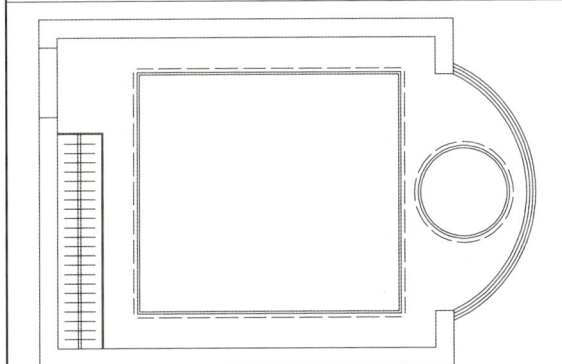

⑦完成如图所示的漫反射灯带绘制,效果如图所示。

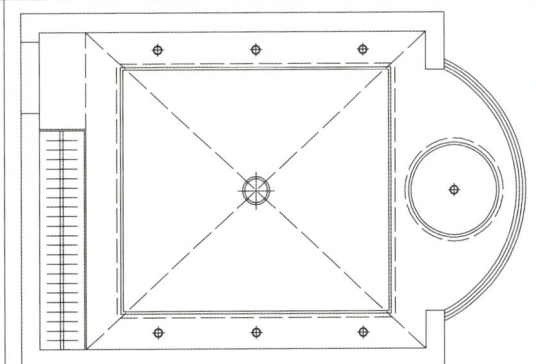

⑧根据图示布置天棚灯具。

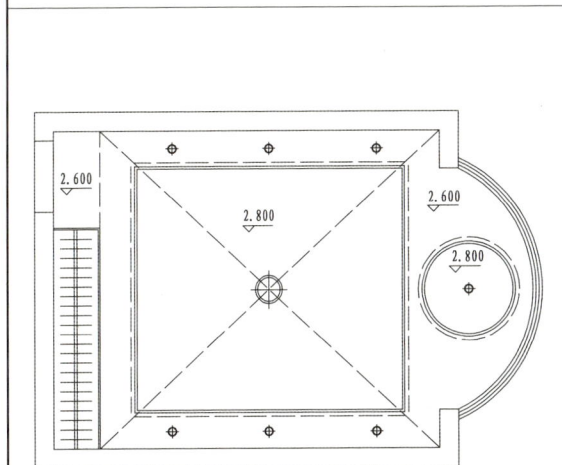

⑨根据图示进行标高绘制。

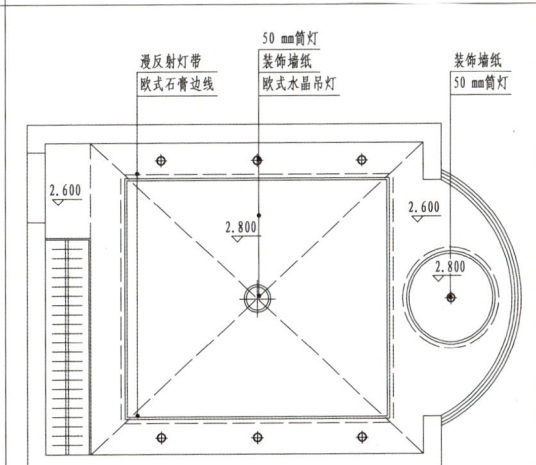

⑩根据图示进行文字标注。

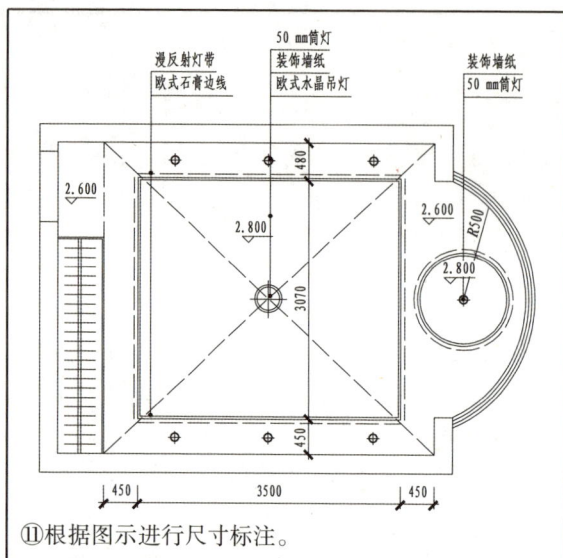

⑪根据图示进行尺寸标注。

3.床头背景墙绘制

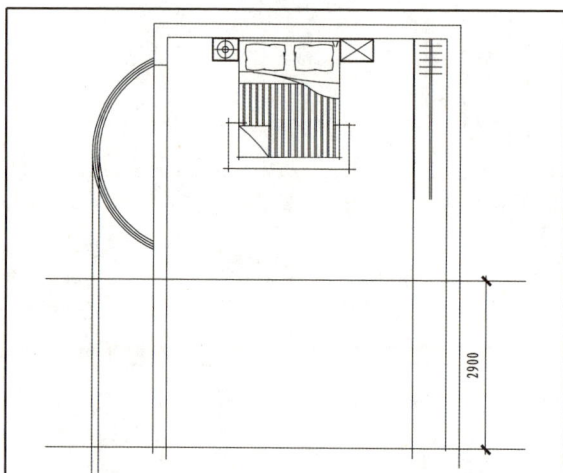

①复制平面图中床头背景墙部分到平面图下方,并根据立面图绘制方法绘制成如图所示样式。

②根据如图所示样式对床头背景墙的立面进行修改。

③根据图示的标注绘制成图示样式,完成衣柜侧面的绘制。

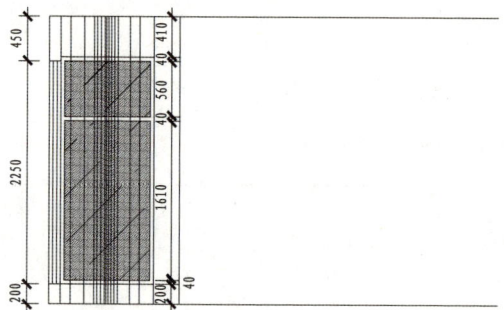

④根据图示完成窗户绘制。

⑤将顶线向下偏移300 mm,完成吊顶侧面绘制。

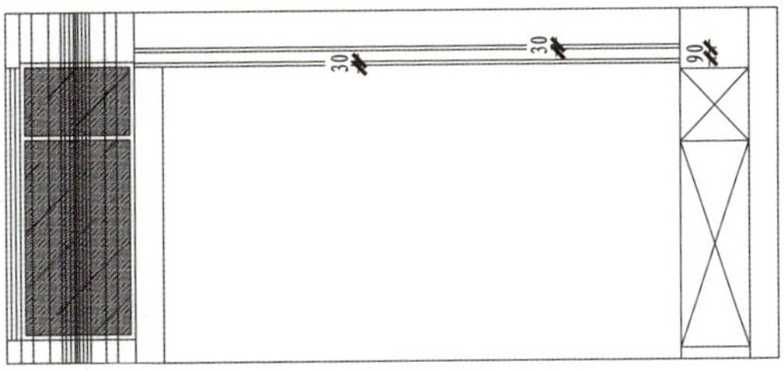

⑥根据图示尺寸绘制成图示内容。

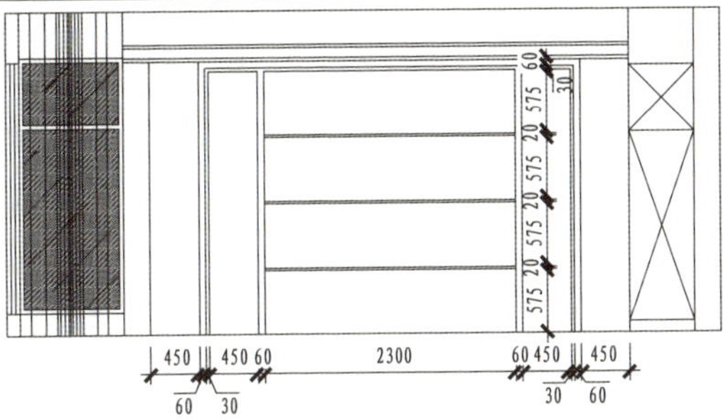

⑦根据图示完成床头背景墙绘制。

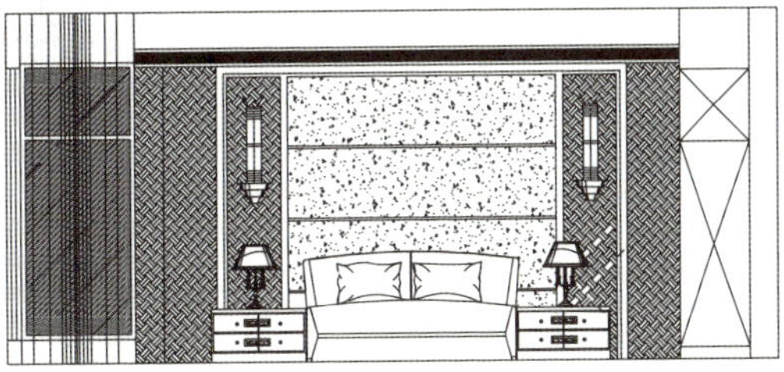

⑧根据图示摆放装饰品,并对床头背景墙进行填充。

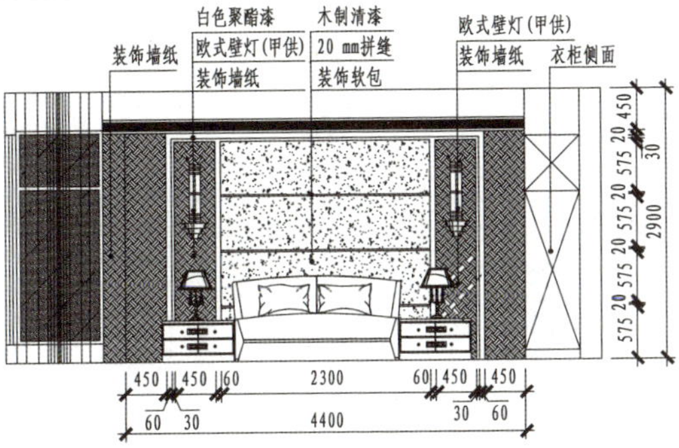

⑨根据图示进行文字和尺寸标注。

4.电视墙绘制

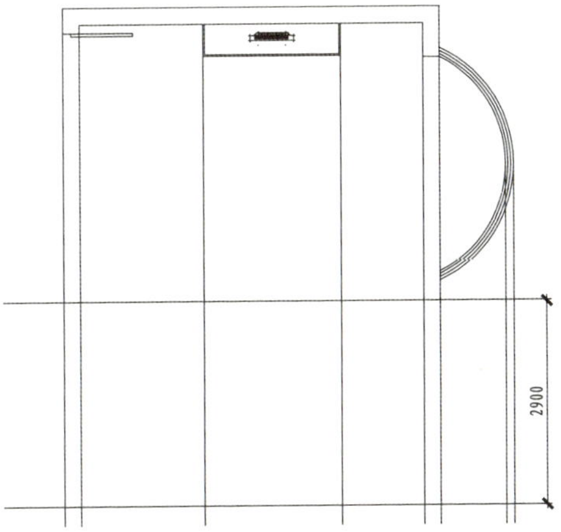

①复制平面图中的电视墙部分到平面图下方,并根据立面图绘制方法绘制成如图所示样式。

②将电视墙修改成如图所示样式。

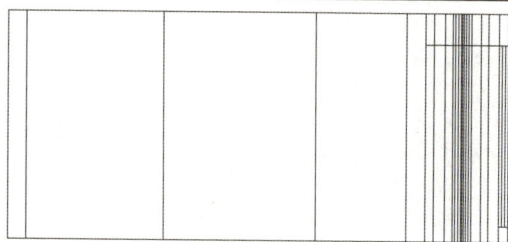

③根据图示完成窗户的绘制。

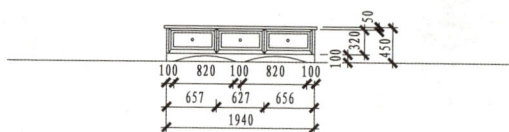

④根据图示尺寸完成电视柜的绘制。

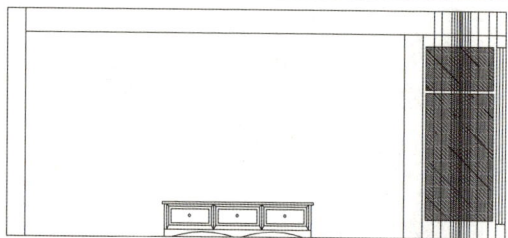

⑤将顶线向下偏移300 mm,完成吊顶侧面绘制。

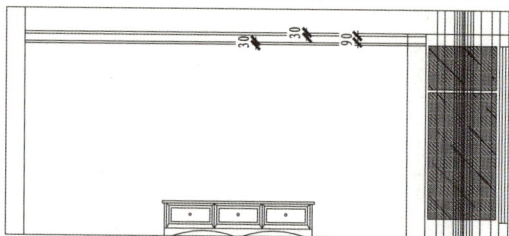

⑥根据图示效果绘制石膏线条。

⑦根据图示摆放装饰品,并对床头背景墙进行填充。

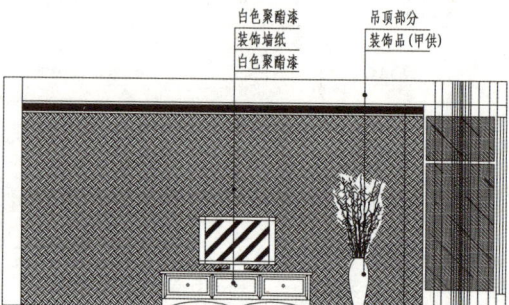

⑧根据图示进行文字标注。

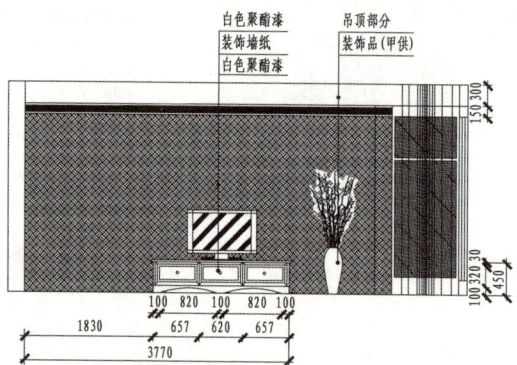

⑨根据图示进行尺寸标注。

【知识拓展】

欧式风格的设计中,需要注意以下几点:

1.配色方案

欧式风格的室内色彩通常偏向于暖色系,如红色、金黄色、古铜色等。这些颜色可以通过墙面涂料、家具和饰品来体现。同时,也可以搭配一些中性色,如米色、灰色等,以平衡整个空间的色彩。

2.强调细节

欧式风格的室内装修设计强调细节和华丽感。家具、墙壁、地板等都需要有精致的雕花、线条和图案等,这些元素会给人一种豪华、优雅的感觉。

3.合适的家具和饰品

欧式风格的家具通常是大尺寸且沉重的,并具有华丽的细节和曲线。沙发、床、梳妆台等家具都可以选择大尺寸的,以营造出舒适、豪华的氛围。此外,还应搭配一些华丽的饰品,如水晶吊灯、青铜雕塑等,以增强整个空间的艺术感。

4.合理安排布局

在欧式风格的室内装修设计中,需要注意合理安排布局,使得整个空间显得更加开阔和舒适。客厅可以选择一个大型的沙发或者是长椅作为主要家具,并在其周围摆放一些装饰品来增强氛围。卧室应选择一个大尺寸的床,并将其放置在房间的正中央,以体现出豪华和气派感。

思考:找出20张不同造型的现代欧式床头背景墙,并加以分析。

【岗位实训】

根据现代欧式风格卧室效果图,绘制其方案图。

实训项目	现代欧式风格卧室方案绘制				
实训目的	1.能看懂效果图中的各个项目与家具。 2.能将效果图所示的内容转化为CAD图纸。 3.能灵活运用所学知识,举一反三。				
实训时间		实训学时		学分	
项目要求	选做		必做	是否分组	每组人数
实训地点		实训形式			
实训内容	根据已有效果图绘制现代欧式风格卧室的方案图纸一套。				

实训内容	包括:卧室平面布置图一张 卧室天棚布置图一张 卧室装饰背景墙立面图 A 一张 卧室装饰背景墙立面图 B 一张		
实训材料	安装并激活 AutoCAD 2022 软件的电脑一台		
实训步骤及要求	评分标注		分值
1. 现代欧式风格餐厅平面布置图绘制 要求:与效果图对应,绘制工整准确	与效果图平面对应,不符,酌情扣 5~20 分; 绘制工整准确,不符,酌情扣 1~5 分		25 分
2. 现代欧式风格餐厅天棚布置图绘制 要求:与效果图对应,绘制工整准确	与效果图平面对应,不符,酌情扣 5~20 分; 绘制工整准确,不符,酌情扣 1~5 分		25 分
3. 现代欧式风格餐厅背景墙立面图 A 绘制 要求:与效果图对应,绘制工整准确	与效果图平面对应,不符,酌情扣 5~20 分; 绘制工整准确,不符,酌情扣 1~5 分		25 分
4. 现代欧式风格餐厅背景墙立面图 B 绘制 要求:与效果图对应,绘制工整准确	与效果图平面对应,不符,酌情扣 5~20 分; 绘制工整准确,不符,酌情扣 1~5 分		25 分
学生评价			
教师评价			
企业评价			

项目六
卫生间方案绘制

【建议课时】

16 课时。

【学习目标】

知识目标

1. 掌握卫生间平面布置图、卫生间天棚布置图、卫生间立面图的基本概念。
2. 熟悉卫生间设计的制图流程。

技能目标

1. 具备使用 AutoCAD 2022 快捷键绘图的能力。
2. 具备绘制现代简约风格卫生间方案图的能力。

素质目标

1. 培养学生的设计思维,鼓励学生在方案中体现个性化和创新性,设计出既实用又美观的卫生间空间。
2. 通过分析和实际设计,增强学生分析问题和提出解决方案的能力,提升学生应对复杂设计任务的能力。
3. 在项目中培养学生的团队合作精神,使学生学会与他人有效沟通,共同完成卫生间方案的设计与呈现。
4. 使学生理解卫生间设计中的人性化需求,如无障碍设计、舒适性和安全性,关注使用者的实际体验。

【项目要求】

1. 学生准备好电脑,并安装好 AutoCAD 2022 制图软件。
2. 教师准备好电脑与多媒体授课设备,并提前安装好 AutoCAD 2022 制图软件,下载好素材"现代简约风格卫生间.dwg"。
3. 教师示范步骤,按照平面布置图、天棚布置图、洗漱台立面图、洗澡间门墙立面图、镜面装饰墙立面图的顺序,使用 AutoCAD 2022 快捷键,绘制现代简约风格卫生间图纸。

4.在每个知识点结束后,引导学生临摹教师的绘图过程,并检查绘制图纸是否与教师绘制的图纸保持一致。

任务一　现代简约风格卫生间绘制

【任务描述】

本任务主要是根据已有现代简约风格卫生间效果图绘制其 CAD 方案图,并以此为载体掌握室内设计三视图的画法,熟悉 CAD 制图软件的快捷键,理解现代简约风格的概念。本任务宏观上采用"实例驱动",微观上采用"项目式教学"以及用"演示法"讲解现代简约风格卫生间的绘制技巧及流程,同时要求学生"边学边画",使学生对现代简约风格卫生间绘制从感性认识上升到理性认识,掌握现代简约风格卫生间绘制技能。通过本任务的学习,对知识点进行归纳总结,发现新旧知识之间的内在联系,并将所学知识与相关学科进行有机衔接。

【知识点】

1.卫生间平面布置图绘制步骤。
2.卫生间天棚布置图绘制步骤。
3.卫生间洗漱台立面绘制步骤。
4.卫生间洗澡间门墙立面绘制步骤。
5.卫生间镜面装饰墙立面绘制步骤。

【任务导入】

本任务卫生间的设计中,双盆洗漱台成为整个空间的亮点,这是一种比较常见的表现手法,着重表现在一处或一个面,再加以软装搭配,从而达到整个空间的装饰效果。

整个空间以大面积的瓷砖做墙裙状铺设,用实用的材料做想要的装饰,打破常规,追求创新。洗漱台简洁的造型和装饰,将多种风格元素有机结合在一起,加上大面积的玻璃制品,给人一种包容的现代感。而金黄的灯光搭配墙面的颜色,让人有一种生活的质感和享受感。

【任务讲解】

1.卫生间平面布置图绘制

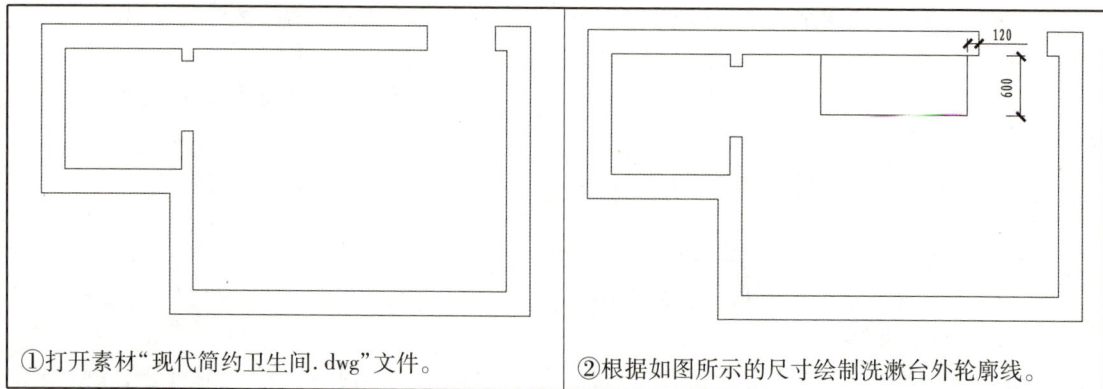

| ①打开素材"现代简约卫生间.dwg"文件。 | ②根据如图所示的尺寸绘制洗漱台外轮廓线。 |

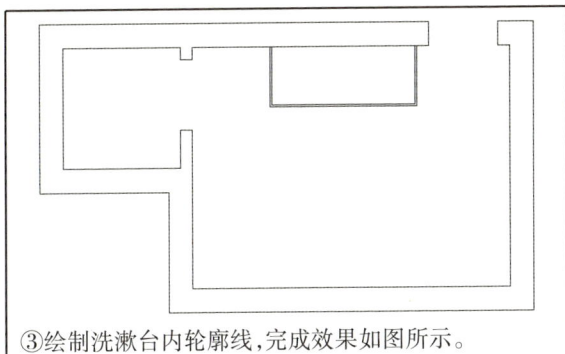

③绘制洗漱台内轮廓线,完成效果如图所示。

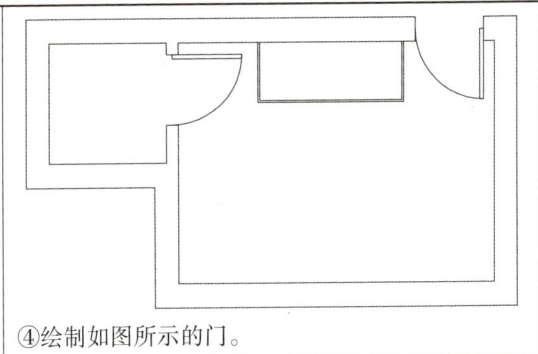

④绘制如图所示的门。

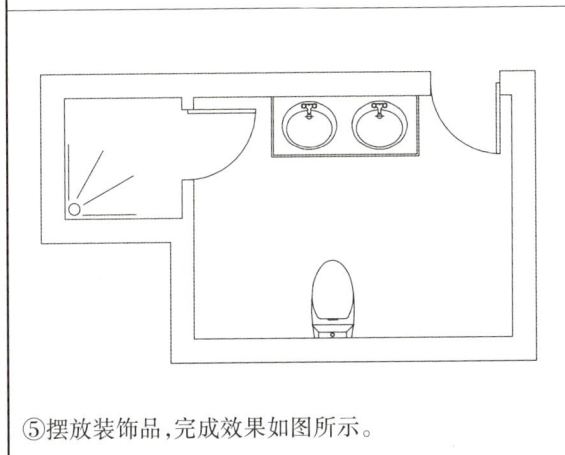

⑤摆放装饰品,完成效果如图所示。

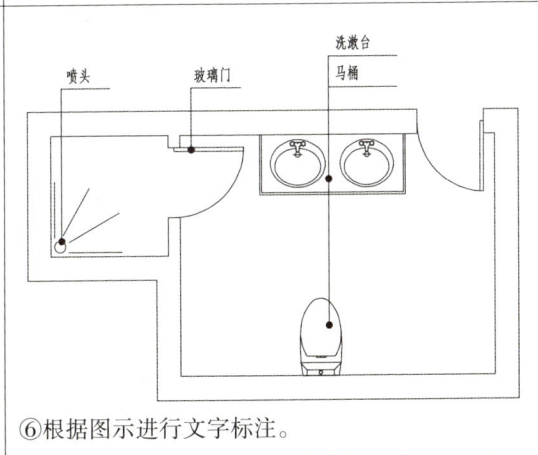

⑥根据图示进行文字标注。

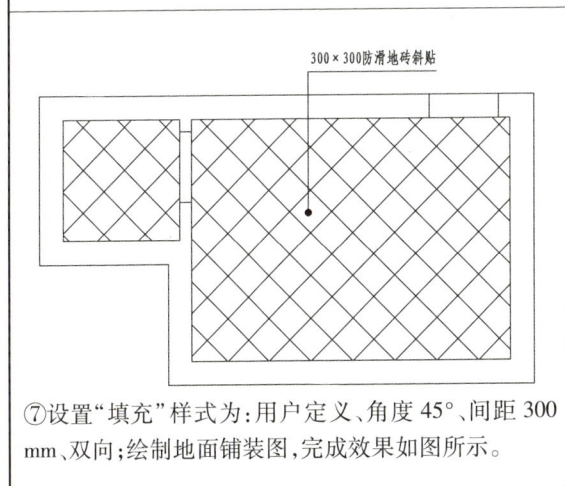

喷头　玻璃门　洗漱台　马桶

300×300防滑地砖斜贴

⑦设置"填充"样式为:用户定义、角度45°、间距300 mm、双向;绘制地面铺装图,完成效果如图所示。

2.卫生间天棚布置图绘制

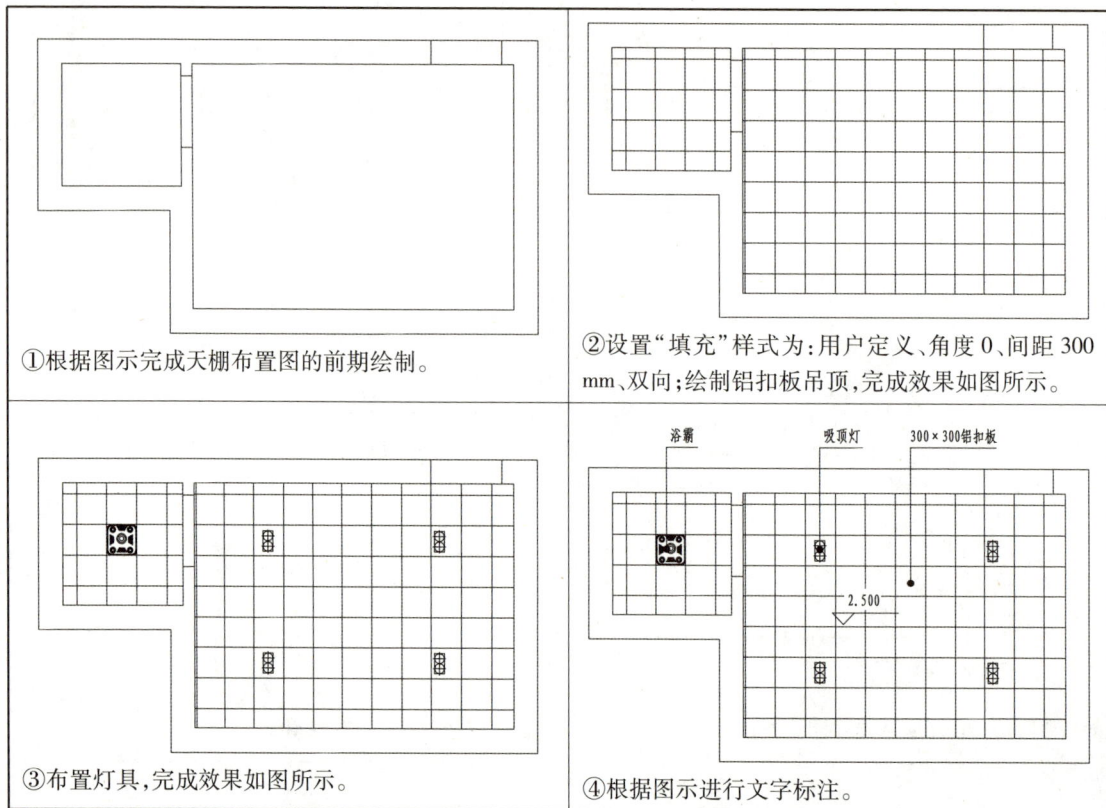

①根据图示完成天棚布置图的前期绘制。

②设置"填充"样式为:用户定义、角度 0、间距 300 mm、双向;绘制铝扣板吊顶,完成效果如图所示。

③布置灯具,完成效果如图所示。

④根据图示进行文字标注。

3.卫生间洗漱台立面绘制

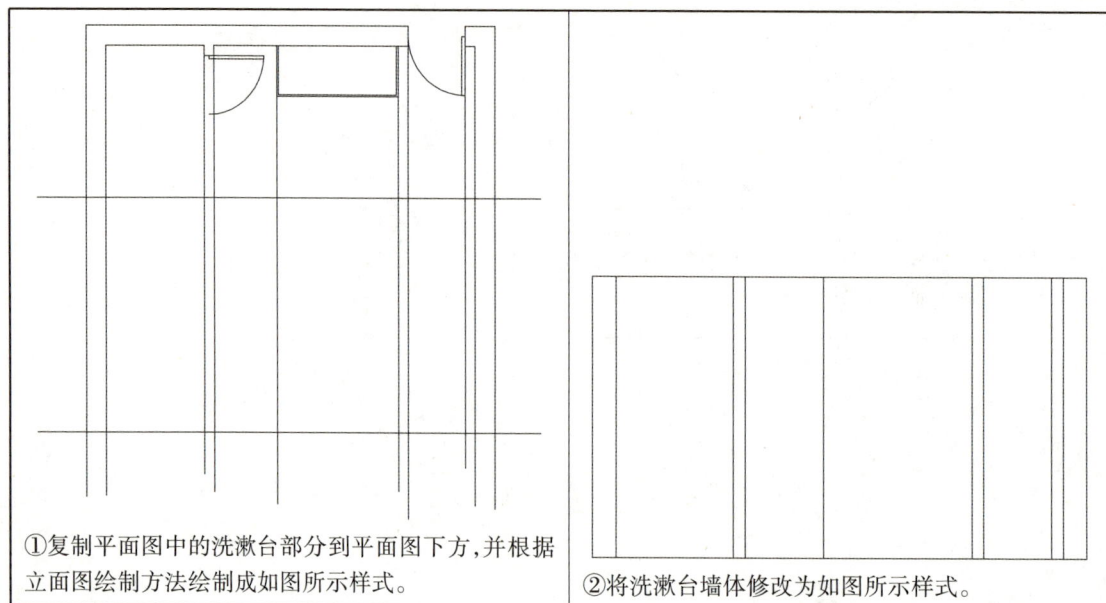

①复制平面图中的洗漱台部分到平面图下方,并根据立面图绘制方法绘制成如图所示样式。

②将洗漱台墙体修改为如图所示样式。

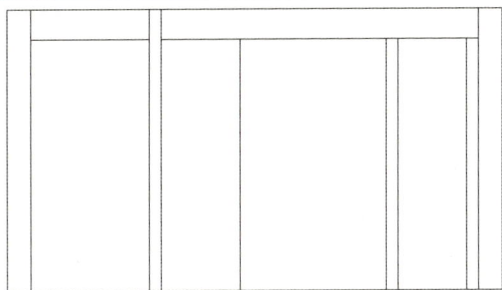

③将顶线向下偏移 300 mm,并修改成如图所示样式,完成铝扣板吊顶侧面绘制。

④绘制如图所示的门洞及门套。

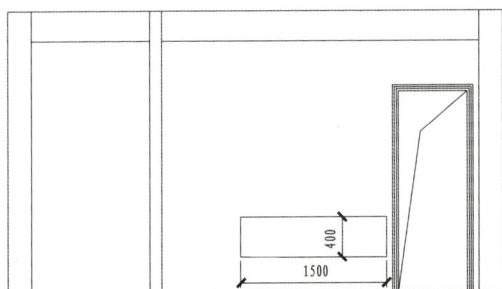

⑤根据图示尺寸完成洗漱台外轮廓的绘制。

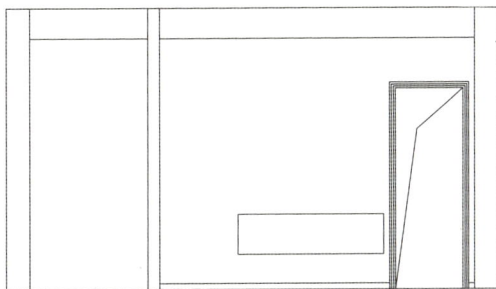

⑥将地线向上偏移 60 mm,并修改为如图所示样式。

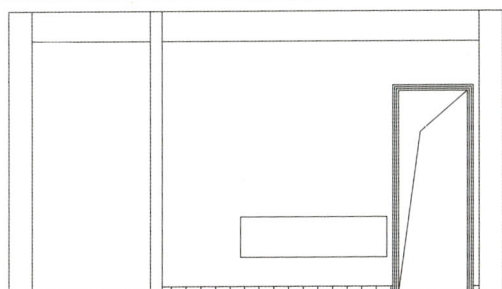

⑦设置"填充"样式为:用户定义、角度 90°、间距 150 mm;填充如图所示位置。

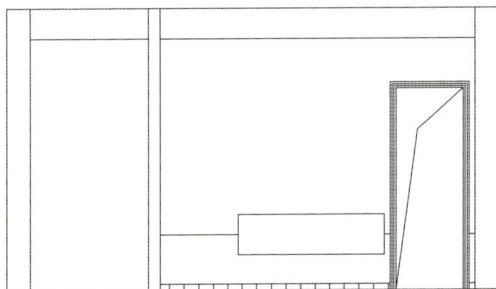

⑧将地线向上偏移 550 mm,并修改成如图所示样式。

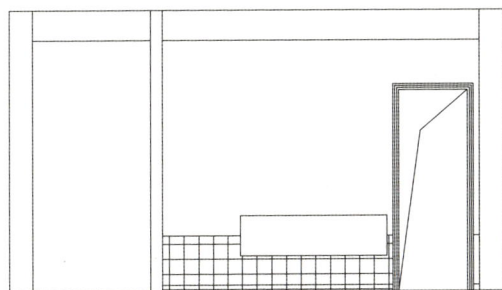

⑨将如图所示位置绘制成 150 mm×150 mm 的矩形。

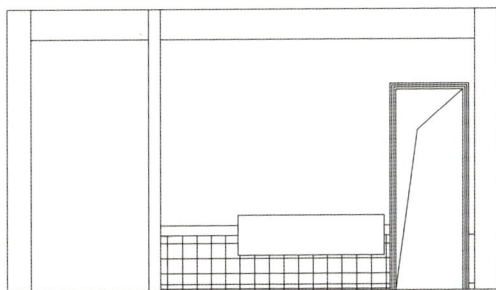

⑩将地线向上偏移 650 mm,并修改成如图所示样式。

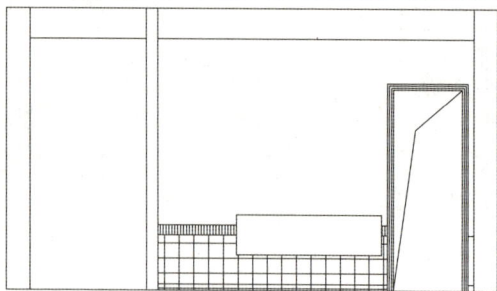

⑪设置"填充"样式为:用户定义、角度 90°、间距 30 mm;填充如图所示位置。

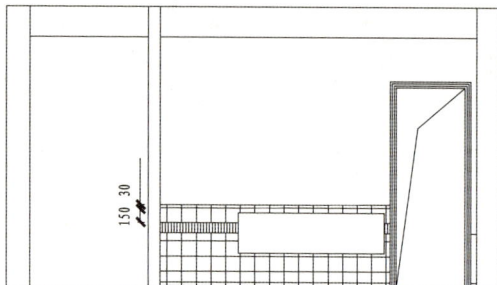

⑫根据图示尺寸进行绘制。

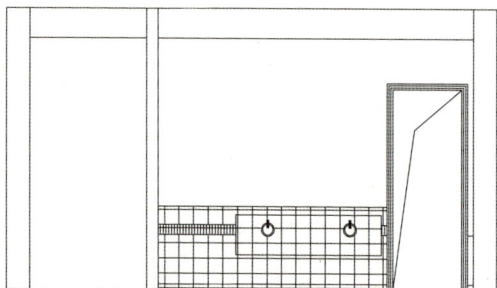

⑬绘制如图所示的洗漱台装饰。

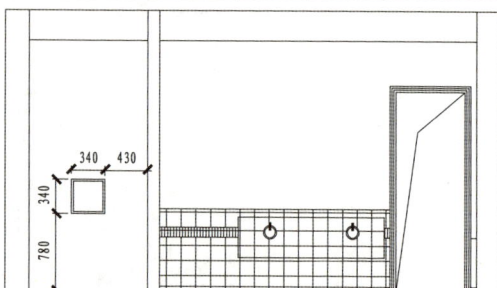

⑭根据图示尺寸绘制如图所示的装饰。

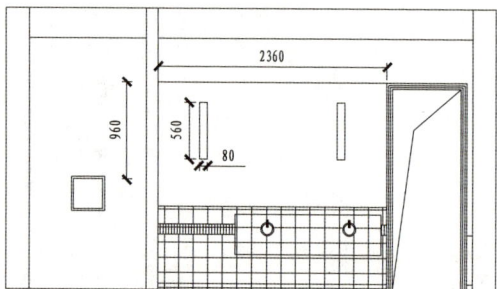

⑮根据图示尺寸绘制镜面装饰。

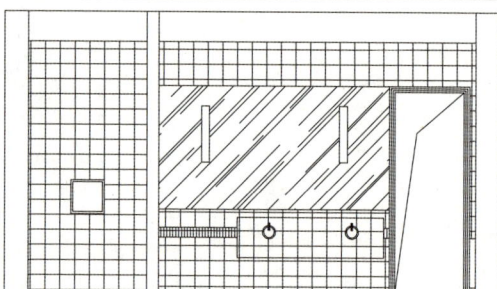

⑯对墙面进行装饰填充,完成效果如图所示。

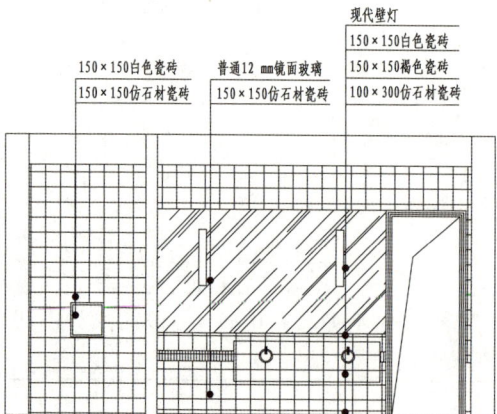

⑰根据图示进行文字标注。

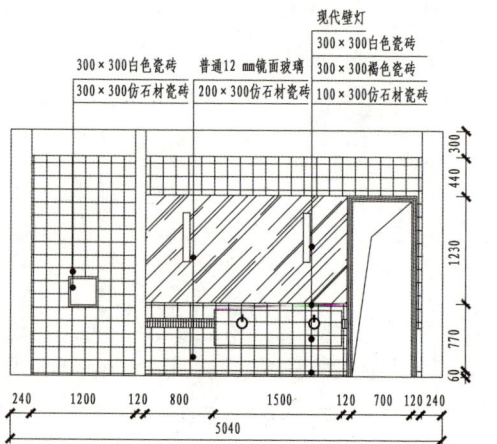

⑱根据图示进行尺寸标注。

4.卫生间洗澡间门墙立面绘制

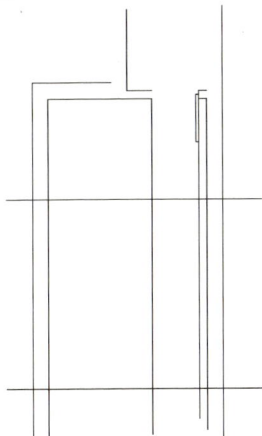

①复制平面图中的洗澡间门部分到平面图下方,并根据立面图绘制方法绘制成如图所示样式。

②将墙体修改成如图所示样式。

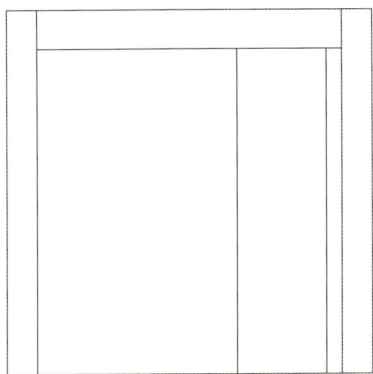

③将顶线向下偏移300 mm,并修改成如图所示样式,完成铝扣板吊顶侧面绘制。

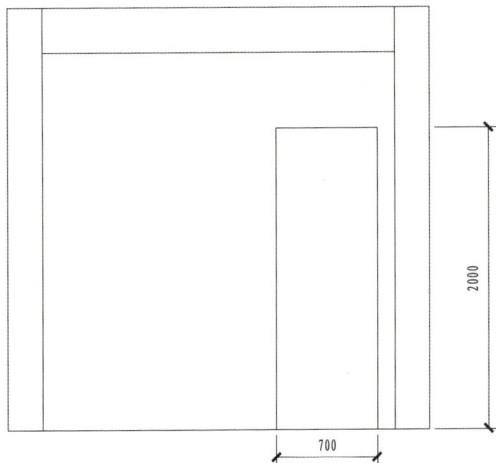

④绘制如图所示的门洞。

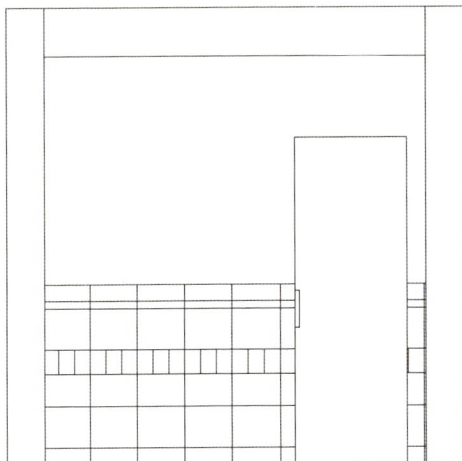

⑤将墙体绘制成如图所示样式。

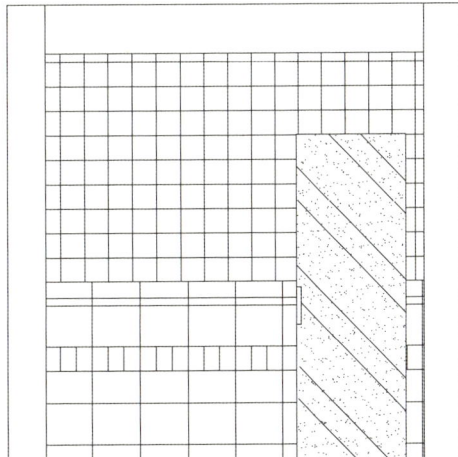

⑥根据图示完成装饰填充。

白色乳胶漆刷白
150×150褐色瓷砖
150×150白色瓷砖

150×150褐色瓷砖
150×150白色瓷砖
150×60仿石材瓷砖

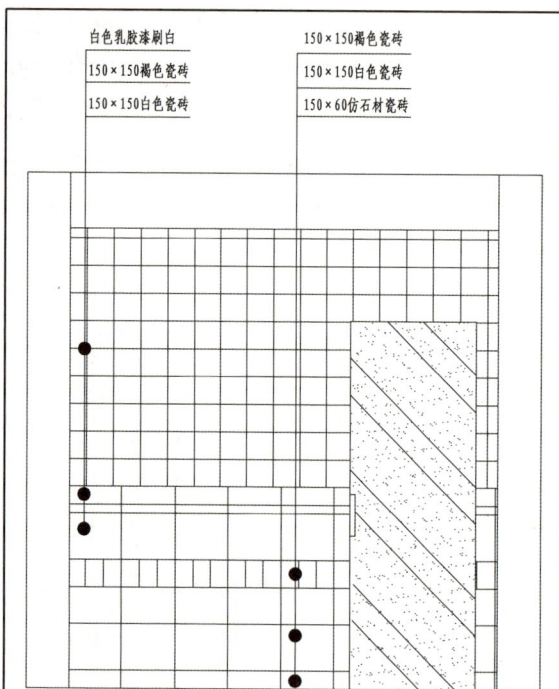

⑦根据图示进行文字标注。

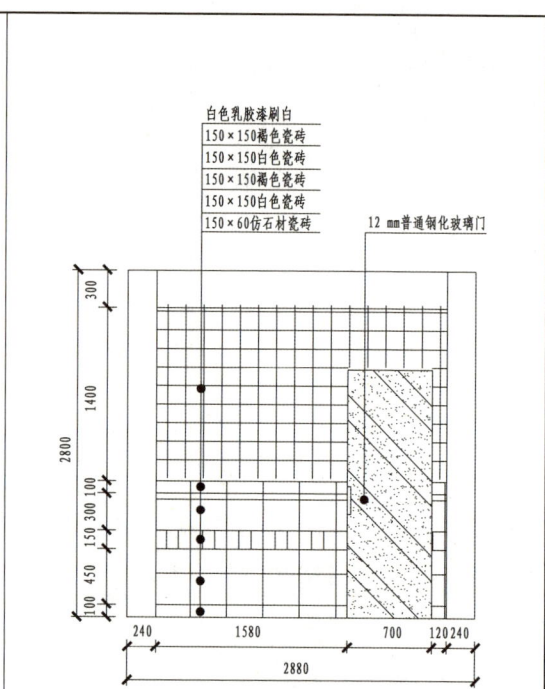

白色乳胶漆刷白
150×150褐色瓷砖
150×150白色瓷砖
150×150褐色瓷砖
150×150白色瓷砖
150×60仿石材瓷砖

12 mm普通钢化玻璃门

300
1400
2800
150 300 100
100 450

240   1580   700 120 240
2880

⑧根据图示进行文字标注。

5. 卫生间镜面装饰墙立面绘制

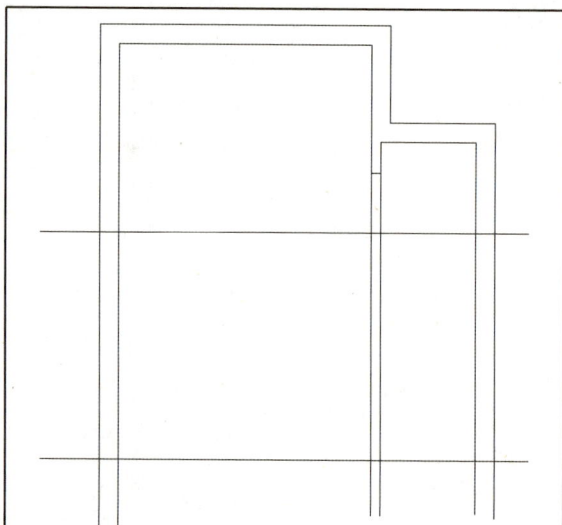

①复制平面图中如图部分到平面图下方,并根据立面图绘制方法绘制成如图所示样式。

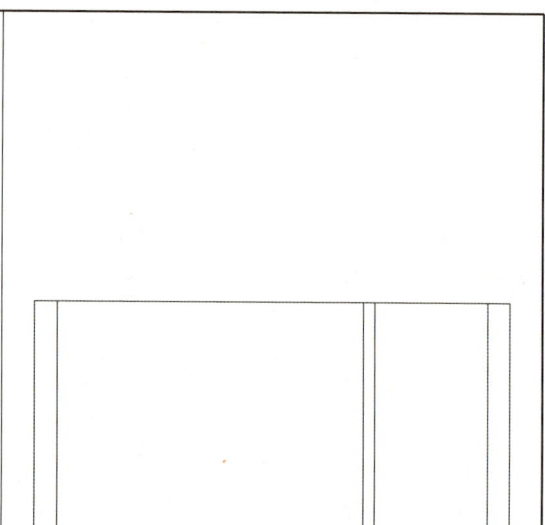

②将墙体修改为如图所示样式。

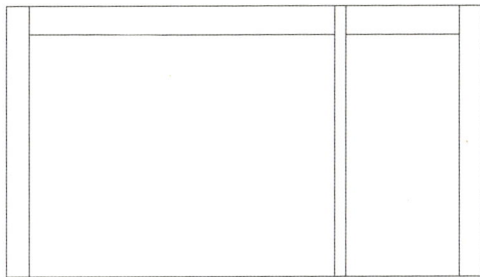

③将顶线向下偏移 300 mm,并修改为如图所示样式,完成铝扣板吊顶侧面绘制。

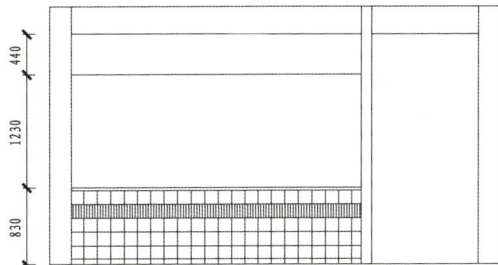

④将墙体绘制成如图所示样式。

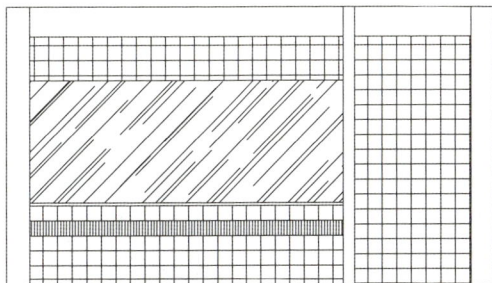

⑤根据图示完成装饰填充。

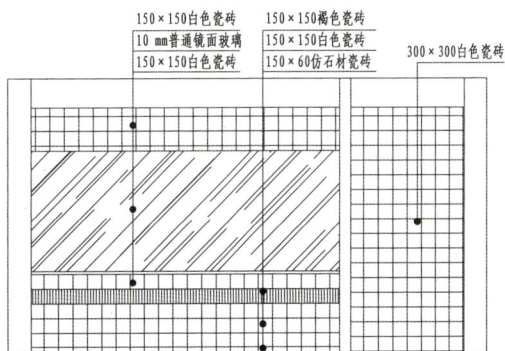

⑥根据图示完成尺寸标注。

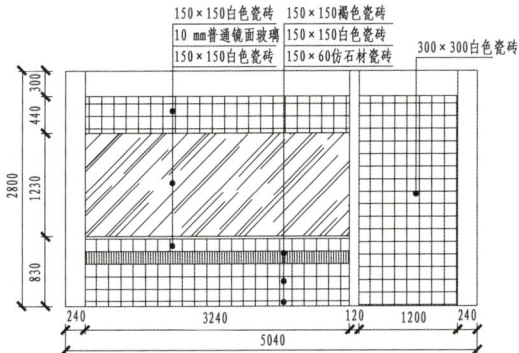

⑦根据图示完成文字标注。

【知识拓展】

在卫生间的设计中,现代简约风格简单的直线、块面分割、颜色的对比与卫生间的功能性需求结合得天衣无缝。设计师在设计时只需仔细分析每个案例自身所具有的特点,扬长避短,就能设计出经典的现代简约风格的卫生间。

思考:1.通过阅读材料,你认为现代简约卫生间在进行方案绘制时应注意什么?

2.设计师是如何考虑卫生间布局的?

【岗位实训】

根据现代简约风格卫生间设计图,进行方案图绘制。

实训项目	现代简约风格卫生间方案绘制			
实训目的	1.能看懂效果图中的各个项目与家具。 2.能将效果图所示的内容转化为 CAD 图纸。 3.能灵活运用所学知识,举一反三。			
项目要求	选做	必做	是否分组	每组人数
实训时间		实训学时		学分
实训地点		实训形式		
实训内容	某设计工作室接到项目后,效果图公司要求根据已有现代简约风格卫生间效果图绘制方案图纸一套。  效果图1 　　　效果图2 包括:卫生间平面布置图一张 卫生间天棚布置图一张 卫生间洗漱台墙立面图一张 卫生间淋浴及厕所玻璃门墙立面图一张			
实训材料	安装并激活 AutoCAD 2022 软件的电脑一台			

实训步骤及要求	评分标注	分值
1.现代简约风格卫生间平面布置图绘制 要求:与效果图对应,绘制工整准确	与效果图平面对应,不符,酌情扣5~20分; 绘制工整准确,不符,酌情扣1~5分	20分
2.现代简约风格卫生间天棚布置图绘制 要求:与效果图对应,绘制工整准确	与效果图平面对应,不符,酌情扣5~20分; 绘制工整准确,不符,酌情扣1~5分	20分
3.现代简约风格洗漱台墙立面图绘制 要求:与效果图对应,绘制工整准确	与效果图平面对应,不符,酌情扣5~20分; 绘制工整准确,不符,酌情扣1~5分	20分
4.现代简约风格卫生间洗澡间门墙立面绘制 要求:与效果图对应,绘制工整准确	与效果图平面对应,不符,酌情扣5~20分; 绘制工整准确,不符,酌情扣1~5分	20分

5.现代简约风格卫生间镜面装饰墙立面绘制 要求:与效果图对应,绘制工整准确	与效果图平面对应,不符,酌情扣 5～20 分; 绘制工整准确,不符,酌情扣 1～5 分	20 分
学生评价		
教师评价		
企业评价		

任务二　现代中式风格卫生间绘制

【任务描述】

本任务主要是根据已有现代中式风格卫生间效果图绘制其 CAD 方案图,并以此为载体掌握室内设计三视图的画法,熟悉 CAD 制图软件的快捷键,理解现代中式风格的概念。本任务宏观上采用"实例驱动",微观上采用"项目式教学"以及用"演示法"讲解现代中式风格卫生间的绘制技巧及流程,同时要求学生"边学边画",使学生对现代中式风格卫生间的绘制从感性认识上升到理性认识,掌握现代中式风格卫生间的绘制技能。通过本任务的学习,对知识点进行归纳总结,发现新旧知识之间的内在联系,并将所学知识与相关学科进行有机衔接。

【知识点】

1. 卫生间平面布置图绘制步骤。
2. 卫生间天棚布置图绘制步骤。
3. 卫生间洗漱台立面绘制步骤。
4. 卫生间浴缸墙立面绘制步骤。
5. 卫生间马桶墙立面绘制步骤。

【任务导入】

在本任务的设计中,整个空间较大,室内陈设的摆放比较容易。但窗户的位置有一根压得很低的梁,为了处理掉它,本案中,将卫生间改造成了不规则空间,使其具有凹凸感,再加上梁的颜色很浅,从而有效地将梁淡化。

如何将古代装饰元素融合到现代家居设计中来,是本任务比较突出的一个问题,在本任务的设计中,大面积的烤漆玻璃和不锈钢制品,本来应该是非常现代的东西,但却做出了中式风格的味道。原因有两点:具有传统特色的色彩和独特的纹理。黑色在古代中国代表"土",而红色却又代表了中国的喜庆文化;那一道红黑相间的条状纹案,取材于中国古代特有的纹理。在地面,用黄色的材料铺设,给人一种沉淀感。方正的家具,少了一点传统中式的烦琐,多了一点现代风格的简洁。在运用古今装饰元素的过程中,本任务可以说是恰到好处,取其精华,去其糟粕。

【任务讲解】

1. 卫生间平面布置图绘制

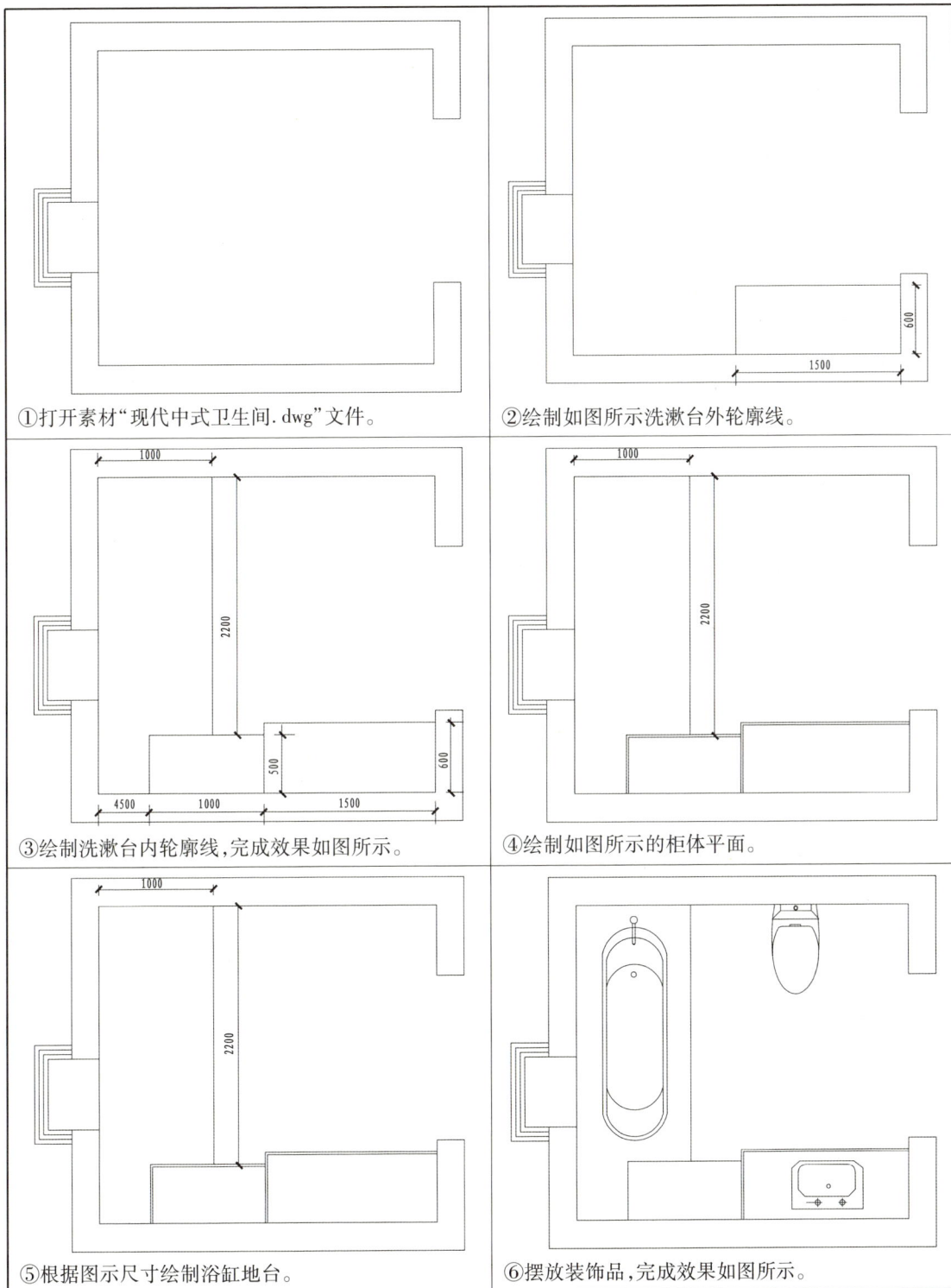

①打开素材"现代中式卫生间.dwg"文件。

②绘制如图所示洗漱台外轮廓线。

③绘制洗漱台内轮廓线,完成效果如图所示。

④绘制如图所示的柜体平面。

⑤根据图示尺寸绘制浴缸地台。

⑥摆放装饰品,完成效果如图所示。

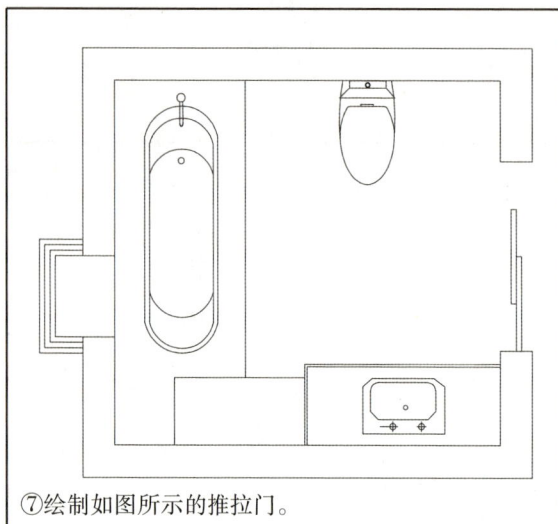

⑦绘制如图所示的推拉门。

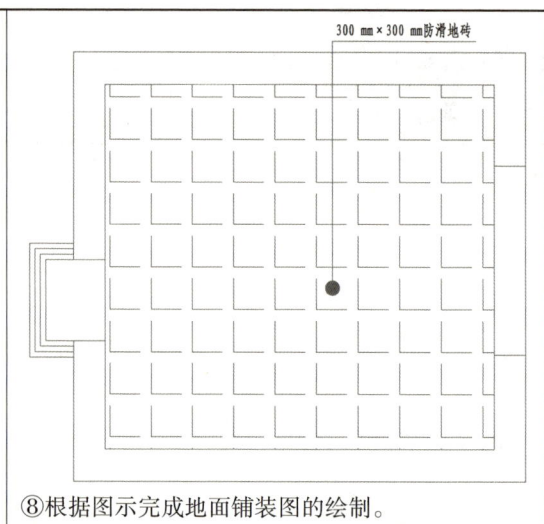

300 mm×300 mm防滑地砖

⑧根据图示完成地面铺装图的绘制。

2.卫生间天棚布置图绘制

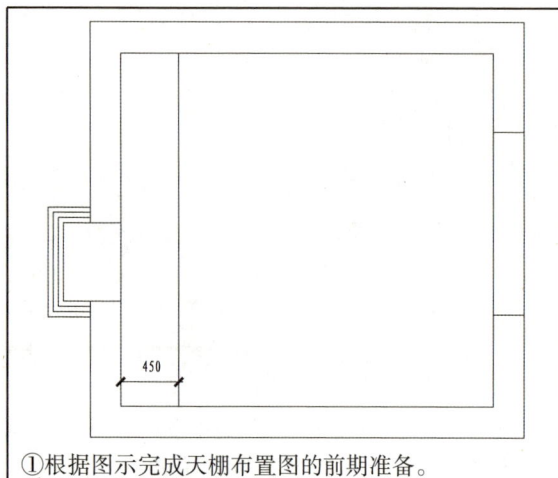

450

①根据图示完成天棚布置图的前期准备。

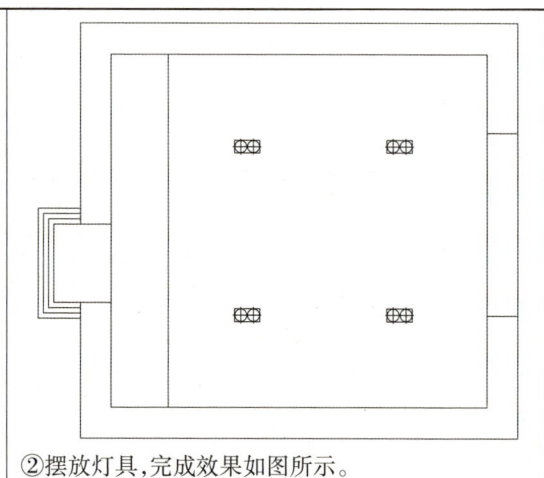

②摆放灯具,完成效果如图所示。

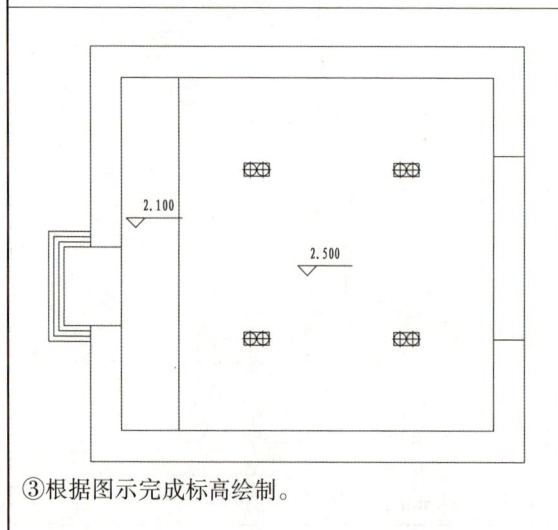

2.100
2.500

③根据图示完成标高绘制。

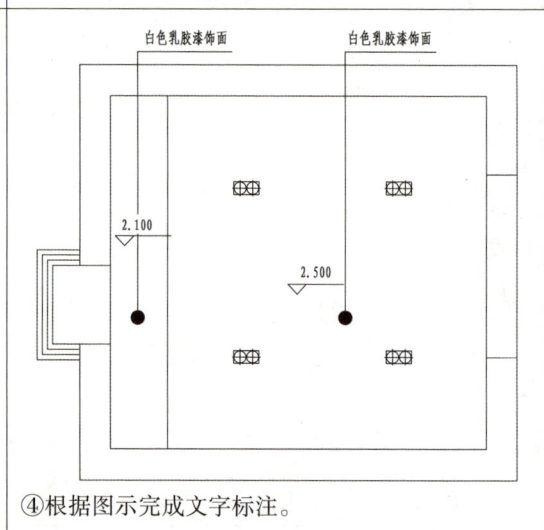

白色乳胶漆饰面　　白色乳胶漆饰面

2.100
2.500

④根据图示完成文字标注。

⑤根据图示完成尺寸标注。

白色乳胶漆饰面　　白色乳胶漆饰面

2.100

2.500

3180
240
1300
600
800
240

240　2950　240
3430

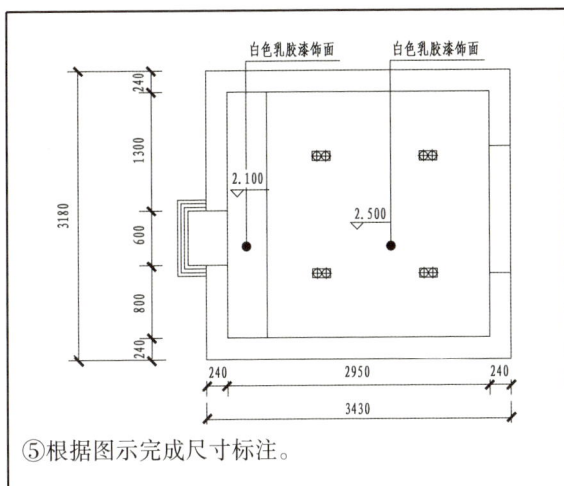

3.卫生间洗漱台立面绘制

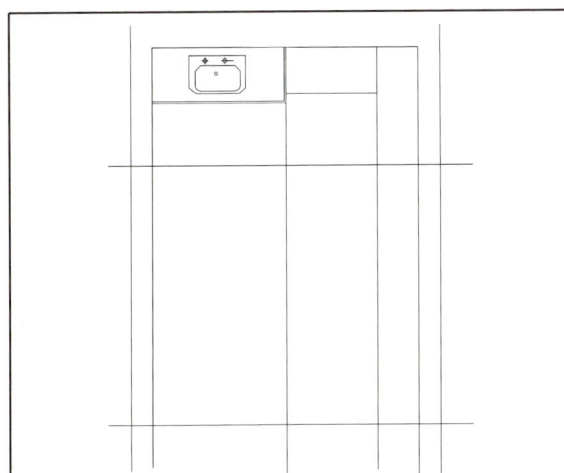

①复制平面图中的洗漱台墙体部分到平面图下方,并根据立面图绘制方法绘制成如图所示样式。

②将墙体修改成如图所示样式。

③将顶线向下偏移300 mm。将偏移的直线继续向下偏移400 mm。将偏移的直线修改成如图所示样式。

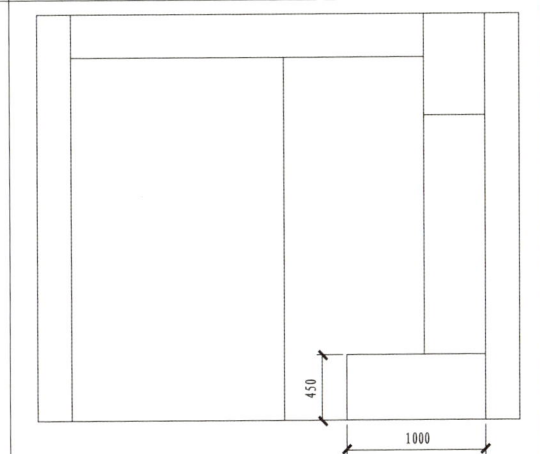

④根据图示尺寸绘制浴缸地台。

450
1000

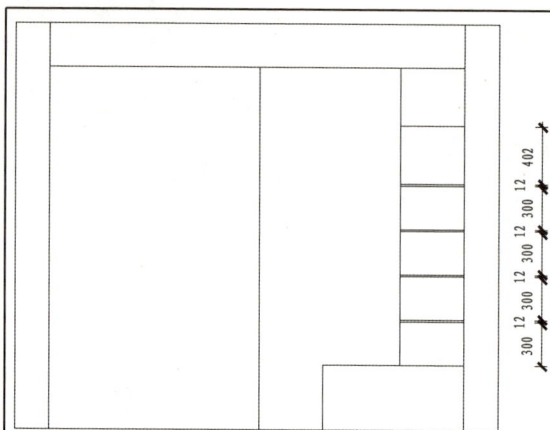
⑤根据图示尺寸绘制玻璃挑板。

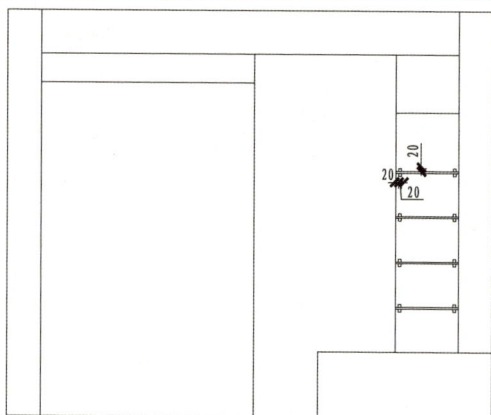
⑥根据图示尺寸绘制玻璃挑板的固定扣件。

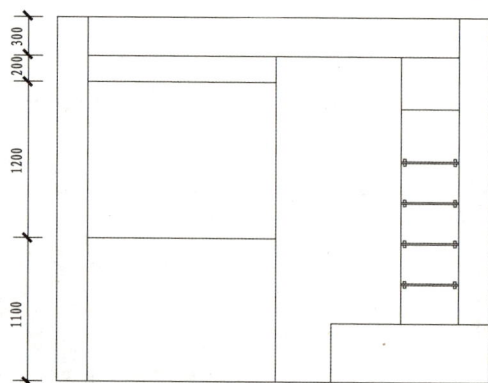
⑦复制平面图中的洗漱台墙体部分到平面图下方,并根据立面图绘制方法绘制成如图所示样式。

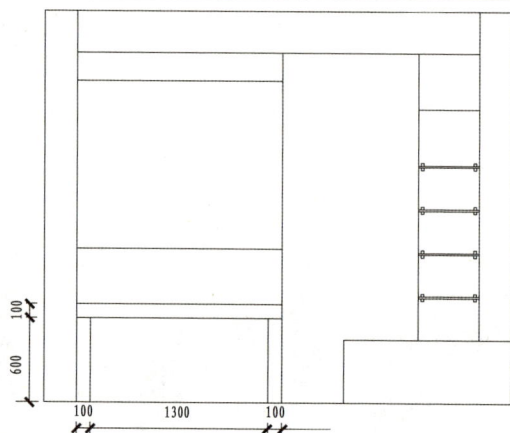
⑧根据图示尺寸绘制洗漱台轮廓。

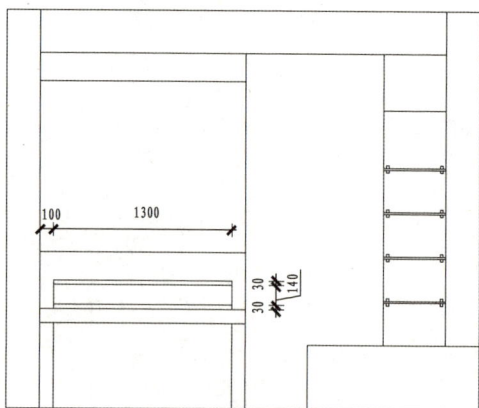
⑨根据图示尺寸绘制洗漱盆轮廓。

⑩将洗漱盆修改成如图所示的样式。

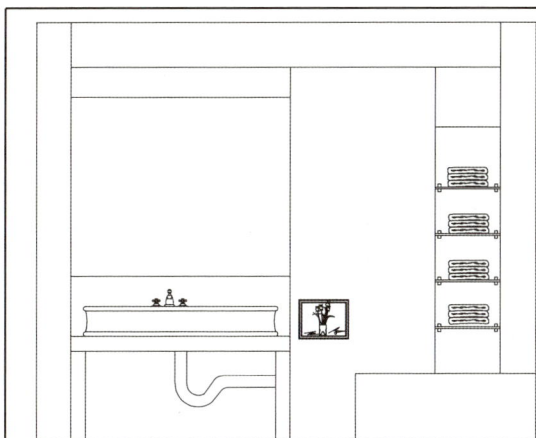

⑪摆放装饰品,完成效果如图所示。

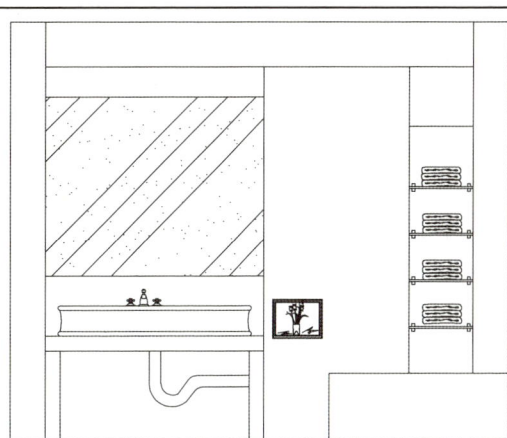

⑫根据图示完成装饰填充。

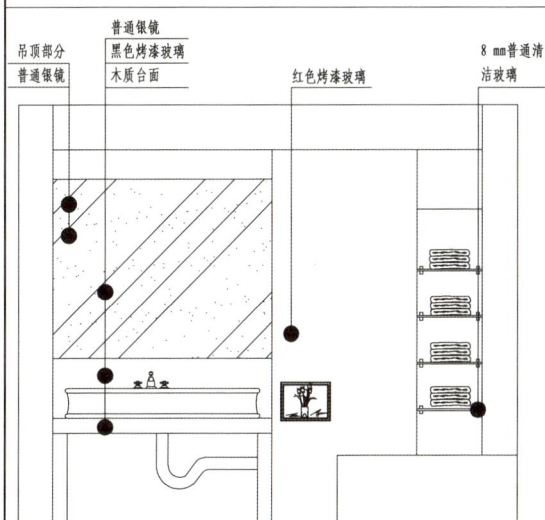

吊顶部分
普通银镜
普通银镜
黑色烤漆玻璃
木质台面
红色烤漆玻璃
8 mm普通清洁玻璃

⑬根据图示进行文字标注。

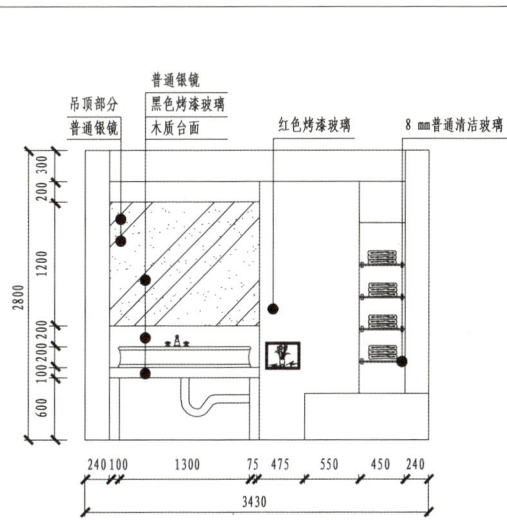

吊顶部分
普通银镜
普通银镜
黑色烤漆玻璃
木质台面
红色烤漆玻璃
8 mm普通清洁玻璃

200 300
1200
2800
100 200 200
600

240 100 1300 75 475 550 450 240
3430

⑭根据图示进行尺寸标注。

4.卫生间浴缸墙立面绘制

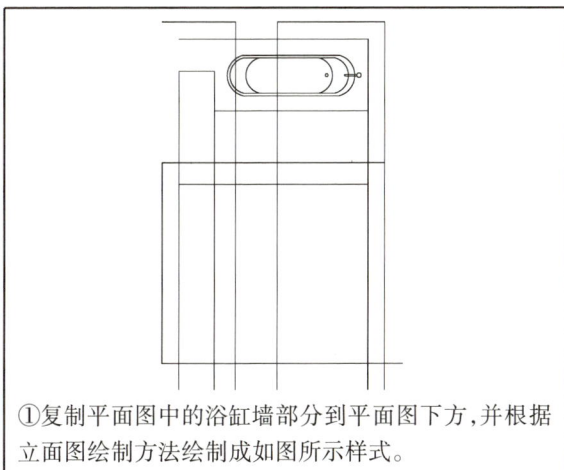

①复制平面图中的浴缸墙部分到平面图下方,并根据立面图绘制方法绘制成如图所示样式。

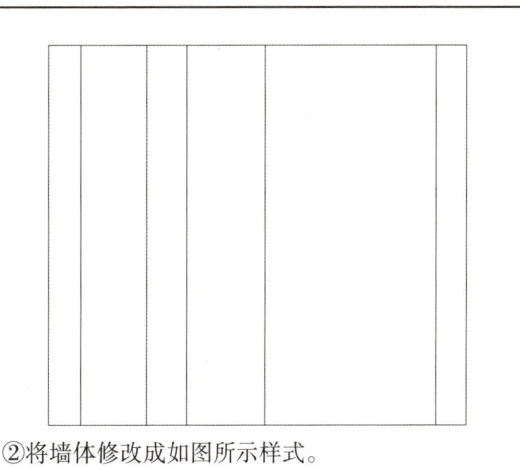

②将墙体修改成如图所示样式。

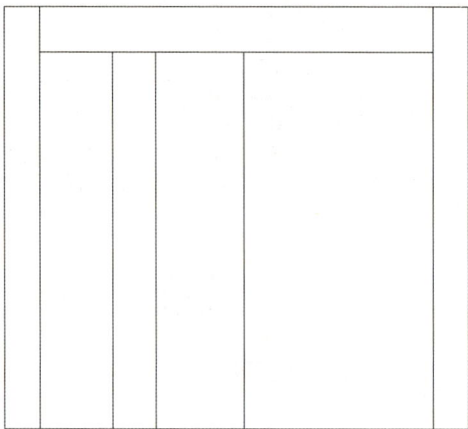

③将顶线向下偏移 300 mm,并修改成如图所示样式,完成铝扣板吊顶侧面绘制。

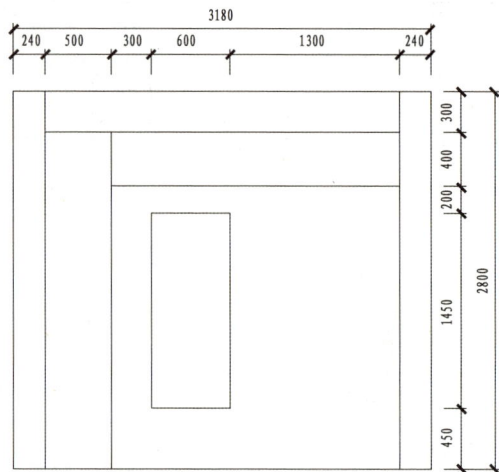

④根据图示尺寸,将墙体绘制成如图所示部分。

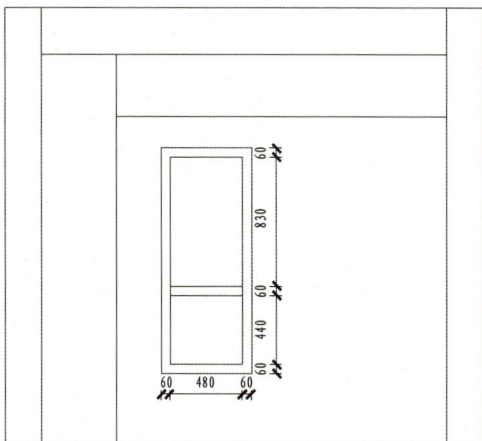

⑤根据图示尺寸绘制窗户。

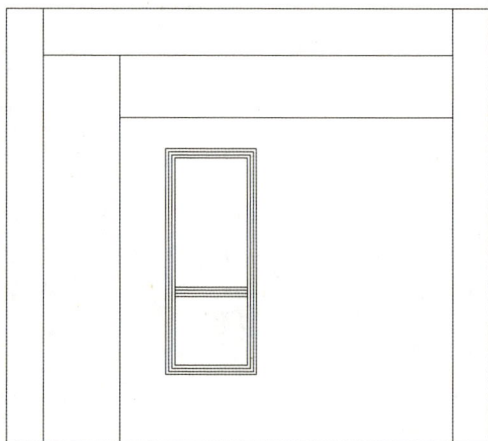

⑥绘制窗套,完成效果如图所示。

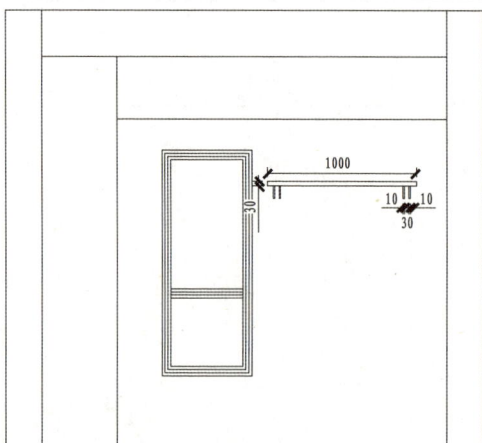

⑦根据图示尺寸绘制不锈钢搁板。

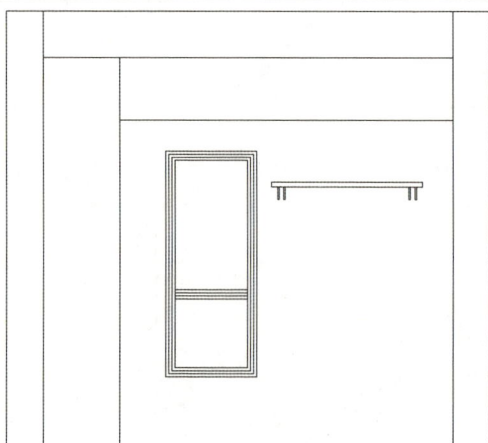

⑧将不锈钢搁板修改成如图所示样式。

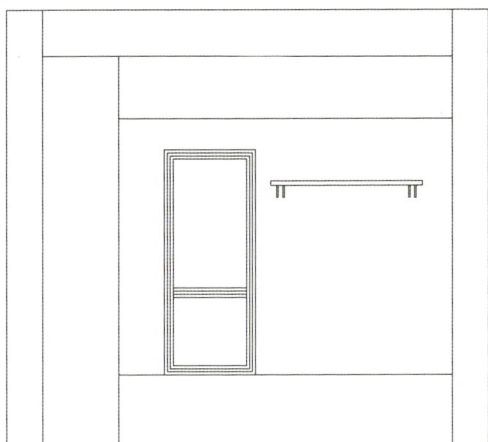

⑨将地线向上偏移450 mm,并修改成如图所示样式。

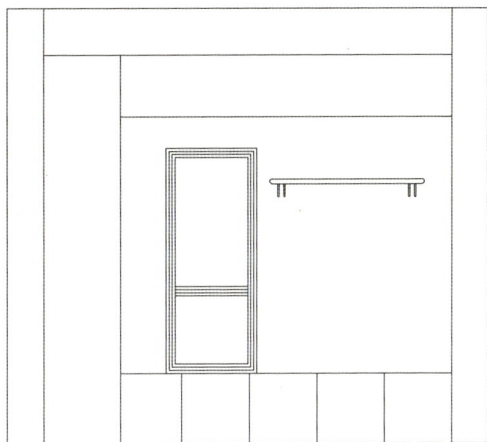

⑩根据图示尺寸绘制浴缸地台瓷砖。

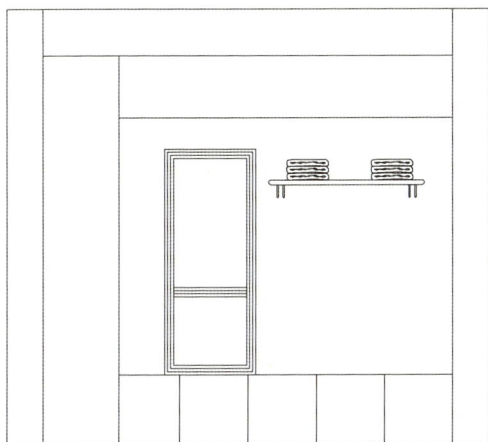

⑪摆放装饰品,完成效果如图所示。

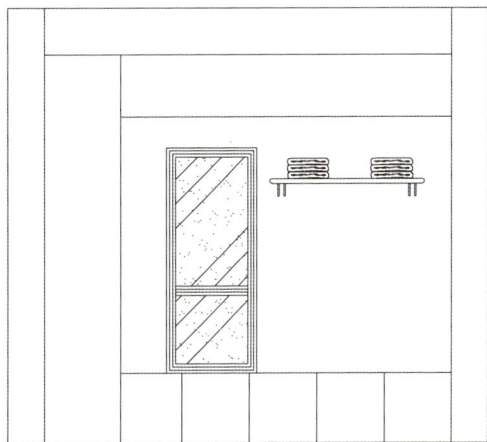

⑫根据图示完成装饰填充。

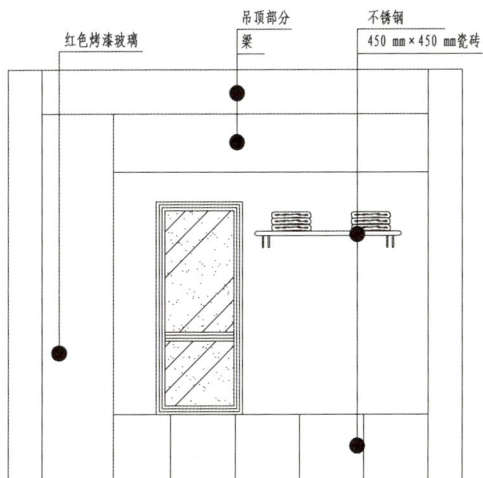

红色烤漆玻璃　吊顶部分　梁　不锈钢　450 mm×450 mm瓷砖

⑬根据图示完成文字标注。

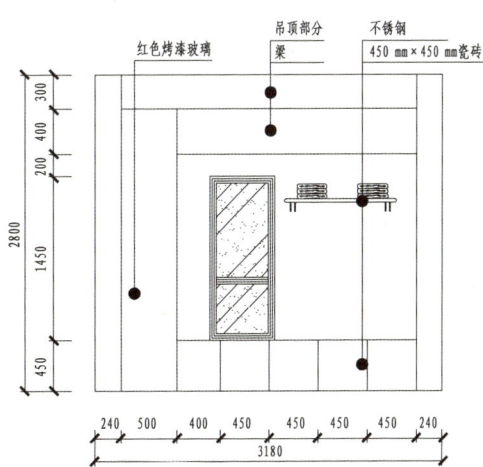

红色烤漆玻璃　吊顶部分　梁　不锈钢　450 mm×450 mm瓷砖

300 400 200 2800 1450 450

240 500 400 450 450 450 450 240
3180

⑭根据图示完成尺寸标注。

5.卫生间马桶墙立面绘制

①复制平面图中的马桶墙部分到平面图下方,并根据立面图绘制方法绘制成如图所示样式。

②将墙体修改成如图所示样式。

③将顶线向下偏移300 mm,并修改成如图所示样式,完成铝扣板吊顶侧面绘制。

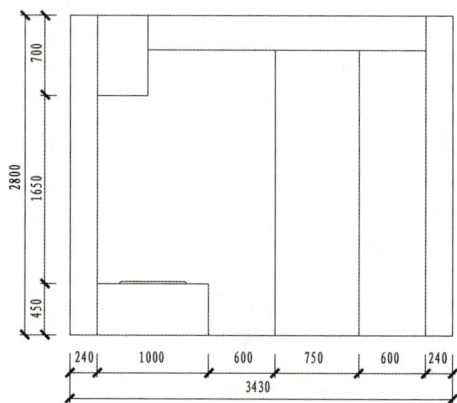

④根据图示尺寸将墙体绘制成如图所示样式。

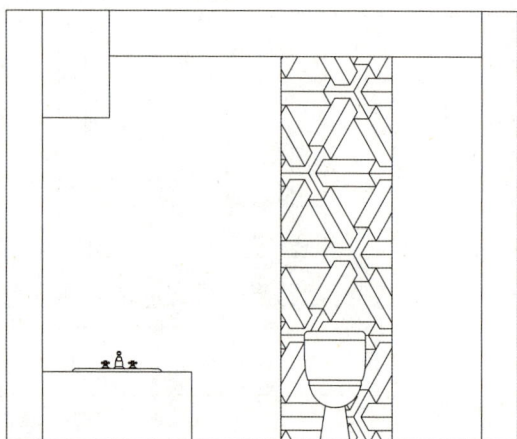

⑤摆放装饰品,完成效果如图所示。

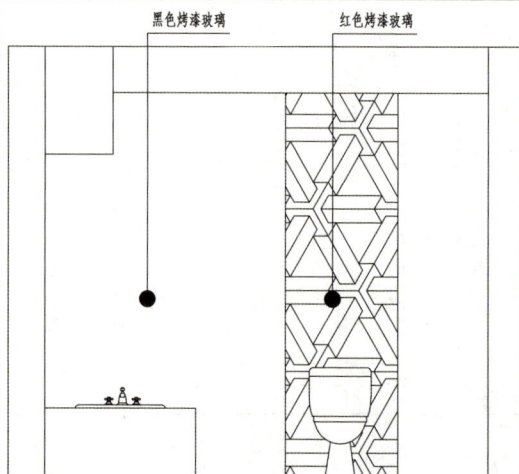

⑥根据提示进行文字标注。

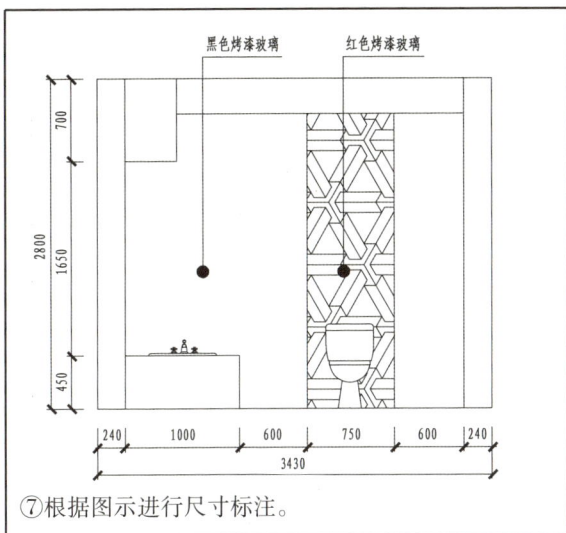

黑色烤漆玻璃　　红色烤漆玻璃

⑦根据图示进行尺寸标注。

【知识拓展】

　　在现代中式风格的住宅中,空间装饰多采用简洁、硬朗的直线条,有些家庭还会采用具有西方工业设计色彩的板式家具与中式风格的家具搭配使用。直线装饰在空间中的使用,不仅反映出现代人追求简单生活的居住要求,更迎合了中式家居追求内敛、质朴的设计风格,使中式风格更加实用、更富现代感。现代中式风格的卫生间尤其体现了这一中西结合的特征。卫生间中的马桶、浴缸以及镜面玻璃与木雕窗格、中式吊灯、青花瓷砖色调的交相辉映,给传统家居文化注入了新的气息。

卫生间效果图

　　思考:1.卫生间中还可以融入哪些中式元素?
　　　　　2.设计师如何做到文化自信?

【岗位实训】

　　根据现代中式风格卫生间的设计图,进行方案图绘制。

实训项目	现代中式风格卫生间方案绘制				
实训目的	1.能看懂效果图中的各个项目与家具。 2.能将效果图所示的内容转化为 CAD 图纸。 3.能灵活运用所学知识,举一反三。				
项目要求	选做		必做	是否分组	每组人数
实训时间		实训学时			学分
实训地点		实训形式			

实训内容

设计师已经完成了效果图设计,现在需要根据效果图,完成现代中式卫生间 CAD 的方案绘制。

效果图

包括:卫生间平面布置图一张

　　　卫生间天棚布置图一张

　　　卫生间洗漱台墙立面图一张

　　　卫生间浴缸墙立面图一张

　　　卫生间窗户墙立面图一张

实训材料	安装并激活 AutoCAD 2022 软件的电脑一套

实训步骤及要求	评分标注	分值
1.现代中式风格卫生间平面布置图绘制 要求:与效果图对应,绘制工整准确	与效果图平面对应,不符,酌情扣 5~20 分; 绘制工整准确,不符,酌情扣 1~5 分	20 分
2.现代中式风格卫生间天棚布置图绘制 要求:与效果图对应,绘制工整准确	与效果图平面对应,不符,酌情扣 5~20 分; 绘制工整准确,不符,酌情扣 1~5 分	20 分

3.现代中式风格卫生间洗漱台立面绘制 要求:与效果图对应,绘制工整准确	与效果图平面对应,不符,酌情扣5~20分; 绘制工整准确,不符,酌情扣1~5分	20分
4.现代中式风格卫生间浴缸墙立面绘制 要求:与效果图对应,绘制工整准确	与效果图平面对应,不符,酌情扣5~20分; 绘制工整准确,不符,酌情扣1~5分	20分
5.现代中式风格卫生间窗户墙立面绘制 要求:与效果图对应,绘制工整准确	与效果图平面对应,不符,酌情扣5~20分; 绘制工整准确,不符,酌情扣1~5分	20分
学生评价		
教师评价		
企业评价		

任务三　现代欧式风格卫生间绘制

【任务描述】

本任务主要是掌握根据已有现代欧式风格卫生间效果图绘制其 CAD 方案图的过程,并以此为载体掌握室内设计三视图的画法,熟悉 CAD 制图软件快捷键,理解现代欧式风格的概念。本任务宏观上采用"实例驱动",微观上采用"项目式教学"以及用"演示法"讲解现代欧式风格卫生间的绘制技巧及流程,同时要求学生"边学边画",使学生对现代欧式风格卫生间绘制从感性认识上升到理性认识,掌握现代欧式风格卫生间的绘制技能。通过本任务的学习,对知识点进行归纳总结,引导学生发现新旧知识之间的内在联系,并将所学知识与相关学科进行有机衔接。

【知识点】

1. 卫生间平面布置图绘制步骤。
2. 卫生间天棚布置图绘制步骤。
3. 卫生间洗漱台立面绘制步骤。
4. 卫生间马桶墙立面绘制步骤。
5. 卫生间浴缸墙立面绘制步骤。

【任务导入】

本任务设计用更加简洁的造型,更加简单的装饰,营造出欧式风格,这是本任务最独特的地方。室内陈设造型简洁大方,色彩以"块"体现,而不像传统风格那样极尽装饰。在本任务中,没有多余的装饰,也没有特别复杂的造型。显得大方得体,舒适典雅。

斜贴的拼花地砖,造型简洁大方的家具,使其显得庄重而有风度,就像是一个彬彬有礼的绅士。筒灯的光打在大理石的墙面上,大理石特有的质感,给人一种安详的气氛。而红色的天花阴角线和马赛克的出现,又给这种稍显沉闷的气氛添加了些许活跃的因子。整个设计以一种庄重典雅、大方得体的姿态呈现在人们面前。没有多余的装饰,却以一种"块"的形式,重新组合各个装饰元素,给人一种独特的视觉感受。

【任务讲解】

1.现代欧式风格卫生间平面布置图绘制

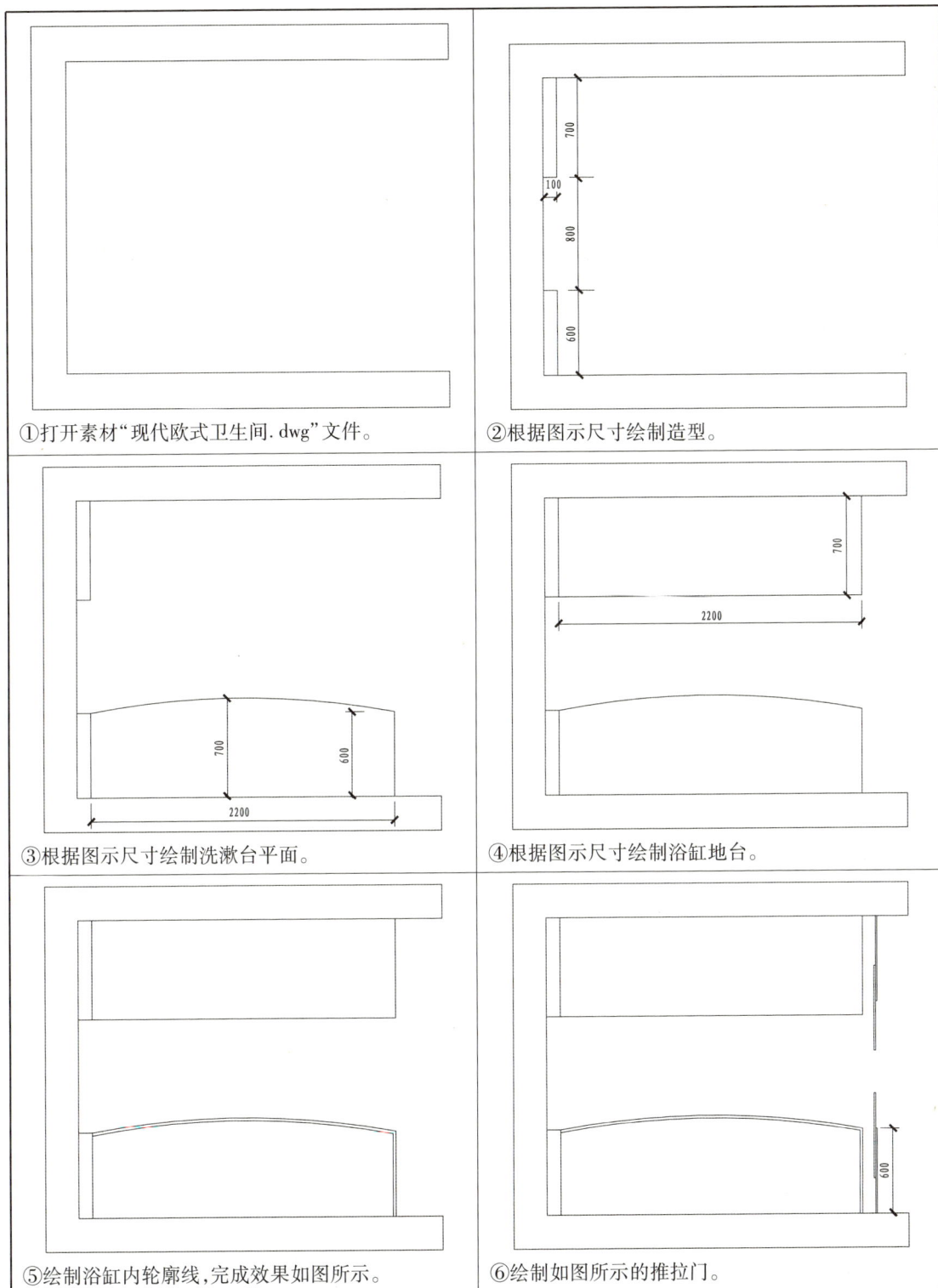

①打开素材"现代欧式卫生间.dwg"文件。

②根据图示尺寸绘制造型。

③根据图示尺寸绘制洗漱台平面。

④根据图示尺寸绘制浴缸地台。

⑤绘制浴缸内轮廓线,完成效果如图所示。

⑥绘制如图所示的推拉门。

⑦摆放装饰品,完成效果如图所示。

300 mm×300 mm斜帖拼花

⑧绘制地面铺装图,完成效果如图所示。

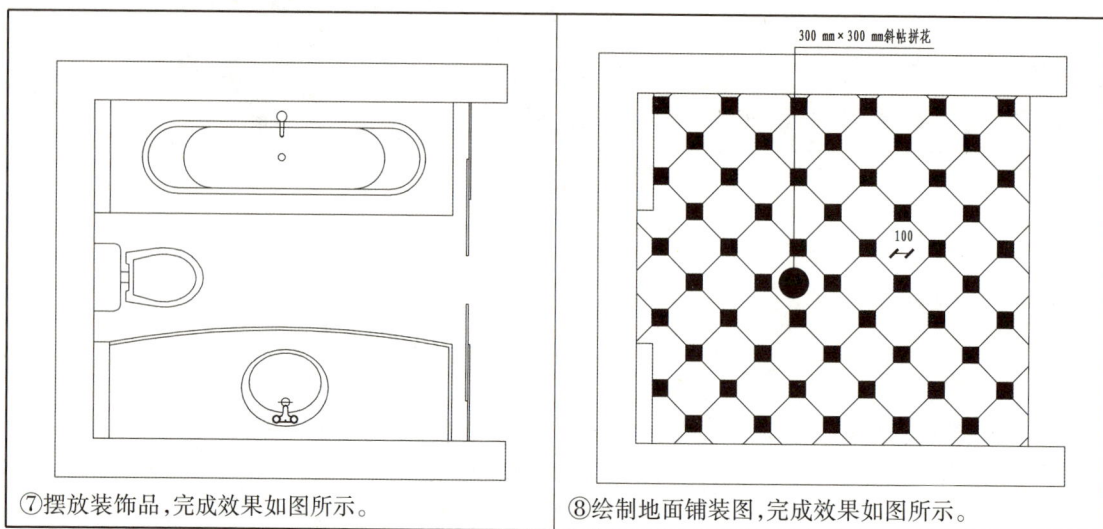

2.现代欧式风格卫生间天棚布置图绘制

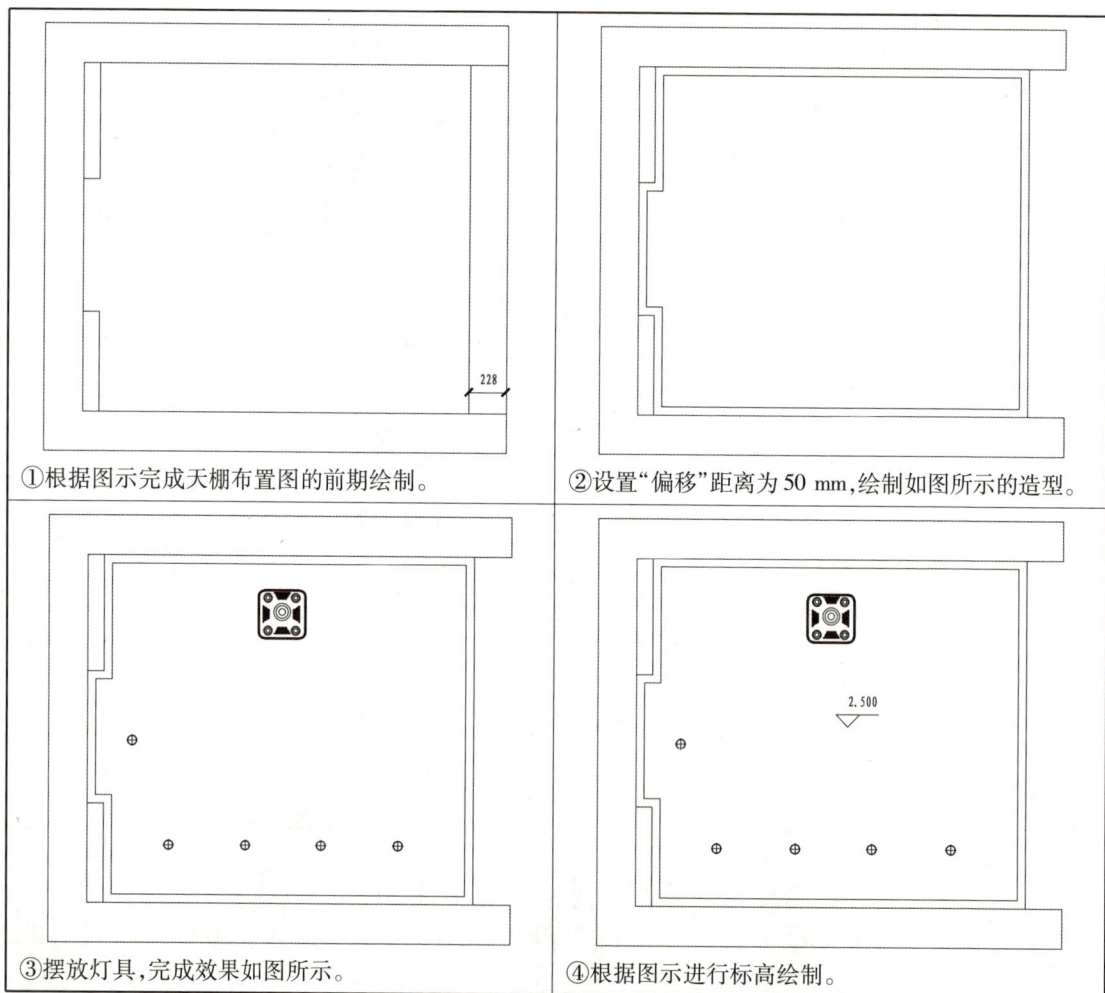

228

①根据图示完成天棚布置图的前期绘制。

②设置"偏移"距离为50 mm,绘制如图所示的造型。

③摆放灯具,完成效果如图所示。

2.500

④根据图示进行标高绘制。

木制阴角线
白色乳胶漆

2.500

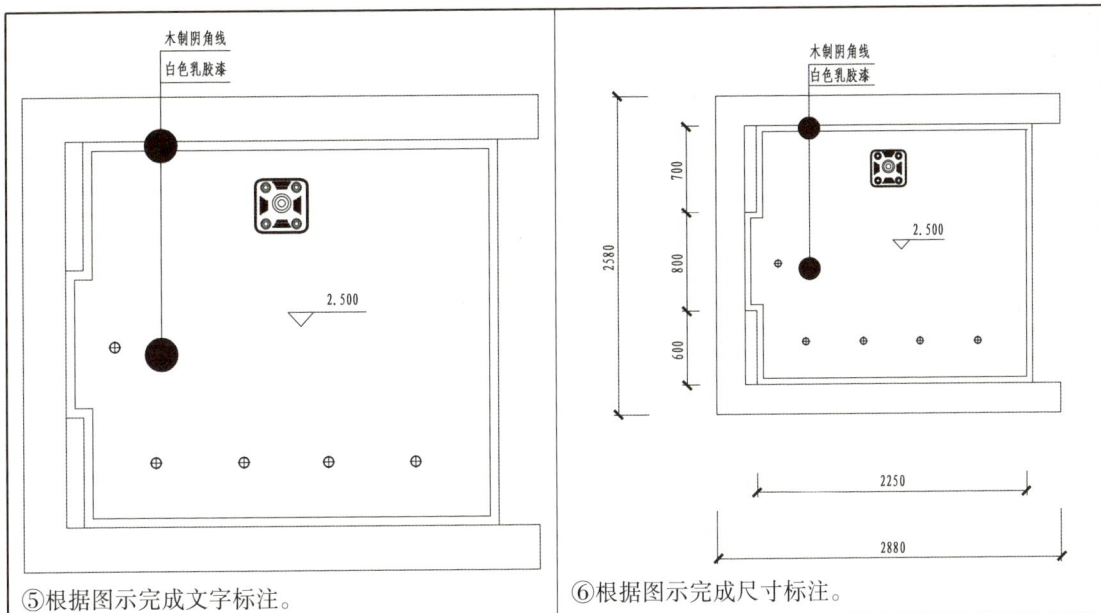

⑤根据图示完成文字标注。

木制阴角线
白色乳胶漆

700

800

600

2.500

2580

2250

2880

⑥根据图示完成尺寸标注。

3.现代欧式风格卫生间洗漱台立面绘制

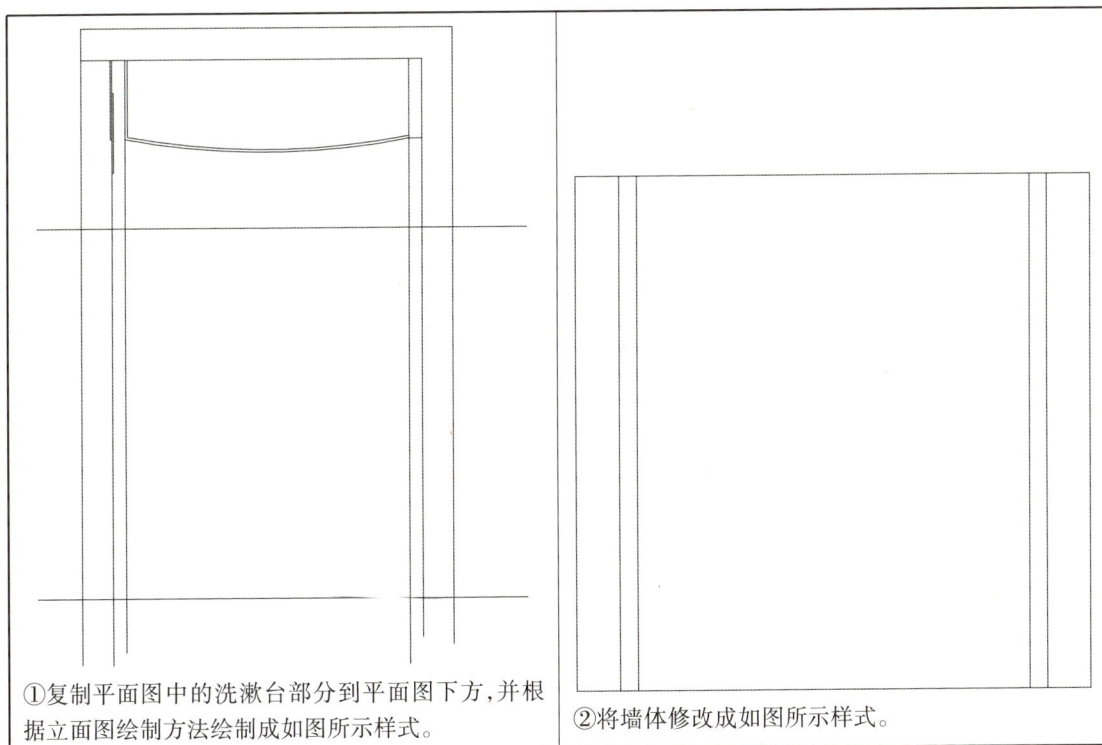

①复制平面图中的洗漱台部分到平面图下方,并根据立面图绘制方法绘制成如图所示样式。

②将墙体修改成如图所示样式。

③将顶线向下偏移 300 mm，并修改成如图所示样式。

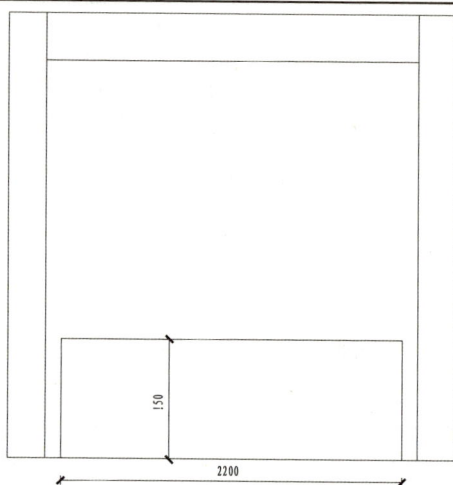

④根据图示尺寸绘制洗漱台轮廓。

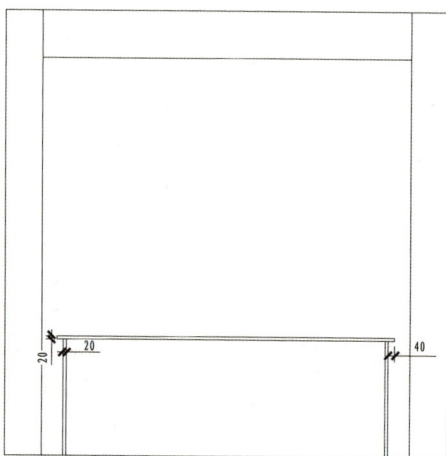

⑤根据图示尺寸将洗漱台绘制成如图所示样式。

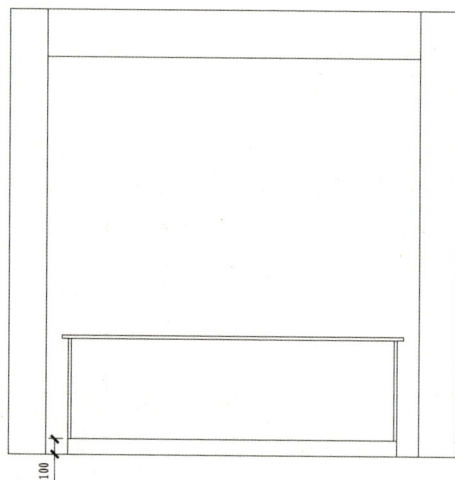

⑥根据图示尺寸将洗漱台绘制成如图所示样式。

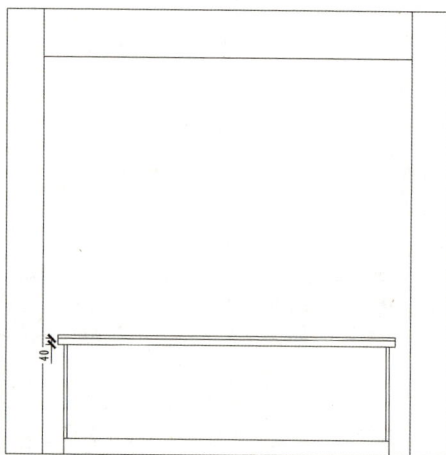

⑦根据图示尺寸将洗漱台绘制成如图所示样式。

⑧设置"偏移"距离为 10 mm，将台面绘制成如图所示样式。

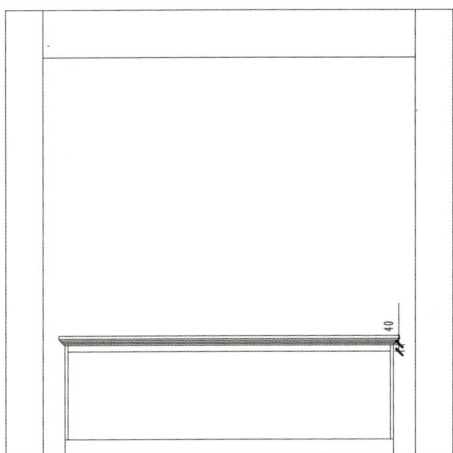

⑨根据图示尺寸将洗漱台绘制成如图所示样式。

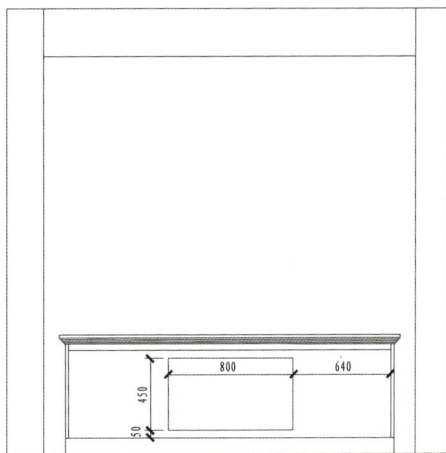

⑩根据图示尺寸将洗漱台绘制成如图所示样式。

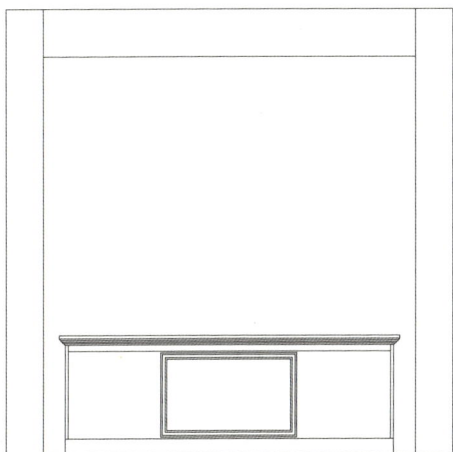

⑪将洗漱台绘制成如图所示样式。

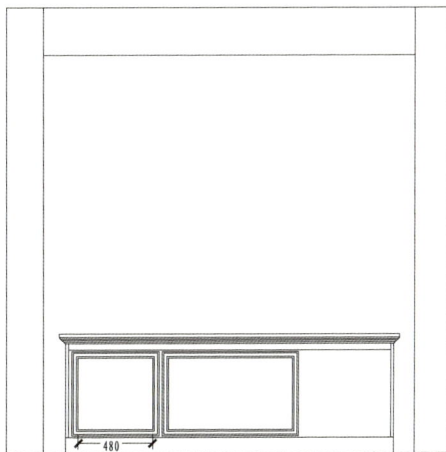

⑫根据图示进行绘制。

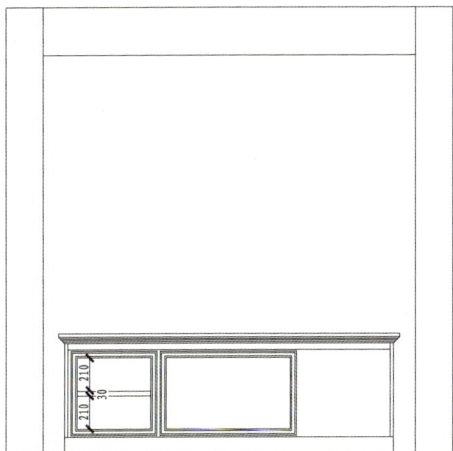

⑬根据图示尺寸进行绘制。

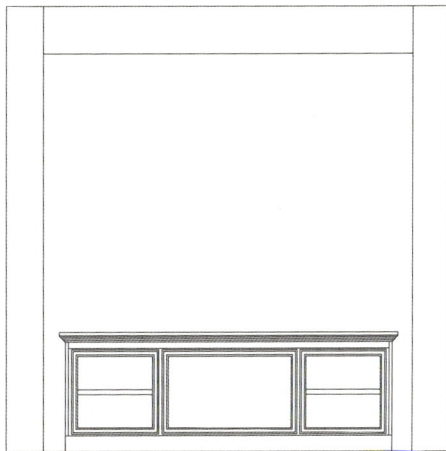

⑭根据图示进行绘制。

⑮根据图示尺寸进行绘制。

⑯绘制如图所示的装饰。

⑰根据图示完成装饰填充。

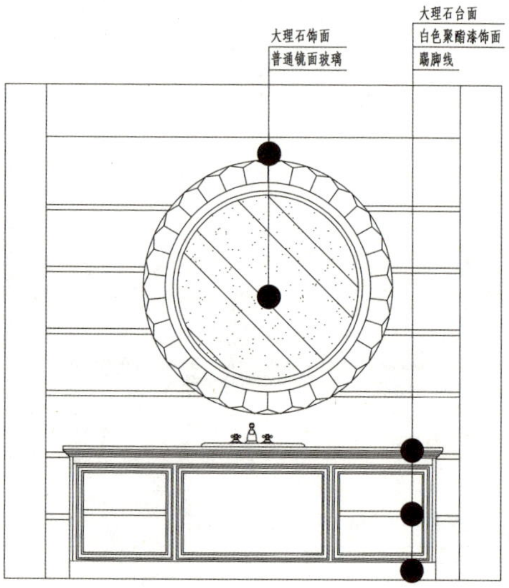

⑱根据图示完成文字标注。

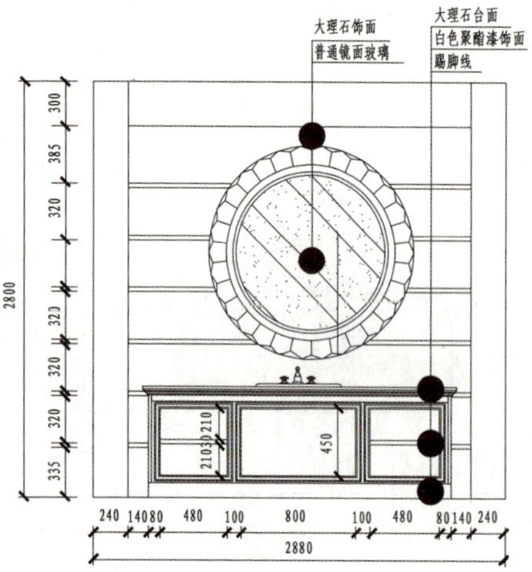

⑲根据图示完成尺寸标注。

4.现代欧式风格卫生间马桶墙立面绘制

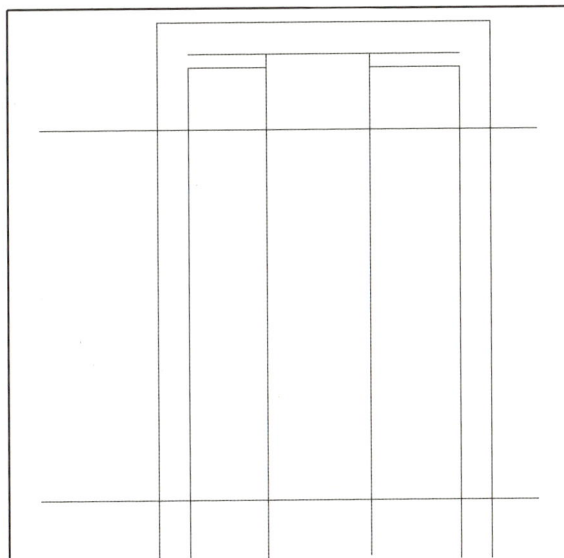

①复制平面图中如图所示墙体部分到平面图下方,并根据立面图绘制方法绘制成如图所示样式。

②将墙体修改成如图所示样式。

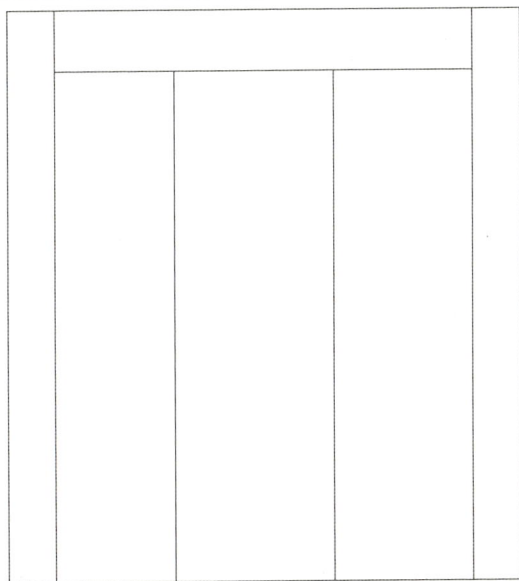

③将顶线向下偏移300 mm,并修改成如图所示样式。

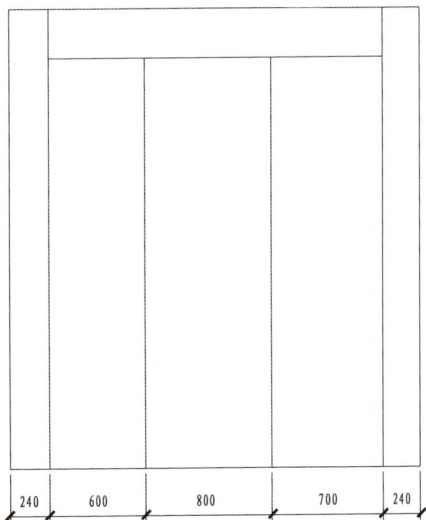

④根据图示尺寸绘制如图所示的直线。

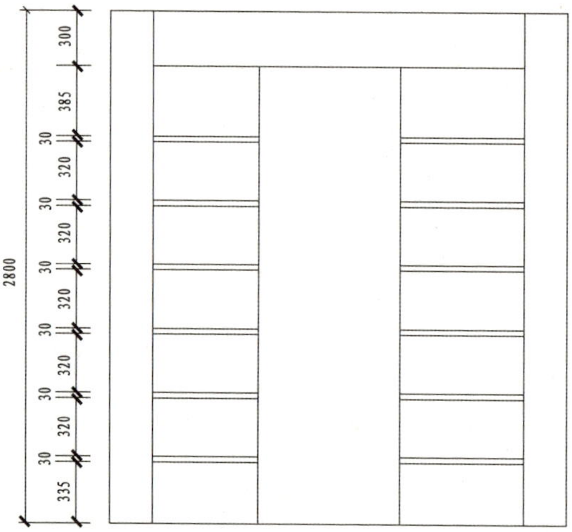

⑤根据图示尺寸绘制如图所示的造型。

⑥摆放装饰品,完成效果如图所示。

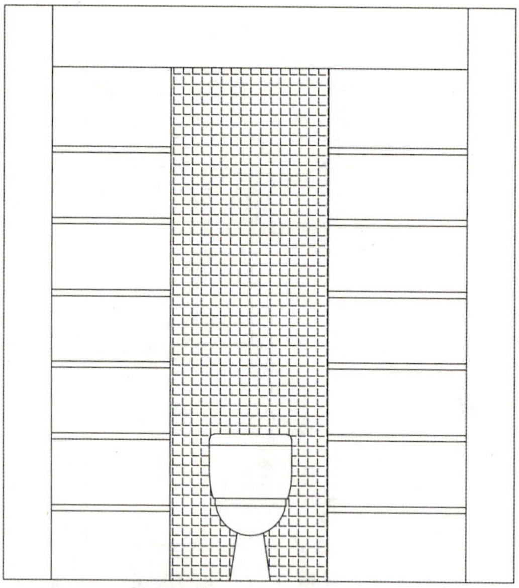

⑦根据图示完成装饰填充。

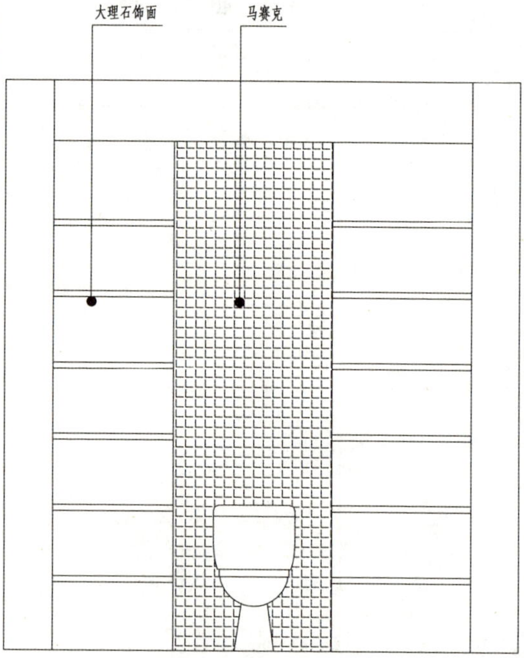

⑧根据图示完成文字标注。

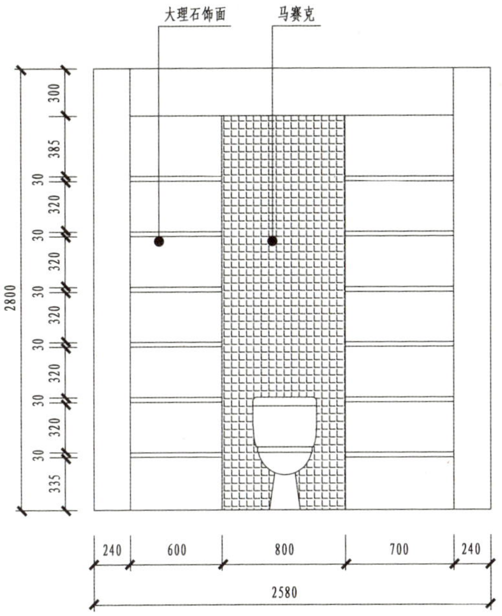

大理石饰面 马赛克

⑨根据图示完成尺寸标注。

5. 现代欧式风格卫生间浴缸墙立面绘制

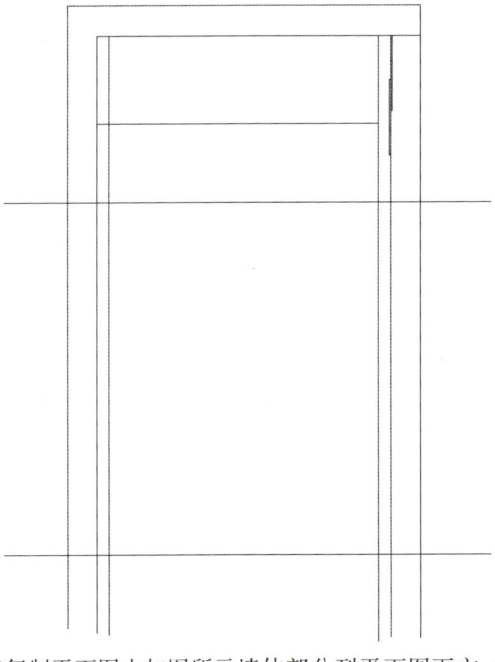

①复制平面图中如图所示墙体部分到平面图下方,并根据立面图绘制方法绘制成如图所示样式。

②将墙体修改成如图所示样式。

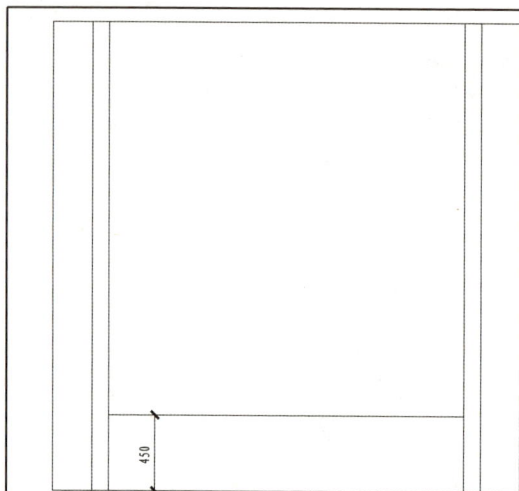

③根据图示尺寸绘制如图所示的直线。

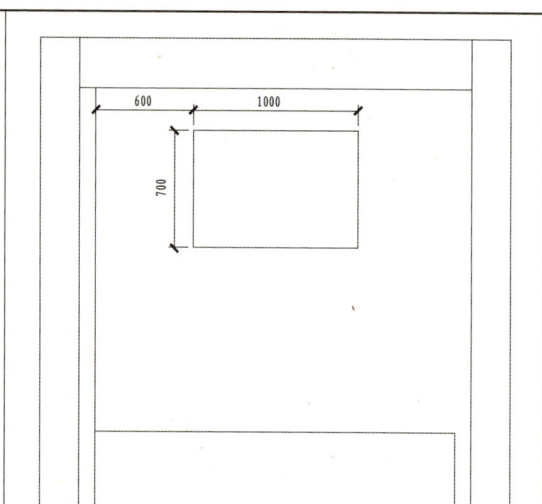

④根据图示尺寸绘制如图所示的窗洞。

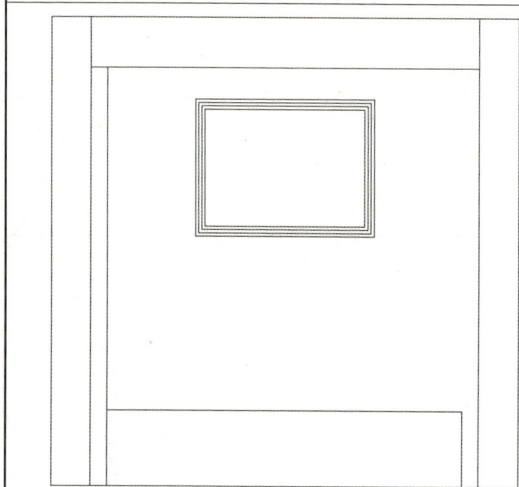

⑤绘制窗套,完成效果如图所示。

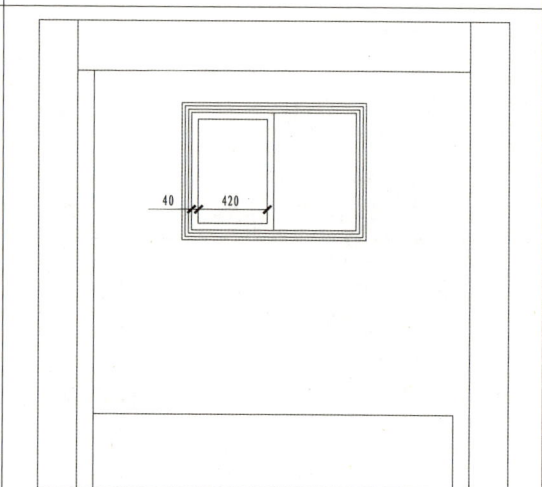

⑥根据图示尺寸绘制窗户。

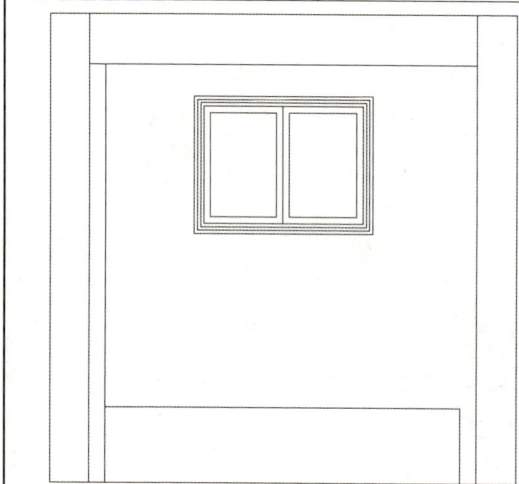

⑦将窗户绘制成如图所示样式。

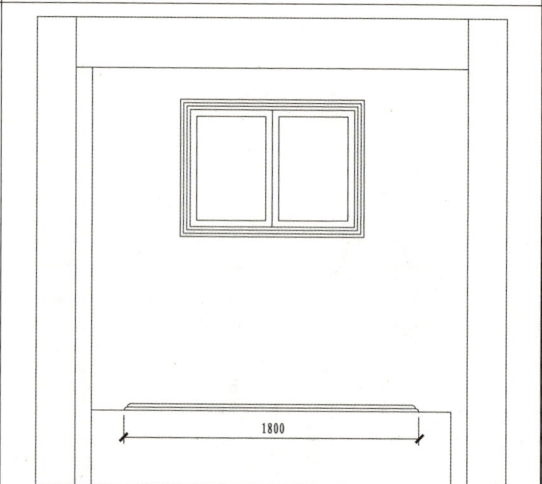

⑧绘制浴缸侧面,完成效果如图所示。

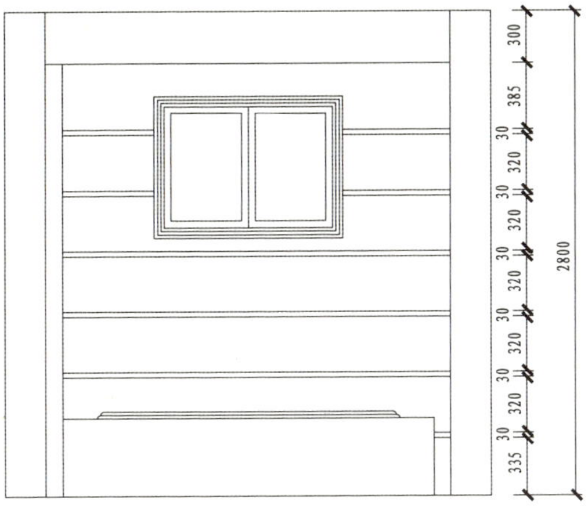

⑨根据图示尺寸绘制如图所示的造型。

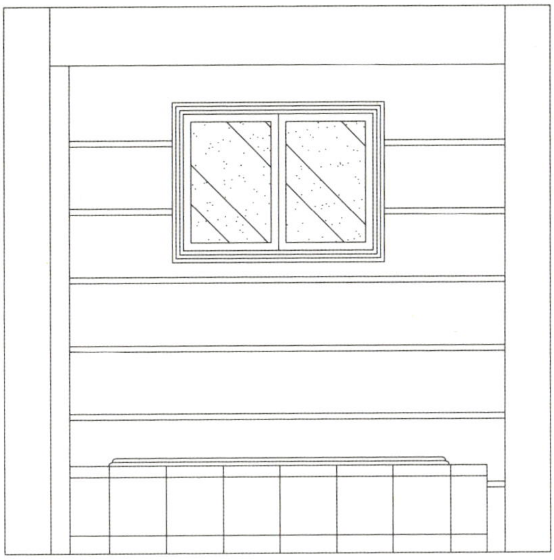

⑩根据图示完成装饰填充。

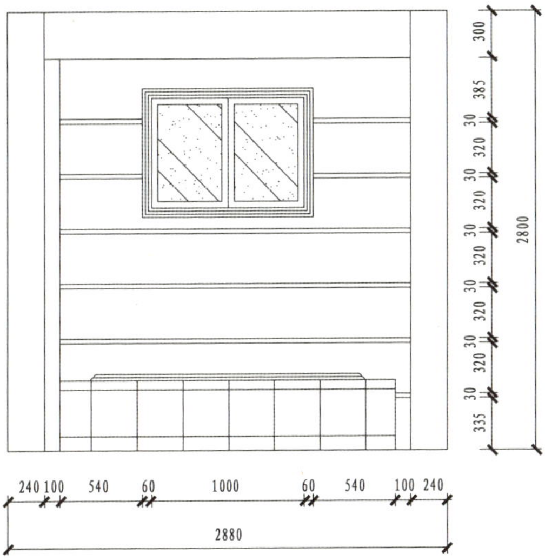

⑪根据图示完成尺寸标注。

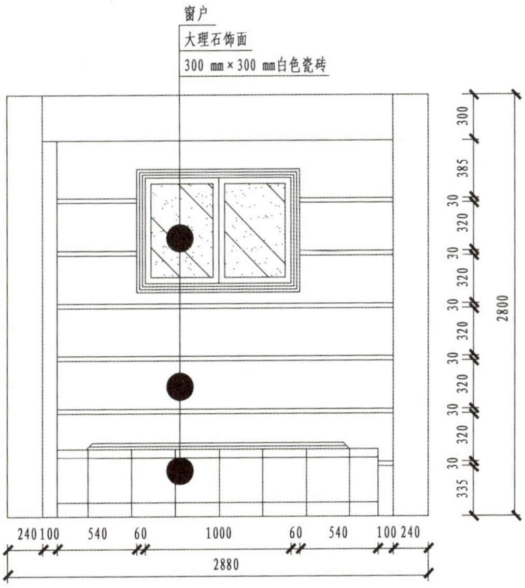

窗户
大理石饰面
300 mm×300 mm白色瓷砖

⑫根据图示完成文字标注。

【知识拓展】

效果图1　　　　　　　　　效果图2　　　　　　　　　效果图3

　　现代欧式风格的装修,在面积、空间较大的房间内会达到更好的效果。在空间相对狭小的卫生间又如何发挥现代欧式风格的特点呢? 本案例中,设计师使用了黑白配色的欧式橱柜,在满足卫生间的储物功能之外,也为卫生间增加了些许欧式元素。除此之外,壁灯、镜框也含有简欧的风格元素。

　　思考:1.如何将欧式元素融入卫生间中?

　　　　　2.“一带一路”对室内设计有哪些影响?

【岗位实训】

　　根据现代欧式风格卫生间设计图,进行方案图绘制。

实训项目	现代欧式风格卫生间方案绘制					
实训目的	1.能看懂效果图中的各个项目与家具。 2.能将效果图所示的内容转化为CAD图纸。 3.能灵活运用所学知识,举一反三。					
项目要求	选做		必做		是否分组	每组人数
实训时间			实训学时			学分
实训地点			实训形式			
实训内容	设计师已经完成了效果图设计,现在需要根据效果图完成现代欧式卫生间CAD方案的绘制。 包括:卫生间平面布置图一张 　　　卫生间天棚布置图一张 　　　卫生间洗漱台墙立面图一张 　　　卫生间镜面装饰墙立面图一张 　　　卫生间护墙板装饰墙立面图一张					

实训材料	安装并激活 AutoCAD 2022 软件的电脑一套	
实训步骤及要求	评分标注	分值
1. 现代欧式风格卫生间平面布置图绘制 要求:与效果图对应,绘制工整准确	与效果图平面对应,不符,酌情扣 5~20 分; 绘制工整准确,不符,酌情扣 1~5 分	20 分
2. 现代欧式风格卫生间天棚布置图绘制 要求:与效果图对应,绘制工整准确	与效果图平面对应,不符,酌情扣 5~20 分; 绘制工整准确,不符,酌情扣 1~5 分	20 分
3. 现代欧式风格洗漱台墙立面绘制 要求:与效果图对应,绘制工整准确	与效果图平面对应,不符,酌情扣 5~20 分; 绘制工整准确,不符,酌情扣 1~5 分	20 分
4. 现代欧式风格卫生间镜面装饰墙立面绘制 要求:与效果图对应,绘制工整准确	与效果图平面对应,不符,酌情扣 5~20 分; 绘制工整准确,不符,酌情扣 1~5 分	20 分
5. 现代欧式风格卫生间护墙板装饰墙立面绘制 要求:与效果图对应,绘制工整准确	与效果图平面对应,不符,酌情扣 5~20 分; 绘制工整准确,不符,酌情扣 1~5 分	20 分
学生评价		
教师评价		
企业评价		

项目七
室内设计完整方案绘制

【建议课时】

　　40 课时。

【学习目标】

知识目标

1. 掌握室内完整方案设计的绘制技巧。

2. 熟悉室内设计的制图流程。

技能目标

1. 具备绘制基本设计方案的能力。

2. 具备绘制现代简约风格设计方案图的能力。

素质目标

1. 具备较高的政治思想觉悟、良好的行为规范和较高的职业素养。

2. 培养学生高度的责任感和严谨细致的工作作风。

3. 培养学生的团队合作能力。

4. 培养学生自主学习、自主探究的能力。

【项目要求】

1. 学生准备好电脑,并安装好 AutoCAD 2022 制图软件。

2. 教师准备好电脑与多媒体授课设备,并提前安装好制图软件 AutoCAD 2022,下载好素材"现代简约式套图.dwg"。

3. 教师示范步骤,按照平面布置图、天棚布置图、门厅立面图、客厅立面图、卧室立面图、卫生间立面图的顺序,使用 AutoCAD 2022 快捷键,绘制现代简约风格图纸。

4. 在每个知识点结束后,引导学生临摹教师的绘图过程,并检查绘制图纸是否与教师绘制的图纸保持一致。

任务一　现代简约风格套图绘制

【任务描述】

本任务主要是掌握根据已有现代简约风格效果图绘制其 CAD 方案图的过程,并以此为载体掌握室内设计三视图的画法,熟悉家装室内设计方案图绘制,了解现代简约风格的概念。本任务宏观上采用"实例驱动",微观上采用"项目式教学"以及用"演示法"讲解现代简约风格设计方案的绘制技巧及流程,同时要求学生"边学边画",使学生对现代简约风格设计方案绘制从感性认识上升到理性认识,掌握现代简约风格设计方案绘制技能。对知识点进行归纳总结,通过本任务的学习,可引导学生发现新旧知识之间的内在联系,并将所学知识与相关学科进行有机衔接。

【知识点】

1. 现代简约风格套图 平面布置图绘制。
2. 现代简约风格套图 天棚布置图绘制。
3. 现代简约风格套图 门厅立面图绘制。
4. 现代简约风格套图 客厅立面图绘制。
5. 现代简约风格套图 卧室立面图绘制。
6. 现代简约风格套图 卫生间立面图绘制。

【任务导入】

本任务中,设计师对入户过道的处理,大幅的墙绘和顶部的黑镜在不经意间衬托出了淡雅不失大气的意境。餐厅的墙面分割成数面的黑镜让原本狭小的空间突然得到了巨大的视觉扩展;灵巧的吧台融合了酒柜的功能,台边的银镜让台面的红不经意的爬上墙面。卧室的大面银镜足以满足梳妆的需要,传统的床头柜被做成了长长的搁架,彰显着随意随性的风格。整体空间大面积的留白更拓展了思维空间,让思想为空间赋予更多的灵动性。

【任务讲解】

1.现代简约风格套图 平面布置图绘制

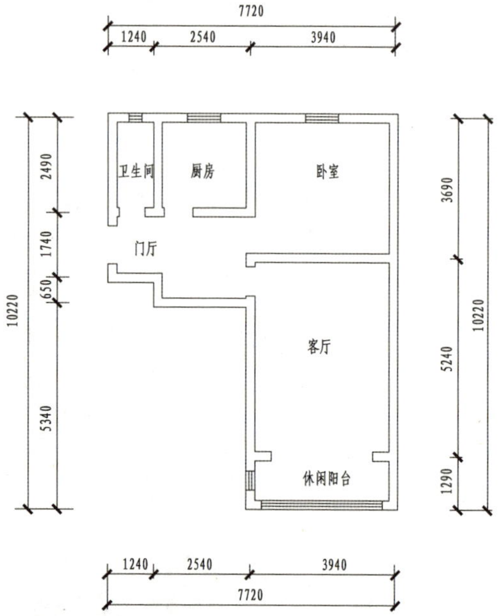

①打开素材"现代简约式套图.dwg"文件。

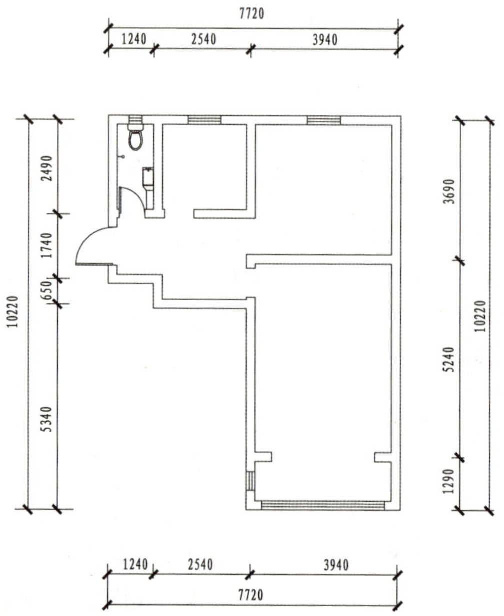

②绘制卫生间平面布置,完成效果如图所示。

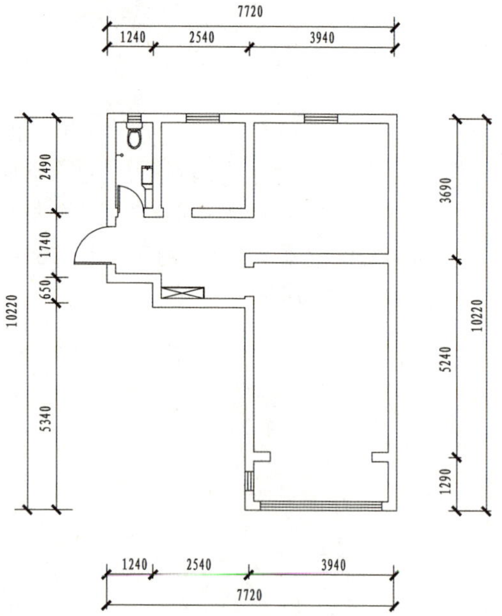

③绘制门厅平面布置,完成效果如图所示。

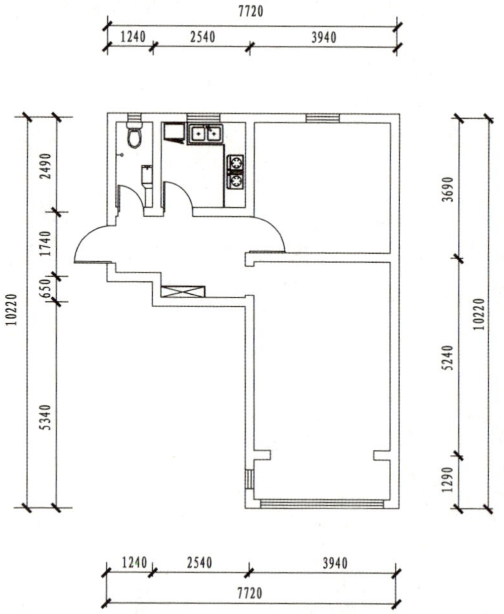

④绘制厨房平面布置,完成效果如图所示。

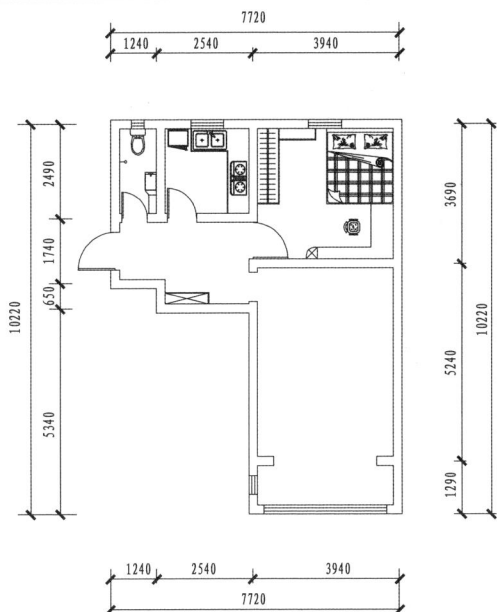

⑤绘制卧室平面布置,完成效果如图所示。

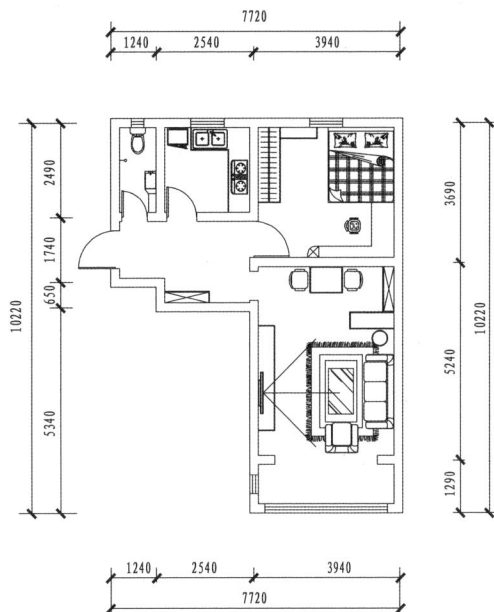

⑥绘制客厅平面布置,完成效果如图所示。

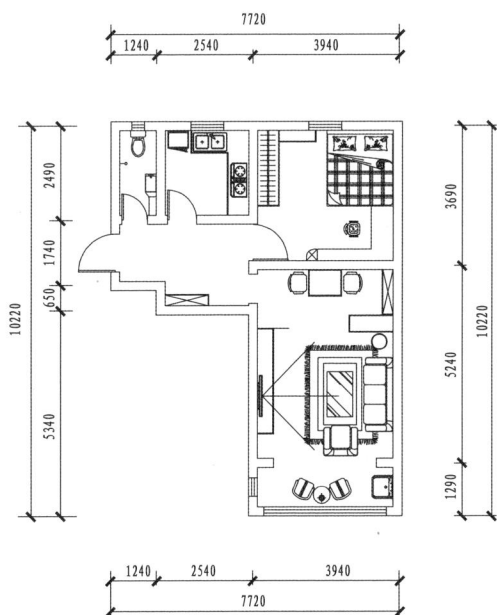

⑦绘制阳台平面布置,完成效果如图所示。

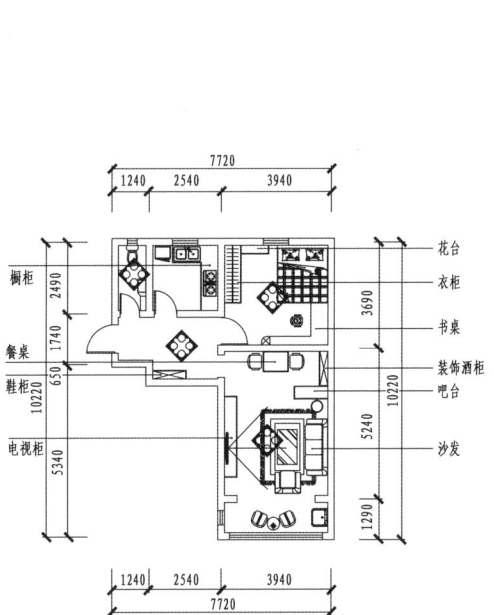

⑧根据图示完成平面布置图的文字标注。

300×300防滑地砖
600×600玻化地砖
实木木地板
大理石门槛石
300×300仿古地砖

⑨根据图示完成地面铺装图。

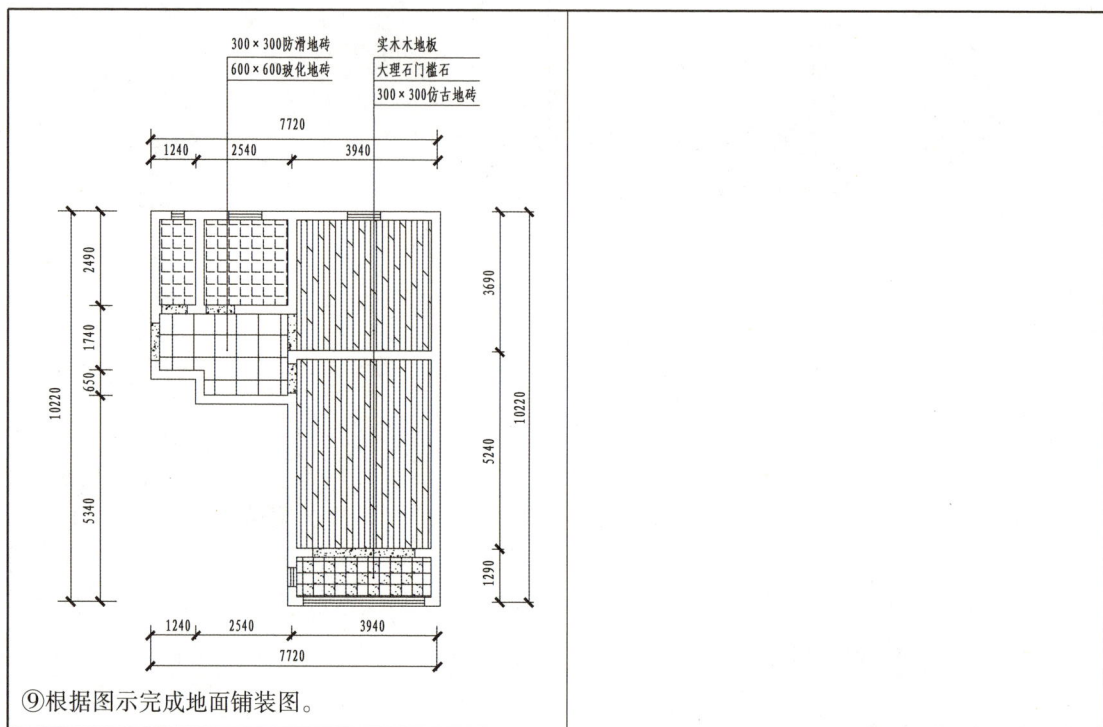

2. 现代简约风格套图 天棚布置图绘制

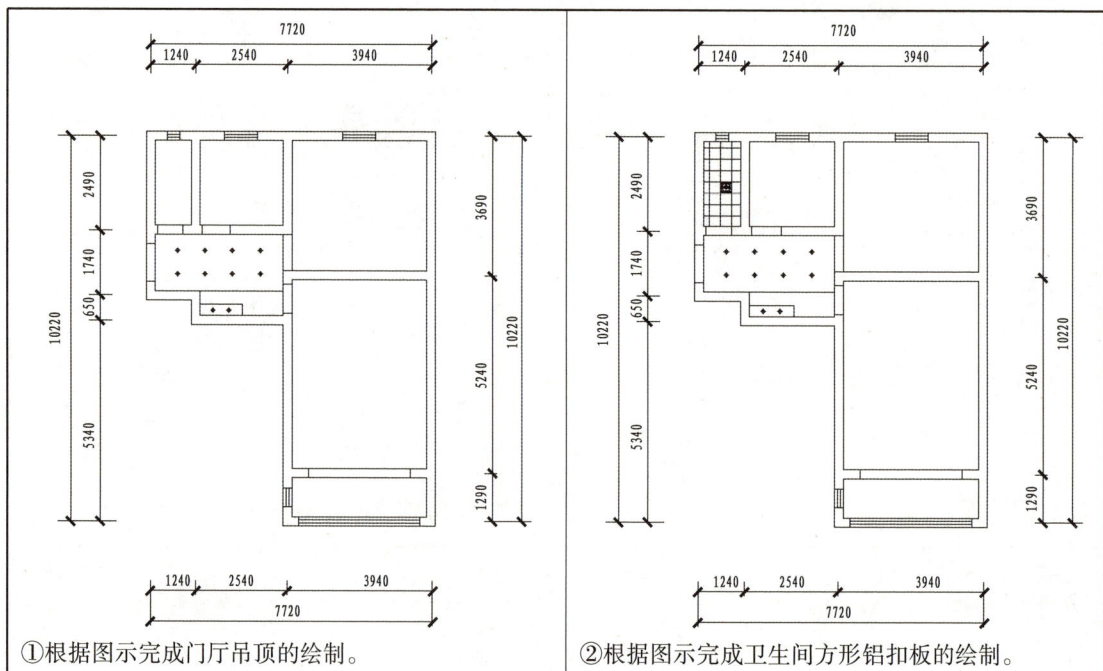

①根据图示完成门厅吊顶的绘制。

②根据图示完成卫生间方形铝扣板的绘制。

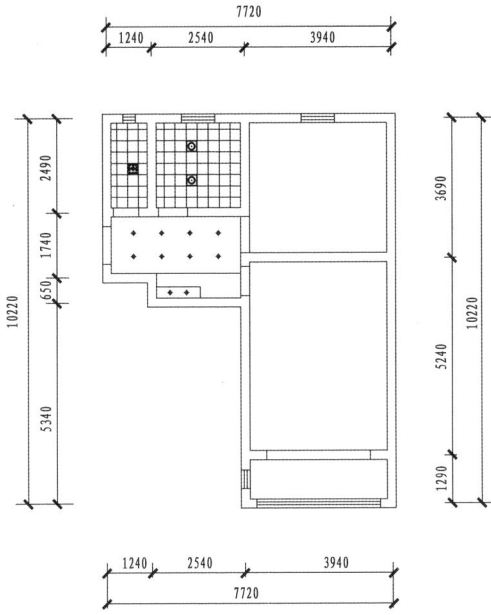

③根据图示完成厨房条形铝扣板绘制。

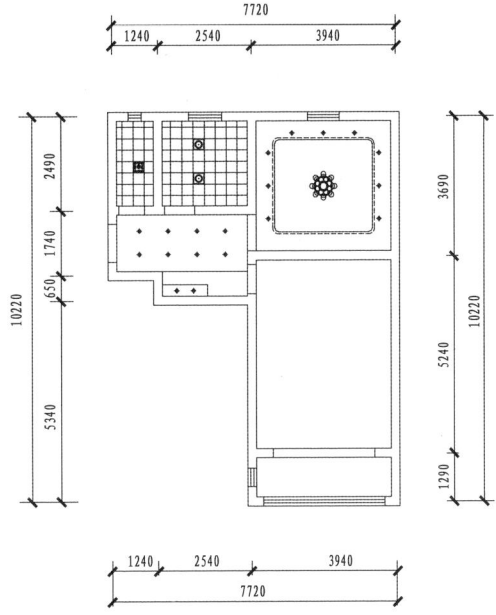

④根据图示完成卧室吊顶绘制。

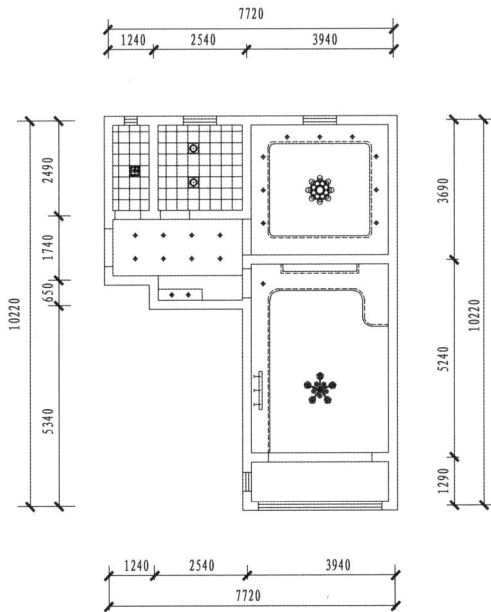

⑤根据图示完成客厅吊顶绘制。

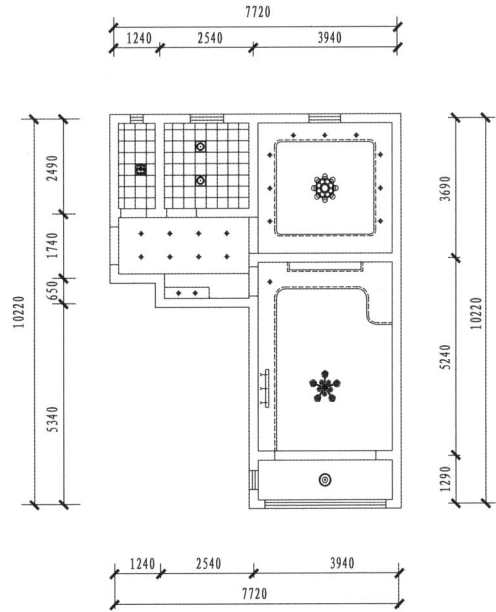

⑥根据图示完成阳台吊顶绘制。

⑦根据图示完成吊顶标高绘制。

⑧根据图示完成尺寸标注和文字标注。

铝扣板吊顶
石膏板吊顶
原顶黑色乳胶漆饰面石膏板吊顶
红色有色漆面石膏板吊顶

原顶乳胶漆饰面石膏板吊顶
原顶乳胶漆刷白
原顶乳胶漆刷白

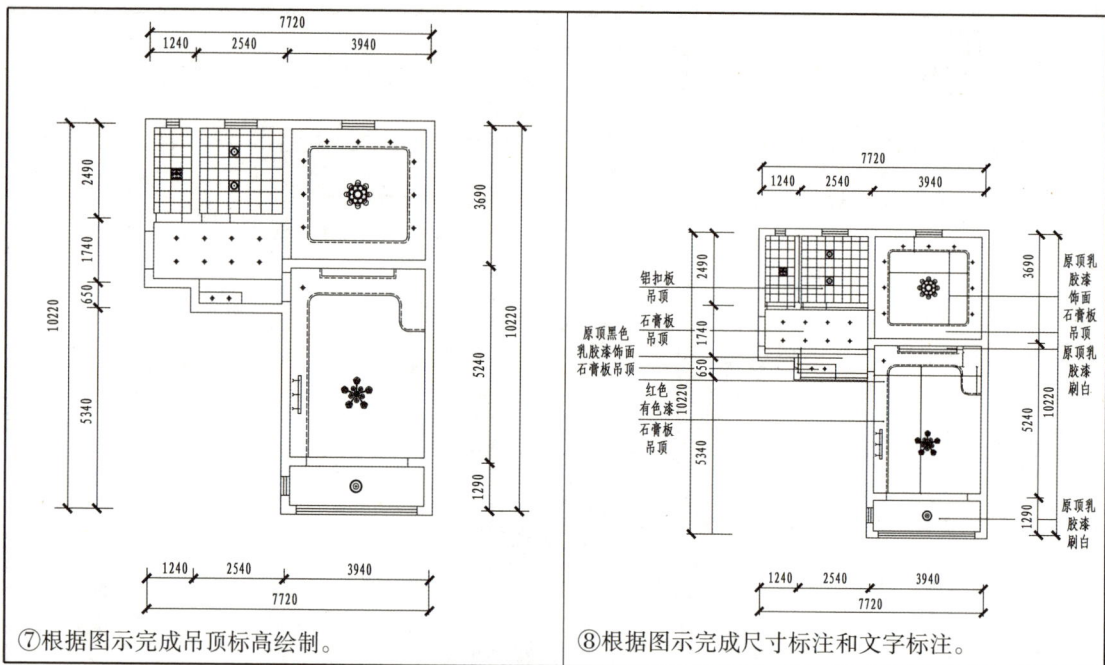

3. 现代简约风格套图 门厅立面图绘制

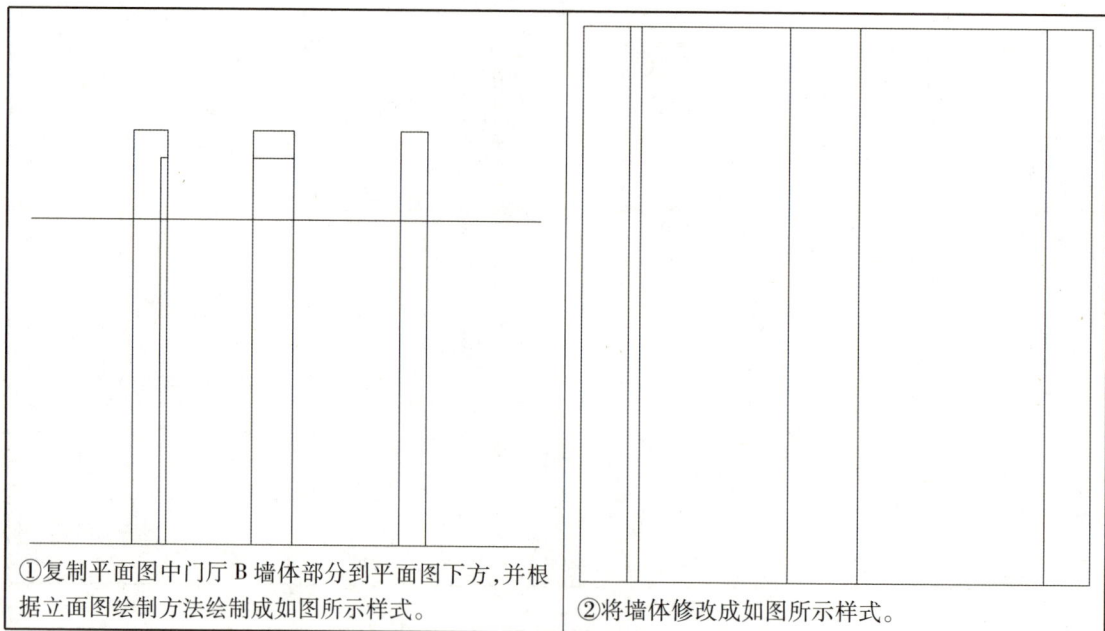

①复制平面图中门厅 B 墙体部分到平面图下方，并根据立面图绘制方法绘制成如图所示样式。

②将墙体修改成如图所示样式。

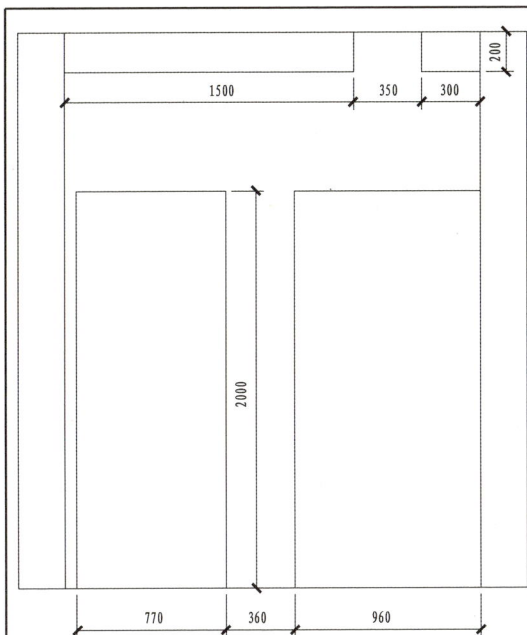

③根据图示完成如图所示的门洞。根据图示尺寸绘制吊顶侧面。

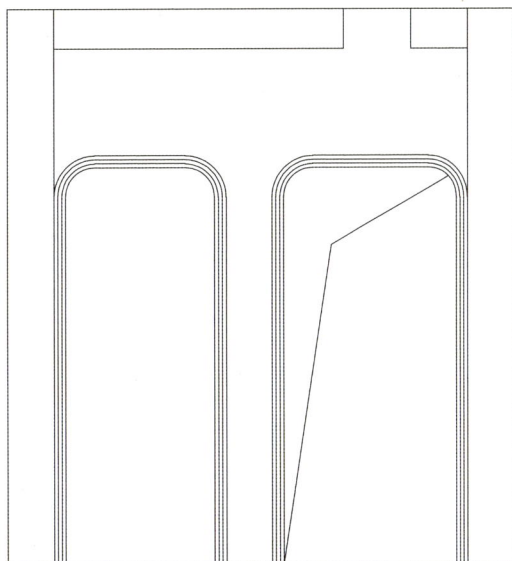

④设置"圆角"半径为150 mm,绘制门套线。

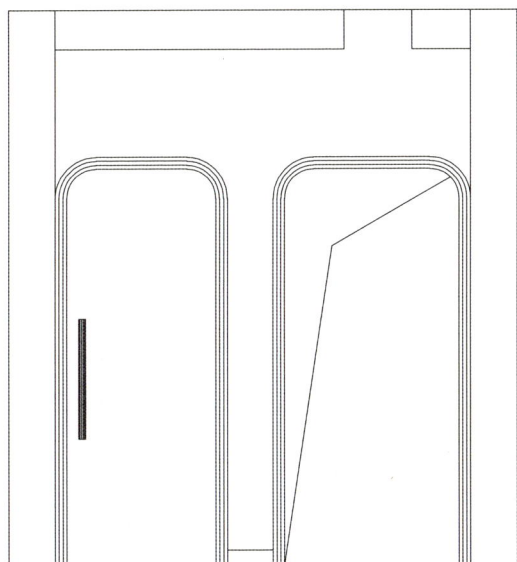

⑤绘制如图所示的门拉手。

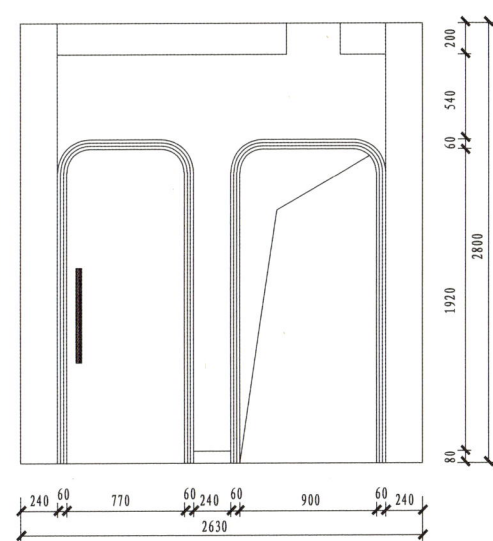

⑥根据图示绘制尺寸标注。

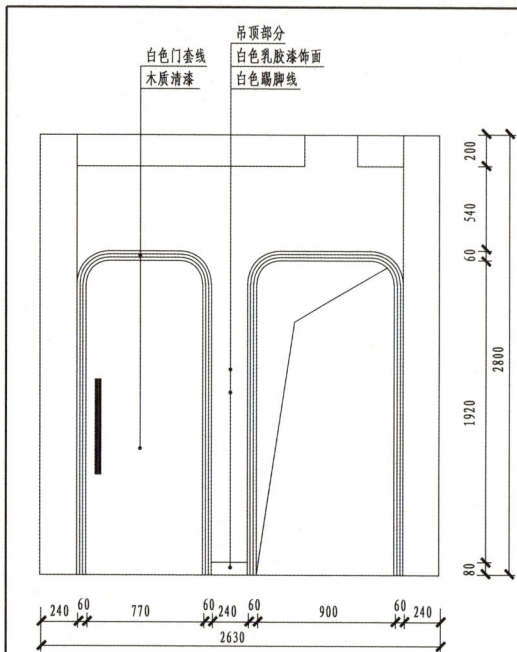

⑦根据图示绘制文字标注。

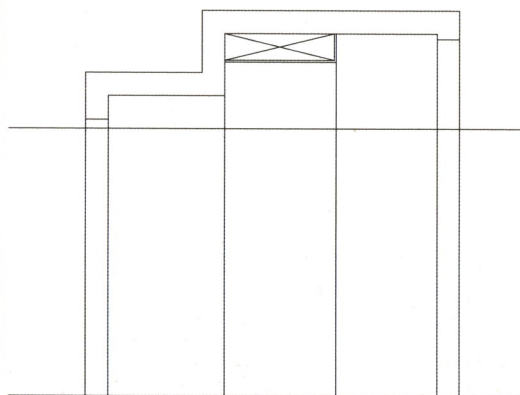

⑧复制平面图中门厅 C 墙体部分到平面图下方,并根据立面图绘制方法绘制成如图所示样式。

⑨将墙体修改成如图所示样式。

⑩根据图示尺寸绘制吊顶侧面。根据图示尺寸绘制踢脚线。

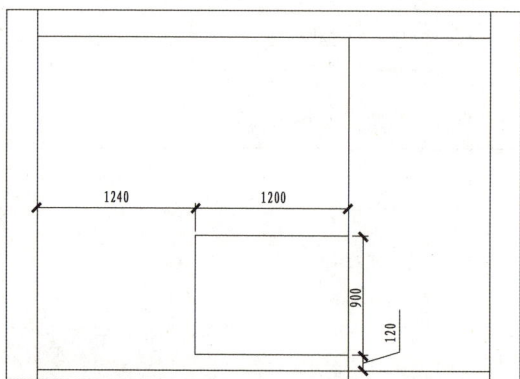

⑪根据图示尺寸绘制鞋柜柜体。

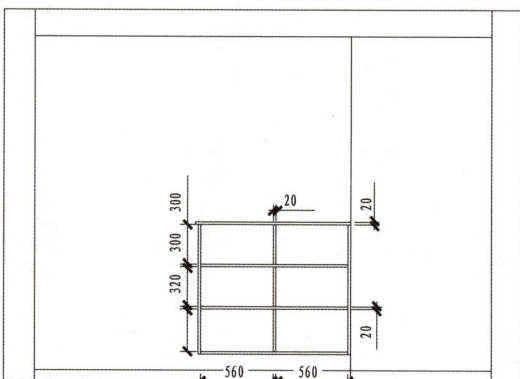

⑫绘制鞋柜柜门造型,完成效果如图所示。

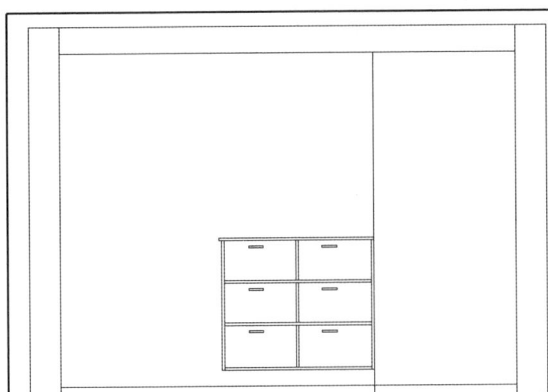

⑬绘制鞋柜拉手,完成效果如图所示。

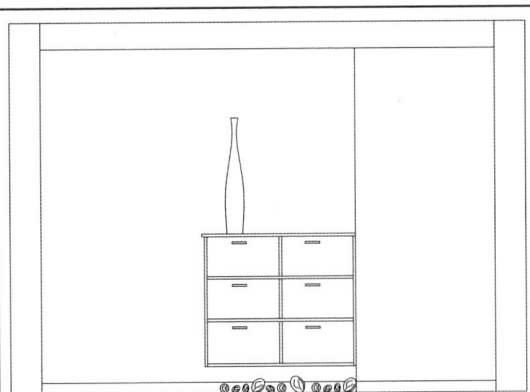

⑭摆放装饰品,完成效果如图所示。

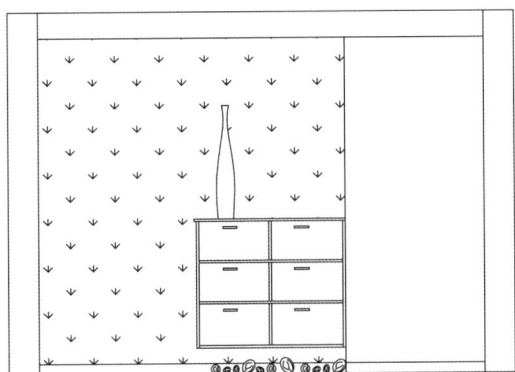

⑮根据图示完成装饰填充。

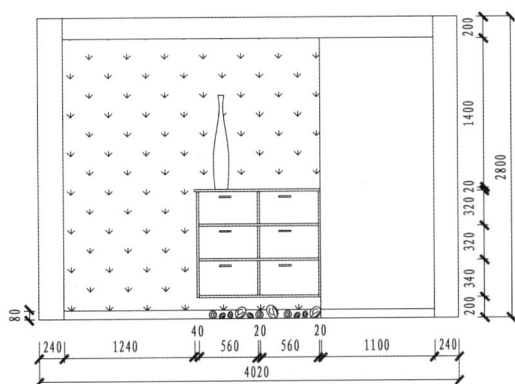

⑯根据图示绘制尺寸标注。

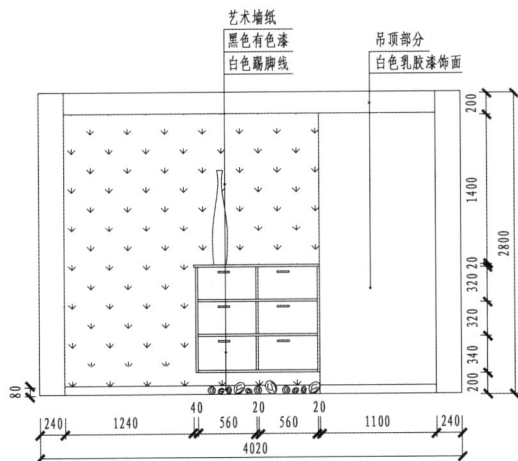

艺术墙纸
黑色有色漆
白色踢脚线
吊顶部分
白色乳胶漆饰面

⑰根据图示进行文字标注。

4.现代简约风格套图 客厅立面图绘制

①复制平面图中客厅 A 墙体部分到平面图下方,并根据立面图绘制方法绘制成如图所示样式。

②将墙体修改为如图所示样式。

③根据图示尺寸绘制吊顶侧面。

④根据图示尺寸绘制装饰柜柜体轮廓。

⑤设置"圆角"半径为 100 mm,将装饰柜绘制成如图所示样式。

⑥根据图示尺寸绘制餐厅背景墙装饰。

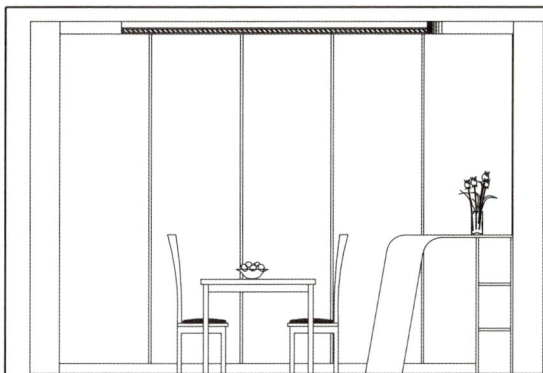

⑦摆放装饰品,完成效果如图所示。

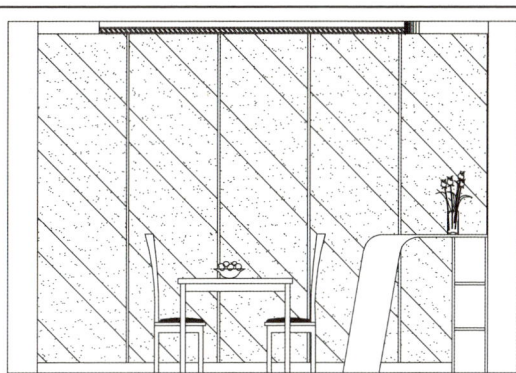

⑧根据图示绘制装饰填充。

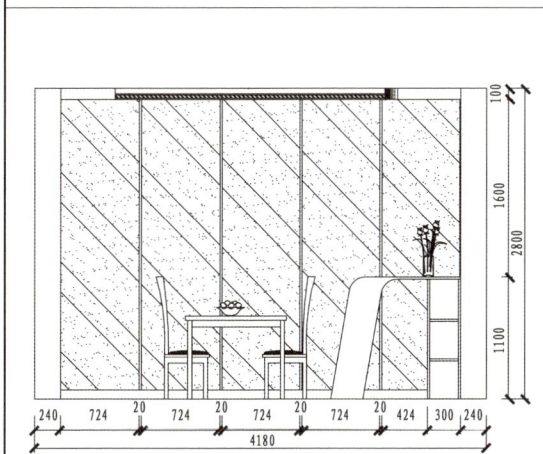

⑨根据图示绘制尺寸标注。

红色乳胶漆
12 mm普通黑色镜面玻璃
白色踢脚线　　白色聚酯漆

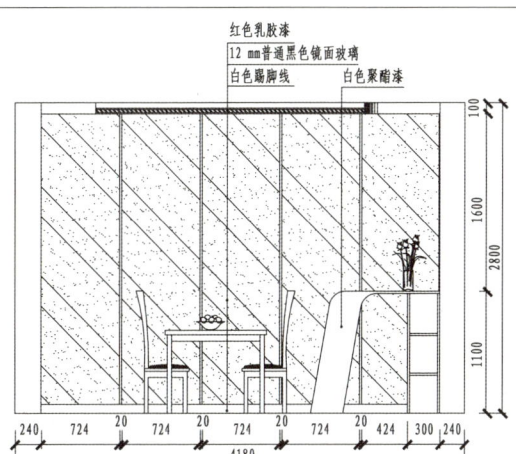

⑩根据图示绘制文字标注。

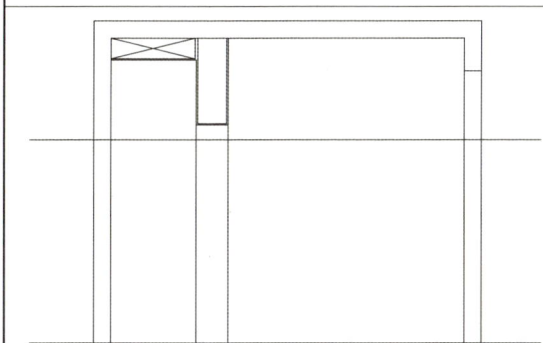

⑪复制平面图中客厅 B 墙体部分到平面图下方,并根据立面图绘制方法绘制成如图所示样式。

⑫将墙体修改成如图所示样式。

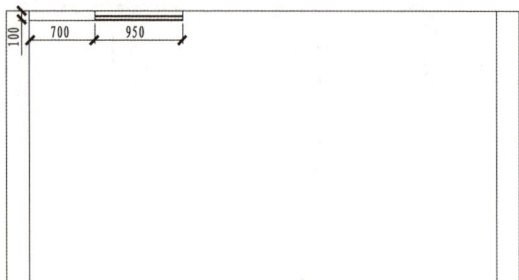
⑬根据图示尺寸绘制吊顶侧面。

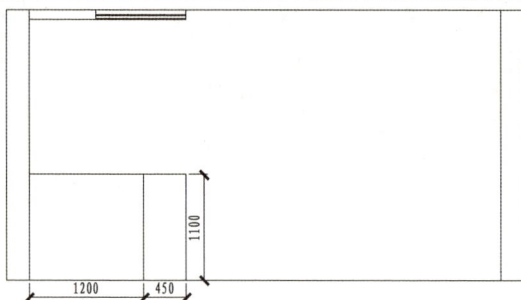
⑭绘制展示柜,完成效果如图所示。

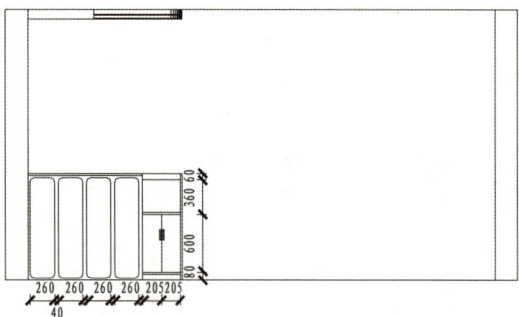
⑮根据图示尺寸绘制餐厅装饰酒柜造型。

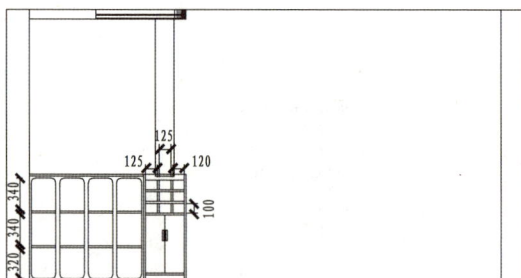
⑯根据图示尺寸将酒柜绘制成如图所示样式。

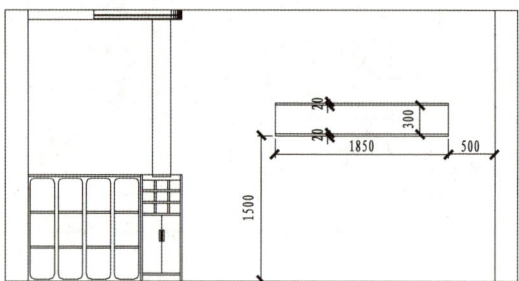
⑰根据图示尺寸绘制沙发背景装饰。

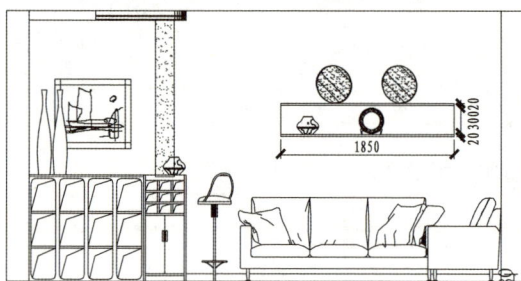
⑱摆放装饰品,完成效果如图所示。

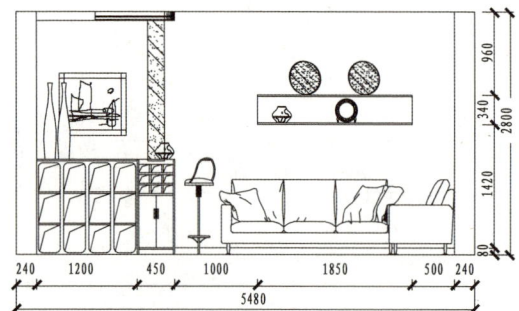
⑲根据图示绘制尺寸标注。

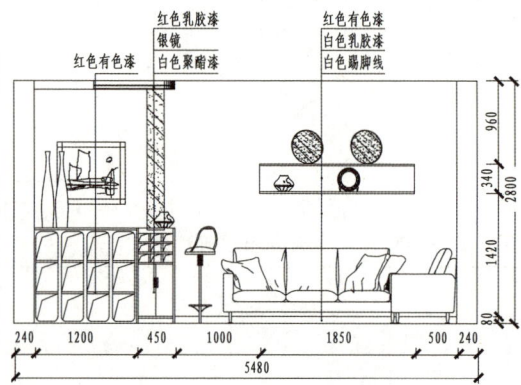
⑳根据图示绘制文字标注。

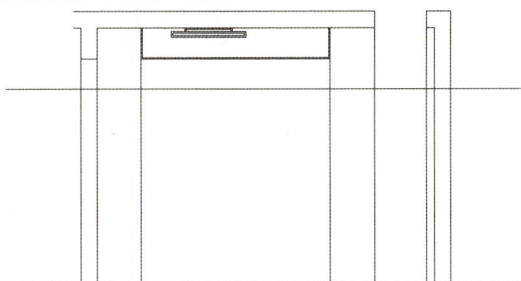

㉑复制平面图中客厅 D 墙体部分到平面图下方，并根据立面图绘制方法绘制成如图所示样式。

㉒将墙体修改成如图所示样式。

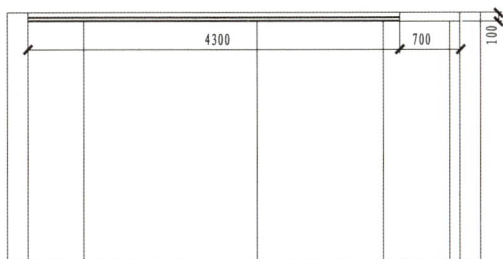

㉓根据图示尺寸绘制吊顶侧面。

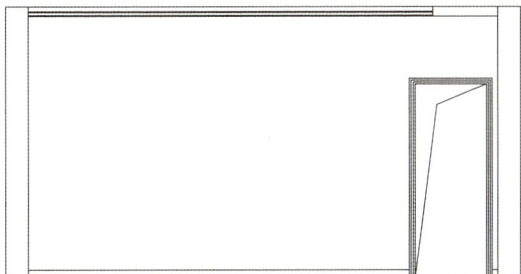

㉔绘制门洞及门套线，完成效果如图所示。绘制踢脚线。

㉕根据图示尺寸绘制电视柜的轮廓线。

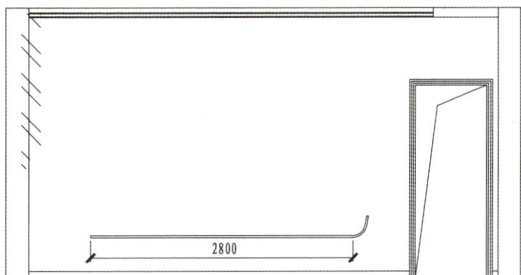

㉖绘制如图所示的电视柜。

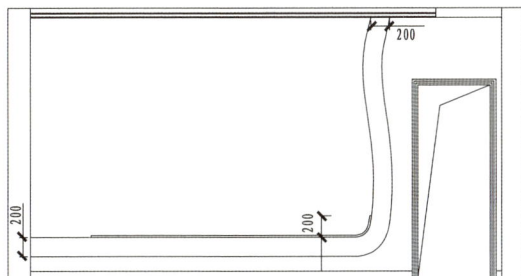

㉗根据图示绘制如图所示的电视墙造型。

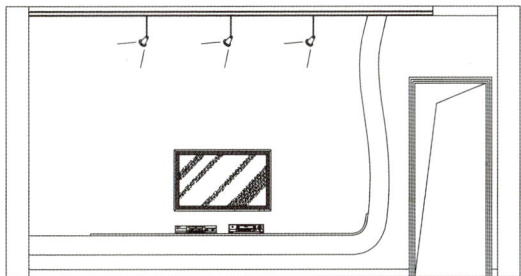

㉘摆放装饰品，完成效果如图所示。

红色乳胶漆
白色乳胶漆
红色有色漆
白色踢脚线

㉙根据图示绘制尺寸标注。

㉚根据图示绘制文字标注。

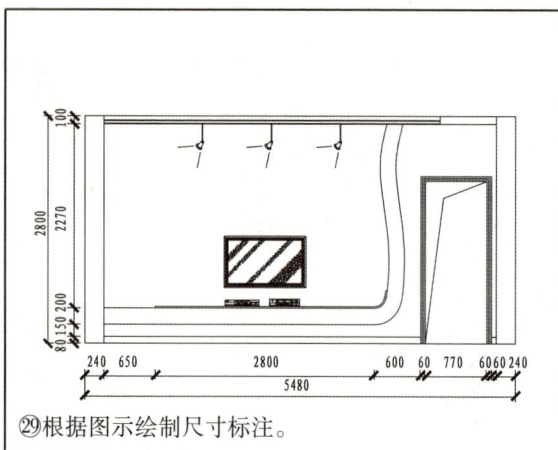

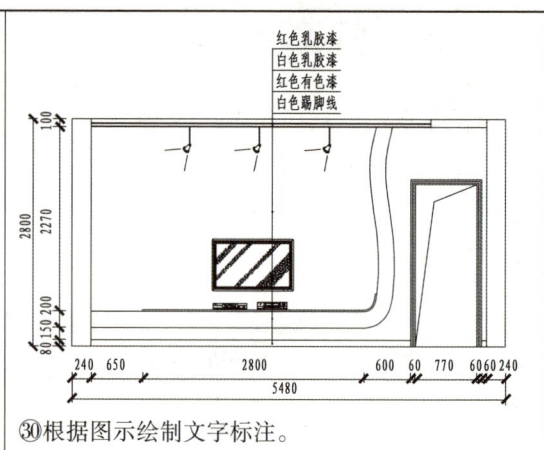

5.现代简约风格套图 卧室立面图绘制

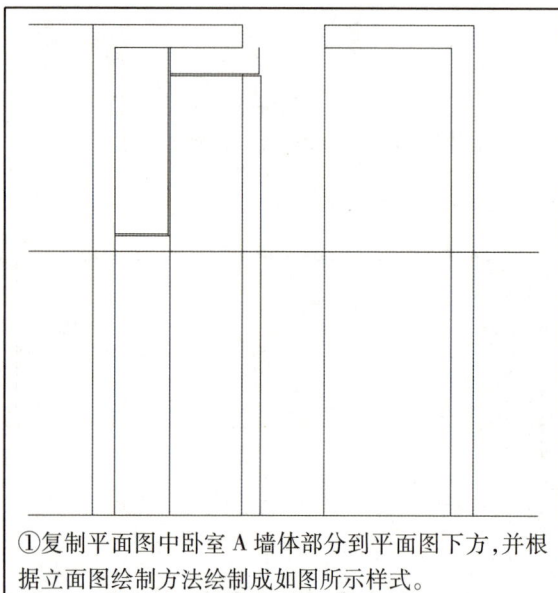

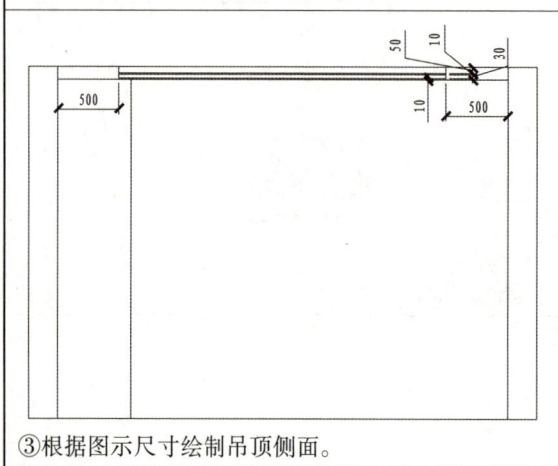

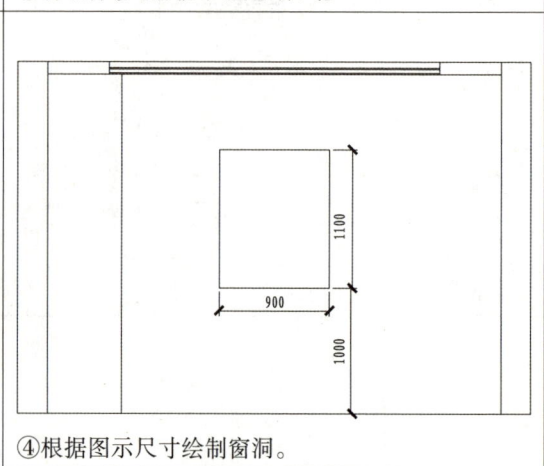

①复制平面图中卧室 A 墙体部分到平面图下方,并根据立面图绘制方法绘制成如图所示样式。

②将墙体修改成如图所示样式。

③根据图示尺寸绘制吊顶侧面。

④根据图示尺寸绘制窗洞。

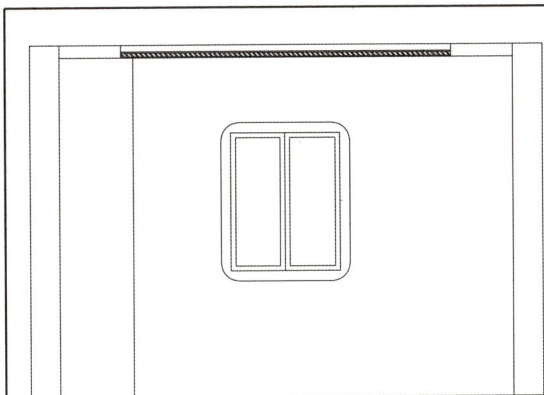

⑤绘制窗户及窗套,完成效果如图所示。

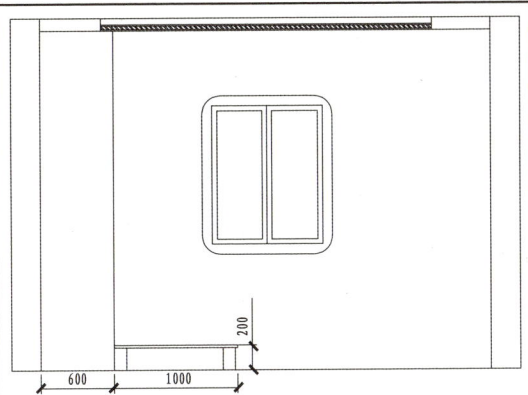

⑥根据图示尺寸绘制装饰地柜。

200

600　1000

⑦摆放装饰品,完成效果如图所示。

⑧根据图示绘制装饰填充。

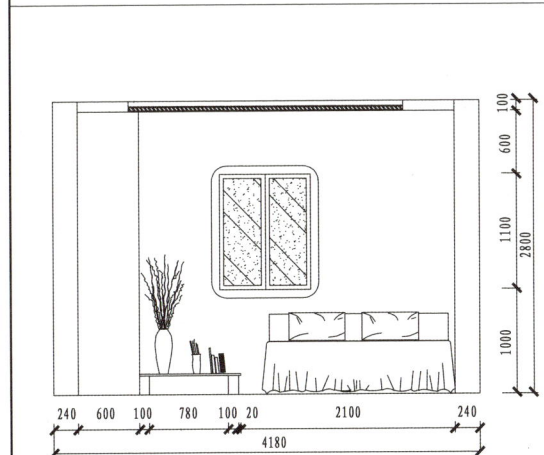

⑨根据图示绘制尺寸标注。

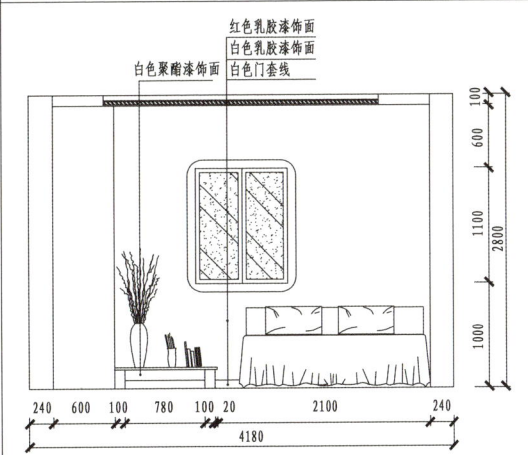

100
600
1100
2800
1000

240　600　100　780　100　20　2100　240
4180

⑩根据图示绘制文字标注。

红色乳胶漆饰面
白色乳胶漆饰面
白色门套线
白色聚酯漆饰面

100
600
1100
2800
1000

240　600　100　780　100　20　2100　240
4180

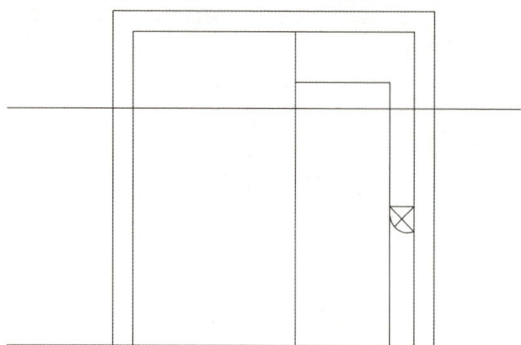

⑪复制平面图中卧室 B 墙体部分到平面图下方，并根据立面图绘制方法绘制成如图所示样式。

⑫将墙体修改成如图所示样式。

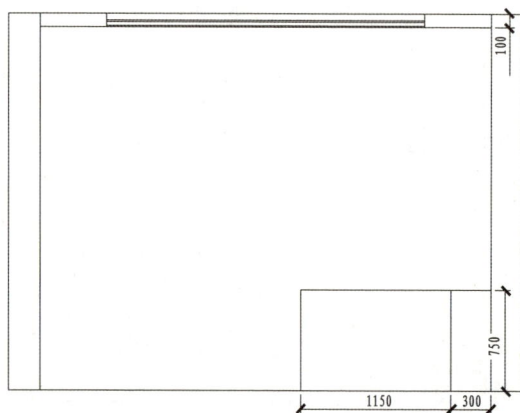

⑬根据图示尺寸绘制吊顶侧面。根据图示尺寸绘制电脑桌的轮廓线。

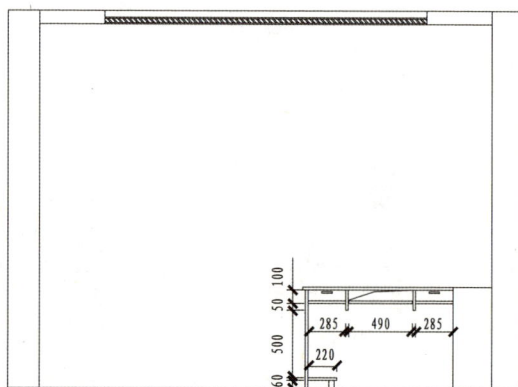

⑭根据图示尺寸绘制电脑桌。

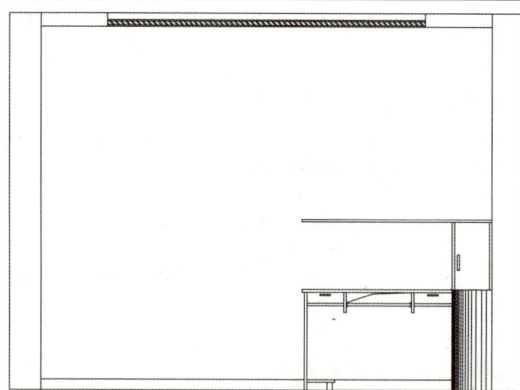

⑮根据图示绘制踢脚线及电脑桌的弧形部分。

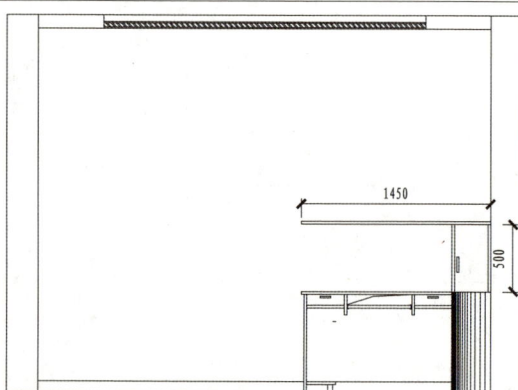

⑯根据图示尺寸绘制挑板。

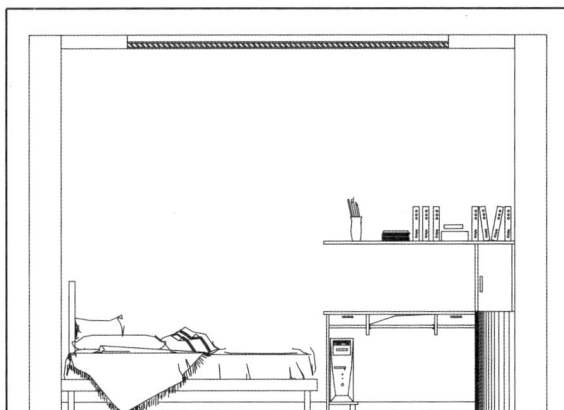

⑰摆放装饰品,完成效果如图所示。

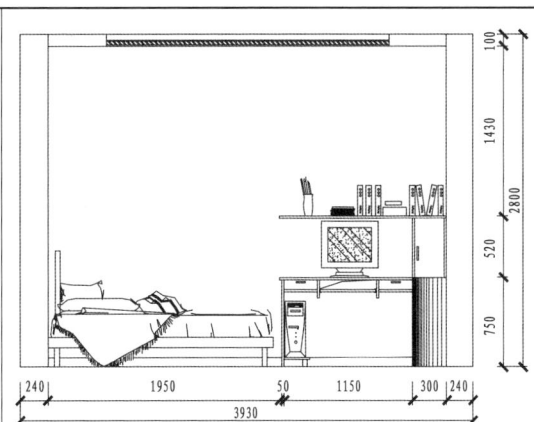

⑱根据图示绘制尺寸标注。

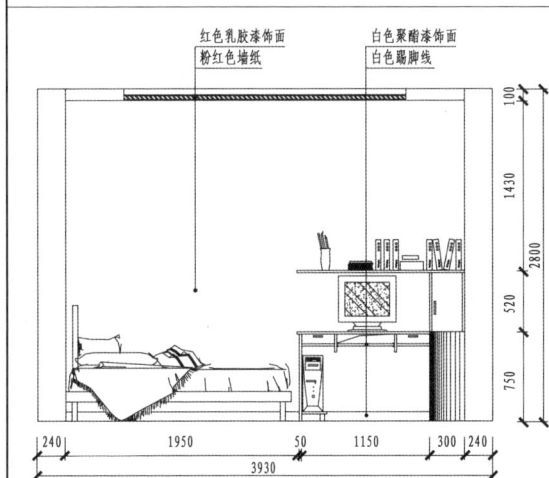

红色乳胶漆饰面
粉红色墙纸
白色聚酯漆饰面
白色踢脚线

⑲根据图示绘制文字标注。

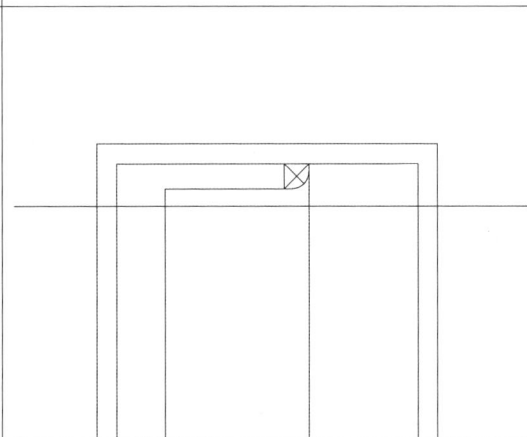

⑳复制平面图中卧室 C 墙体部分到平面图下方,并根据立面图绘制方法绘制成如图所示样式。

㉑将墙体修改成如图所示样式。

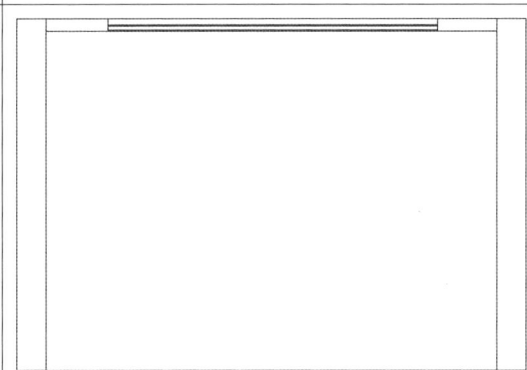

㉒根据图示尺寸绘制吊顶侧面。

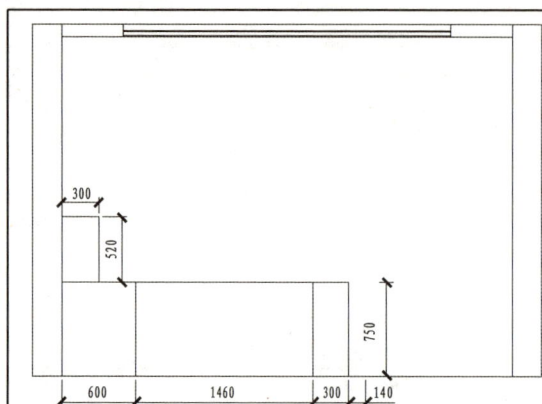

㉓根据图示尺寸绘制电脑桌的轮廓线。

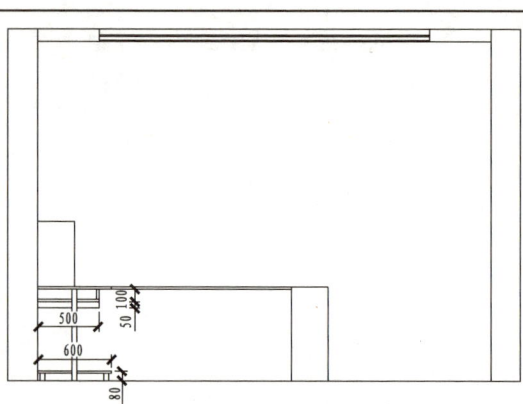

㉔根据图示尺寸绘制电脑桌的造型。

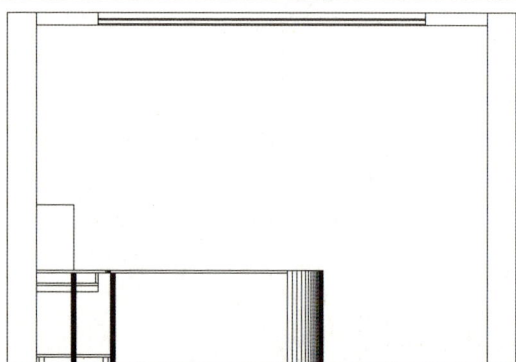

㉕根据图示绘制电脑桌的造型。

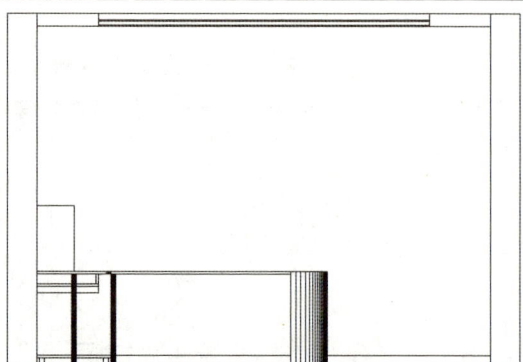

㉖根据图示绘制踢脚线。

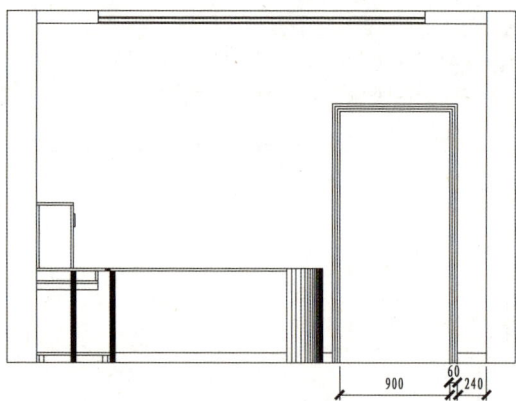

㉗绘制如图所示的门洞及门套线。

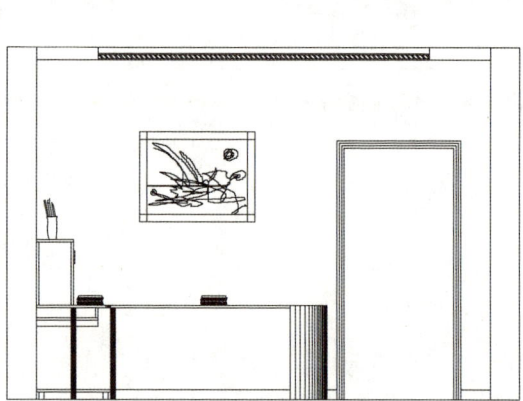

㉘摆放装饰品,完成效果如图所示。

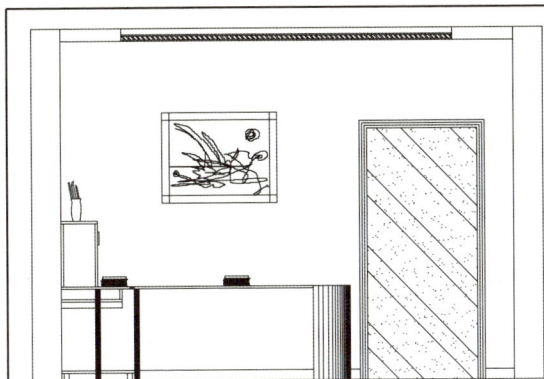

㉙根据图示绘制装饰填充。

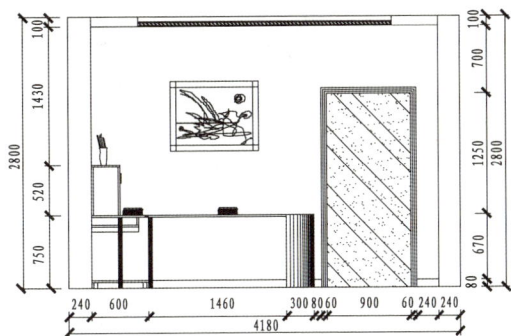

㉚根据图示绘制尺寸标注。

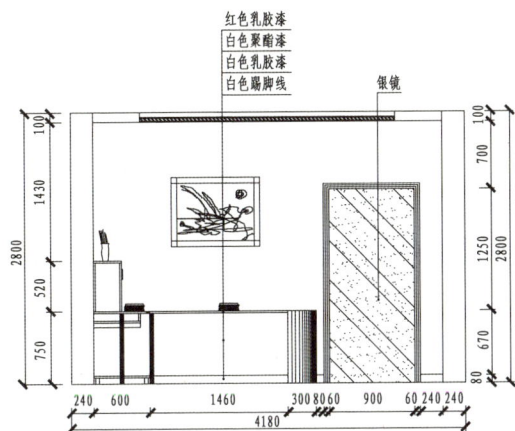

红色乳胶漆
白色聚酯漆
白色乳胶漆
白色踢脚线

银镜

㉛根据图示绘制文字标注。

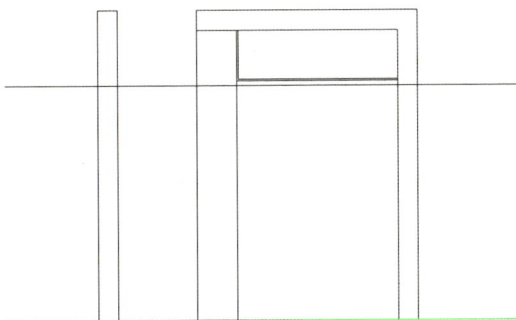

㉜复制平面图中卧室 D 墙体部分到平面图下方，并根据立面图绘制方法绘制成如图所示样式。

㉝将墙体修改成如图所示样式。

㉞绘制吊顶侧面，完成效果如图所示。

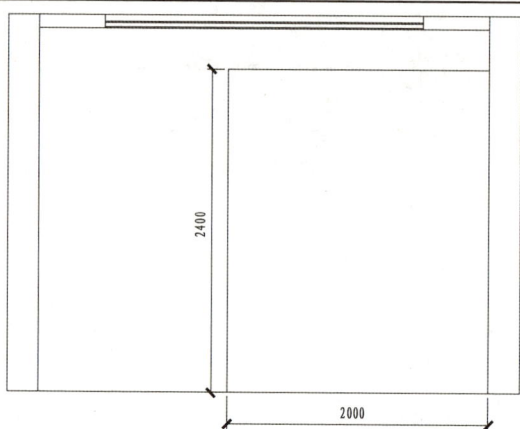

㉟根据图示尺寸绘制衣柜轮廓线。

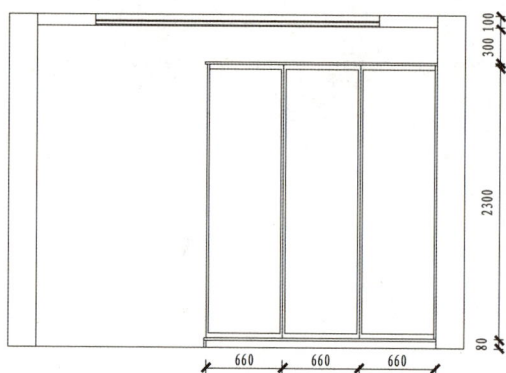

㊱根据图示尺寸绘制衣柜造型。

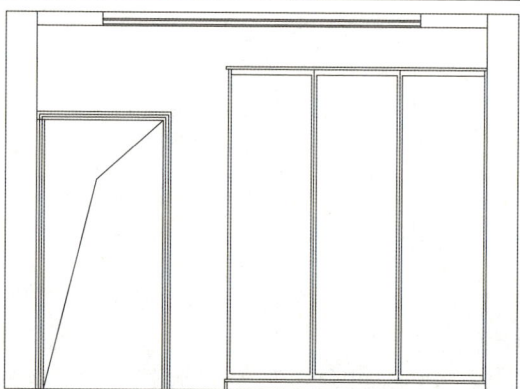

㊲绘制门洞及门套线,完成效果如图所示。

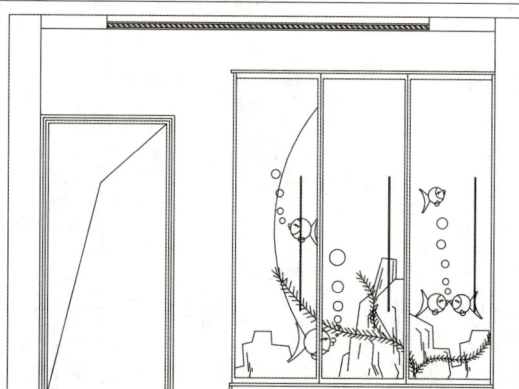

㊳绘制衣柜柜门装饰造型,完成效果如图所示。

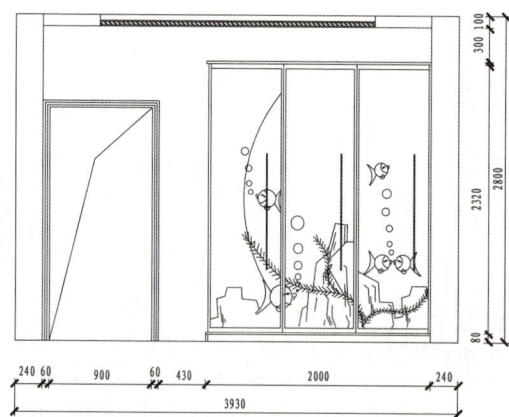

㊴根据图示绘制尺寸标注。

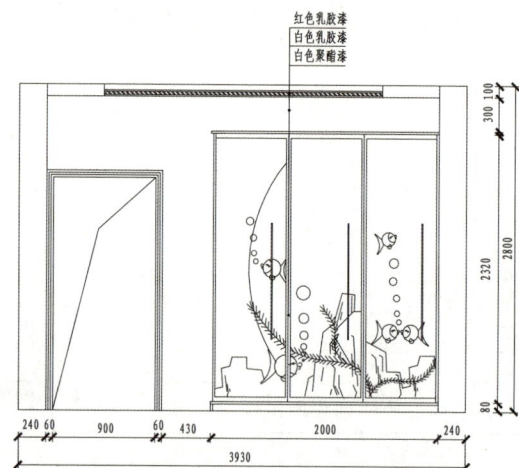

㊵根据图示绘制文字标注。

红色乳胶漆
白色乳胶漆
白色聚酯漆

6.现代简约风格套图 卫生间立面图绘制

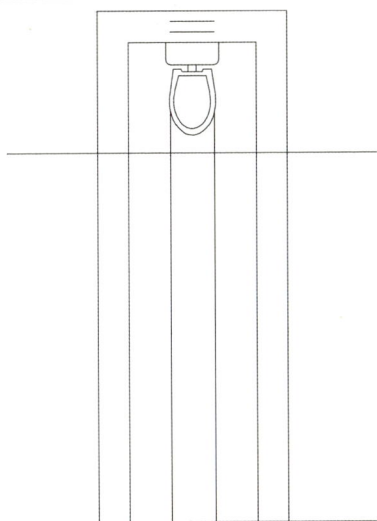

①复制平面图中卫生间 A 墙体部分到平面图下方,并根据立面图绘制方法绘制成如图所示样式。

②将墙体修改成如图所示样式。

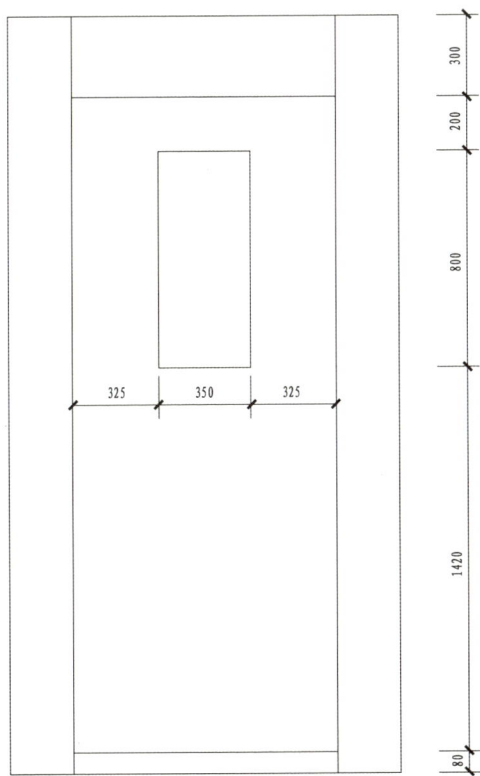

③根据图示尺寸绘制如图所示造型。

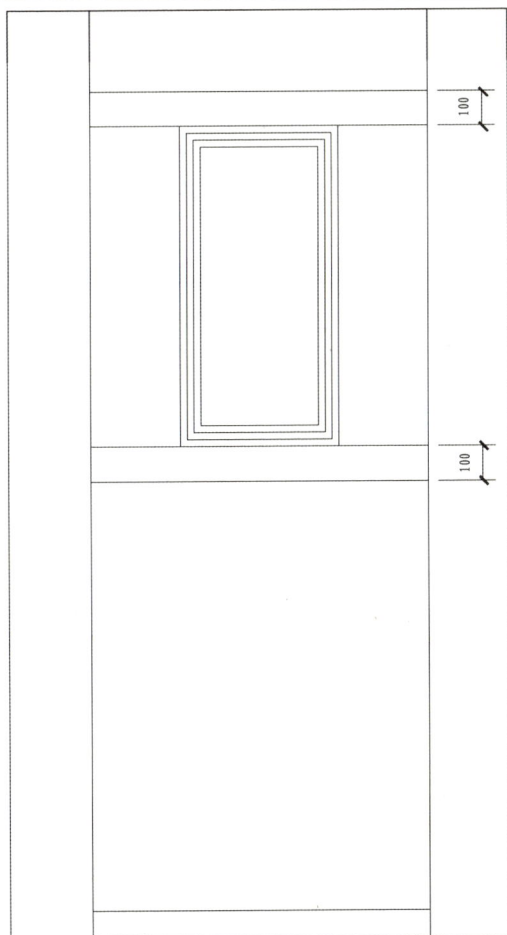

④根据图示尺寸绘制造型。

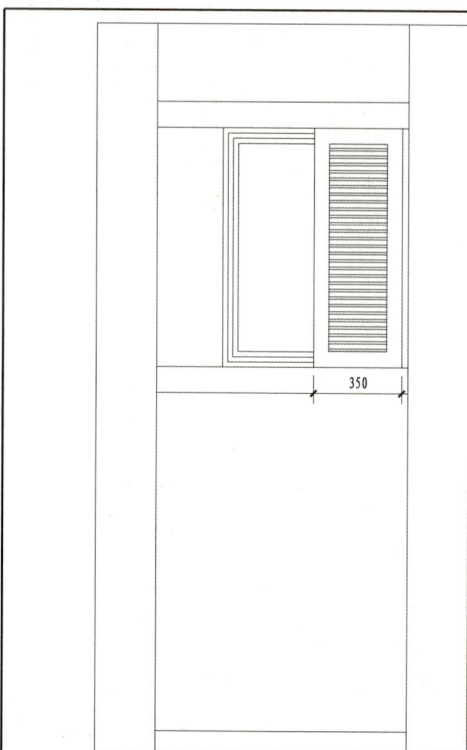

⑤根据图示绘制百叶门。

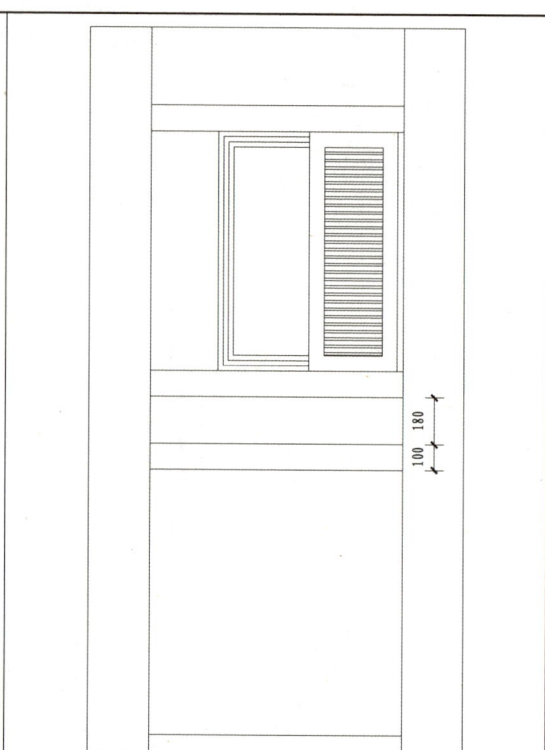

⑥根据图示尺寸绘制如图所示的造型。

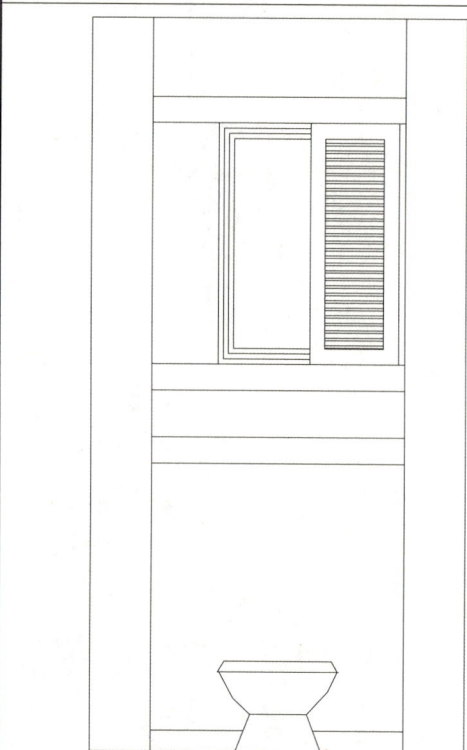

⑦摆放装饰品,完成效果如图所示。

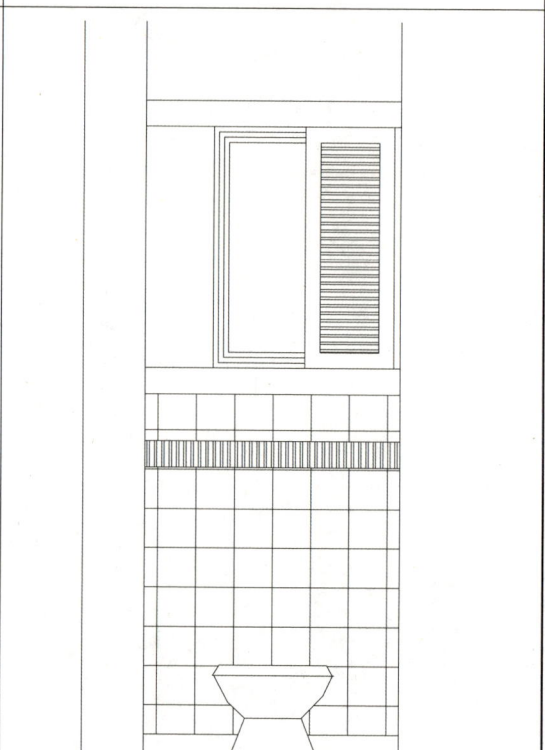

⑧根据图示绘制装饰填充。

吊顶部分
黑色腰线
150×150白色瓷砖

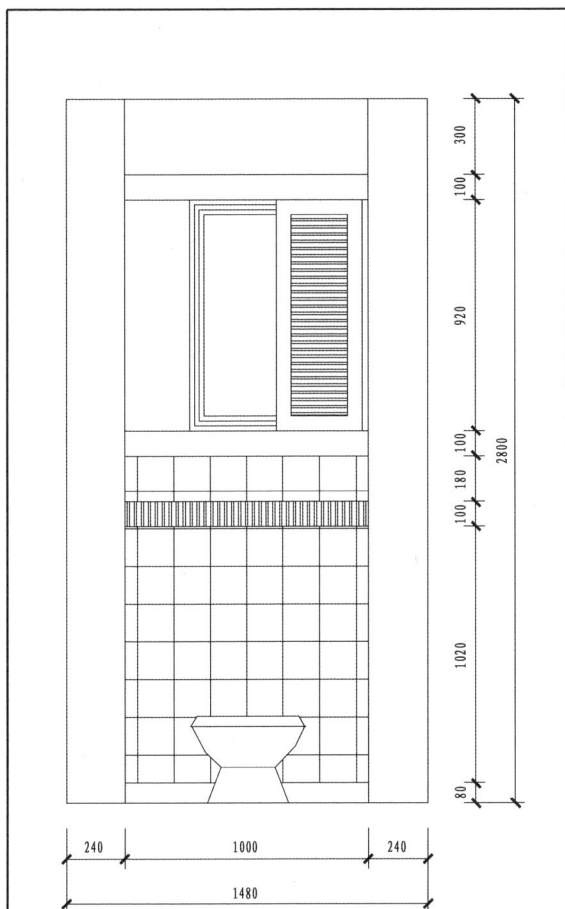

⑨根据图示绘制尺寸标注。

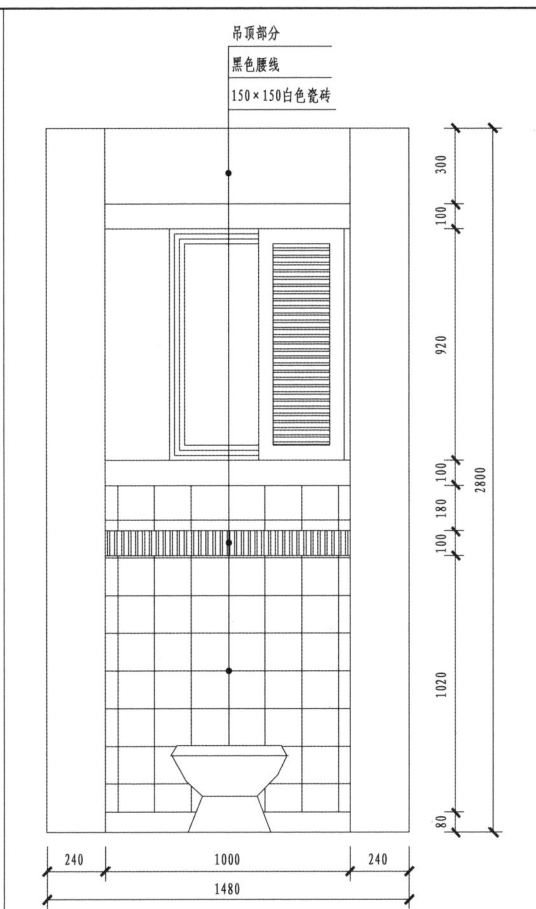

⑩根据图示绘制文字标注。

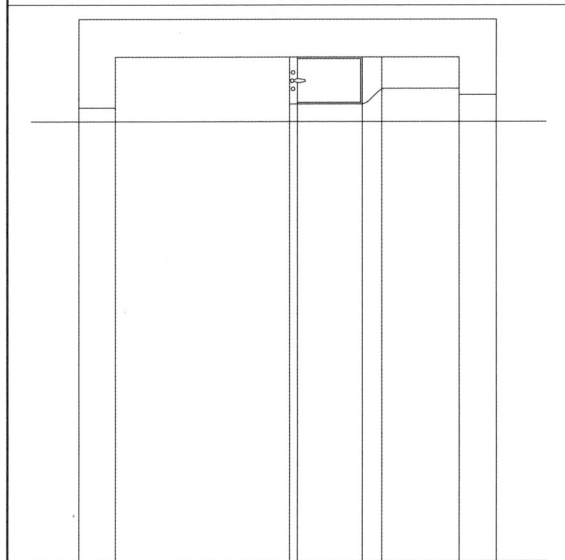

⑪复制平面图中卫生间B墙体部分到平面图下方,并根据立面图绘制方法绘制成如图所示样式。

⑫将墙体修改成如图所示样式。

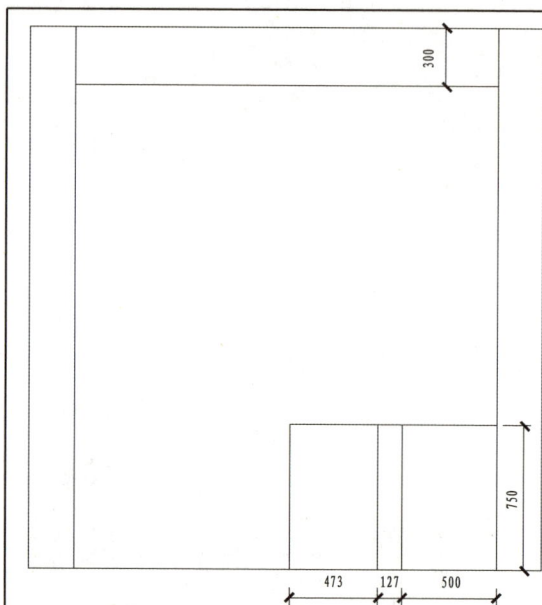

⑬根据图示尺寸绘制如图所示的造型。

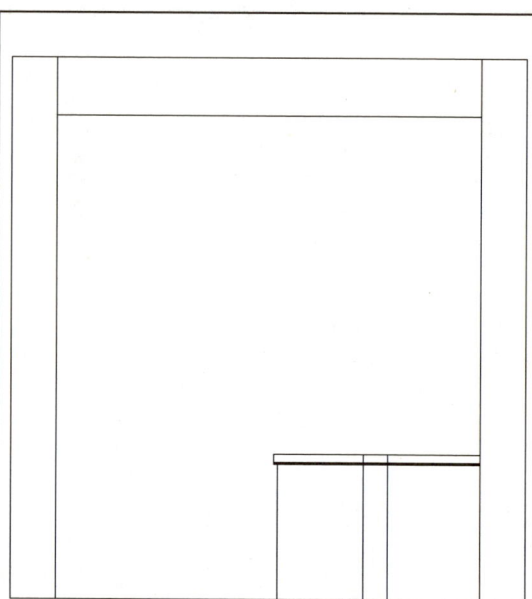

⑭将洗漱台台面绘制成如图所示样式。

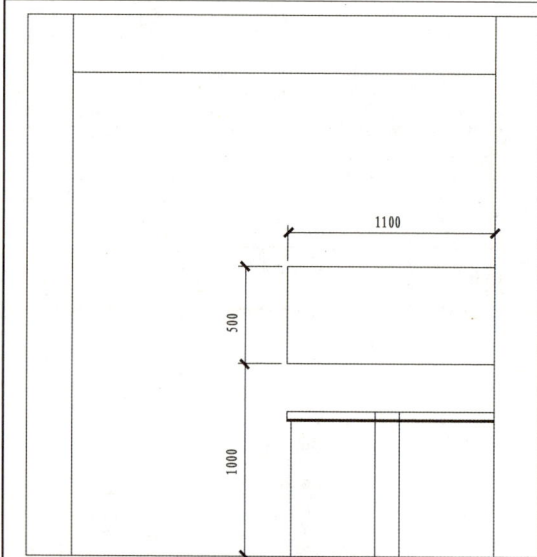

⑮根据图示尺寸绘制镜面轮廓线。

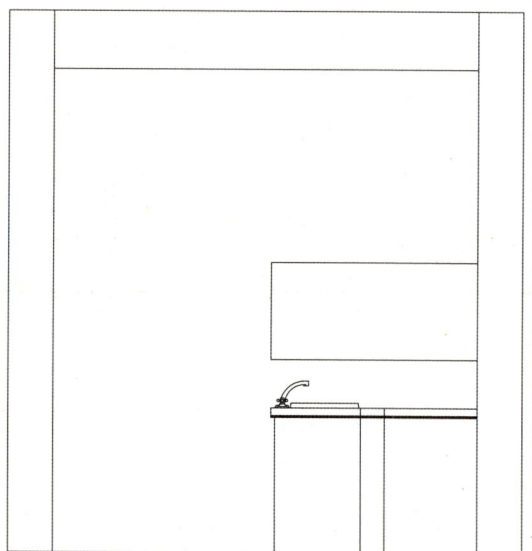

⑯摆放装饰品,完成效果如图所示。

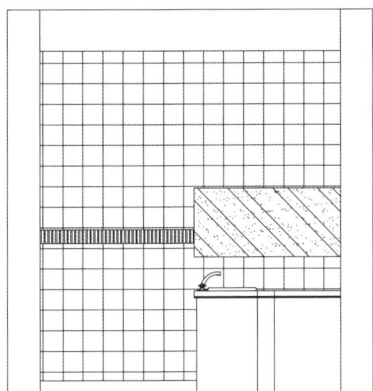

⑰根据图示绘制装饰填充。

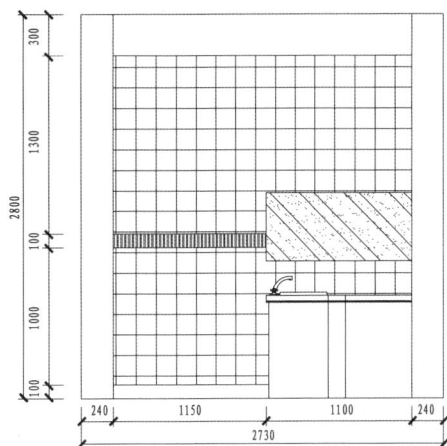

⑱根据图示绘制尺寸标注。

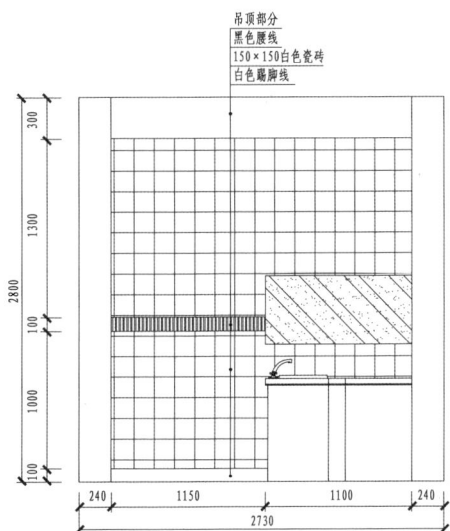

吊顶部分
黑色腰线
150×150白色瓷砖
白色踢脚线

⑲根据图示绘制文字标注。

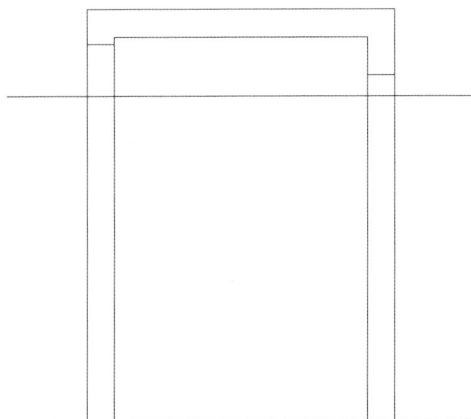

⑳复制平面图中卫生间C墙体部分到平面图下方，并根据立面图绘制方法绘制成如图所示样式。

㉑将墙体修改成如图所示样式。

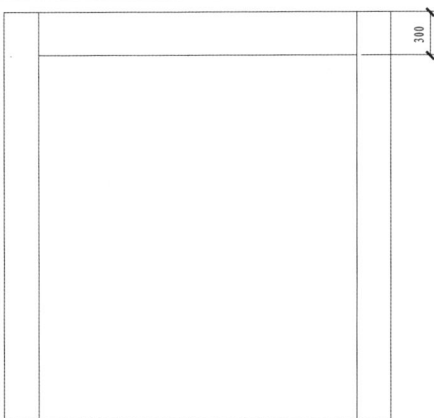

㉒根据图示尺寸绘制吊顶侧面。

㉓根据图示尺寸绘制如图所示的造型。

750　　　　1000　　　500

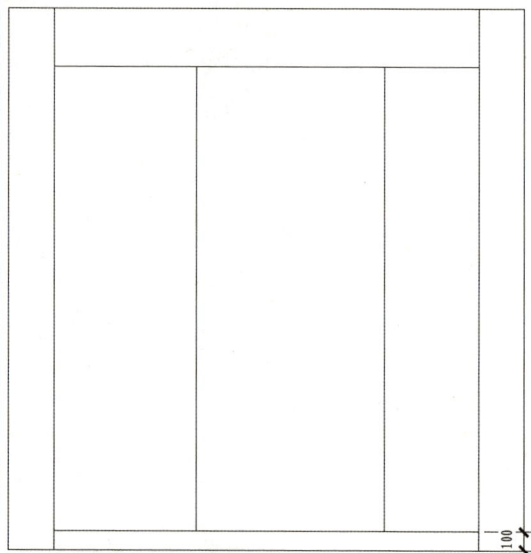

㉔根据图示尺寸绘制踢脚线。

100

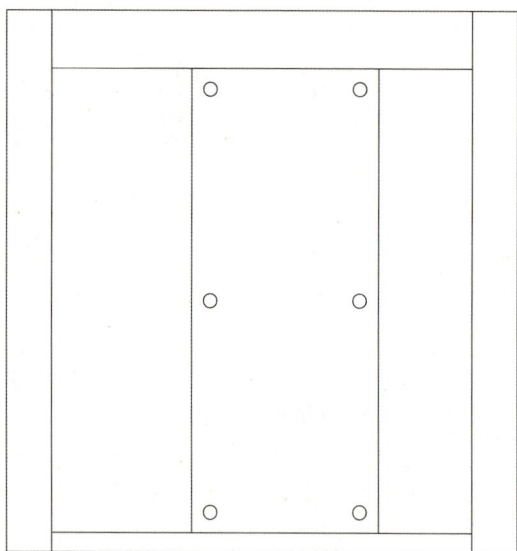

㉕绘制广告钉装饰,完成效果如图所示。

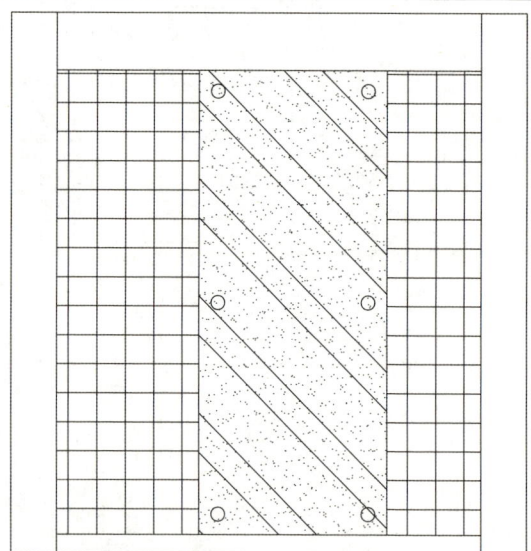

㉖根据图示绘制装饰填充。

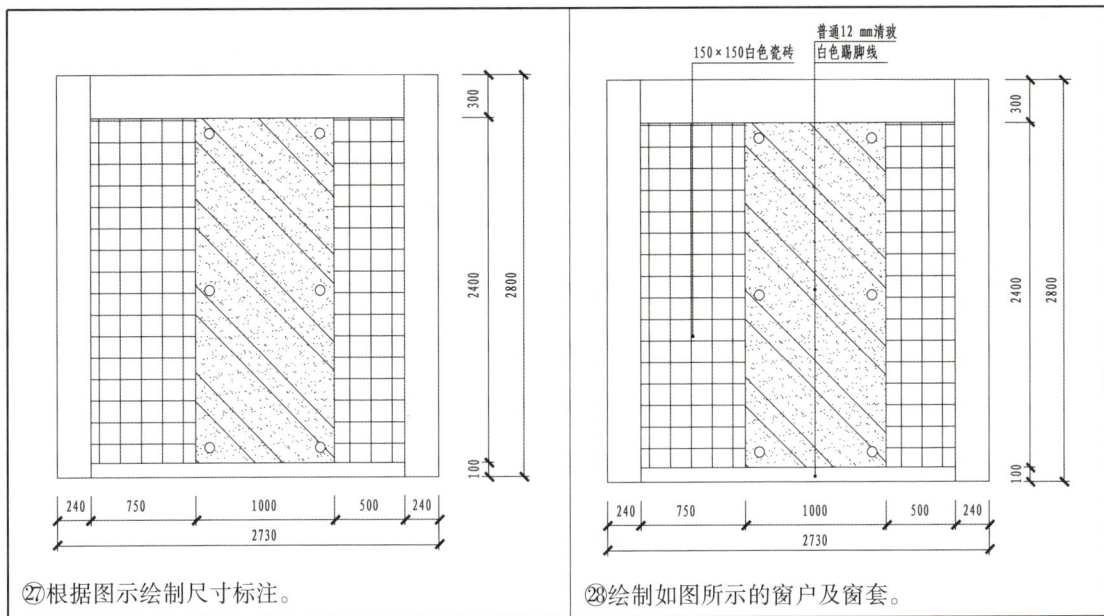

㉗根据图示绘制尺寸标注。

㉘绘制如图所示的窗户及窗套。

【知识拓展】

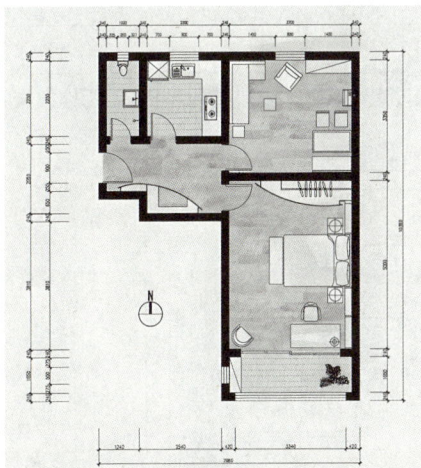

平面图

效果图

　　本案例的设计理念是打造简约时尚而又经济实用的现代居室空间,特点是把"家"这个概念更好的运用到设计之中,"家"是一种氛围、一种气氛,它是主人的安全地、避风港,因此要以舒适、温暖、随意为主题。

　　本案例面积较小,首先要考虑的是空间的利用和功能的划分。门厅的设计在这里是一个重要的元素,它是外部空间向内部空间的过渡。此案例门厅的面积较小,为了更充分地发挥其作用,这里并没有做过多的装饰,而是做了一个弧形的储藏柜,首先更好地利用了空间,其次弧形自身的柔美细腻就是一种装饰,一种流线的设计,为了更好地引导人们进入,而且灯光的介入就更增加了一种光影效果,使入口处的空间温馨而柔和,顶部的设计使空间的落差与造型产生了互补。

　　客厅与餐厅采用了看似分离而实质相融合的处理手法,整体空间的设计简洁而又丰盛。白色砖墙、断臂石膏像、中式窗格与墙壁上映射的时钟、简洁的木质小几、放满书的书架,形成了一种时间、空间的反差,赋予了一种文化内涵。

　　卧室的设计也延续了整体设计的风格,卧室与书房的结合是自然的,整体设计以白色为基调,配合着原木的颜色,与黑色的对比使卫浴空间自然而真实,造型简单而质朴,尤其是大地色与木色的搭配,为居室营造了踏实与厚重感。

　　设计是更好的分隔各个空间,合理的利用空间,使其主人能够更好的利用,用得更好。其实设计本身就是一个分离与融合的过程。

　　思考:通过阅读材料,你认为空间设计最重要的是什么?

【岗位实训】

　　根据现代简约风格效果图,进行方案图绘制。

实训项目	现代简约风格套图方案绘制				
实训目的	1.能对提供的户型完成基本方案设计。 2.能在方案设计中体现风格元素。 3.能灵活运用所学知识,举一反三。				
项目要求	选做		必做	是否分组	每组人数
实训时间		实训学时		学分	
实训地点		实训形式			
实训内容	公司设计师接到一个室内装饰设计项目,要求设计风格为现代简约风格,需要你根据户型图绘制基本方案设计。 包括:平面布置图一张 　　　天棚布置图一张 　　　玄关立面方案设计图两张 　　　客厅餐厅立面方案设计图三张 　　　卧室立面方案设计图三张				

实训材料	安装并激活 AutoCAD 2022 软件的电脑一台	
实训步骤及要求	评分标注	分值
1. 现代简约风格平面布置图绘制 要求:功能布局合理,绘制规范	功能布局合理,不符,酌情扣5~20分; 绘制工整准确,不符,酌情扣1~5分	20分
2. 现代简约风格天棚布置图绘制 要求:方案设计简洁大方,绘制规范	方案设计与风格相符,不符,酌情扣5~20分; 绘制工整准确,不符,酌情扣1~5分	20分
3. 现代简约风格玄关立面方案设计 要求:方案设计简洁大方,绘制规范	方案设计与风格相符,不符,酌情扣5~20分; 绘制工整准确,不符,酌情扣1~5分	20分
4. 现代简约风格客厅餐厅方案设计 要求:方案设计简洁大方,绘制规范	方案设计与风格相符,不符,酌情扣5~20分; 绘制工整准确,不符,酌情扣1~5分	20分
5. 现代简约风格卫生卧室方案设计 要求:方案设计简洁大方,绘制规范	方案设计与风格相符,不符,酌情扣5~20分; 绘制工整准确,不符,酌情扣1~5分	20分
学生评价		
教师评价		
企业评价		

任务二　现代中式风格套图绘制

【任务描述】

本任务主要是掌握根据已有现代中式风格效果图绘制其 CAD 方案图的过程,并以此为载体掌握室内设计三视图的画法,熟悉家装室内设计方案图的绘制,了解现代中式风格的概念。本任务宏观上采用"实例驱动",微观上采用"项目式教学"以及用"演示法"讲解现代中式风格设计方案的绘制技巧及流程,同时要求学生"边学边画",使学生对现代中式风格设计方案绘制从感性认识上升到理性认识,掌握现代中式风格设计方案绘制技能。通过本任务的学习,对知识点进行归纳总结,发现新旧知识之间的内在联系,并将所学知识与相关学科进行有机衔接。

【知识点】

　　1.平面布置图绘制。
　　2.天棚布置图绘制。
　　3.门厅立面图绘制。
　　4.客厅立面图绘制。
　　5.卧室立面图绘制。
　　6.卫生间立面图绘制。
　　7.厨房立面图绘制。

【任务导入】

本任务设计具体表现在三个方面:一是入门厅,空间不大,整个做吊顶易于装灯具;门后做一个仿古典的鞋柜,深色的柜体配上铜锁,中间留空便于人们出入时搁放小物件。二是卧室,入门处做一些特殊处理,衣柜不再是以往的普通长方体,空出的一块空间恰好可以容下一个大花瓶,这样处理,让人们一进门时感觉不会很拥堵,橘黄色的灯光打在洁白的瓶身上让人有一种温馨的感觉。三是客厅和餐厅,该空间是这个户型最大的,所以把餐厅和客厅放在一起,餐厅有一个独特的备餐柜,柜子下半部设计和鞋柜一样,上半部是镂空的"中"字。

【任务讲解】

1.平面布置图绘制

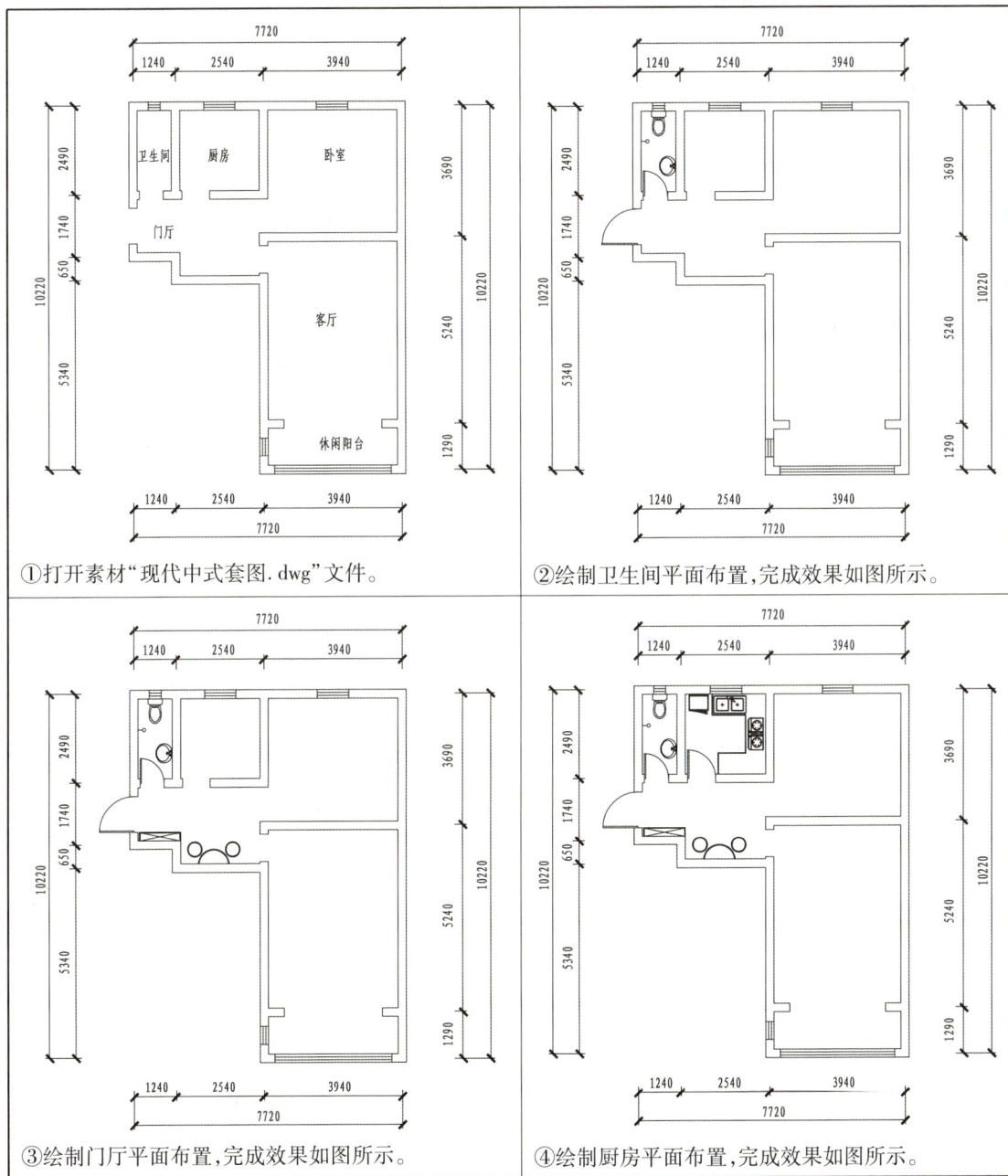

①打开素材"现代中式套图.dwg"文件。

②绘制卫生间平面布置,完成效果如图所示。

③绘制门厅平面布置,完成效果如图所示。

④绘制厨房平面布置,完成效果如图所示。

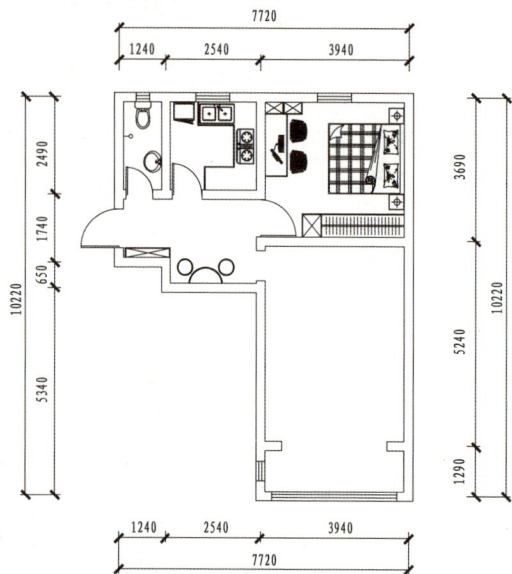

⑤绘制卧室平面布置,完成效果如图所示。

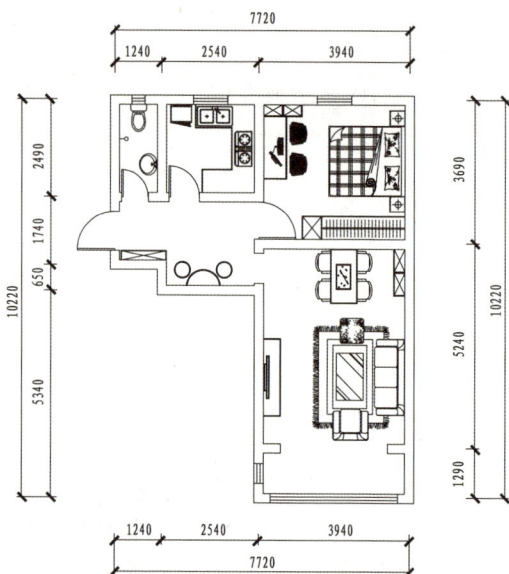

⑥绘制客厅平面布置,完成效果如图所示。

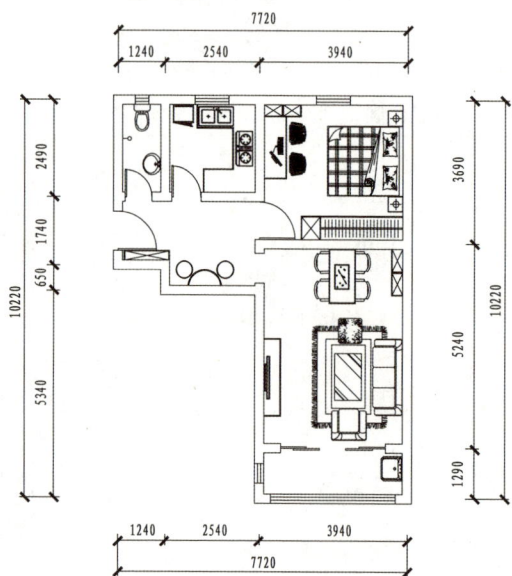

⑦绘制阳台平面布置,完成效果如图所示。

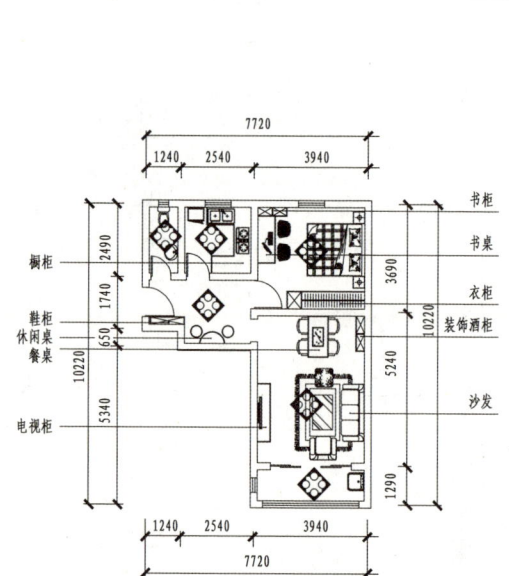

⑧根据图示完成平面布置图的文字标注。

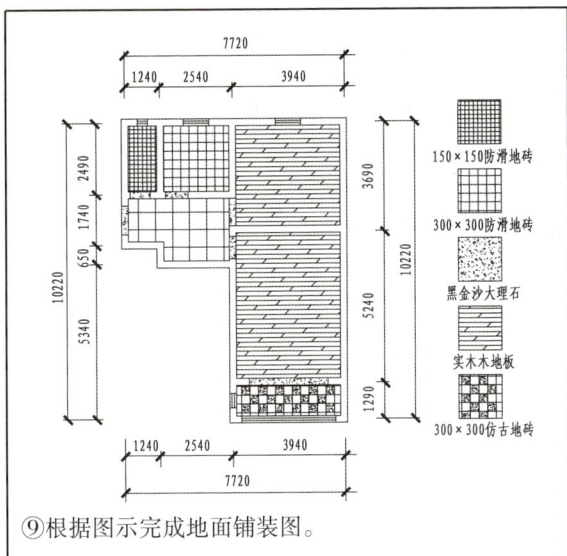

⑨根据图示完成地面铺装图。

2.天棚布置图绘制

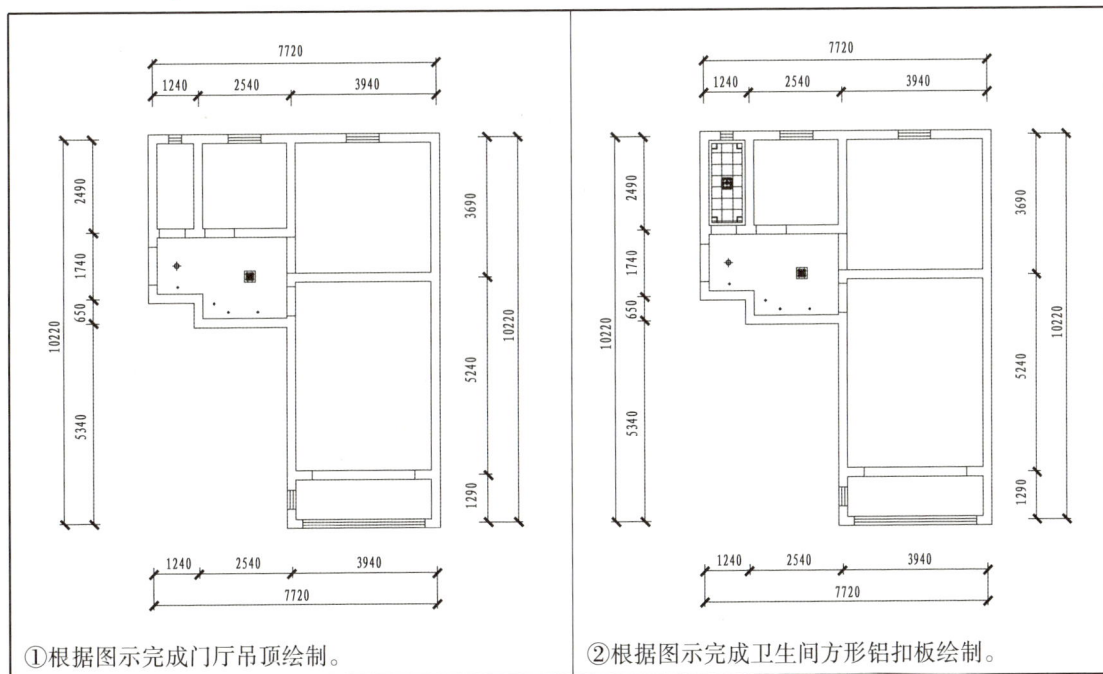

①根据图示完成门厅吊顶绘制。

②根据图示完成卫生间方形铝扣板绘制。

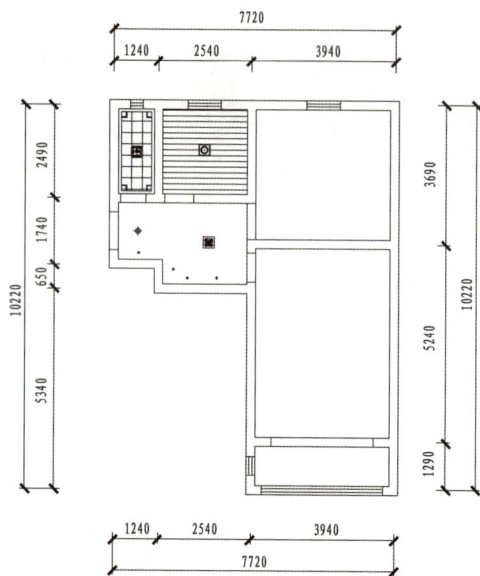

③根据图示完成厨房条形铝扣板绘制。

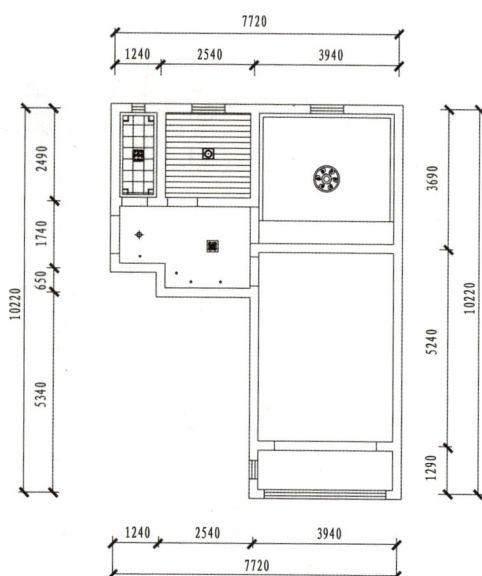

④根据图示完成卧室吊顶绘制。

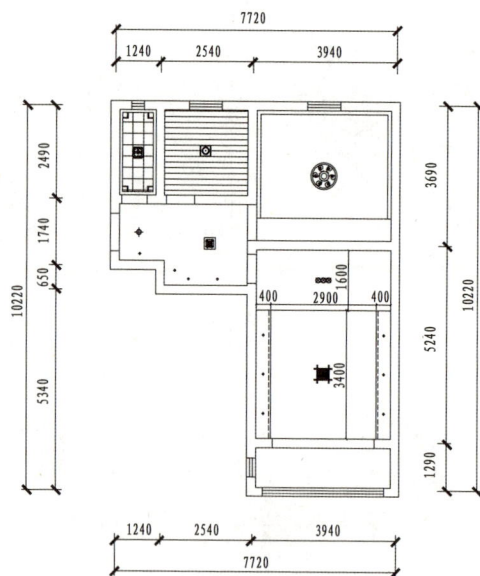

⑤根据图示完成客厅吊顶绘制。

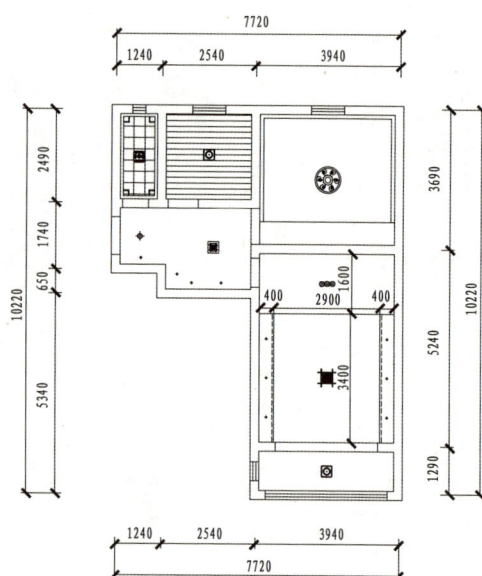

⑥根据图示完成阳台吊顶绘制。

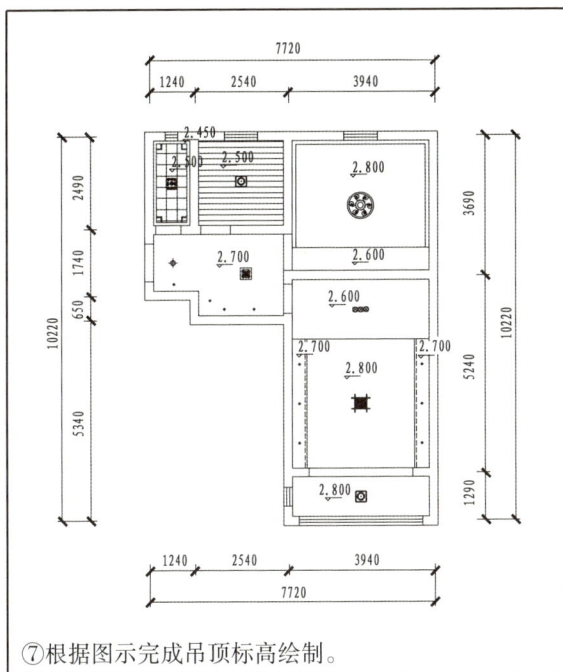

⑦根据图示完成吊顶标高绘制。

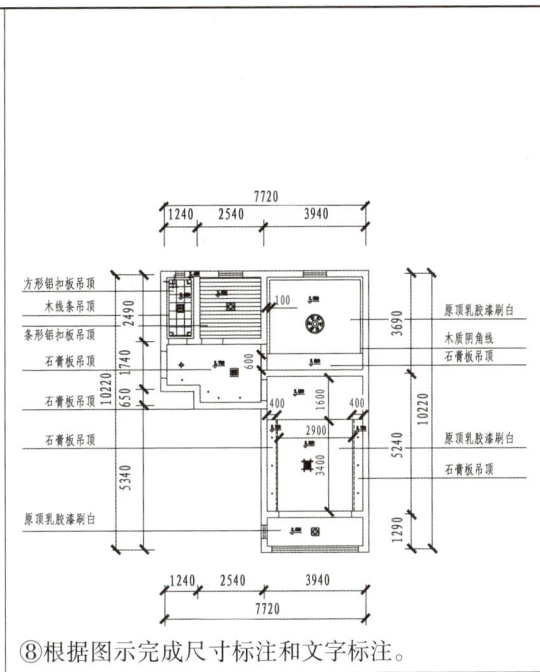

⑧根据图示完成尺寸标注和文字标注。

3. 门厅立面图绘制

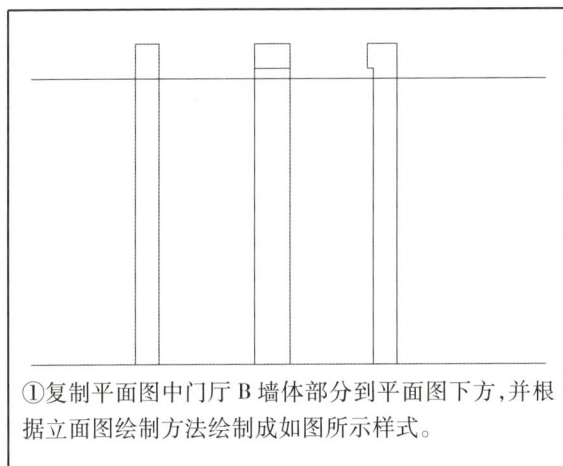

①复制平面图中门厅 B 墙体部分到平面图下方,并根据立面图绘制方法绘制成如图所示样式。

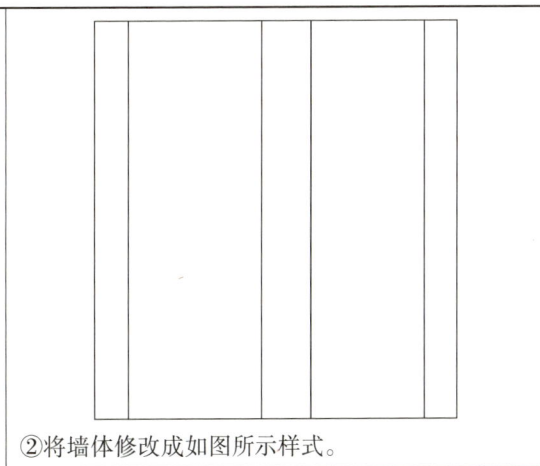

②将墙体修改成如图所示样式。

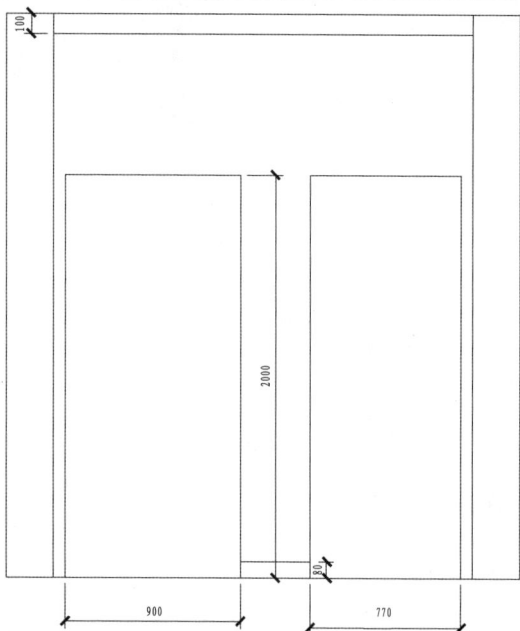

③根据图示完成如图所示的门洞。根据图示尺寸绘制吊顶侧面及踢脚线。

④绘制如图所示的门套线。

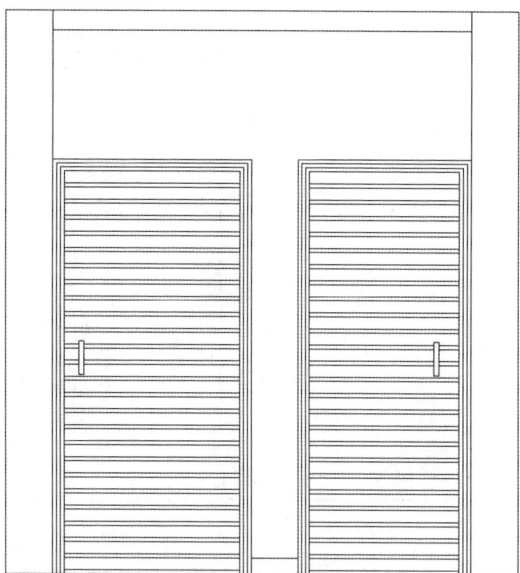

⑤绘制如图所示的门造型。

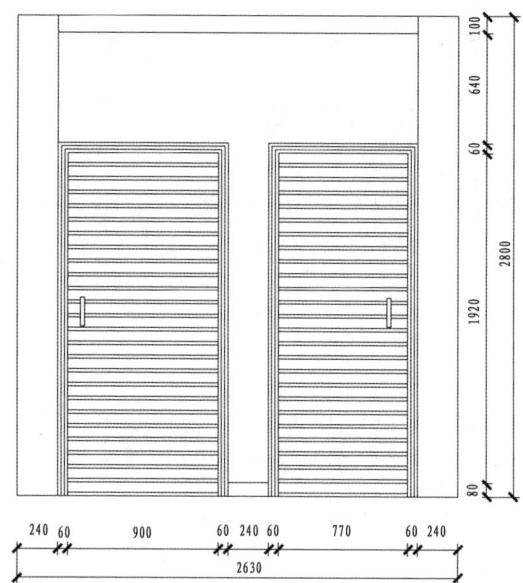

⑥根据图示绘制尺寸标注。

吊顶部分

褐色门套
褐色有色漆

白色乳胶漆饰面
木质踢脚线

大红色门套
褐色有色漆

100
640
60
2800
1920
80

240 60 900 60 240 60 770 60 240
2630

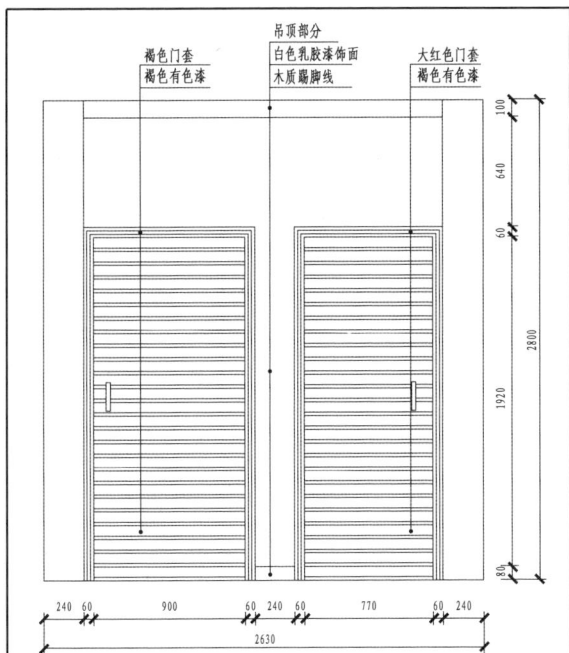

⑦根据图示绘制文字标注。

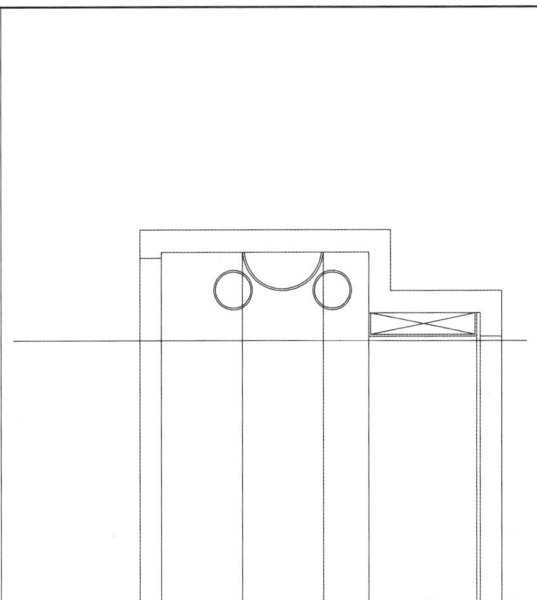

⑧复制平面图中门厅 C 墙体部分到平面图下方,并根据立面图绘制方法绘制成如图所示样式。

⑨将墙体修改成如图所示样式。

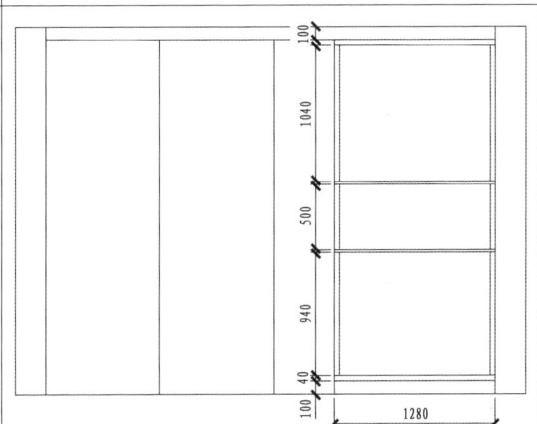

100
1040
500
940
40
100
1280

⑩根据图示尺寸绘制鞋柜轮廓。

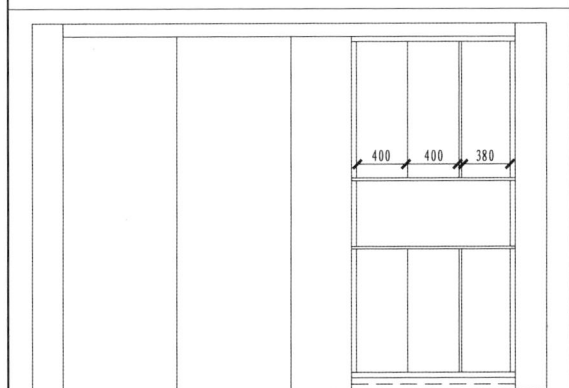

400 400 380

⑪根据图示尺寸绘制鞋柜柜门。

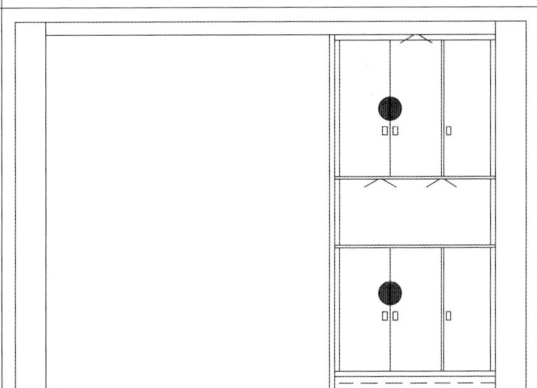

⑫绘制鞋柜柜门造型,完成效果如图所示。

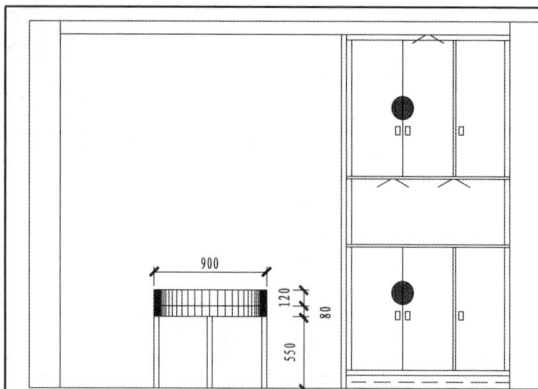

⑬根据图示尺寸绘制装饰桌。

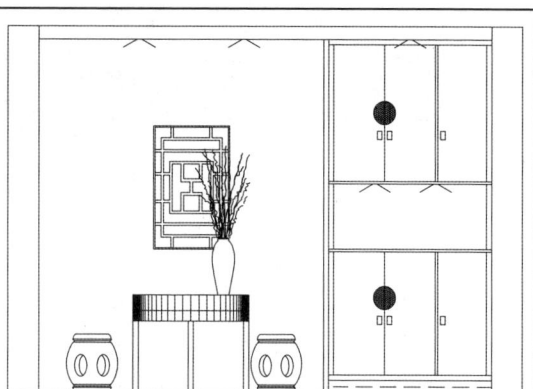

⑭摆放装饰品,完成效果如图所示。

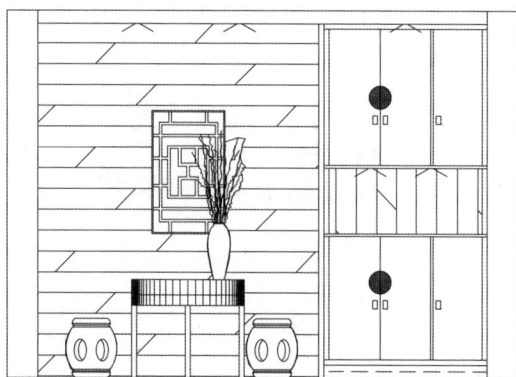

⑮根据图示完成装饰填充。

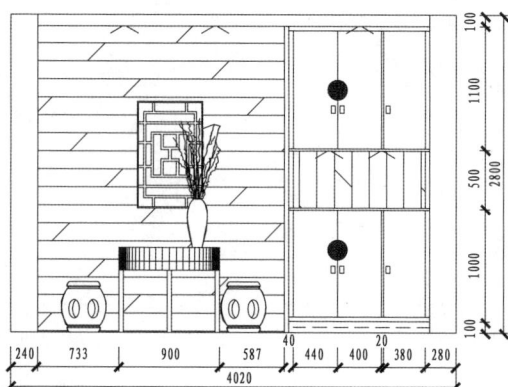

⑯根据图示绘制尺寸标注。

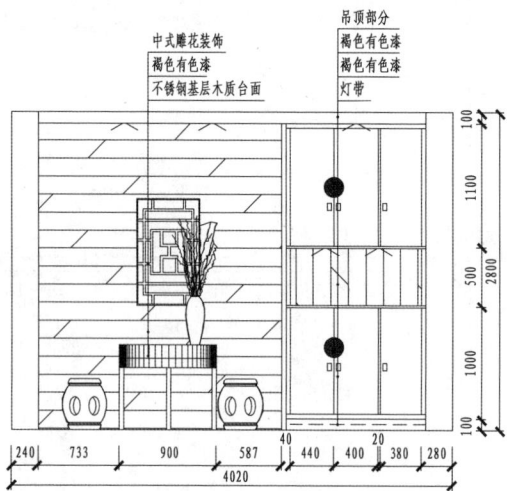

中式雕花装饰
褐色有色漆
不锈钢基层木质台面

吊顶部分
褐色有色漆
褐色有色漆
灯带

⑰根据图示进行文字标注。

4.现代中式风格套图 客厅立面图绘制

①复制平面图中的客厅A墙体部分到平面图下方,并根据立面图绘制方法绘制成如图所示样式。

②将墙体修改成如图所示样式。

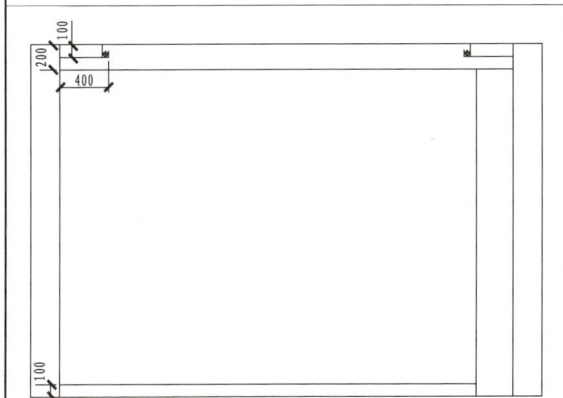

③根据图示尺寸绘制吊顶侧面。根据图示尺寸绘制踢脚线。

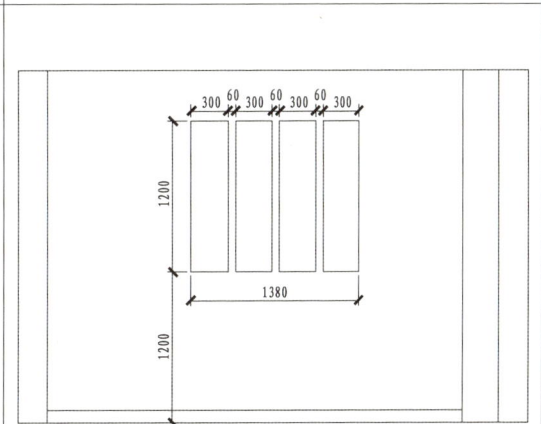

④根据图示尺寸绘制餐厅装饰墙轮廓。

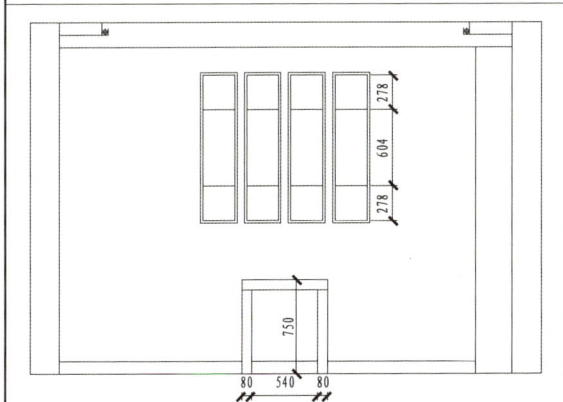

⑤根据图示尺寸绘制如图所示造型。

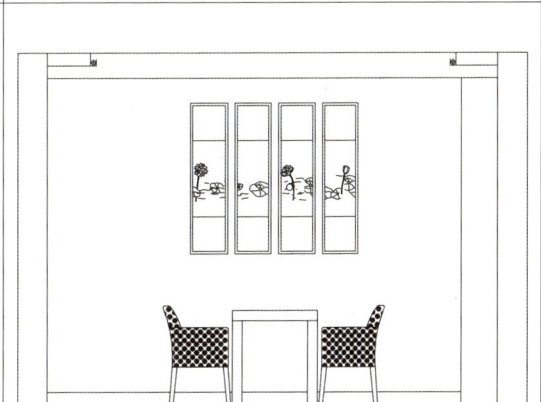

⑥摆放装饰品,完成效果如图所示。

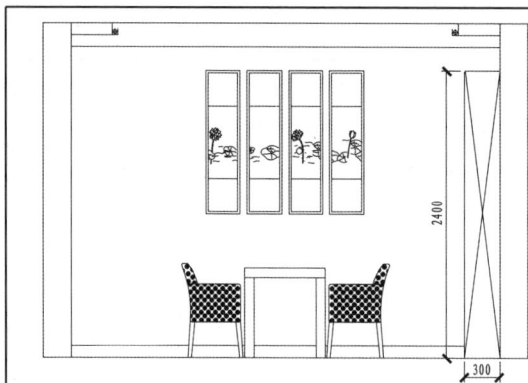

⑦根据图示尺寸绘制柜体侧面。

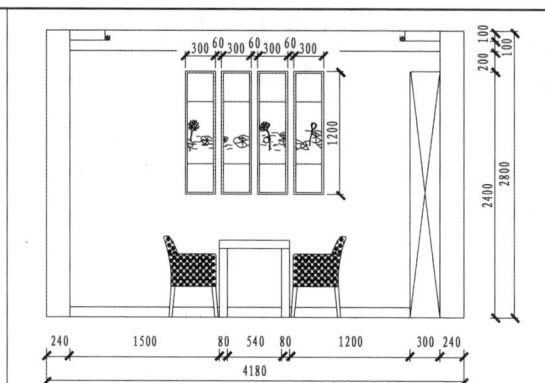

⑧根据图示绘制尺寸标注。

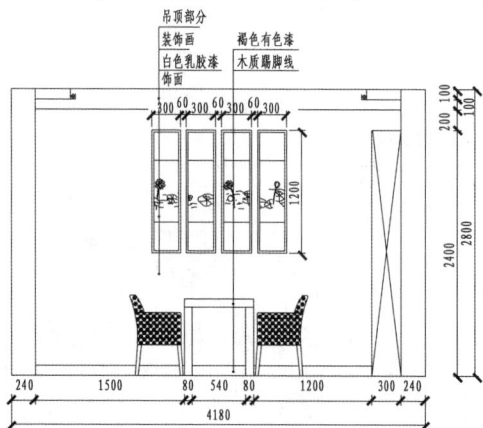

吊顶部分
装饰画　　褐色有色漆
白色乳胶漆　木质踢脚线
饰面

⑨根据图示绘制文字标注。

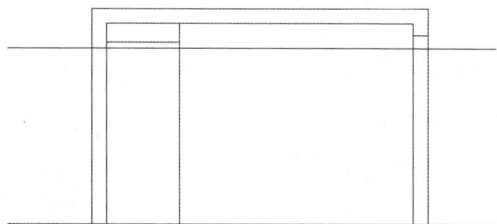

⑩复制平面图中门厅 B 墙体部分到平面图下方，并根据立面图绘制方法绘制成如图所示样式。

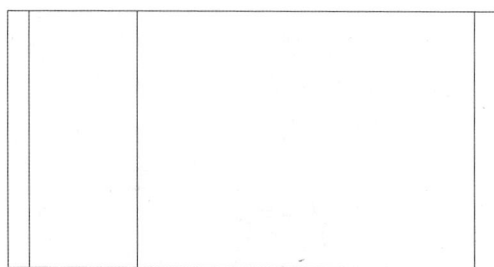

⑪将墙体修改成如图所示样式。

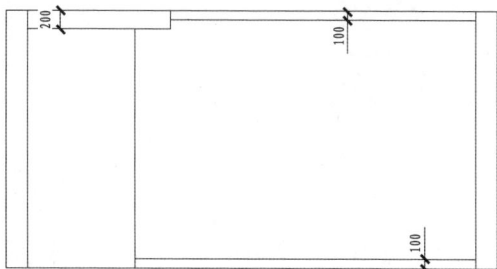

⑫根据图示尺寸绘制吊顶侧面。根据图示尺寸绘制踢脚线。

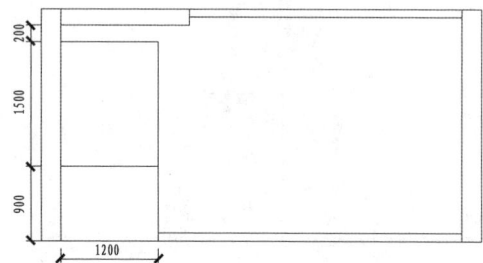

⑬根据图示尺寸绘制展示柜轮廓线。

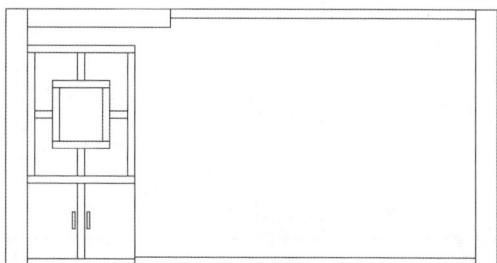

⑭绘制展示柜,完成效果如图所示。

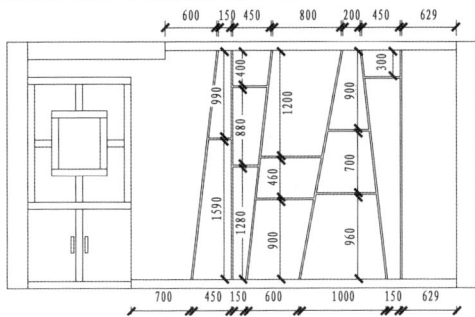

⑮根据图示尺寸绘制沙发背景墙造型。

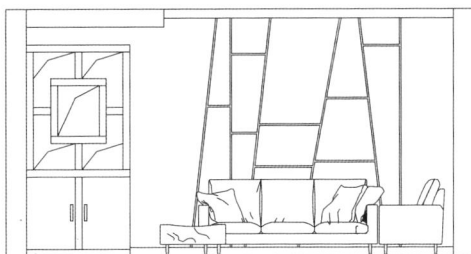

⑯摆放装饰品,完成效果如图所示。

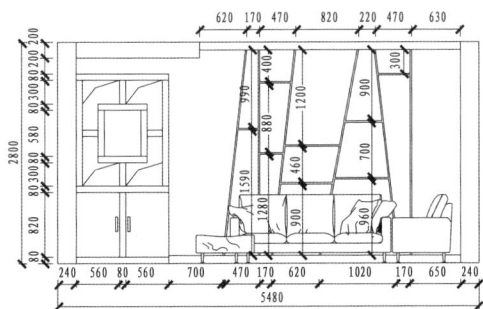

⑰根据图示绘制尺寸标注。

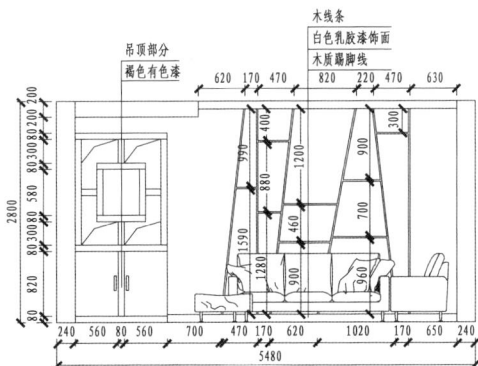

⑱根据图示绘制文字标注。

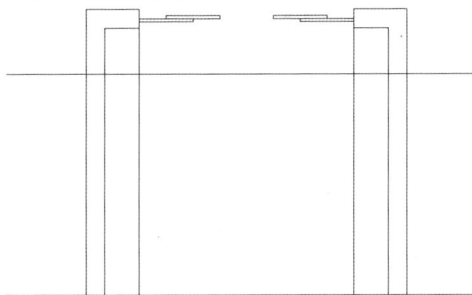

⑲复制平面图中客厅 C 墙体部分到平面图下方,并根据立面图绘制方法绘制成如图所示样式。

⑳将墙体修改成如图所示样式。

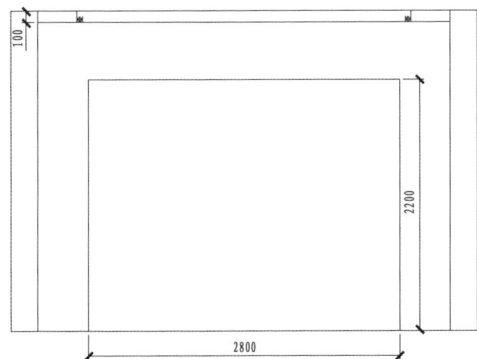

㉑根据图示尺寸绘制阳台门洞。

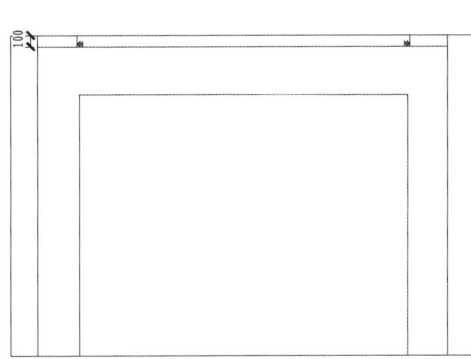

㉒根据图示尺寸绘制吊顶侧面。

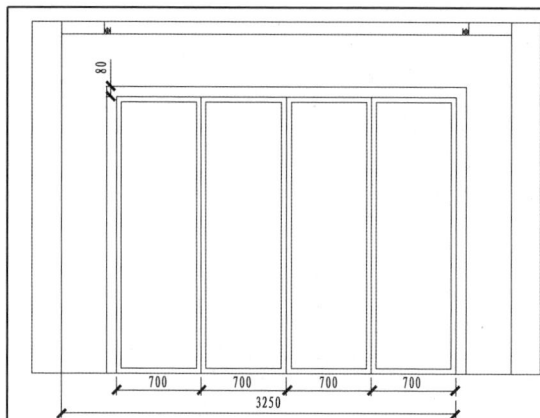

㉓根据图示绘制阳台推拉门。

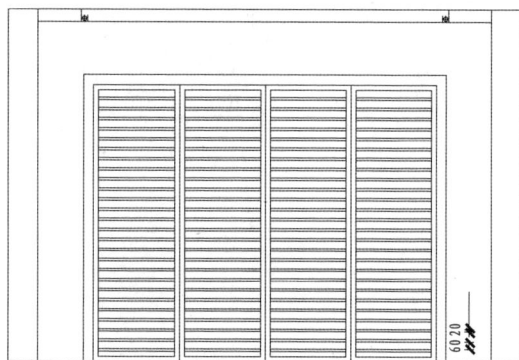

㉔绘制阳台门造型,完成效果如图所示。

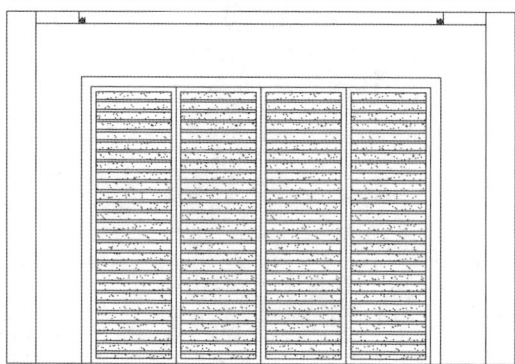

㉕根据图示完成装饰填充。

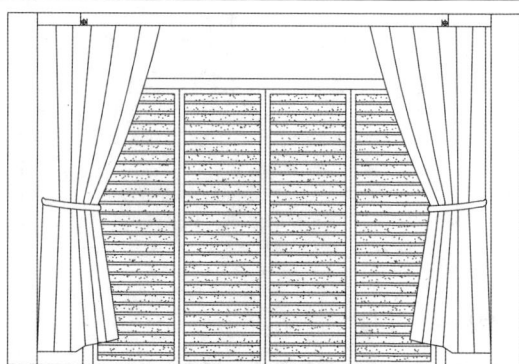

㉖摆放装饰窗帘,完成效果如图所示。

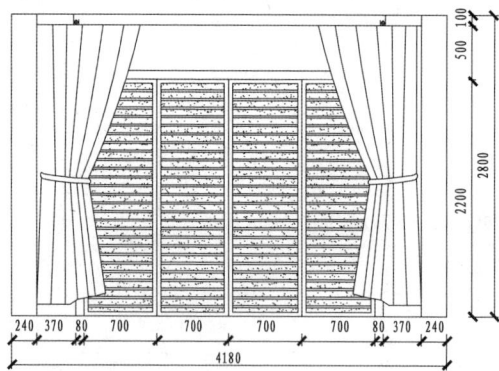

㉗根据图示绘制尺寸标注。

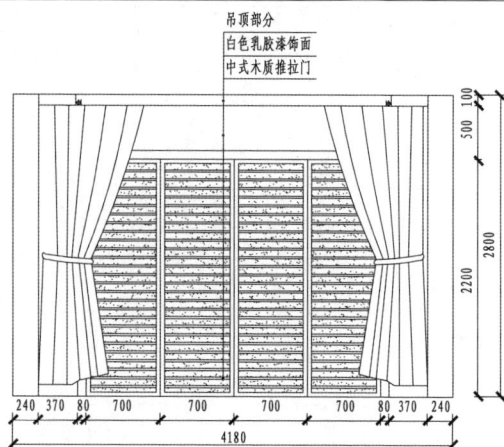

㉘根据图示绘制文字标注。

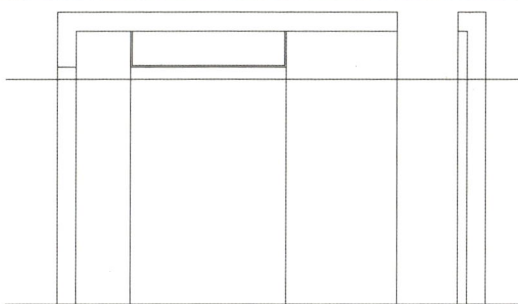

㉙复制平面图中客厅 D 墙体部分到平面图下方,并根据立面图绘制方法绘制成如图所示样式。

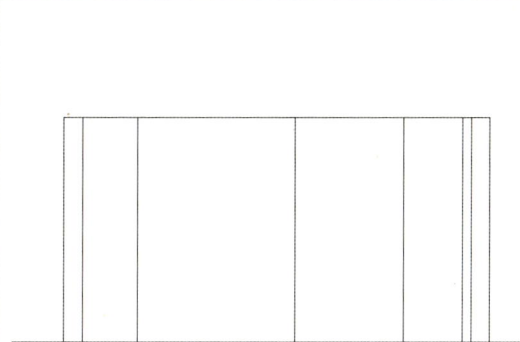

㉚将墙体修改为如图所示样式。

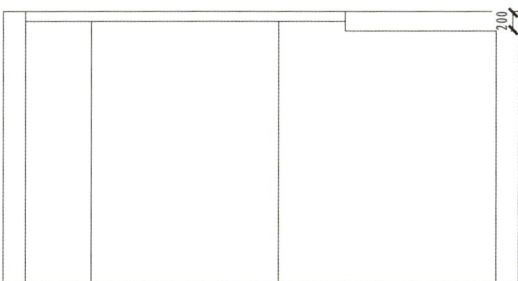

㉛根据图示尺寸绘制吊顶侧面。

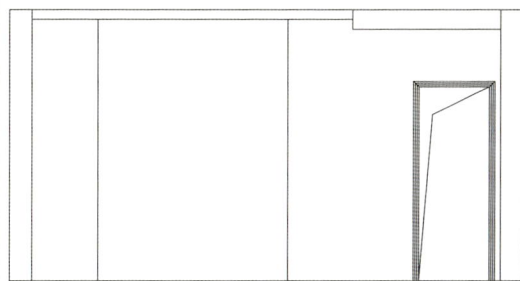

㉜绘制如图所示的门洞及门套线。

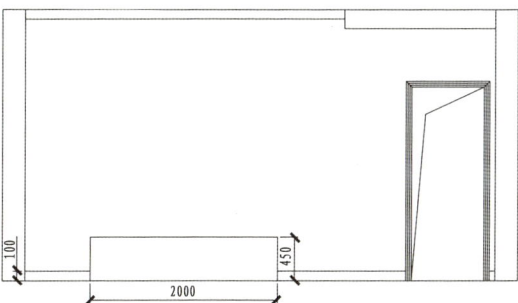

㉝根据图示尺寸绘制踢脚线。根据图示尺寸绘制电视柜轮廓线。

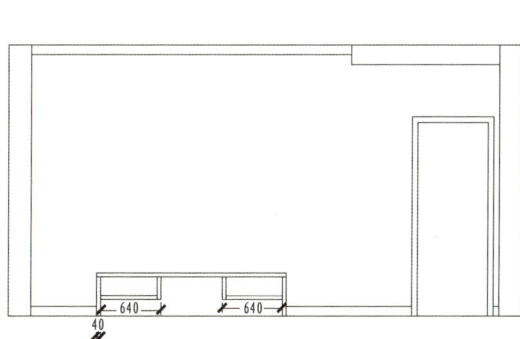

㉞根据图示尺寸绘制电视柜造型。

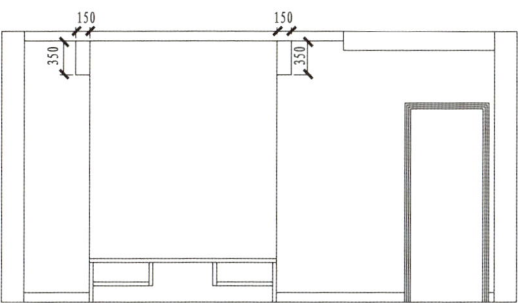

㉟根据图示尺寸绘制电视墙造型。

㊱摆放装饰品,完成效果如图所示。

㊲根据图示完成装饰填充。

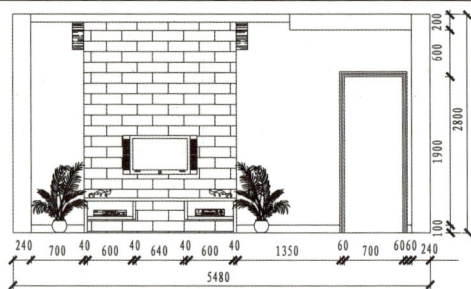

㊳根据图示绘制尺寸标注。

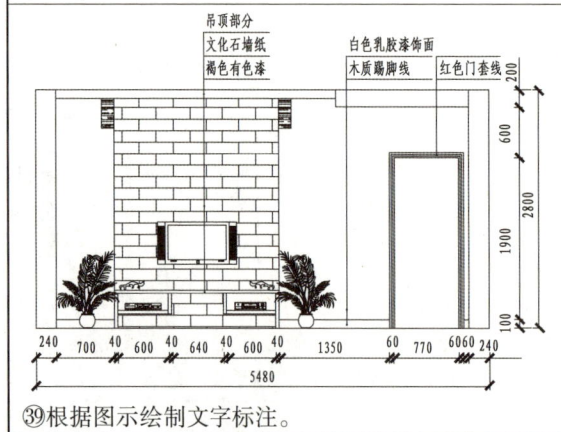

吊顶部分
文化石墙纸
褐色有色漆

白色乳胶漆饰面
木质踢脚线
红色门套线

㊴根据图示绘制文字标注。

5. 现代中式风格套图 卧室立面图绘制

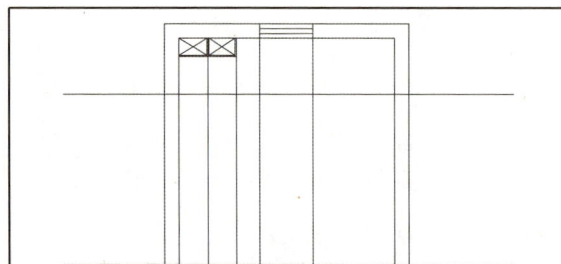

①复制平面图中卧室 A 墙体部分到平面图下方,并根据立面图绘制方法绘制成如图所示样式。

②将墙体修改成如图所示样式。

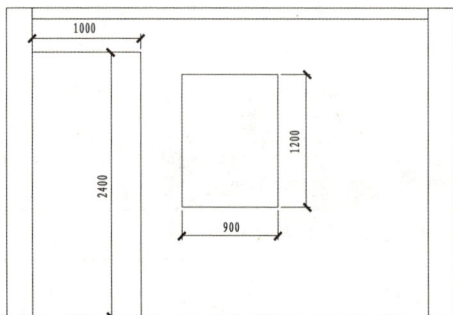

③根据图示尺寸绘制门洞及窗洞。

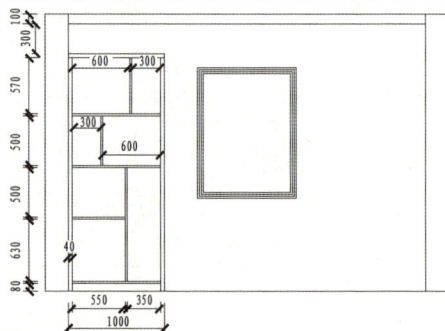

④根据图示绘制书柜造型。

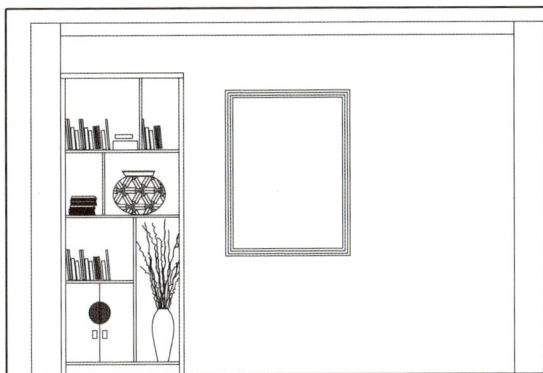

⑤摆放装饰品,完成效果如图所示。

⑥绘制窗户及窗帘,完成效果如图所示。

⑦根据图示尺寸绘制踢脚线。

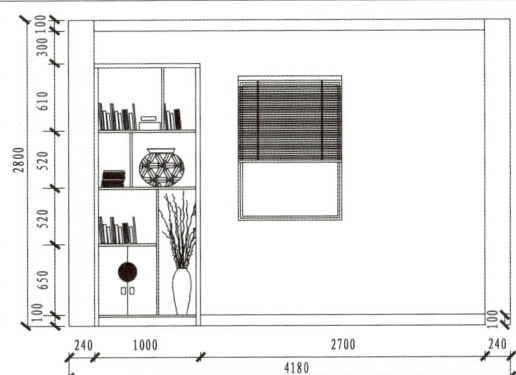

⑧根据图示绘制尺寸标注。

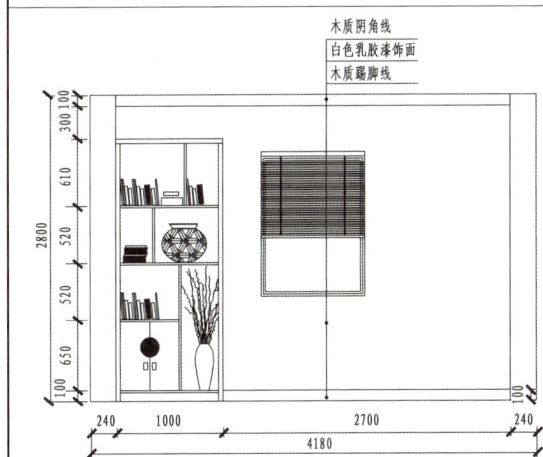

⑨根据图示绘制文字。

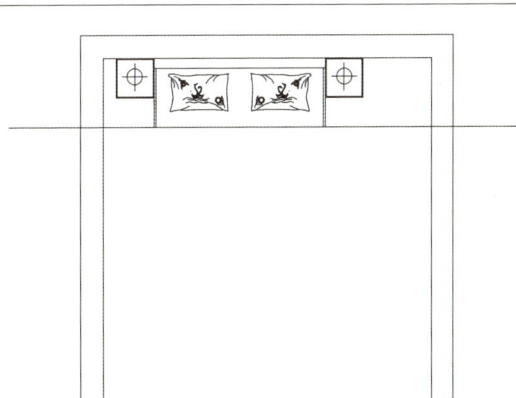

⑩复制平面图中卧室 B 墙体部分到平面图下方,并根据立面图绘制方法绘制成如图所示样式。

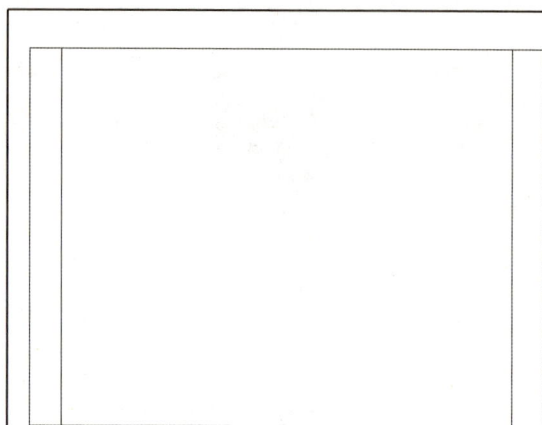

⑪将墙体修改成如图所示样式。

⑫根据图示尺寸绘制吊顶侧面。

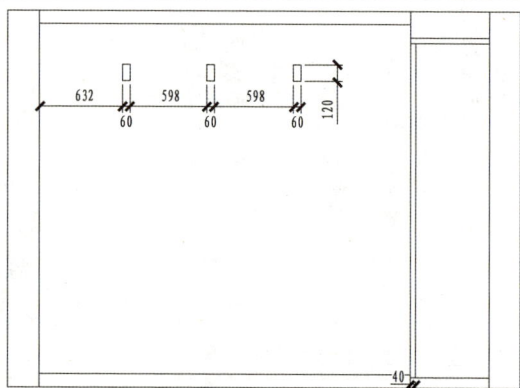

⑬根据图示尺寸绘制如图所示造型。

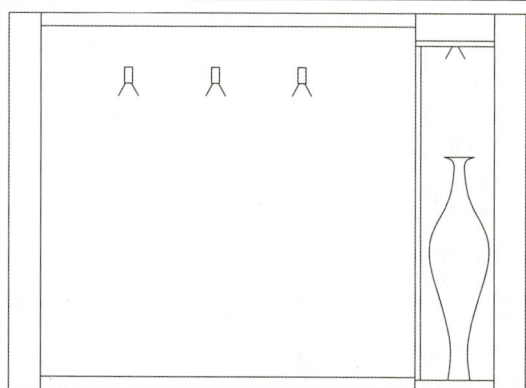

⑭摆放装饰品,完成效果如图所示。

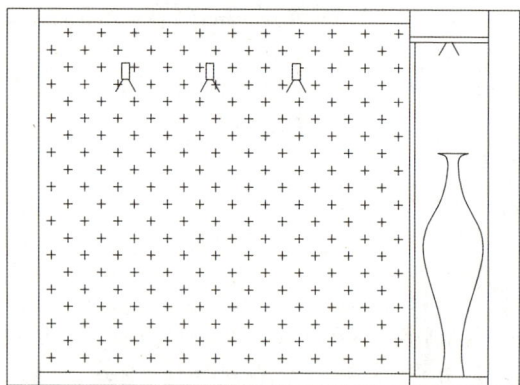

⑮根据图示绘制装饰填充。

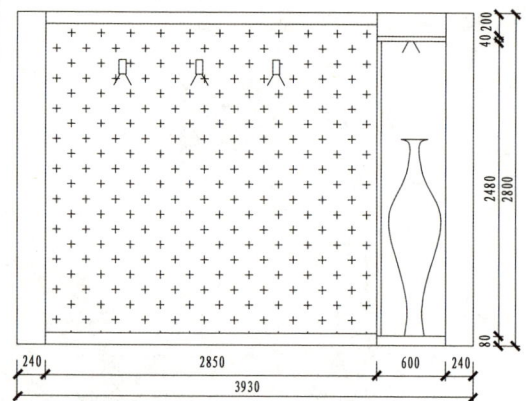

⑯根据图示绘制尺寸标注。

暗藏60 mm筒灯
艺术墙纸
木质踢脚线

吊顶部分
褐色有色漆

40 200
2480
2800
80

240 2850 600 240
3930

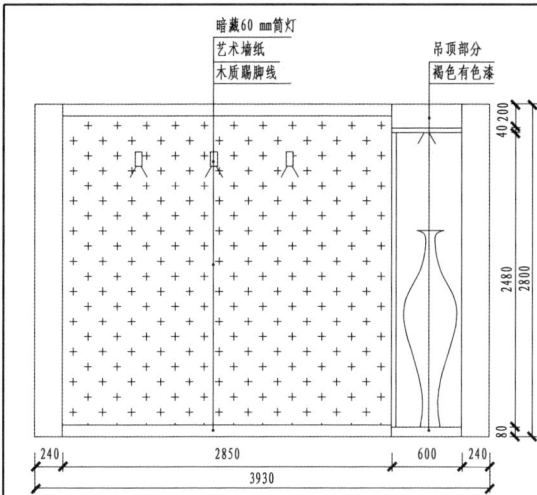

⑰根据图示绘制文字标注。

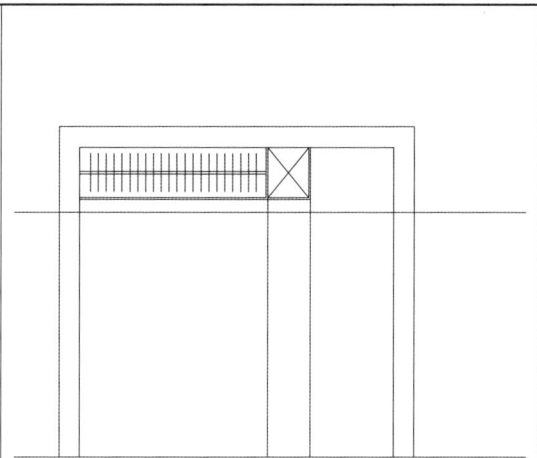

⑱复制平面图中卧室C墙体部分到平面图下方,并根据立面图绘制方法绘制成如图所示样式。

⑲将墙体修改成如图所示样式。

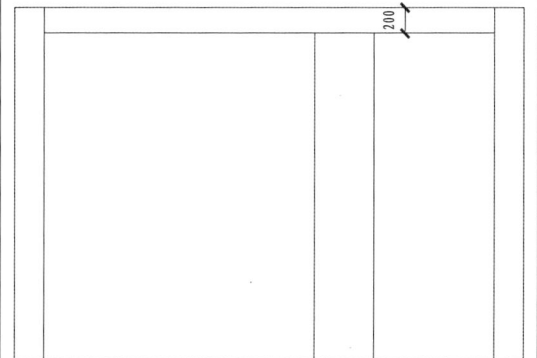

200

⑳根据图示尺寸绘制吊顶侧面。

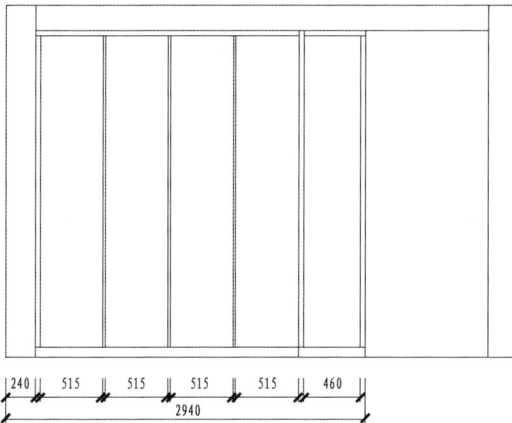

240 515 515 515 515 460
2940

㉑根据图示尺寸绘制衣柜柜门。

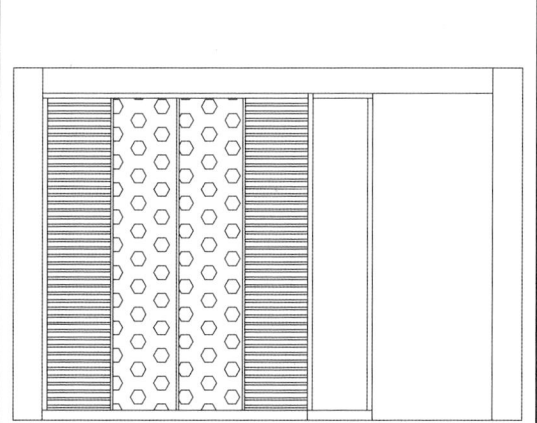

㉒根据图示绘制衣柜柜门装饰。

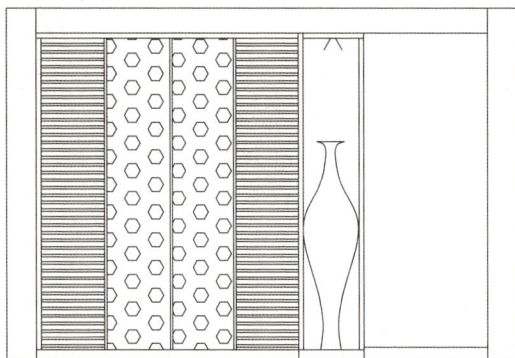

㉓摆放装饰品,完成效果如图所示。

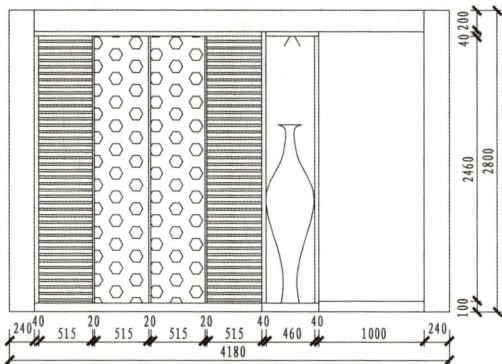

㉔根据图示绘制尺寸标注。

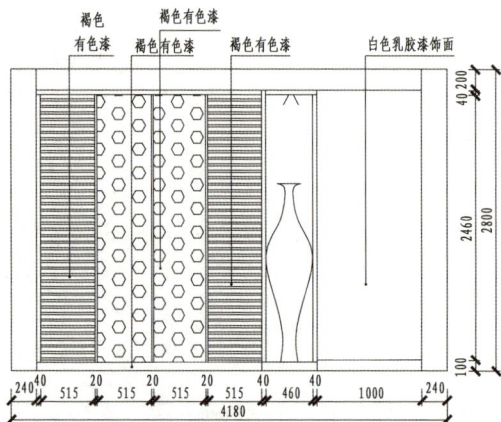

㉕根据图示绘制文字标注。

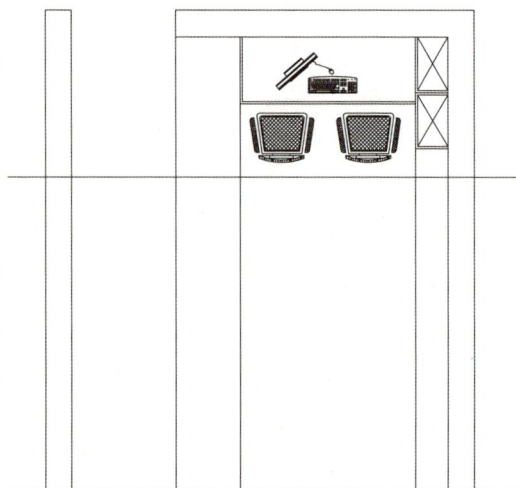

㉖复制平面图中卧室 D 墙体部分到平面图下方,并根据立面图绘制方法绘制成如图所示样式。

㉗将墙体修改成如图所示样式。

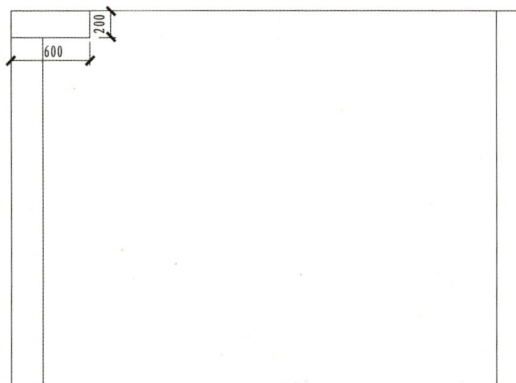

㉘根据图示尺寸绘制吊顶侧面。

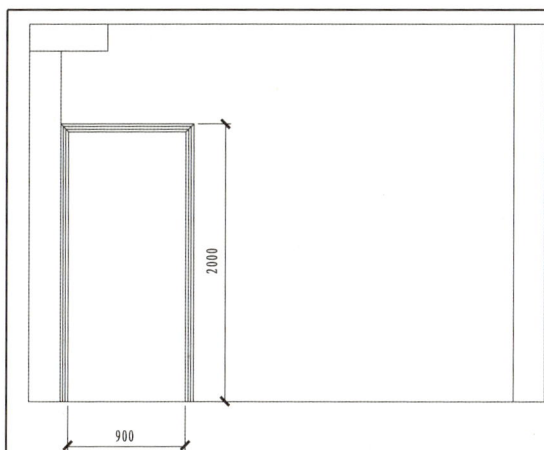

㉙根据图示尺寸绘制门洞及门套线。

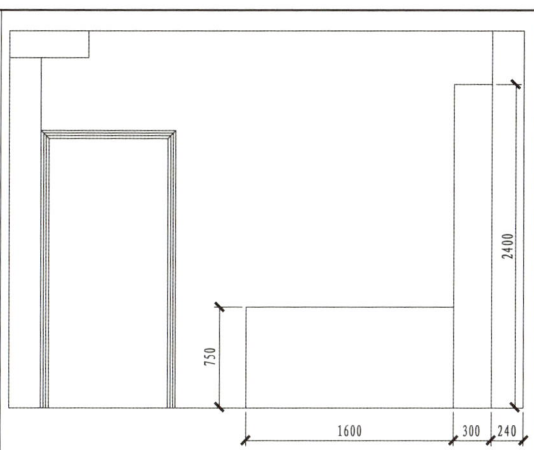

㉚根据图示尺寸绘制如图所示样式造型。

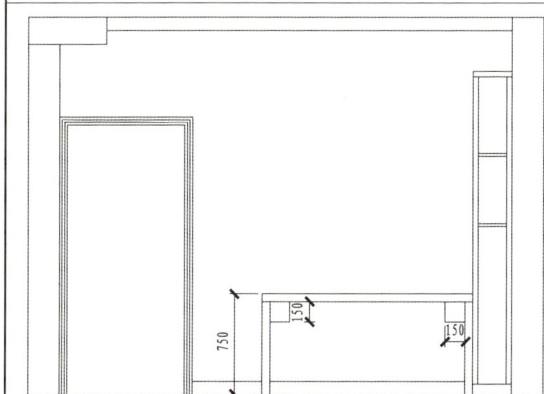

㉛根据图示绘制书桌及踢脚线。

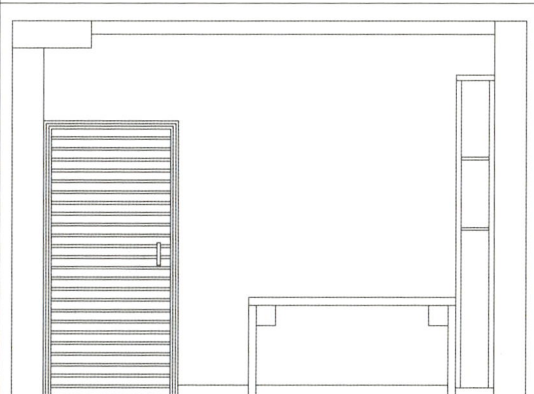

㉜绘制门造型,完成效果如图所示。

㉝摆放装饰品,完成效果如图所示。

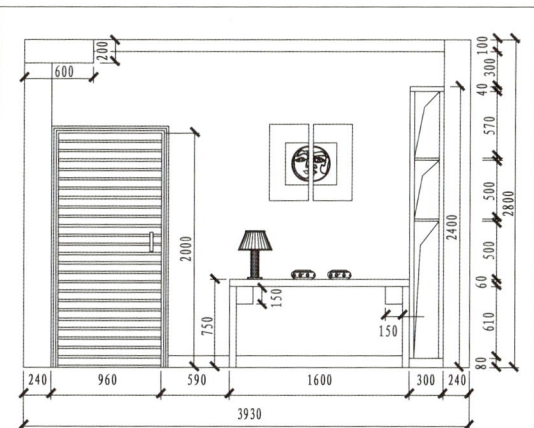

㉞根据图示绘制尺寸标注。

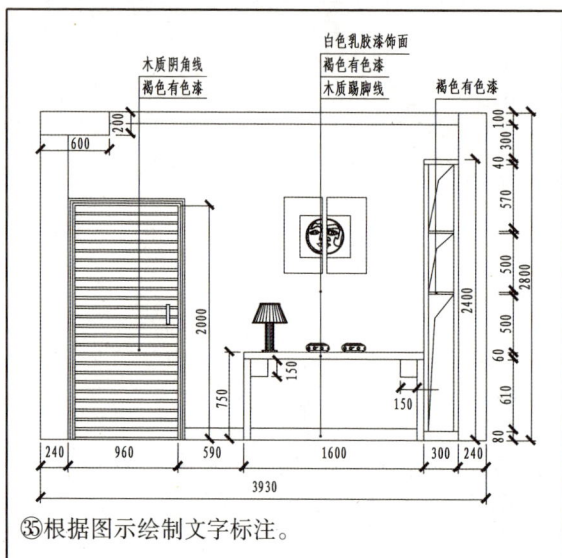

木质阴角线
褐色有色漆

白色乳胶漆饰面
褐色有色漆
木质踢脚线

褐色有色漆

㉟根据图示绘制文字标注。

6.现代中式风格套图 卫生间立面图绘制

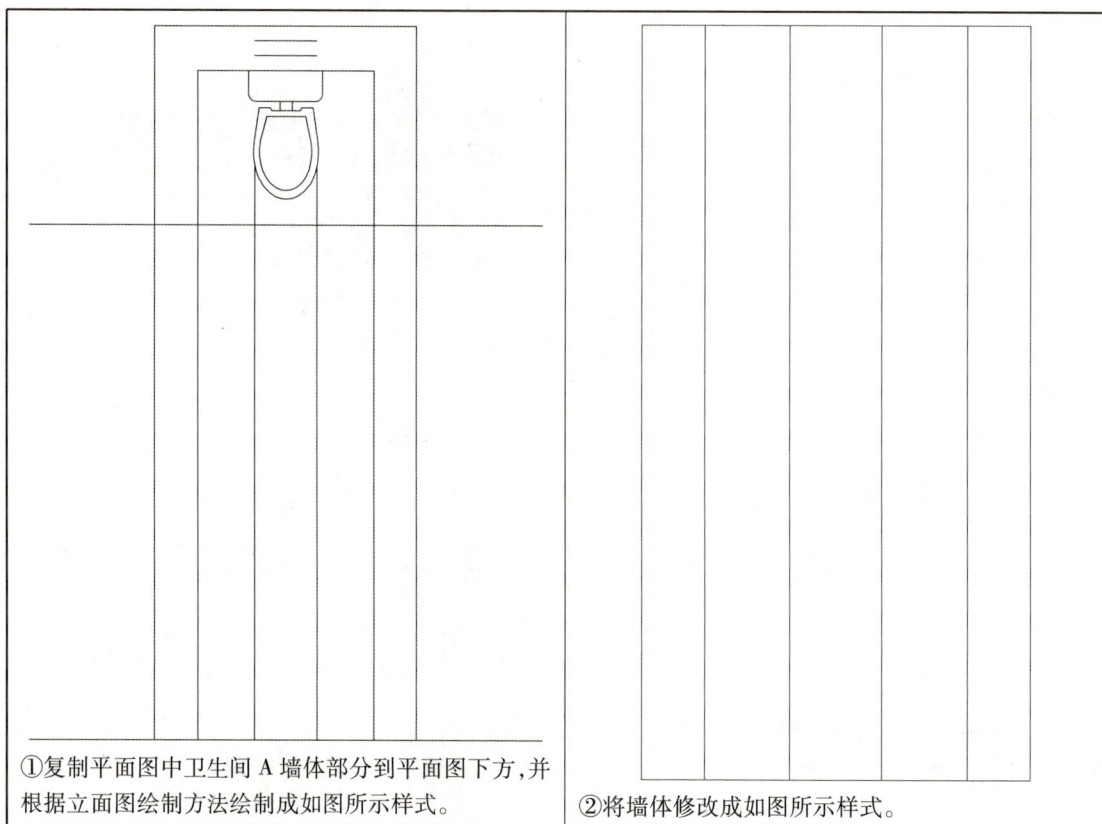

①复制平面图中卫生间 A 墙体部分到平面图下方，并根据立面图绘制方法绘制成如图所示样式。

②将墙体修改成如图所示样式。

③根据图示尺寸绘制吊顶侧面。

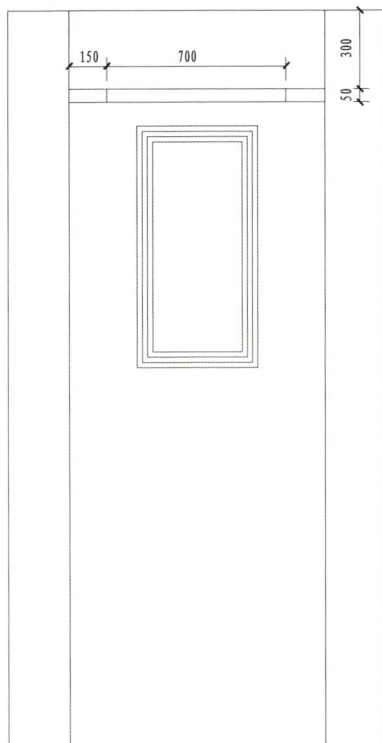

④根据图示尺寸绘制窗户及窗套。

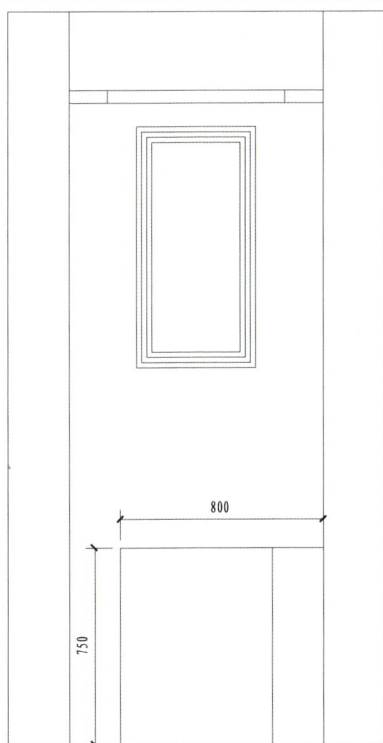

⑤根据图示尺寸绘制装饰台轮廓线。

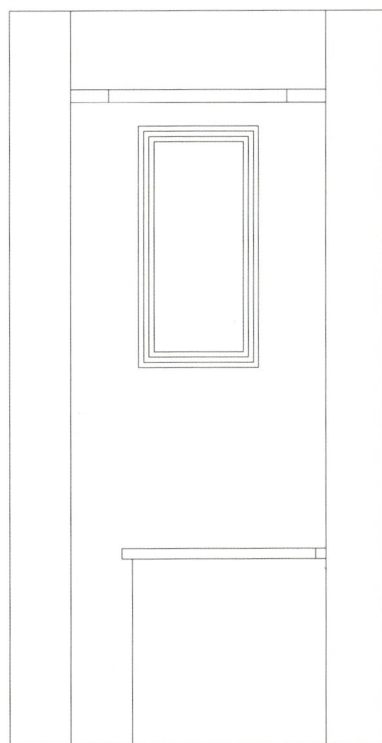

⑥绘制装饰台台面,完成效果如图所示。

⑦摆放装饰品,完成效果如图所示。

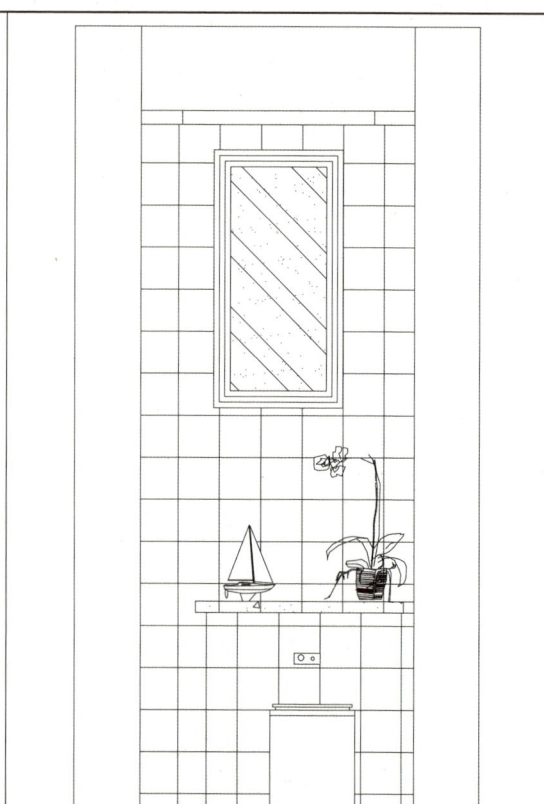

⑧根据图示绘制装饰填充。

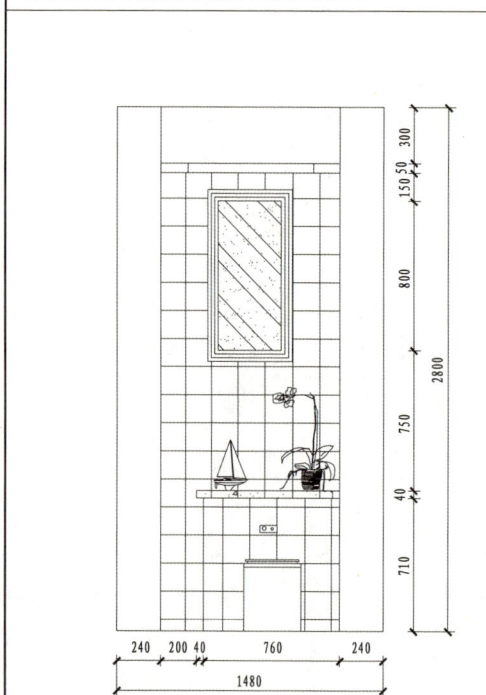

⑨根据图示绘制尺寸标注。

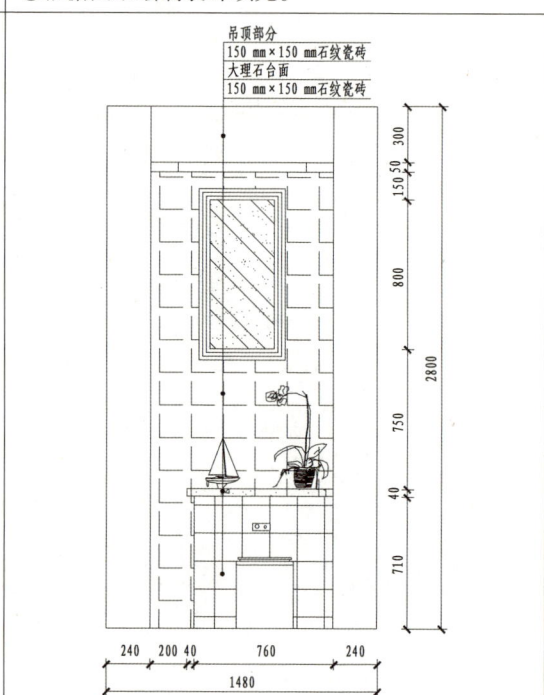

⑩根据图示绘制文字标注。

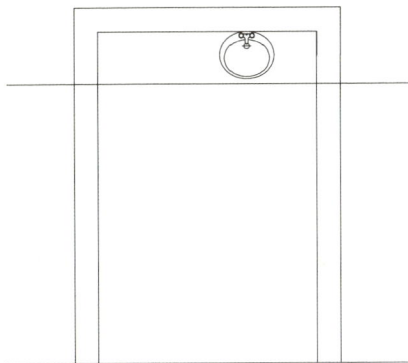

⑪复制平面图中卫生间 B 墙体部分到平面图下方，并根据立面图绘制方法绘制成如图所示样式。

⑫将墙体修改成如图所示样式。

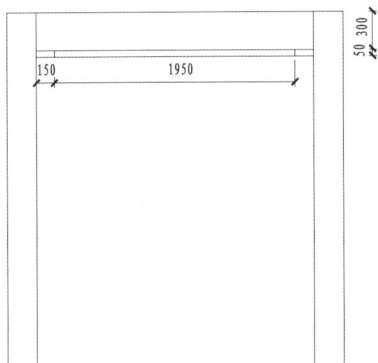

⑬根据图示尺寸绘制吊顶侧面。

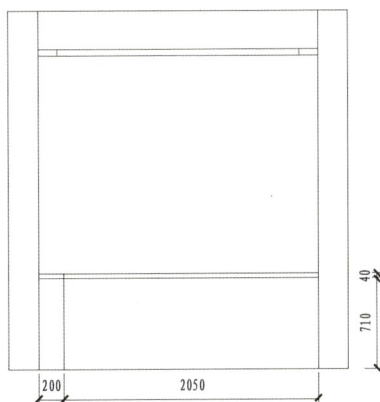

⑭根据图示尺寸绘制如图所示造型。

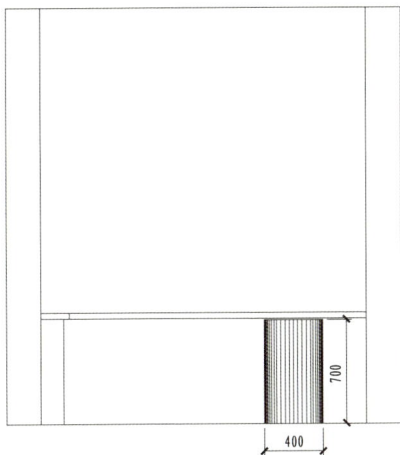

⑮根据图示尺寸绘制洗漱盆造型。

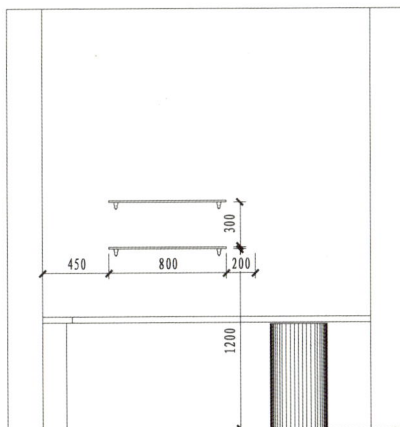

⑯根据图示尺寸绘制如图所示的跳板造型。

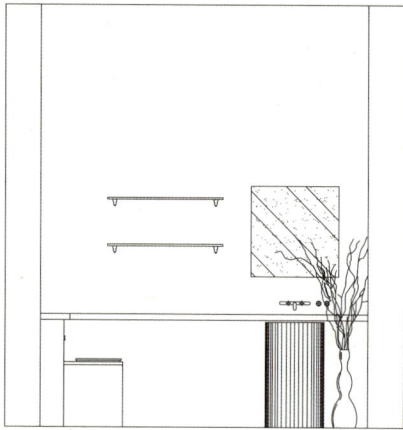

⑰摆放装饰品,完成效果如图所示。

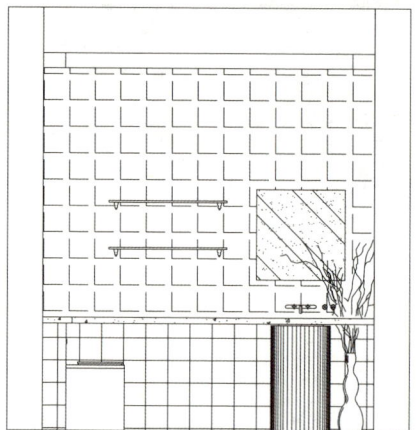

⑱根据图示绘制装饰填充。

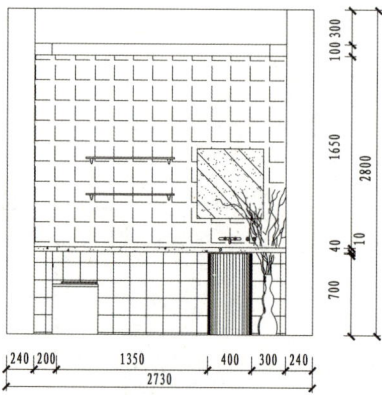

⑲根据图示绘制尺寸标注。

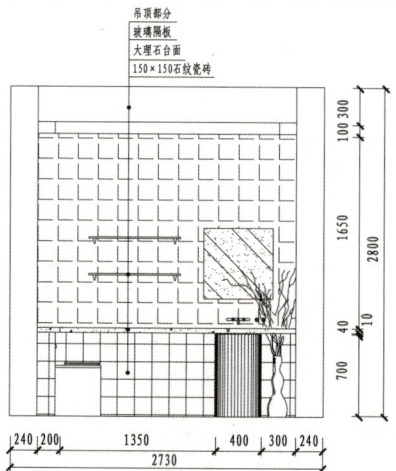

吊顶部分
玻璃隔板
大理石台面
150×150石纹瓷砖

⑳根据图示绘制文字标注。

7.现代中式风格套图 厨房立面图

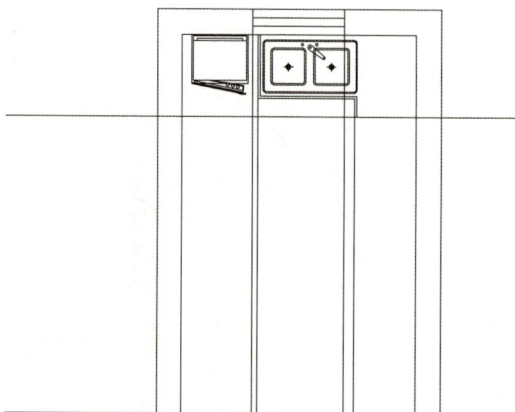

①复制平面图中厨房 A 墙体部分到平面图下方,并根据立面图绘制方法绘制成如图所示样式。

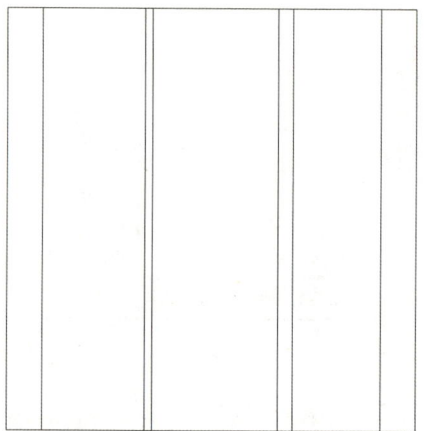

②将墙体修改成如图所示样式。

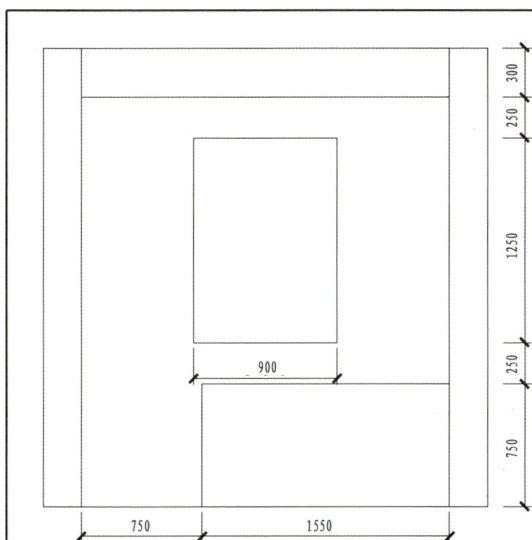

③根据图示尺寸绘制如图所示造型。

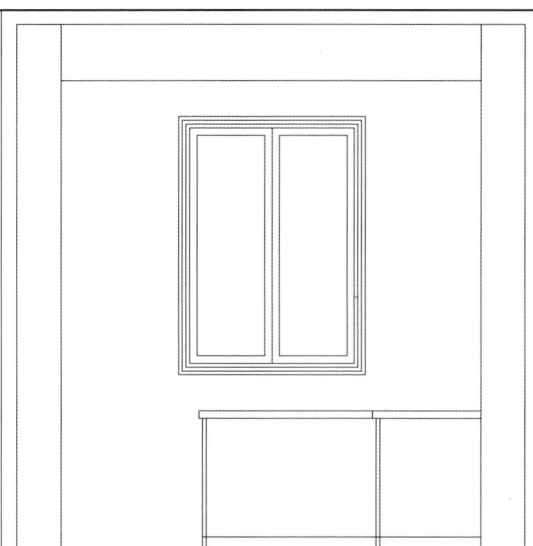

④绘制如图所示的窗户及窗套。

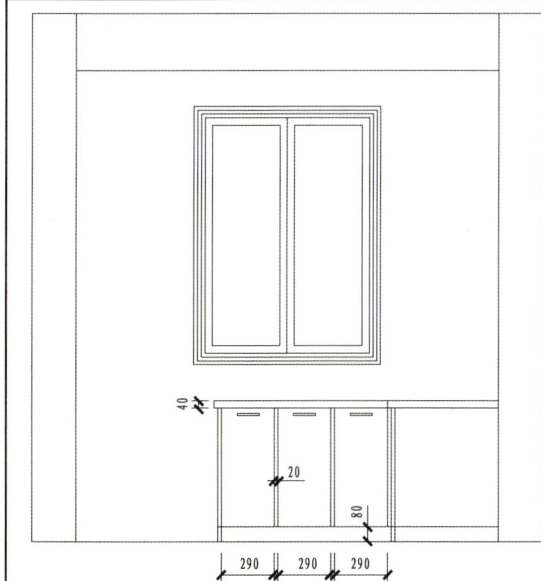

⑤根据图示尺寸绘制厨柜造型及柜门。

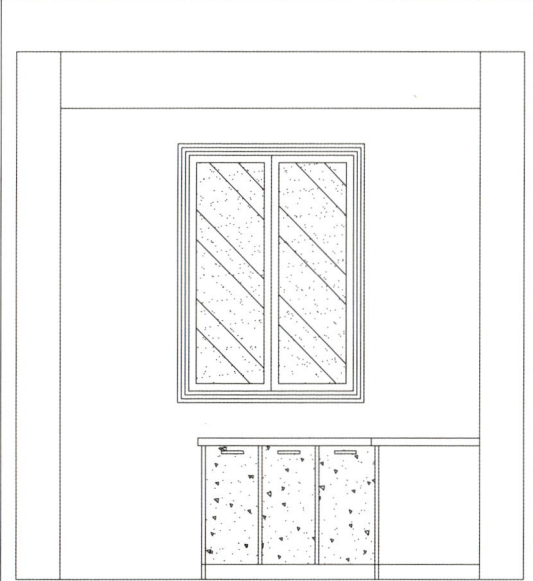

⑥根据图示绘制装饰填充。

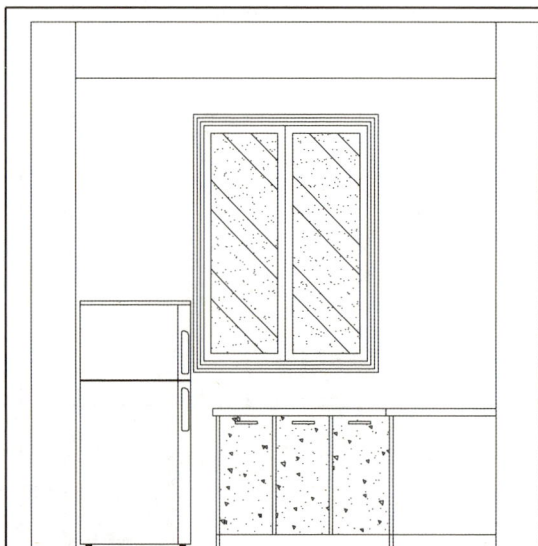

⑦摆放装饰品，完成效果如图所示。

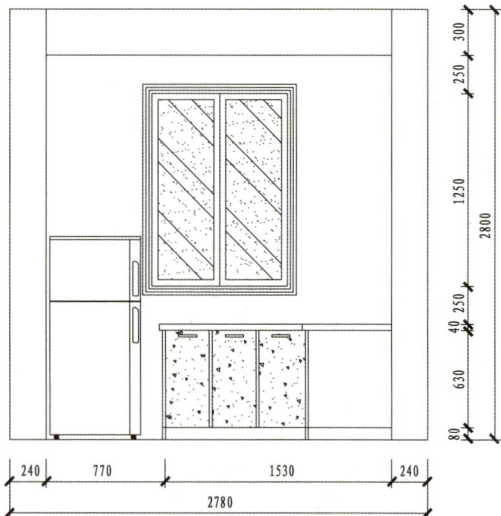

⑧根据图示绘制尺寸标注。

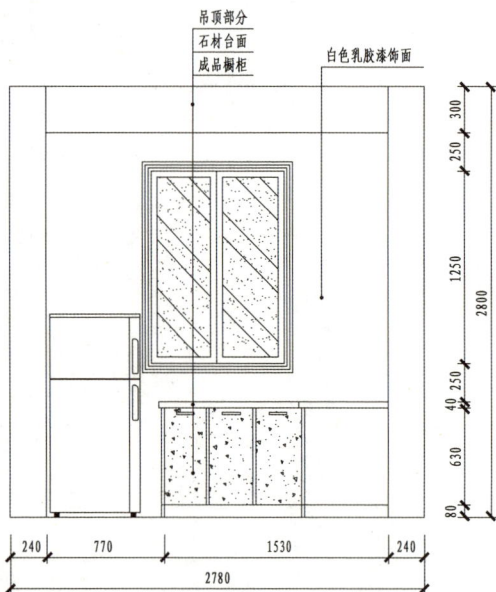

吊顶部分
石材台面
成品橱柜
白色乳胶漆饰面

⑨根据图示绘制文字标注。

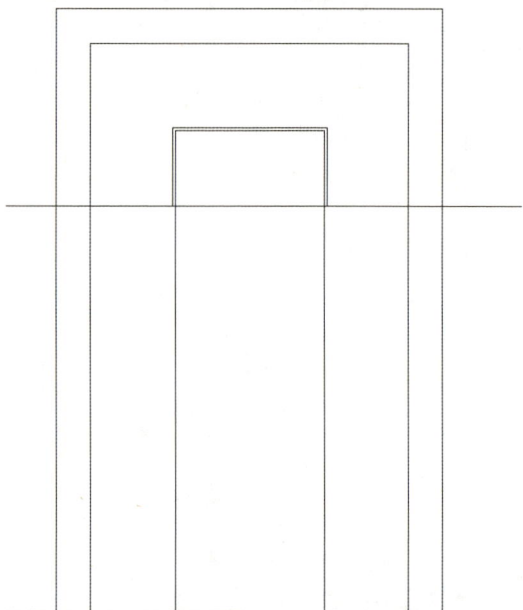

⑩复制平面图中厨房 B 墙体部分到平面图下方，并根据立面图绘制方法绘制成如图所示样式。

⑪将墙体修改成如图所示样式。

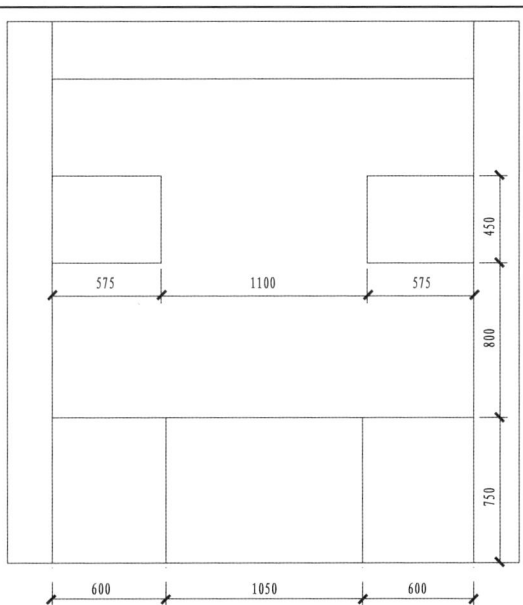

⑫根据图示尺寸绘制厨柜轮廓线及吊柜轮廓线。

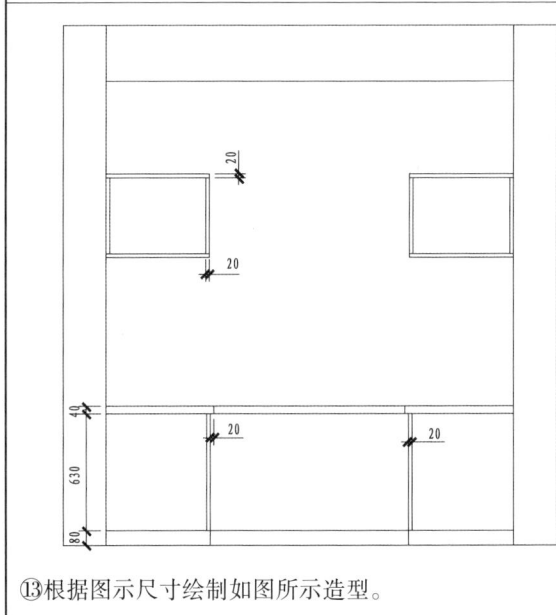

⑬根据图示尺寸绘制如图所示造型。

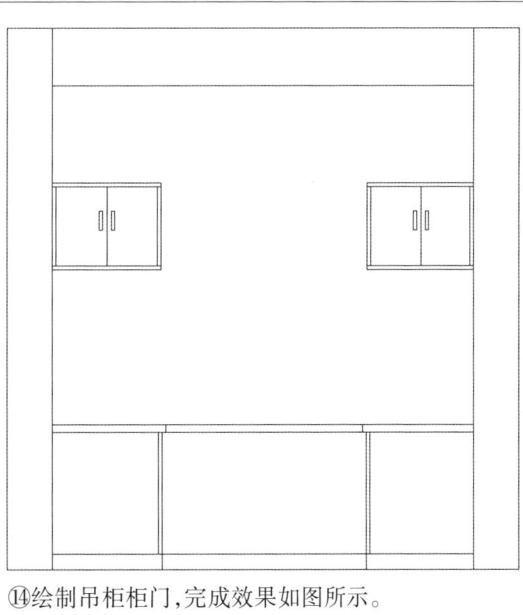

⑭绘制吊柜柜门,完成效果如图所示。

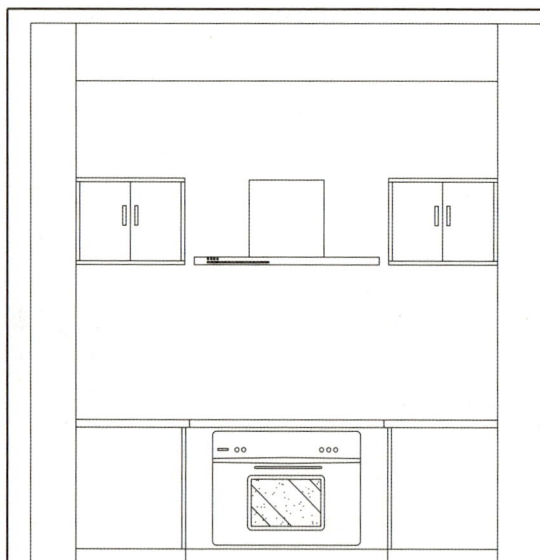

⑮摆放装饰品,完成效果如图所示。

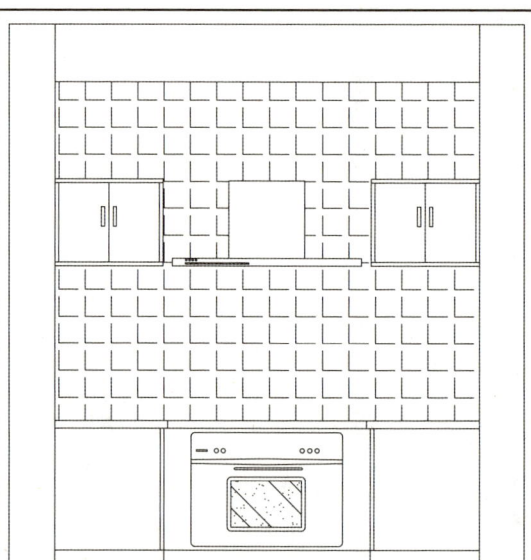

⑯根据图示绘制装饰填充。

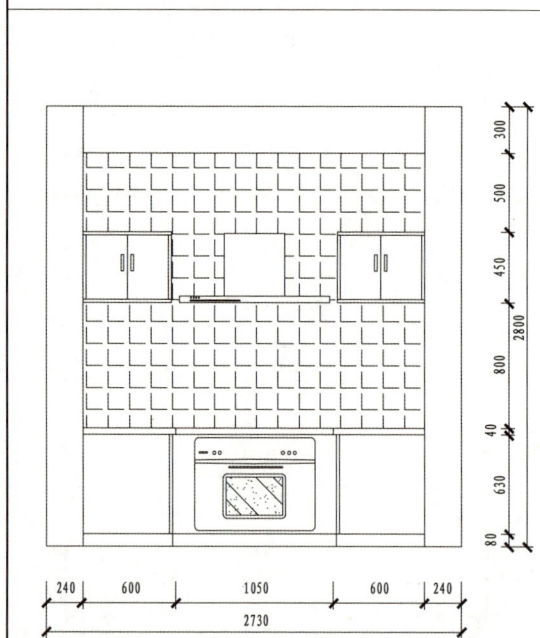

⑰根据图示绘制尺寸标注。

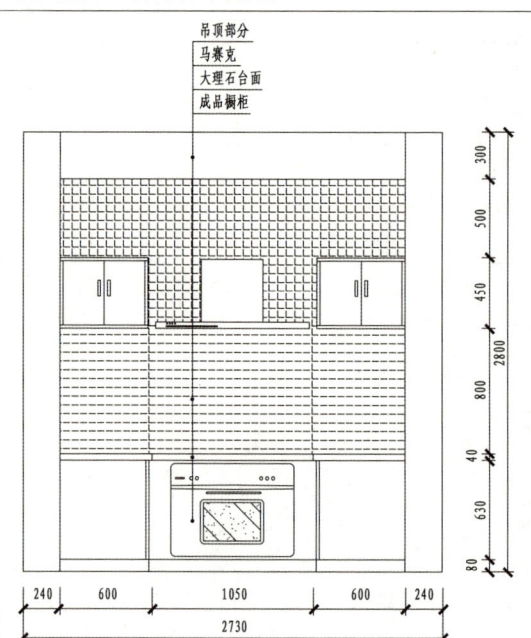

⑱根据图示绘制文字标注。

吊顶部分
马赛克
大理石台面
成品橱柜

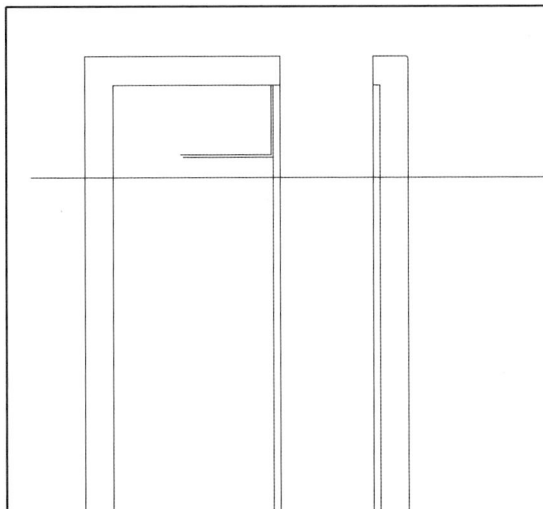

⑲复制平面图中厨房 C 墙体部分到平面图下方,并根据立面图绘制方法绘制成如图所示样式。

⑳将墙体修改成如图所示样式。

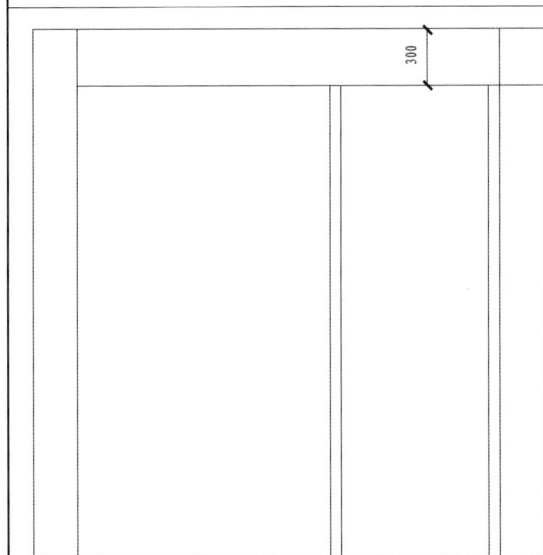

300

㉑根据图示尺寸绘制吊顶侧面。

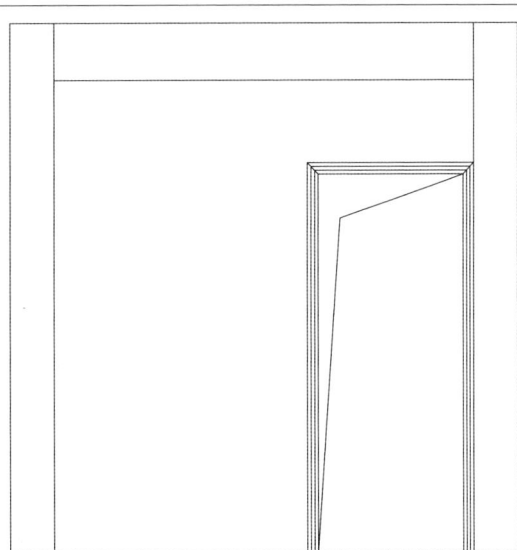

㉒绘制门洞及门套线,完成效果如图所示。

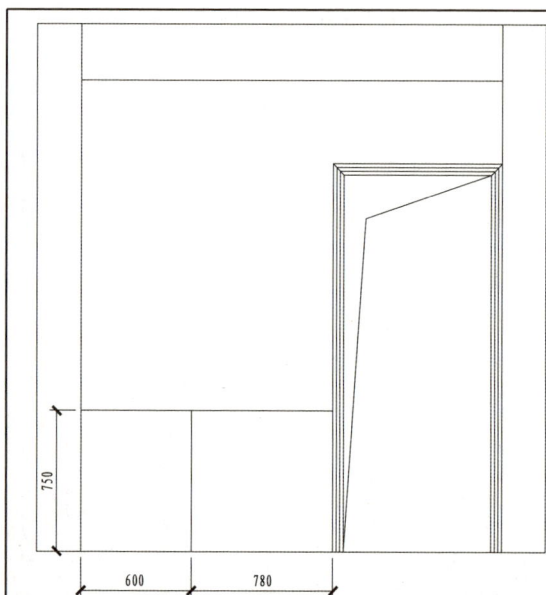

㉓绘制厨柜轮廓线。

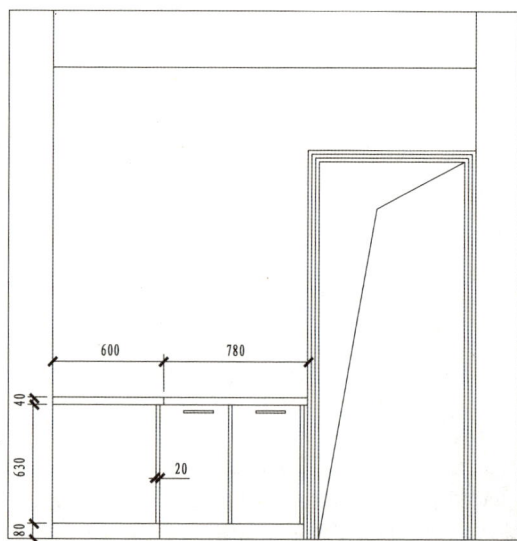

㉔根据图示尺寸绘制厨柜造型。

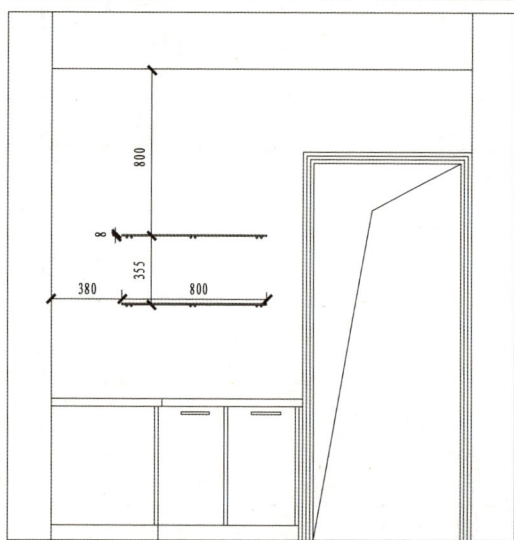

㉕根据图示尺寸绘制玻璃挑板。

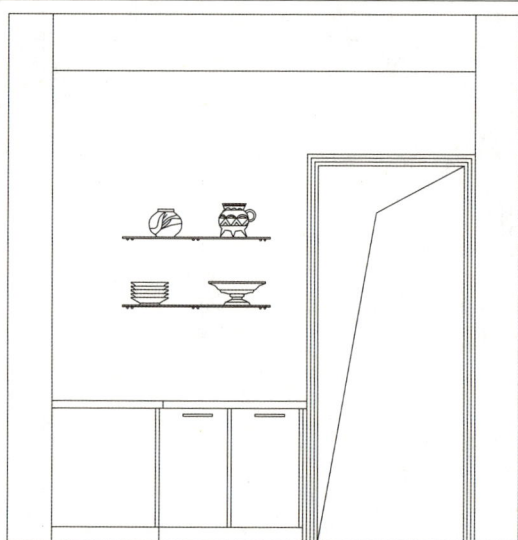

㉖摆放装饰品,完成效果如图所示。

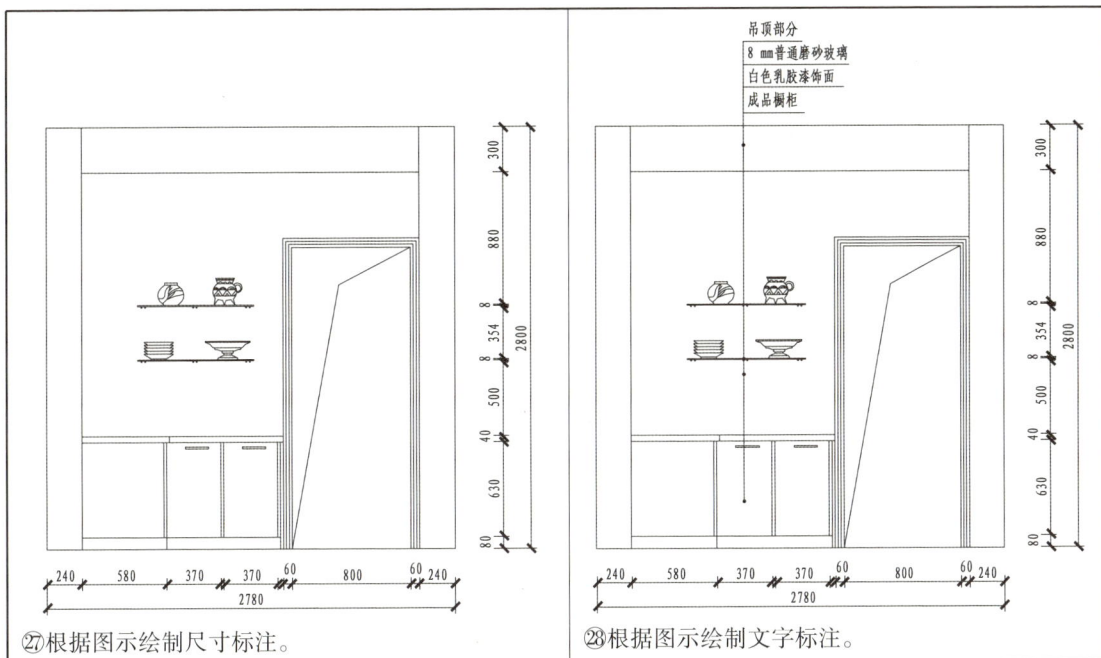

吊顶部分
8 mm普通磨砂玻璃
白色乳胶漆饰面
成品橱柜

㉗根据图示绘制尺寸标注。

㉘根据图示绘制文字标注。

【知识拓展】

效果图

　　该案例为现代中式风格在设计之初不追求原始和古朴的中式风格,而是希望在现代化的城市中创造一种简单的生活方式。把现代中式的元素简洁化,以表现现代中式更为纯粹的内涵与本质。在材料运用上以柚木为主,单一而大量地运用也力求表现材料纯粹的一面。所有家具不仅设计成一个系列,而且家具的尺寸、颜色与材质,更是与室内装修设计相结合,达成更协调的效果。

　　思考:1.通过阅读材料你认为该案例有哪些中式元素?
　　　　　2.你了解的中国元素有哪些?

【岗位实训】

根据现代中式风格设计图,进行方案图绘制。

实训项目	现代中式风格套图方案绘制			
实训目的	1. 能对提供的户型完成基本方案设计。 2. 能在方案设计中体现风格元素。 3. 能灵活运用所学知识,举一反三。			
项目要求	选做	必做	是否分组	每组人数
实训时间		实训学时		学分
实训地点		实训形式		
实训内容	公司设计师接到一个室内装饰设计项目,要求设计风格为现代中式风格,需要你根据户型图绘制基本方案设计。 包括:平面布置图一张 　　　棚布置图一张 　　　玄关立面方案设计图两张 　　　客厅餐厅立面方案设计图三张 　　　卧室立面方案设计图三张			
实训材料	安装并激活 AutoCAD 2022 软件的电脑一台			

实训步骤及要求	评分标注	分值
1. 现代中式风格平面布置图绘制 要求:功能布局合理,绘制规范	功能布局合理,不符,酌情扣 5 ~ 20 分; 绘制工整准确,不符,酌情扣 1 ~ 5 分	20 分
2. 现代中式风格天棚布置图绘制 要求:方案设计简洁大方,绘制规范	方案设计与风格相符,不符,酌情扣 5 ~ 20 分; 绘制工整准确,不符,酌情扣 1 ~ 5 分	20 分
3. 现代中式风格玄关立面方案设计 要求:方案设计简洁大方,绘制规范	方案设计与风格相符,不符,酌情扣 5 ~ 20 分; 绘制工整准确,不符,酌情扣 1 ~ 5 分	20 分

4.现代中式风格客厅餐厅方案设计 要求:方案设计简洁大方,绘制规范	方案设计与风格相符,不符,酌情扣5~20分; 绘制工整准确,不符,酌情扣1~5分	20分
5.现代中式风格卫生卧室方案设计 要求:方案设计简洁大方,绘制规范	方案设计与风格相符,不符,酌情扣5~20分; 绘制工整准确,不符,酌情扣1~5分	20分
学生评价		
教师评价		
企业评价		

任务三　现代欧式风格套图绘制

【任务描述】

本任务主要是掌握根据已有现代欧式风格效果图绘制其 CAD 方案图的过程，并以此为载体掌握室内设计三视图的画法，熟悉家装室内设计方案图的绘制，了解现代欧式风格的概念。本任务宏观上采用"实例驱动"，微观上采用"项目式教学"以及用"演示法"讲解现代欧式风格设计方案的绘制技巧及流程，同时要求学生"边学边画"，使学生对现代欧式风格设计方案绘制从感性认识上升到理性认识，掌握现代欧式风格设计方案绘制技能。通过本任务的学习，对知识点进行归纳总结，引导学生发现新旧知识之间的内在联系，并将所学知识与相关学科进行有机衔接。

【知识点】

1. 现代欧式风格套图 平面布置图绘制。
2. 现代欧式风格套图 天棚布置图绘制。
3. 现代中式风格套图 客厅立面图绘制。
4. 现代欧式风格套图 卧室立面图绘制。
5. 现代欧式风格套图 卫生间立面图绘制。

【任务导入】

本任务设计，运用明亮的色彩，为空间带来更好的光感；搭配紫红色的家具，浪漫而温馨；清晰利落的装饰线条、镜面材料和精致的水晶灯带来华丽的效果；柔软的织物包裹整个卧室，温暖而宁静；精心挑选的洁具在经典的黑与白之间邂逅般地相遇。欧式的居室有的不只是豪华而大气，更多的是惬意和浪漫。原建筑的卧室门正对着大门，既令卧室缺乏隐私，也令室内的人不安，因此特地在卧室门后加一扇墙，将门口开在旁边。

【任务解析】

1. 现代欧式风格套图 平面布置图绘制

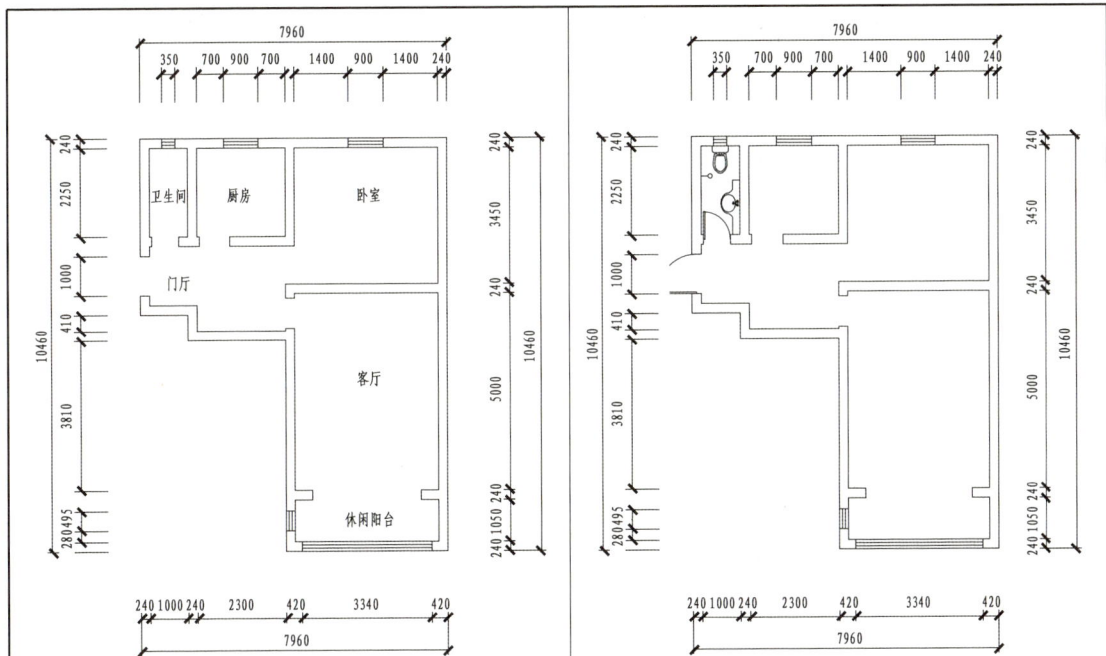

①打开素材"现代欧式套图.dwg"文件。

②绘制卫生间平面布置,完成效果如图所示。

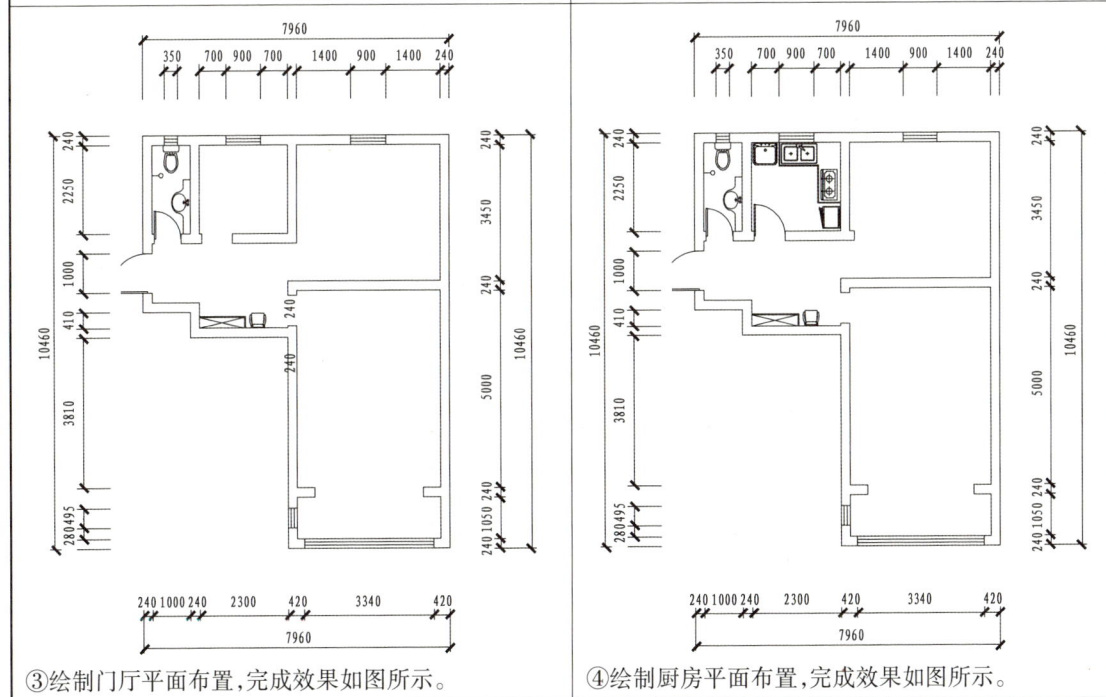

③绘制门厅平面布置,完成效果如图所示。

④绘制厨房平面布置,完成效果如图所示。

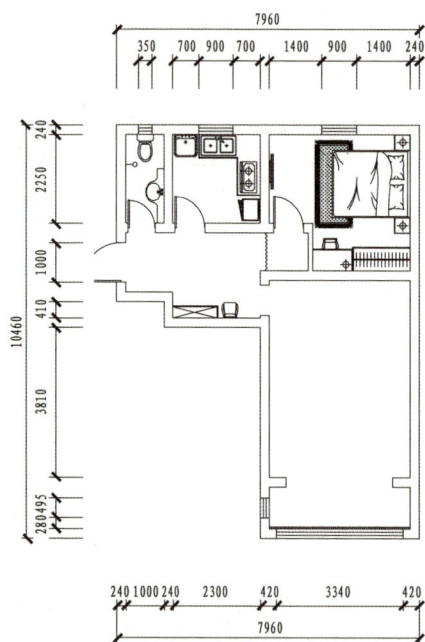

⑤绘制卧室平面布置,完成效果如图所示。

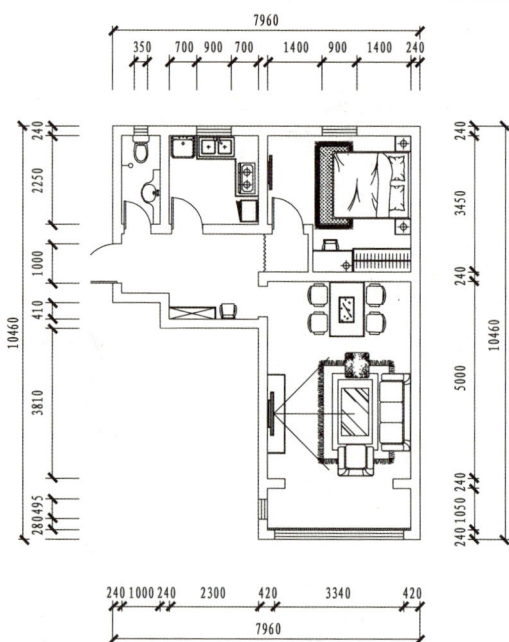

⑥绘制客厅平面布置,完成效果如图所示。

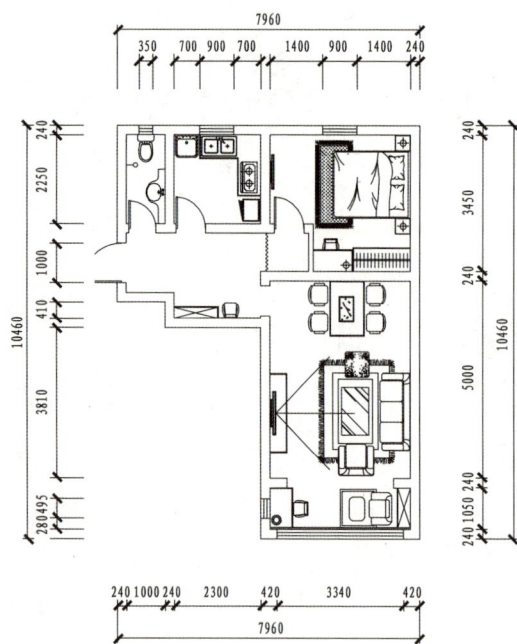

⑦绘制阳台平面布置,完成效果如图所示。

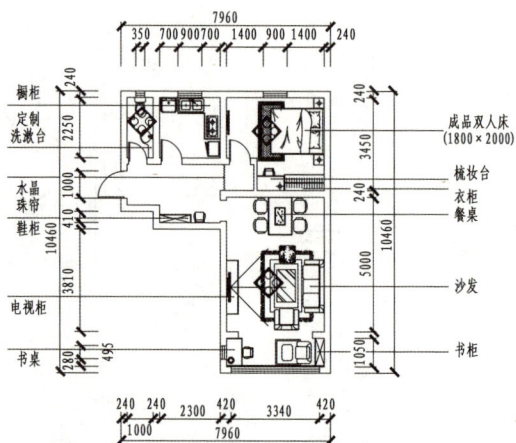

⑧根据图示完成平面布置图的文字标注。

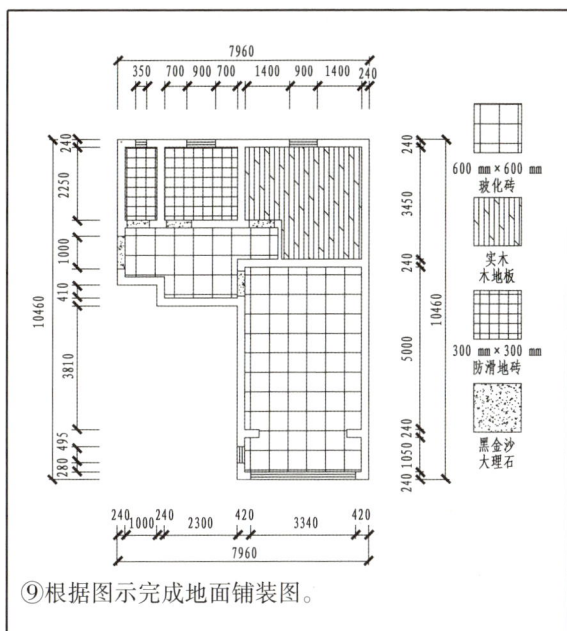

⑨根据图示完成地面铺装图。

2.现代欧式风格套图 天棚布置图绘制

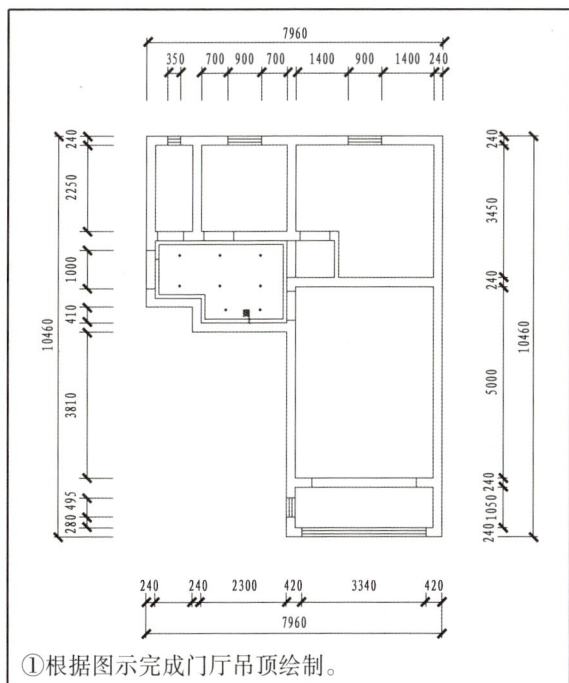

①根据图示完成门厅吊顶绘制。

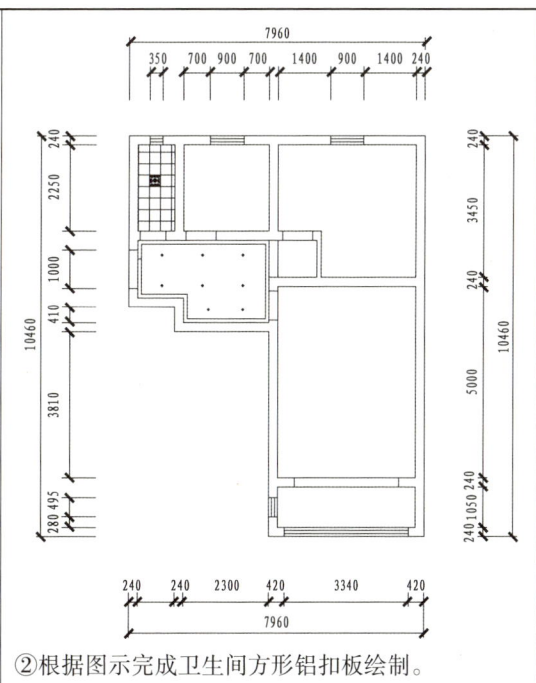

②根据图示完成卫生间方形铝扣板绘制。

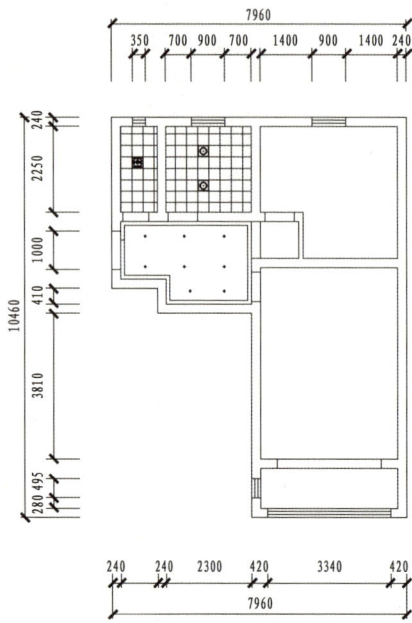

③根据图示完成厨房间方形铝扣板绘制。

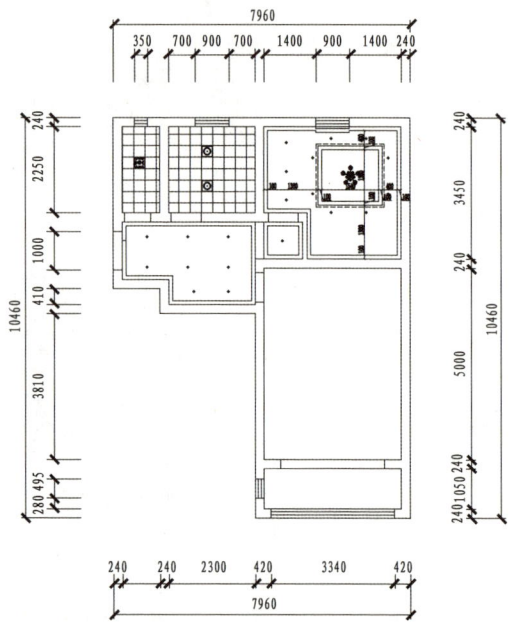

④根据图示完成卧室吊顶绘制。

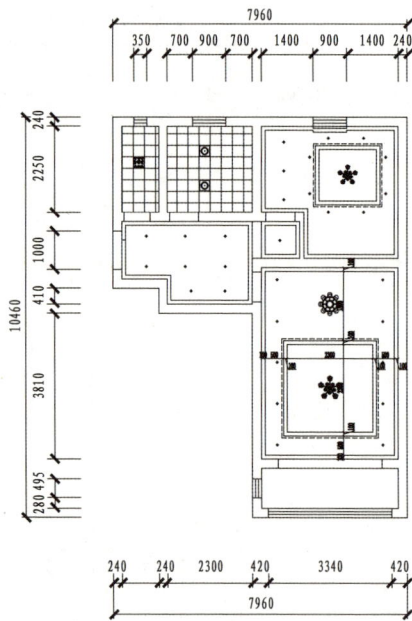

⑤根据图示完成客厅吊顶绘制。

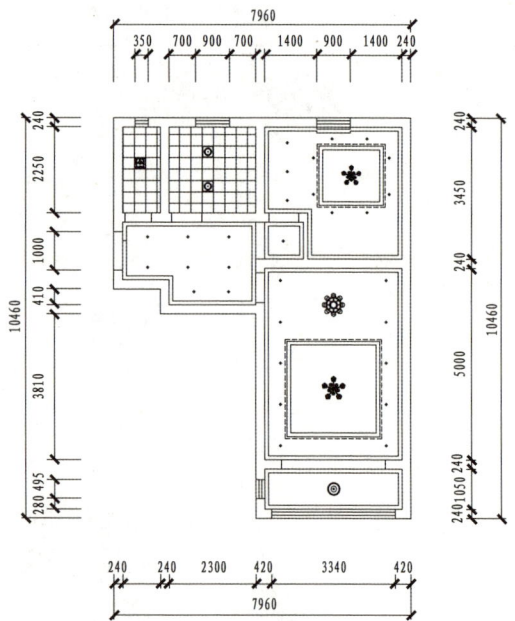

⑥根据图示完成阳台吊顶绘制。

⑦根据图示完成吊顶标高绘制。

⑧根据图示完成尺寸标注和文字标注。

其中文字标注内容：
- 300 mm×300 mm方形铝扣板吊顶
- 300 mm×300 mm方形铝扣板吊顶
- 石膏板吊顶
- 天花阴角线
- 石膏板吊顶
- 原顶乳胶漆饰面
- 石膏板吊顶
- 石膏板吊顶
- 原顶乳胶漆刷白
- 原顶乳胶漆刷白

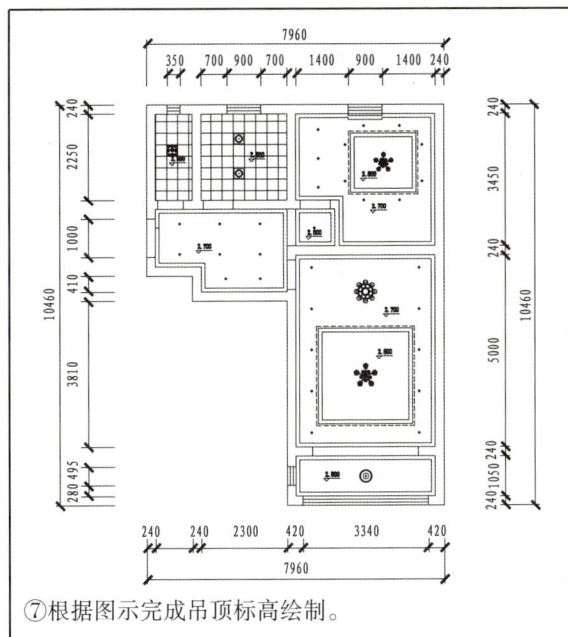

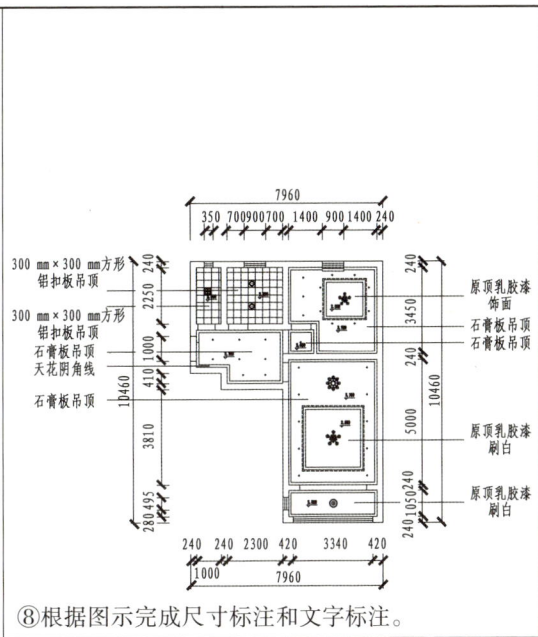

3.现代中式风格套图 客厅立面图绘制

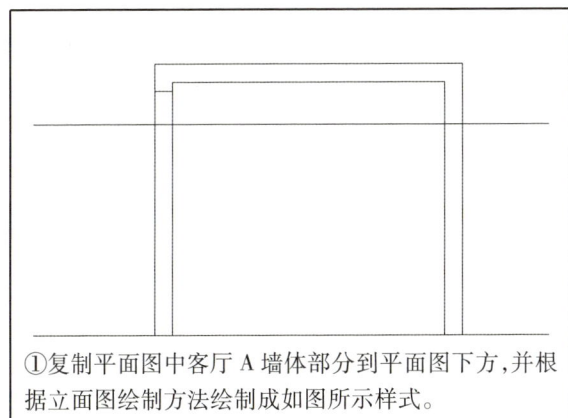

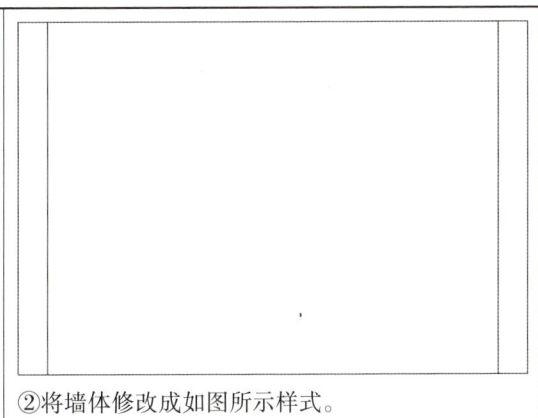

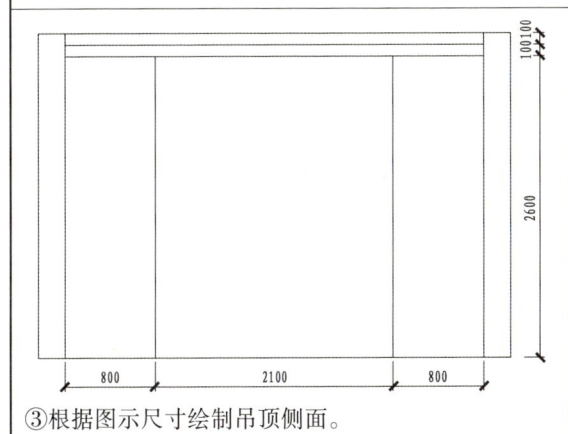

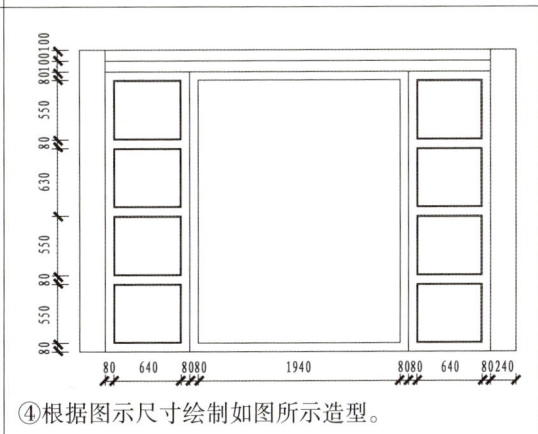

①复制平面图中客厅 A 墙体部分到平面图下方,并根据立面图绘制方法绘制成如图所示样式。

②将墙体修改成如图所示样式。

③根据图示尺寸绘制吊顶侧面。

④根据图示尺寸绘制如图所示造型。

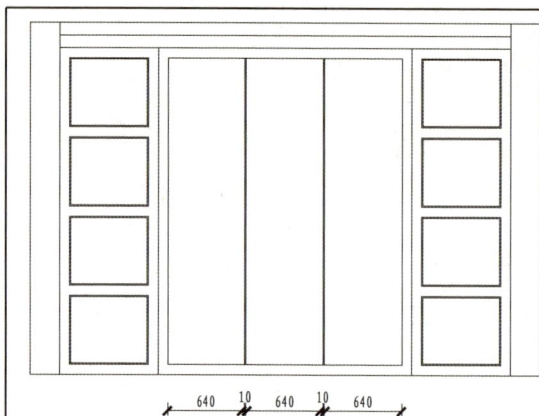

⑤根据图示尺寸绘制如图所示造型。

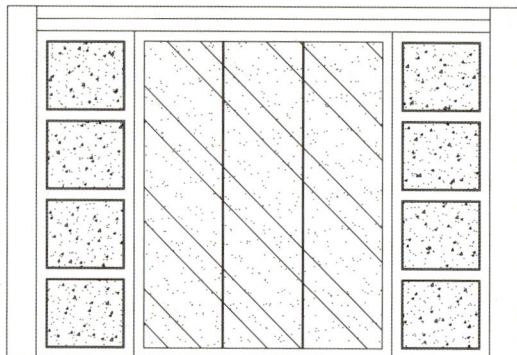

⑥根据图示绘制文字标注。

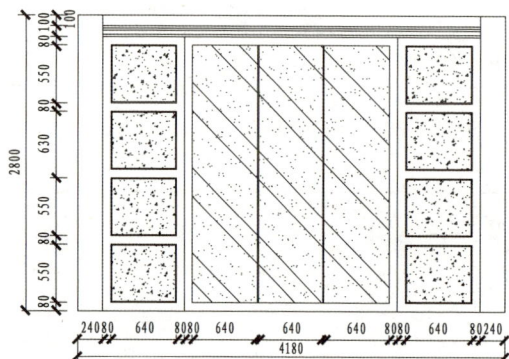

⑦根据图示绘制尺寸标注。

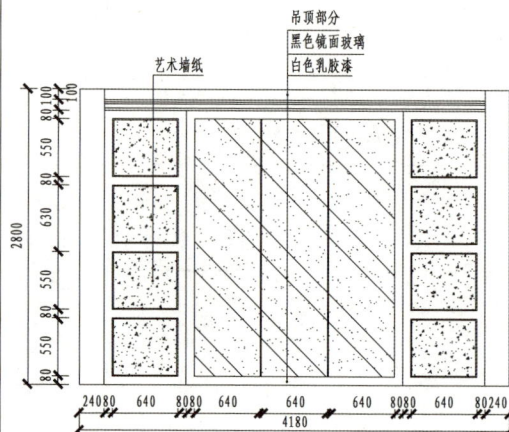

⑧根据图示绘制尺寸标注。

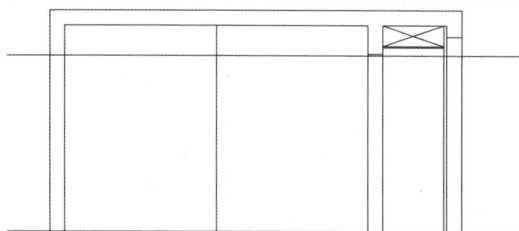

⑨复制平面图中客厅B墙体部分到平面图下方,并根据立面图绘制方法绘制成如图所示样式。

⑩将墙体修改成如图所示样式。

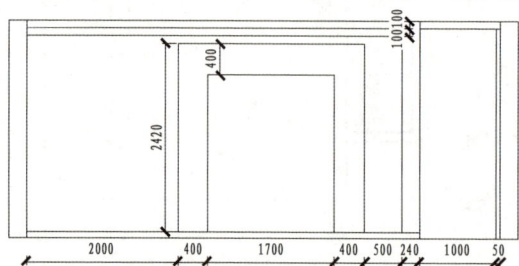

⑪根据图示尺寸绘制如图所示造型。

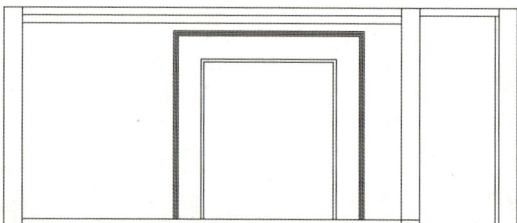

⑫绘制如图所示造型。

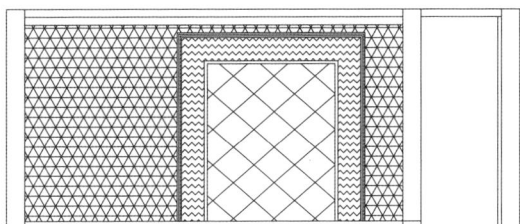

⑬根据图示绘制装饰填充。

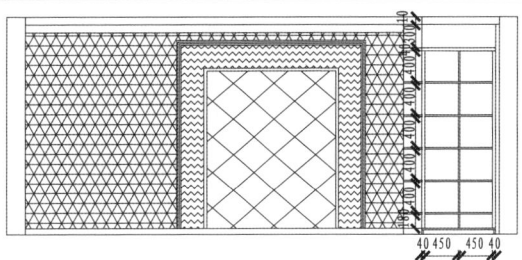

⑭根据图示尺寸绘制装饰书架。

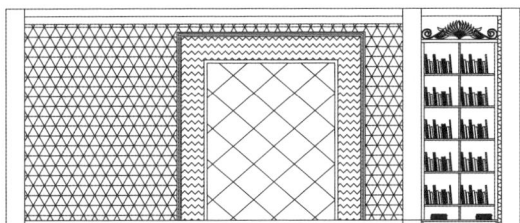

⑮摆放装饰品,完成效果如图所示。

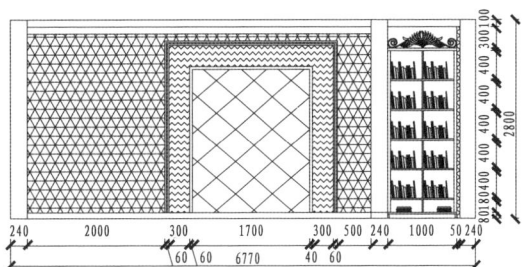

⑯根据图示绘制尺寸标注。

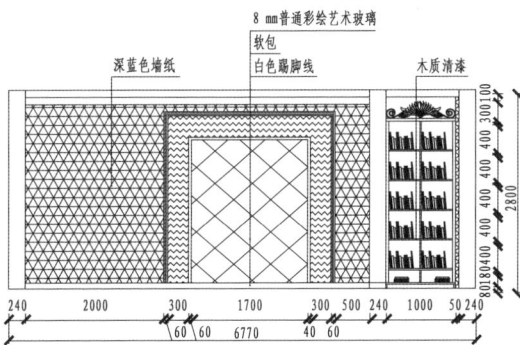

⑰根据图示进行文字标注。

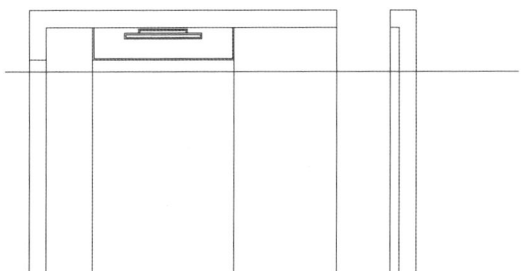

⑱复制平面图中客厅C墙体部分到平面图下方,并根据立面图绘制方法绘制成如图所示样式。

⑲将墙体修改成如图所示样式。

⑳根据图示尺寸绘制吊顶侧面。

㉑根据图示尺寸绘制如图所示的门洞及门套线。

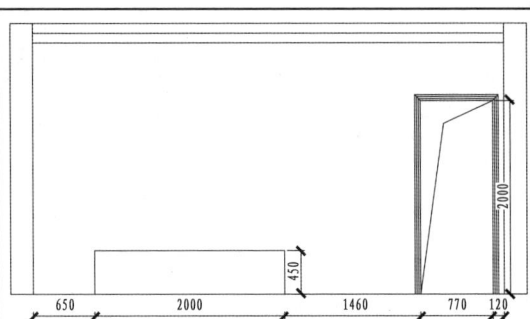

㉒根据图示尺寸绘制电视柜轮廓线。

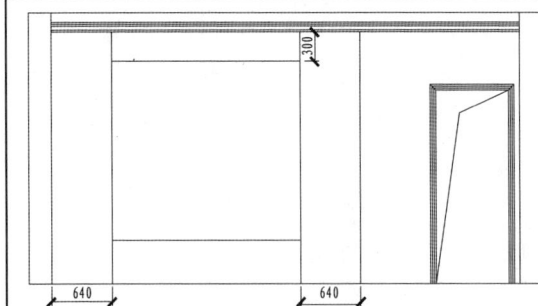

㉓根据图示尺寸绘制电视墙造型。

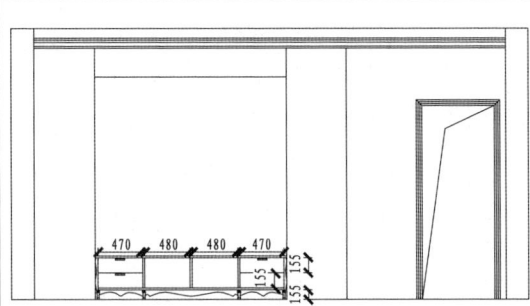

㉔根据图示尺寸绘制电视柜造型。

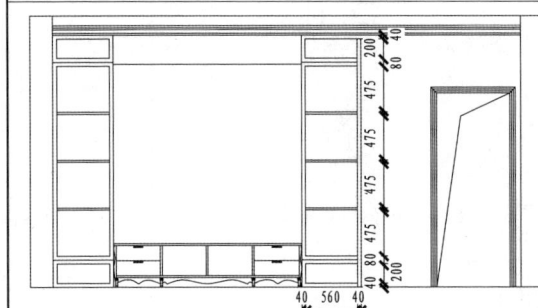

㉕根据图示尺寸绘制电视墙造型。

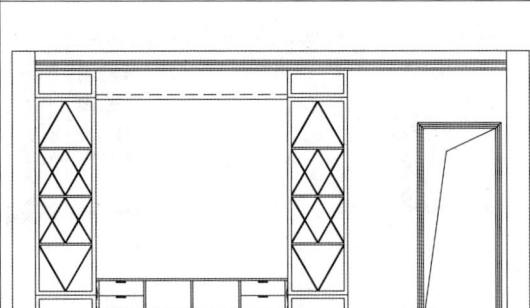

㉖绘制电视墙造型,完成效果如图所示。

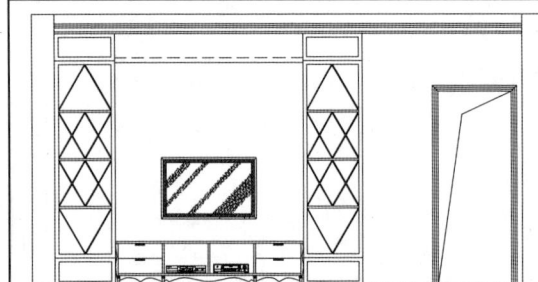

㉗摆放装饰品,完成效果如图所示。

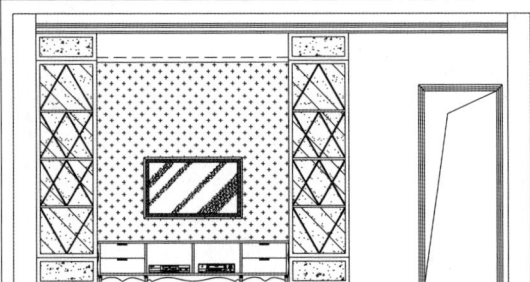

㉘根据图示绘制装饰填充。

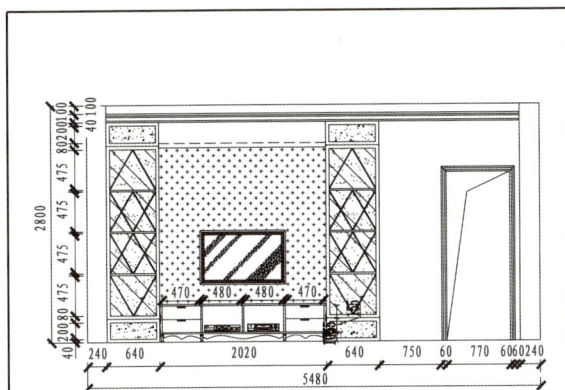

㉙根据图示绘制尺寸标注。

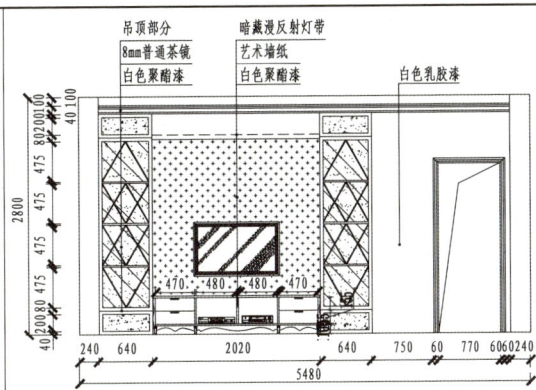

㉚根据图示绘制文字标注。

4.现代欧式风格套图 卧室立面图绘制

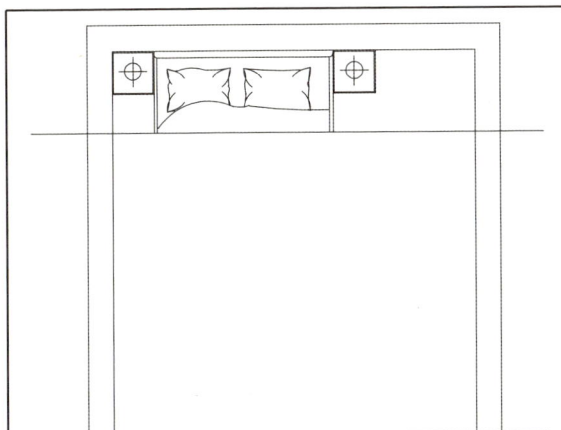

①复制平面图中卧室 B 墙体部分到平面图下方,并根据立面图绘制方法绘制成如图所示样式。

②将墙体修改成如图所示样式。

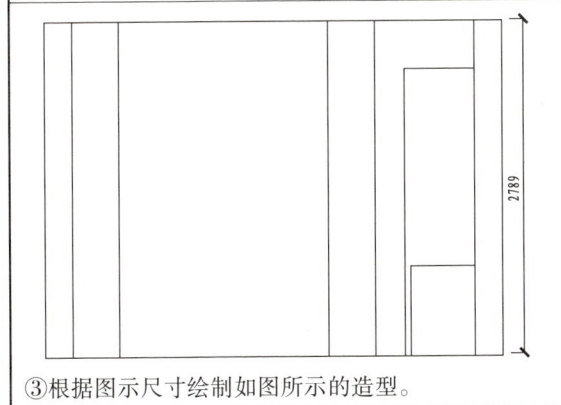

③根据图示尺寸绘制如图所示的造型。

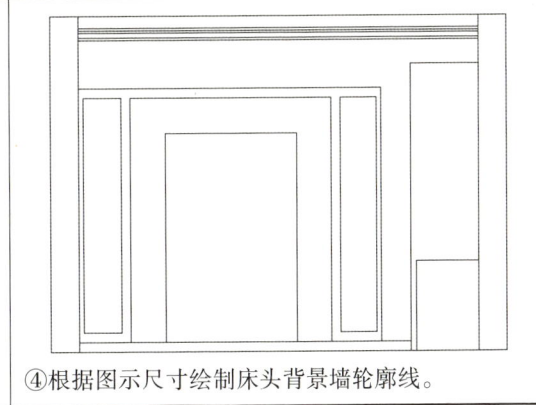

④根据图示尺寸绘制床头背景墙轮廓线。

⑤根据图示绘制装饰填充。

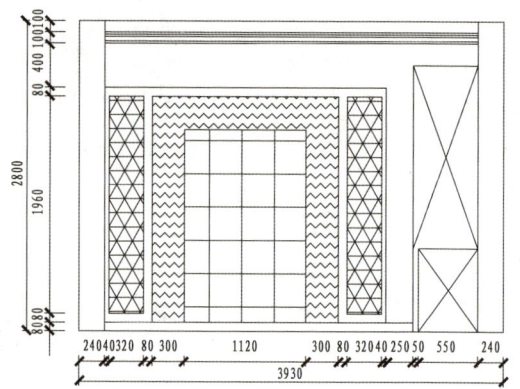

⑥根据图示绘制尺寸标注。

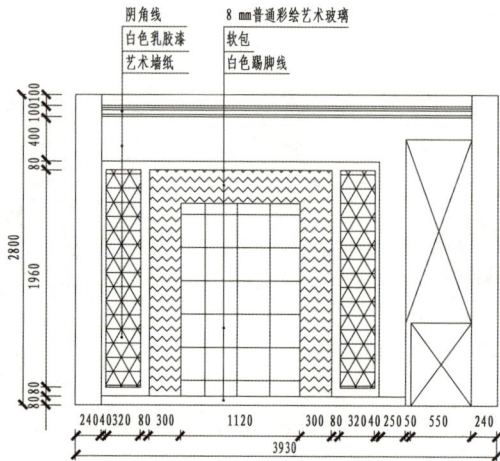

⑦根据图示尺寸绘制文字标注。

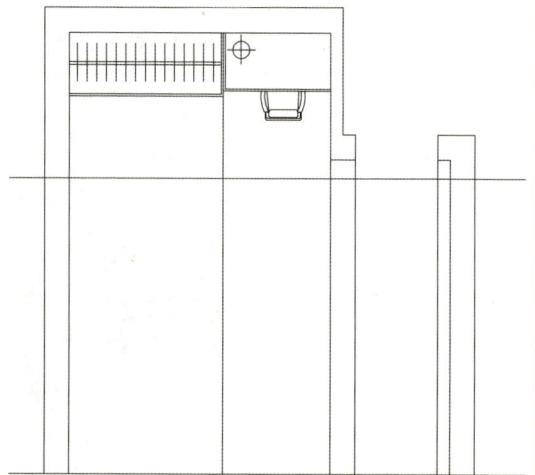

⑧复制平面图中卧室C墙体部分到平面图下方,并根据立面图绘制方法绘制成如图所示样式。

⑨将墙体修改成如图所示样式。

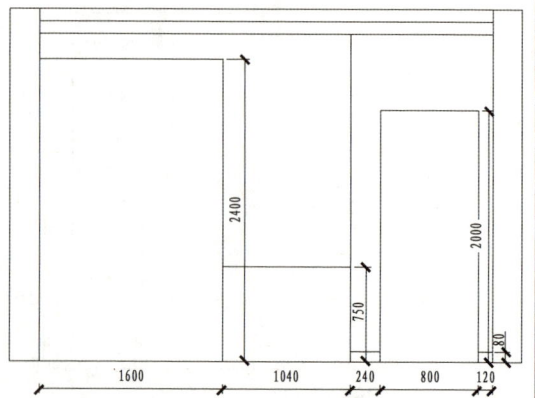

⑩根据图示尺寸绘制如图所示造型。

⑪绘制门造型,完成效果如图所示。

⑫绘制梳妆台,完成效果如图所示。

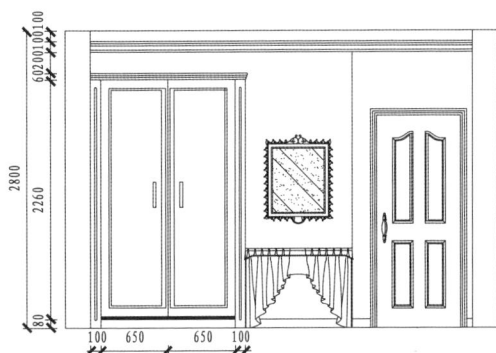

⑬绘制衣柜造型,完成效果如图所示。

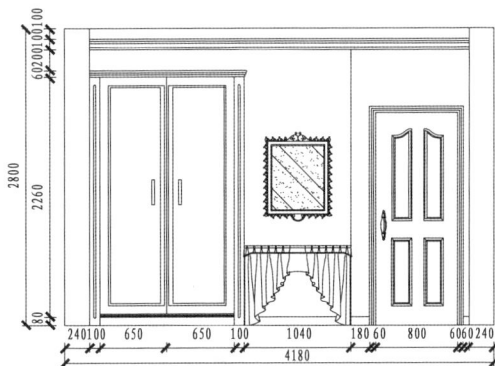

⑭根据图示绘制尺寸标注。

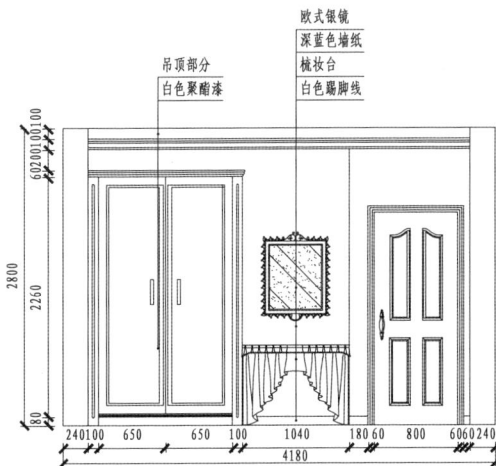

⑮根据图示绘制文字标注。

5.现代欧式风格套图 卫生间立面图绘制

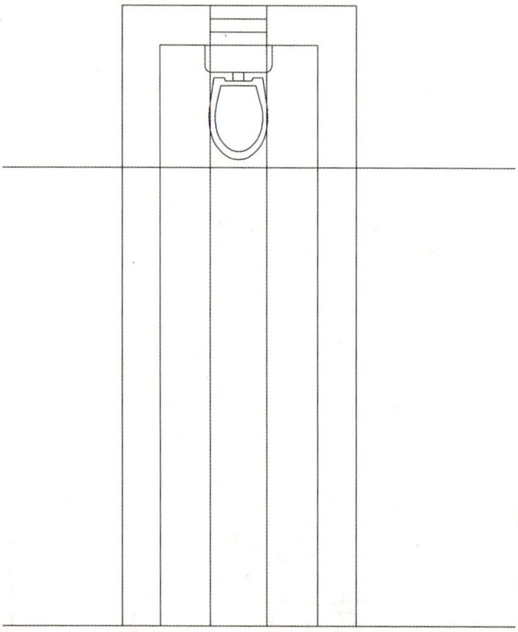

①复制平面图中卫生间A墙体部分到平面图下方,并根据立面图绘制方法绘制成如图所示样式。

②将墙体修改成如图所示样式。

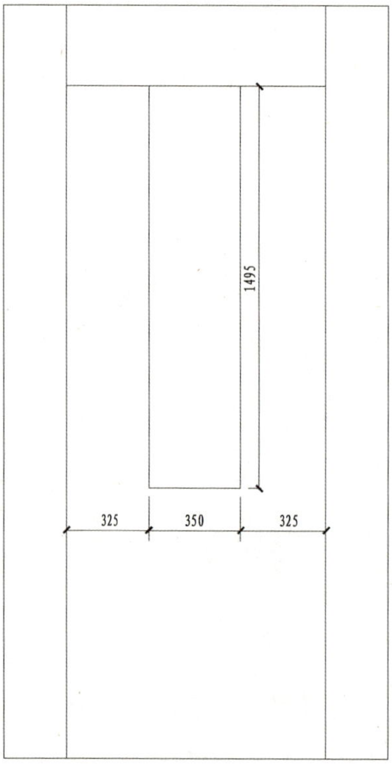

③根据图示尺寸绘制如图所示造型。

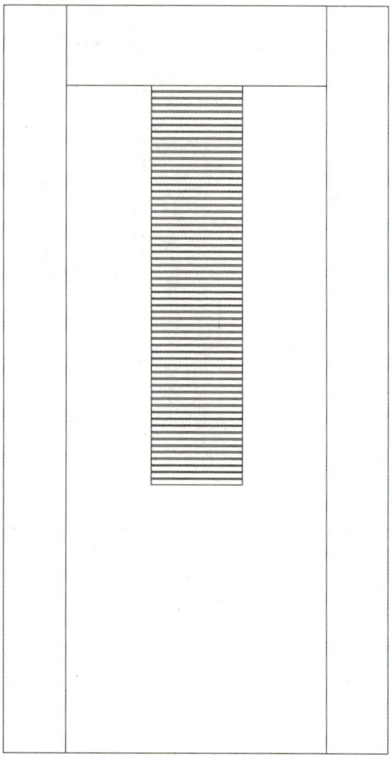

④根据图示绘制装饰填充。

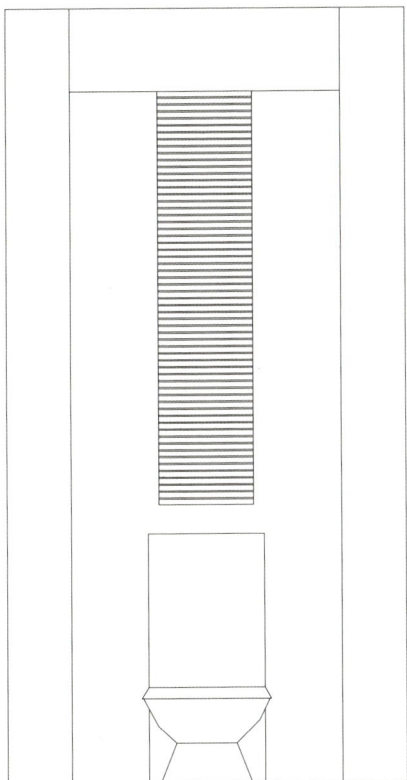
⑤摆放装饰品,完成效果如图所示。

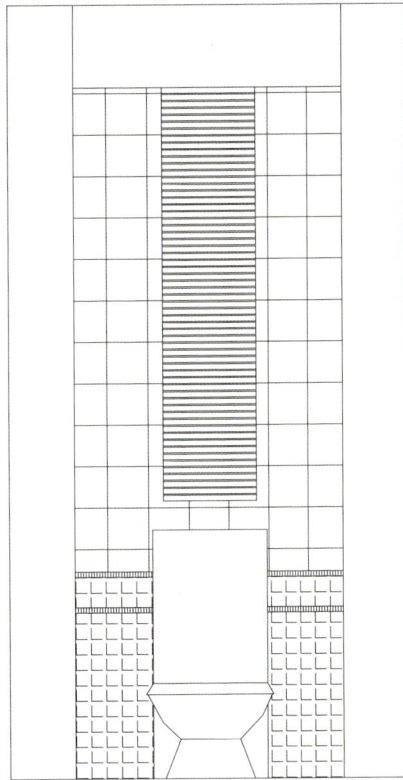
⑥根据图示绘制装饰填充。

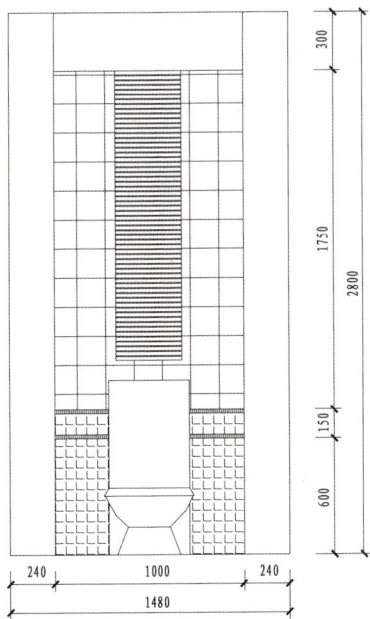
⑦根据图示绘制尺寸标注。

吊顶部分
黑色瓷砖
黑色马赛克

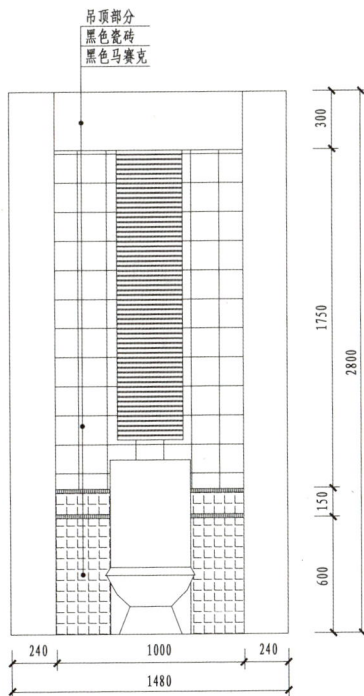
⑧根据图示绘制文字标注。

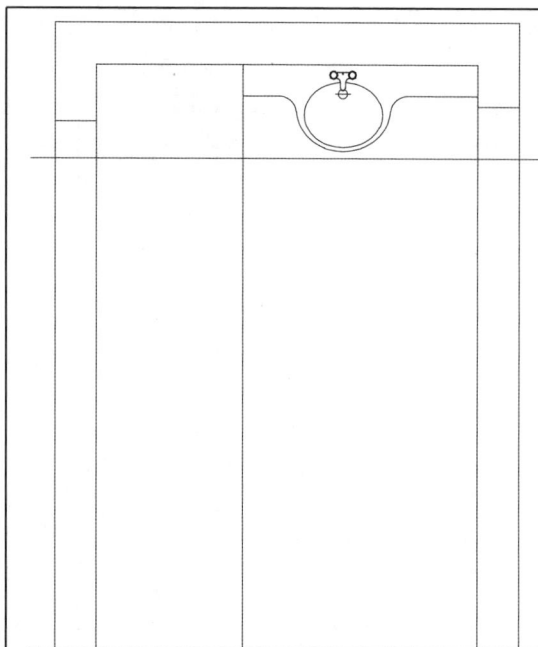

⑨复制平面图中卫生间 B 墙体部分到平面图下方,并根据立面图绘制方法绘制成如图所示样式。

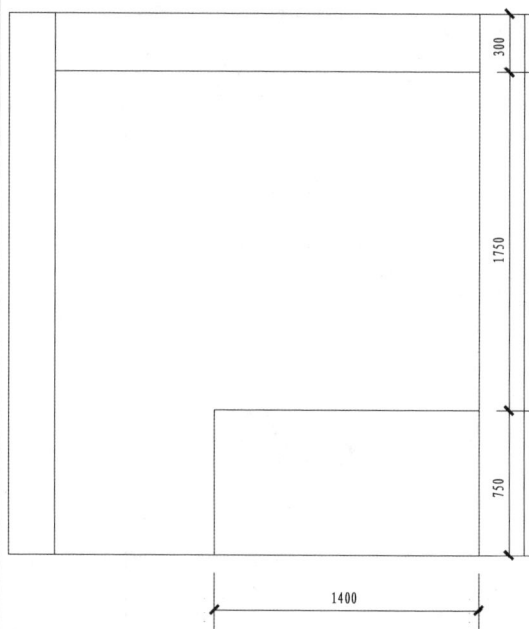

⑩将墙体修改成如图所示样式。

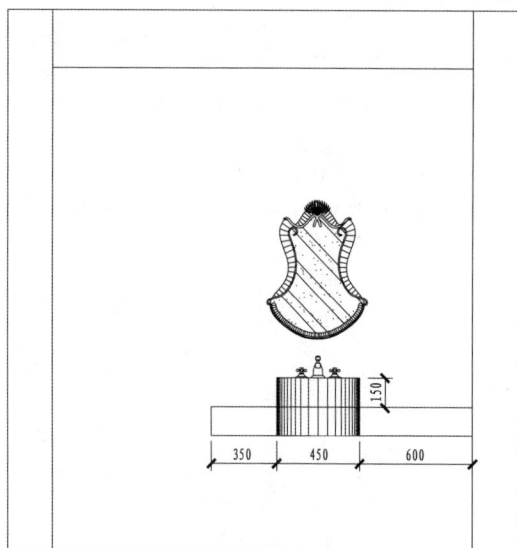

⑪根据图示尺寸绘制洗漱台。

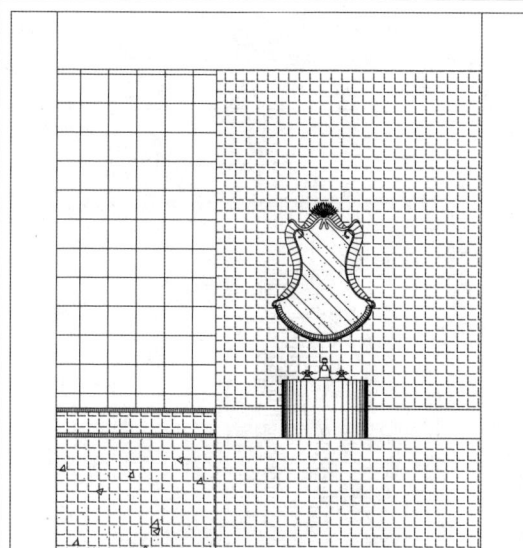

⑫根据图示绘制装饰填充。

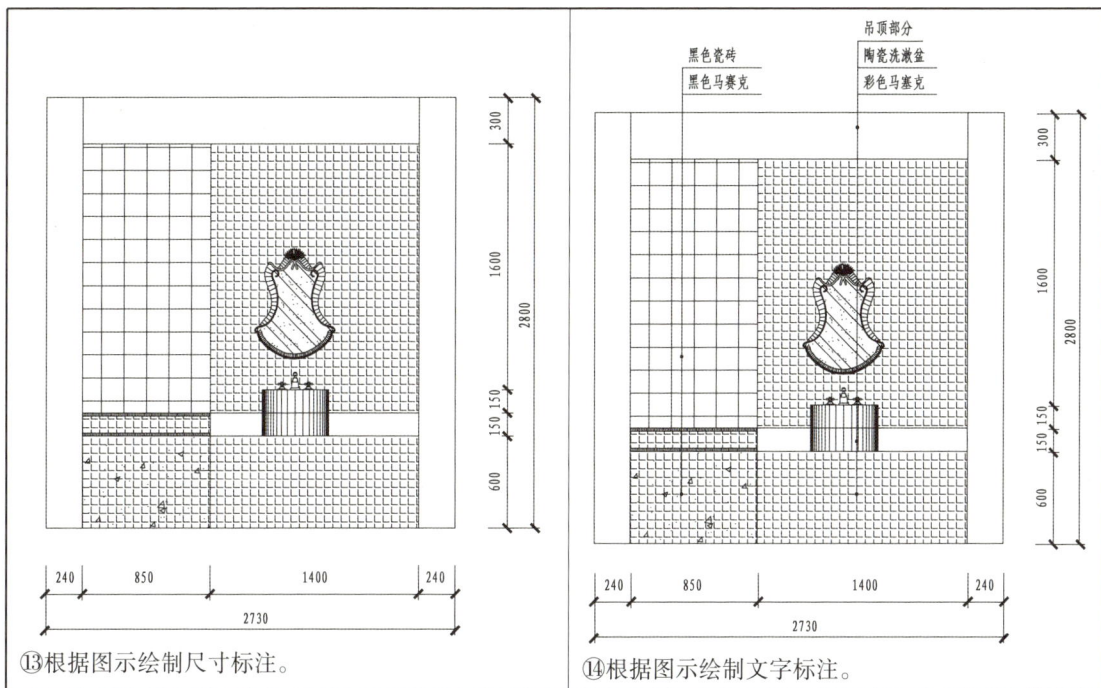

⑬根据图示绘制尺寸标注。　　　　　　　　⑭根据图示绘制文字标注。

【知识拓展】

效果图1　　　　　　　　　　效果图2

　　本案例因为房间空间比较小,所以在设计过程中采用的镜子比较多,这样可以使本来窄小的空间得到视觉上的扩大。从色彩上把每个空间区分开来,主要是让主人体会到每个空间设计得都不呆板与有个性,充分体验到家的温馨与浪漫。

　　从进入房间的鞋柜到卧室的家具摆设,以及会客厅与敞开式的书房,无不彰显设计的魅力所在。自由敞开式的阳台可以根据主人的爱好随意利用,或养花,或放置健身器材,或放置休闲椅,在这钢筋水泥的都市中,享受自己的生活,走进生活,走进设计。

　　思考:通过阅读材料,你觉得该案例的亮点在什么地方?

【岗位实训】

根据现代欧式风格设计图,进行方案图绘制。

实训项目	现代欧式风格套图方案绘制				
实训目的	1.能对提供的户型完成基本方案设计。 2.能在方案设计中体现风格元素。 3.能灵活运用所学知识,举一反三。				
项目要求	选做	必做	是否分组	每组人数	
实训时间		实训学时		学分	
实训地点		实训形式			
实训内容	公司设计师接到一个室内装饰设计项目,要求设计风格为现代欧式风格,需要你根据户型图绘制基本方案设计。 包括:平面布置图一张 　　　天棚布置图一张 　　　玄关立面方案设计图两张 　　　客厅餐厅立面方案设计图三张 　　　卧室立面方案设计图三张				
实训材料	安装并激活 AutoCAD 2022 软件的电脑一台				

实训步骤及要求	评分标注	分值
1. 现代欧式风格平面布置图绘制 要求:功能布局合理,绘制规范	功能布局合理,不符,酌情扣 5～20 分; 绘制工整准确,不符,酌情扣 1～5 分	20 分
2. 现代欧式风格天棚布置图绘制 要求:方案设计简洁大方,绘制规范	方案设计与风格相符,不符,酌情扣 5～20 分; 绘制工整准确,不符,酌情扣 1～5 分	20 分
3. 现代欧式风格玄关立面方案设计 要求:方案设计简洁大方,绘制规范	方案设计与风格相符,不符,酌情扣 5～20 分; 绘制工整准确,不符,酌情扣 1～5 分	20 分

4.现代欧式风格客厅餐厅方案设计 要求:方案设计简洁大方,绘制规范	方案设计与风格相符,不符,酌情扣5~20分; 绘制工整准确,不符,酌情扣1~5分	20分
5.现代欧式风格卫生卧室方案设计 要求:方案设计简洁大方,绘制规范	方案设计与风格相符,不符,酌情扣5~20分; 绘制工整准确,不符,酌情扣1~5分	20分
学生评价		
教师评价		
企业评价		